U0805431

# 大学物理学习指导

（第二版）

主　编　余　虹
副主编　李雪春　刘升光　姜东光

科学出版社
北　京

## 内 容 简 介

本书是与余虹教授主编的《大学物理学》配套的学习辅导书. 书中结合教材内容，通过要点提示、问题讨论和习题解答启发读者思维，引导学生提出问题，提高学生分析问题、解决问题的能力. 为加强练习，还设置了模拟试题供学生自我检测. 本书还在解题中注重提供多种思路、多种解法，以使读者能更好地领会和掌握教材的相关知识.

本书可作为高等学校工科各专业学习大学物理课程的参考书，也可供自学者使用.

**图书在版编目(CIP)数据**

大学物理学习指导/余虹主编. —2 版. —北京：科学出版社，2018. 1

ISBN 978-7-03-054591-6

Ⅰ. ①大… Ⅱ. ①余… Ⅲ. ①物理学-高等学校-教学参考资料 Ⅳ. ①O4

中国版本图书馆 CIP 数据核字(2017)第 236597 号

责任编辑：昌 盛 罗 吉 / 责任校对：张凤琴

责任印制：张 伟 / 封面设计：华路天然工作室

科 学 出 版 社 出版

北京东黄城根北街 16 号

邮政编码：100717

http://www.sciencep.com

北京凌奇印刷有限责任公司 印刷

科学出版社发行 各地新华书店经销

*

2002 年 2 月第 一 版 开本：720×1000 1/16

2018 年 1 月第 二 版 印张：19 1/2

2023 年 8 月第九次印刷 字数：393 000

**定价：49.00 元**

(如有印装质量问题，我社负责调换)

# 第二版前言

本书是与余虹教授主编的普通高等教育“十一五”国家级规划教材《大学物理学》配套的学习指导书. 十几年来主教材多次修订,而辅导书久未更新. 如今为了配合主教材第四版,特做了修订.

首先,内容上配合主教材做了章节的调整. 主教材曾在第二版增加了几何光学一节,并对热力学章节进行调整. 因此,本书的章节要点、问题讨论都有相应的变化. 其次,对主教材中新增加的习题,本次修订一一作解. 有些解得不甚好的地方,重新作解并更新了大部分插图. 最后,提供了近年来大连理工大学的考题作为模拟试题,可供完成复习的同学作最后参考. 但是,请同学们千万不要以“刷题”的态度对待模拟试卷. 因为,物理题是“刷”不完的,只有真正懂得了物理学的基本原理,才能以不变应万变.

本次修订由刘升光协助解题检验、文字插图参谋,李雪春提供两套模拟试卷,这两位副主编还参与了文字校对工作.

天气炎热,时间仓促,本书是利用暑假完成的,若发现有误或有更好的解题方法,敬请联系作者,给予批评指正.

编　者

2017年8月

# 第一版前言

物理学在19世纪、20世纪取得了举世瞩目的辉煌成就. 21世纪，它仍将是一门充满生机的科学. 过去、现在和将来它都是许多高新技术发展的基础. 学好物理学已成为21世纪高素质的工程研究人员和工程技术人员的基本要求，因此理工科大学生在校学习期间面临着学习物理学的挑战.

根据几十年从教的经验，我们认为理工科大学的学生学习物理，首先要掌握物理学的基本概念、基本规律，学会科学地思维、有效地建立物理图像，学会提出问题、分析问题、解决问题. 因此，作者曾根据教育部对大学物理课程的基本要求，结合在长期物理教学中积累的经验和教学改革的体会，编写了《大学物理学》. 本书是与《大学物理学》配套的辅助教材，对《大学物理学》各章作了要点提示，为书后的习题作了详细解答，并就教学中经常出现的问题和容易混淆思路的地方进行了讨论. 对训练学生的发散思维和创新意识有积极的引导作用.

本书的作者都是长期工作在教学第一线的教师，具有丰富的教学经验. 其中第1章由张殿凤完成；第2、3章由梁秀萍、张殿凤完成；第4、6、11～14章由余虹、张殿凤完成；第5章由李淑凤、王文春完成；第7章由牟宗信、王雪莹合作完成；第8～10章的作者是李雪春、李淑凤和姜东光；第15、17章的作者是王文春和姜东光；第16章的作者是郑殊和李雪春；第18～21章由姜东光、余虹完成；模拟试题由李雪春、姜东光完成.

本书是在校大学生学习物理的良师益友，也可供大学物理教师备课参考，或供中学教师进修学习使用. 由于水平有限、时间仓促，书中可能有误，敬请各位读者批评指正.

编　者

2001年10月

# 目　　录

# 第 1 章 质点运动学

## 【本章要点】

### 一、基本概念

**1. 位置矢量、位移、路程**

质点作机械运动时，为了确定质点在空间的位置，需要引入位置矢量，在直角坐标系中位置矢量和坐标的关系是

$$\boldsymbol{r} = x\boldsymbol{i} + y\boldsymbol{j} + z\boldsymbol{k}$$

质点运动时，其位置随时间变化，位矢是时间的函数，即

$$\boldsymbol{r}(t) = x(t)\boldsymbol{i} + y(t)\boldsymbol{j} + z(t)\boldsymbol{k}$$

上式叫做质点的运动函数.

质点在 $t_1$ 时刻的位矢为 $\boldsymbol{r}_1$，$t_2$ 时刻的位矢为 $\boldsymbol{r}_2$，在 $t_2 - t_1$ 这段时间内质点的位移为

$$\Delta\boldsymbol{r} = \boldsymbol{r}_2 - \boldsymbol{r}_1 = \Delta x\boldsymbol{i} + \Delta y\boldsymbol{j} + \Delta z\boldsymbol{k}$$

位移和路程是不同的两个概念.

**2. 速度**

为了描写质点运动的快慢程度，需要引进速度矢量，即

$$\boldsymbol{v} = \frac{\mathrm{d}\boldsymbol{r}}{\mathrm{d}t} = \frac{\mathrm{d}x}{\mathrm{d}t}\boldsymbol{i} + \frac{\mathrm{d}y}{\mathrm{d}t}\boldsymbol{j} + \frac{\mathrm{d}z}{\mathrm{d}t}\boldsymbol{k}$$

速度的大小叫速率，速率 $v=\dfrac{\mathrm{d}s}{\mathrm{d}t}$，它是路程对时间的导数. 速度亦可作如下表示：

$$\boldsymbol{v} = \frac{\mathrm{d}s}{\mathrm{d}t}\boldsymbol{\tau}$$

$\boldsymbol{\tau}$ 表示质点运动轨迹上切线方向的单位矢量，用它来表示速度的方向.

**3. 加速度**

为了描写速度变化的快慢程度，需要引进加速度. 其定义式为

$$\boldsymbol{a}=\frac{\mathrm{d}\boldsymbol{v}}{\mathrm{d}t}=\frac{\mathrm{d}v_x}{\mathrm{d}t}\boldsymbol{i}+\frac{\mathrm{d}v_y}{\mathrm{d}t}\boldsymbol{j}+\frac{\mathrm{d}v_z}{\mathrm{d}t}\boldsymbol{k}$$

在自然坐标系中,加速度可分解为切向加速度和法向加速度,即

$$\boldsymbol{a}=\boldsymbol{a}_\tau+\boldsymbol{a}_n$$

切向加速度 $\boldsymbol{a}_\tau=\frac{\mathrm{d}v}{\mathrm{d}t}\boldsymbol{\tau}$,它是与速率随时间变化有关,而法向加速度 $\boldsymbol{a}_n=\frac{v^2}{\rho}\boldsymbol{n}$, $\rho$ 为轨迹曲线在该处的曲率半径,$\boldsymbol{n}$ 表示该处指向曲率中心的单位矢量. 它与速度的方向发生变化有关.

质点作圆周运动时,可引进角速度 $\omega$,它表示质点在单位时间内转过的角度,速率和角速度的关系为

$$v=R\omega$$

$R$ 为圆轨道的半径,此时质点的切向加速度 $a_\tau=\frac{\mathrm{d}v}{\mathrm{d}t}$,而法向加速度 $a_n=\frac{v^2}{R}=R\omega^2$,也叫向心加速度.

## 二、相对运动

当直角坐标系 $K'$ 相对直角坐标系 $K$ 平动时,在 $K$ 系和 $K'$ 系中所描写的运动质点的位矢、速度、加速度有以下关系:

$$\boldsymbol{r}(t)=\boldsymbol{R}(t)+\boldsymbol{r}'(t)$$
$$\boldsymbol{v}=\boldsymbol{v}_0+\boldsymbol{v}'$$
$$\boldsymbol{a}=\boldsymbol{a}_0+\boldsymbol{a}'$$

$\boldsymbol{R}'(t)$ 表示 $t$ 时刻 $K'$ 系坐标原点 $O'$ 对 $K$ 系的位矢,$\boldsymbol{v}_0$、$\boldsymbol{a}_0$ 表示 $O'$ 相对于 $K$ 系的速度和加速度,也叫牵连速度和牵连加速度.

# 【问题讨论】

**问题 1** (1) 位移和路程有何区别?(2) 瞬时速度和瞬时速率有何区别?(3)瞬时速度和平均速度的区别和联系是什么?(4)有人说:“平均速率等于平均速度的模”,又有人说:$\left|\frac{\mathrm{d}\boldsymbol{r}}{\mathrm{d}t}\right|=\frac{\mathrm{d}r}{\mathrm{d}t}$,试论述两种说法是否正确?

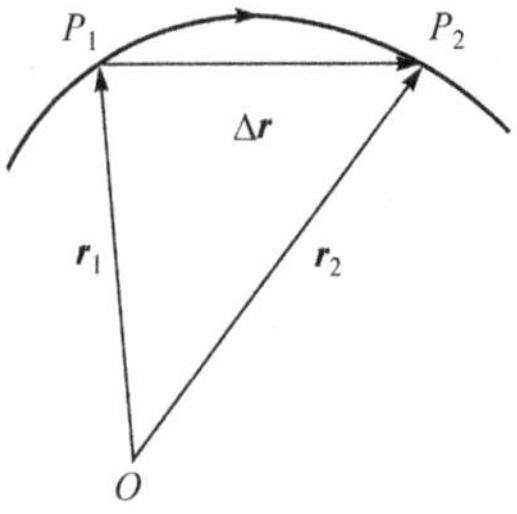


图 1.1

**讨论** (1) 如图 1.1 所示,质点从 $P_1$ 运动到 $P_2$ 时,路程为弧长 $\overset{\frown}{P_1P_2}$,位移 $\Delta\boldsymbol{r}=\boldsymbol{r}_2-\boldsymbol{r}_1$,两者显然不同. 位移是一个矢量,路程是一个标量. 只有当质点作匀速直线运动时,位移的大小才等于路程.

(2) 瞬时速度表示质点在“某时刻”的速度，它是一个矢量，既有大小又有方向，它的表达式为 $\boldsymbol{v}=\frac{\mathrm{d}\boldsymbol{r}}{\mathrm{d}t}$. 瞬时速率表示该时刻速度的大小，它是一个标量，它的表达式为 $v=\frac{\mathrm{d}s}{\mathrm{d}t}$，$s$ 代表路程.

(3) 平均速度的定式为

$$\bar{\boldsymbol{v}}=\frac{\boldsymbol{r}_2-\boldsymbol{r}_1}{t_2-t_1}=\frac{\Delta\boldsymbol{r}}{\Delta t}$$

它表示位移 $\Delta\boldsymbol{r}$ 在 $\Delta t$ 时间内的平均变化率. 它只能粗略地反映运动的快慢程度和运动方向. 而瞬时速度能精确描写质点运动的快慢以及运动的方向. 瞬时速度是平均速度的极限，即

$$\bar{\boldsymbol{v}}=\lim_{\Delta t\to 0}\frac{\Delta\boldsymbol{r}}{\Delta t}=\frac{\mathrm{d}\boldsymbol{r}}{\mathrm{d}t}$$

(4) 上述两种说法皆不正确. 平均速率 $v=\frac{\Delta s}{\Delta t}$，它表示路程与时间的比值，即平均来看，单位时间内质点走了多少路程. 而平均速度的模为 $\left|\frac{\Delta\boldsymbol{r}}{\Delta t}\right|$，它是位移的大小与时间的比值，即平均来看，单位时间内位移的大小. 位移和路程是两个概念，故平均速率不等于平均速度的模.

$\left|\frac{\mathrm{d}\boldsymbol{r}}{\mathrm{d}t}\right|=v=\frac{\mathrm{d}s}{\mathrm{d}t}$，它表示速率. 而 $\frac{\mathrm{d}r}{\mathrm{d}t}$ 只表示径向速率，它是速度 $\boldsymbol{v}$ 的一个径向分量，一般情况下两者不相等.

图 1.2 中 $C$ 代表质点的运动轨迹，径向速率 $v_r=\frac{\mathrm{d}r}{\mathrm{d}t}$，与径向垂直的方向称为横向，横向速率为 $v_\theta$，速率 $v$ 和 $v_r$，$v_\theta$ 的关系是

$$v^2=v_r^2+v_\theta^2$$

**问题 2**　行星轨道为椭圆，已知任一时刻行星的加速度方向都指向椭圆的一个焦点(太阳所在处). 分析行星在通过图 1.3 中 $M$、$N$ 两位置时，它的速率分别是正在增大还是正在减小?

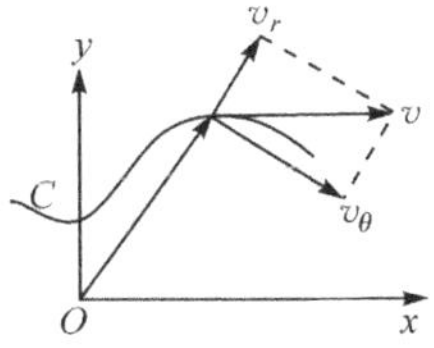

图 1.2

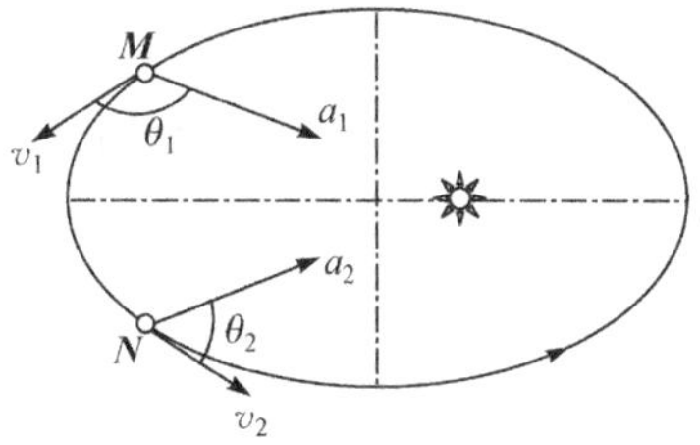

图 1.3

**讨论**　在 $M$ 点加速度 $\boldsymbol{a}_1$ 的方向与速度 $\boldsymbol{v}_1$ 之间的夹角 $\theta_1>\pi/2$，说明 $M$ 处切向加速度 $a_t<0$(即 $\boldsymbol{a}_t$ 与 $\boldsymbol{v}_1$ 方向相反)，速度正在减小.

在 $N$ 点加速度 $\boldsymbol{a}_2$ 与速度 $\boldsymbol{v}_2$ 之间夹角 $\theta_2<\pi/2$，说明切向加速度 $a_t>0$，所以行星通过 $N$ 点的速率正在增大.

## 【习题解答】

**1.1**　在水平面上作任意曲线运动的质点，当经过 $A$ 点时，速度为向东 12cm/s，经过 4s 到达 $B$ 点，$B$ 点位于 $A$ 点之东 24cm，北 32cm 处，此时速度为向北 16cm/s，求质点在这 4s 内的平均速度和平均加速度.

**解**　按题意画出图 1.4 的示意图，取点 $A$ 为坐标原点，东为 $x$ 轴正向，北为 $y$ 轴方向，零时刻质点在 $A(0,0)$ 处，速度分量 $v_{Ax}=12\text{cm/s}$，$v_{Ay}=0$；4s 时质点在 $B(24,32)$ 处，速度分量为 $v_{Bx}=0$，$v_{By}=16\text{cm/s}$.

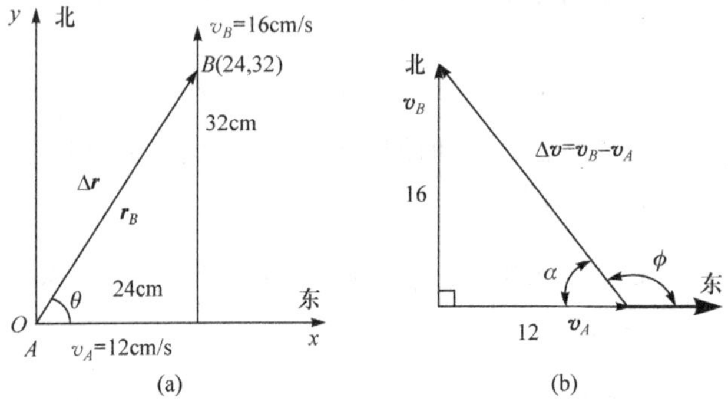


图 1.4

根据位移的定义 $\Delta\boldsymbol{r}=\overrightarrow{AB}$，即

$$\Delta\boldsymbol{r}=24\boldsymbol{i}+32\boldsymbol{j}$$

平均速度

$$\boldsymbol{v}=\frac{\Delta\boldsymbol{r}}{\Delta t}=\frac{24}{4}\boldsymbol{i}+\frac{32}{4}\boldsymbol{j}=6\boldsymbol{i}+8\boldsymbol{j}$$

速度的大小

$$v=\sqrt{6^2+8^2}=0.1(\text{m/s})\qquad \text{方向:}53°8'\text{东偏北}$$

平均加速度

$$\boldsymbol{a}=\frac{\Delta v_x}{\Delta t}\boldsymbol{i}+\frac{\Delta v_y}{\Delta t}\boldsymbol{j}=-\frac{12}{4}\boldsymbol{i}+\frac{16}{4}\boldsymbol{j}=-3\boldsymbol{i}+4\boldsymbol{j}$$

加速度的大小

$$a=\sqrt{3^2+4^2}=0.05(\text{m/s}^2)\qquad \text{方向:}53°8'\text{西偏北}$$

**1.2**　一质点在 $xOy$ 平面内运动，沿两坐标轴的速度分别为 $v_x=(4t^3+4t)$，$v_y=4t$，已知当 $t=0$ 时，位置坐标为(1,2). 求质点的轨迹方程.

**解**　已知质点运动的速度分量 $v_x$ 和 $v_y$，则

$$dx = v_x dt = (4t^3+4t)dt,\quad dy = v_y dt = 4t dt$$

$$x = \int (4t^3+4t)dt = t^4+2t^2+c_1 \tag{1}$$

$$y = \int 4t dt = 2t^2+c_2 \tag{2}$$

把边界条件 $t=0$ 时位置(1,2)代入式(1)和式(2)，得

$$c_1=1,\quad c_2=2$$

所以质点运动方程为

$$x=t^4+2t^2+1=(t^2+1)^2 \tag{3}$$

$$y=2t^2+2=2(t^2+1) \tag{4}$$

合并式(3)和(4)，消去 $t$，即得质点轨迹方程

$$x=\frac{y^2}{4}$$

**1.3**　在离水面高度为 $h$ 的岸边上，有人以 $v_0$ 的速度收绳拉船靠岸，如图 1.5 所示，求船被拉到离岸边 $x$ 处的速率和加速度的大小.

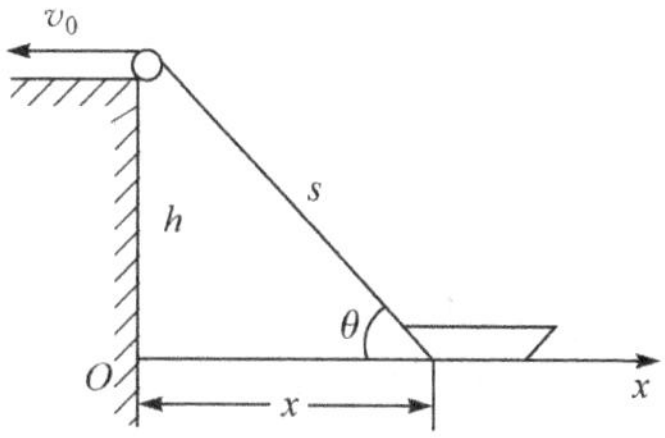


图 1.5

**解**　由题意知

$$v_0=-ds/dt,\quad x=\sqrt{s^2-h^2}$$

所以船的速率

$$v=\frac{dx}{dt}=\frac{d}{dt}\sqrt{s^2-h^2}=\frac{s}{\sqrt{s^2-h^2}}\frac{ds}{dt}=-\frac{\sqrt{h^2+x^2}}{x}v_0$$

船的加速度

$$a=\frac{dv}{dt}=\frac{d}{dt}\left(-\frac{\sqrt{h^2+x^2}}{x}v_0\right)=-\frac{h^2v_0^2}{x^3}$$

**1.4**　一质点沿半径为 $R$ 的圆周按规律 $s=v_0t-\frac{1}{2}bt^2$ 运动，$v_0$，$b$ 都是恒量，求：

(1) $t$ 时刻质点的加速度矢量；

(2) $t$ 为何值加速度在数值上等于 $b$？

(3) 当加速度为 $b$ 时质点已沿圆周运动了多少圈？

**解**　(1)

$$s=v_0t-\frac{1}{2}bt^2,\quad v=\frac{ds}{dt}=v_0-bt$$

$$a_t=\frac{dv}{dt}=-b,\quad a_n=\frac{v^2}{R}=\frac{(v_0-bt)^2}{R}$$

$$\boldsymbol{a} = \boldsymbol{a}_n + \boldsymbol{a}_t = \frac{(v_0 - bt)^2}{R}\boldsymbol{n} - b\boldsymbol{t}$$

$\boldsymbol{n}$ 为沿径向指向圆心的单位矢量，$\boldsymbol{t}$ 为切向正向的单位矢量.

(2) 当 $a_n=0$，即 $v_0-bt=0$，$t=v_0/b$ 时，$|\boldsymbol{a}|=b$.

(3) $t=v_0/b$ 时，$s=v_0\frac{v_0}{b}-\frac{1}{2}b\frac{v_0^2}{b^2}=\frac{v_0^2}{2b}$，则转过圈数为

$$N=\frac{s}{2\pi R}=\frac{v_0^2}{4\pi Rb}$$

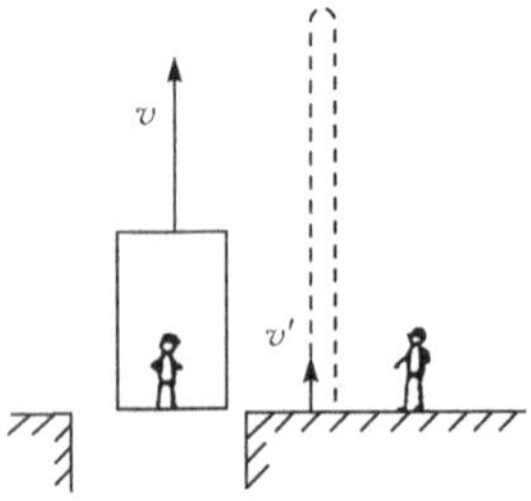


图 1.6

**1.5**　如图 1.6 所示，已知升降机以恒定的速度 $v$ 上升，当升降机底面通过地平线时，地面上一弹射器以初速 $v'$ 向上弹出一小球，地面上一人和升降机内一人同时观察小球的运动. 问：

(1) 二人看到小球达到最高点的时刻是否相同?

(2) 二人看到小球达到最高点的高度是否相同?

以 $v=4.9\text{m/s}$，$v'=9.8\text{m/s}$，$g=9.8\text{m/s}^2$ 作定量计算.

**解**　选向上为正向，升降机上升速度 $v=4.9\text{m/s}$，小球上升初速 $v'=9.8\text{m/s}$. 地面人看到小球速度为零时的高度即最大高度. 令 $v'-gt_1=0$，$t_1=v'/g=1\text{s}$，此时小球离地面的高度为

$$h_1=v't_1=\frac{gt_1^2}{2}=9.8\times1-\frac{9.8\times1^2}{2}=4.9(\text{m})$$

升降机人看到小球的初速为 $v'-v=4.9\text{m/s}$，他看到小球速度为零的时刻为

$$(v'-v)-gt_2=0,\quad t_2=\frac{v'-v}{g}=\frac{4.9}{9.8}=0.5(\text{s})$$

此时小球离地面的高度为

$$h_2=v't_2-\frac{1}{2}gt_2^2=9.8\times0.5-\frac{1}{2}\times9.8\times(0.5)^2\approx3.68(\text{m})$$

**1.6**　设轮船以 $v_1=18\text{km/h}$ 的航速向正北航行时，测得风是西北风(即风从西北吹向东南)，当轮船以 $v_2=36\text{km/h}$ 的航速改向正东航行时，测得风是正北风(即风从北吹向南). 问地面上测得风速 $\boldsymbol{v}$ 如何?

**解**　根据速度合成定理

$$\boldsymbol{v}_{风-地}=\boldsymbol{v}_{风-船}+\boldsymbol{v}_{船-地}$$

单独用第一组条件，因风对船的速度的大小不知，不能求出 $\boldsymbol{v}_{风-船}$，如图 1.7(a)所示. 同理，单独用第二组条件，亦不能求出 $\boldsymbol{v}_{风-地}$，如图 1.7(b)所示. 如将(a)和(b)两图合并为图(c)，根据几何关系可知

$$v'_{风-船}=18\text{km/h},\quad v'_{船-地}=36\text{km/h}$$

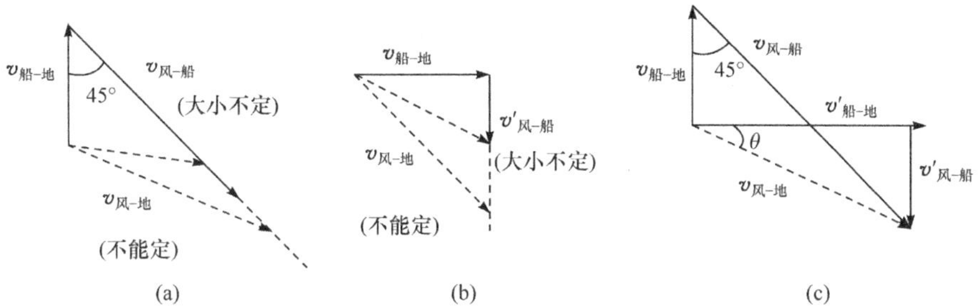


图 1.7

所以

$$v'_{风-地}=\sqrt{v'^2_{风-船}+v'^2_{船-地}}=\sqrt{18^2+36^2}=18\sqrt{5}=40.25(\text{km/h})$$

风向

$$\theta=\arctan\frac{18}{36}=26°34'(东偏南)$$

**1.7**　一枚在星际空间飞行的火箭，当它的燃料以恒定速率燃烧时，其运动函数可表示为 $x=ut+u(\frac{1}{b}-t)\ln(1-bt)$，其中常量 $u$ 是喷出气流相对火箭体的速度，$b$ 是与燃烧速率成正比的一个常量.

（1）求此火箭的速度表示式；

（2）求此火箭的加速度表示式；

（3）设 $u=3.0\times10^3\text{m/s}$，$b=7.5\times10^{-3}\text{s}^{-1}$，并设燃料在 120s 内燃烧完，求 $t=0\text{s}$ 和 $t=120\text{s}$ 时的速度；

（4）求 $t=0\text{s}$ 和 $t=120\text{s}$ 时的加速度.

**解**　(1)

$$v=\frac{\mathrm{d}x}{\mathrm{d}t}=-u\ln(1-bt)$$

(2)

$$a=\frac{\mathrm{d}v}{\mathrm{d}t}=\frac{ub}{1-bt}$$

(3)

$$t=0\text{s},\ v=0$$

$$t=120\text{s},\ v=-3\times10^3\ln(1-7.5\times10^{-3}\times120)$$

$$=6.91\times10^3(\text{m/s})$$

(4)

$$t=0\text{s},\ a=\frac{3\times10^3\times7.5\times10^{-3}}{1}=22.5(\text{m/s}^2)$$

$$t=120\text{s},\ a=\frac{3\times10^3\times7.5\times10^{-3}}{1-7.5\times10^{-3}\times120}=225(\text{m/s}^2)$$

**1.8**　一质点在 $xOy$ 平面上运动，运动函数为 $x=2t$，$y=4t^2-8$(SI).

(1) 求质点运动的轨道方程并画出轨道曲线；

(2) 求 $t_1=1\text{s}$ 和 $t_2=2\text{s}$ 时，质点的位置、速度和加速度.

**解**　(1) 在运动函数中消去 $t$ 可得轨道方程为

$$y=x^2-8$$

轨道曲线为抛物线，如图 1.8 所示.

(2) 由 $\boldsymbol{r}=2t\boldsymbol{i}+(4t^2-8)\boldsymbol{j}$

$$\boldsymbol{v}=\frac{\mathrm{d}\boldsymbol{r}}{\mathrm{d}t}=2\boldsymbol{i}+8t\boldsymbol{j}$$

$$\boldsymbol{a}=\frac{\mathrm{d}\boldsymbol{u}}{\mathrm{d}t}=8\boldsymbol{j}$$

可得在 $t=1\text{s}$ 时

$$\boldsymbol{r}_1=2\boldsymbol{i}-4\boldsymbol{j},\quad \boldsymbol{v}_1=2\boldsymbol{i}+8\boldsymbol{j},\quad \boldsymbol{a}_1=8\boldsymbol{j}$$

在 $t=2\text{s}$ 时

$$\boldsymbol{r}_2=4\boldsymbol{i}+8\boldsymbol{j},\quad \boldsymbol{v}_2=2\boldsymbol{i}+16\boldsymbol{j},\quad \boldsymbol{a}_2=8\boldsymbol{j}$$

**1.9**　跳台滑雪运动员离开滑雪道飞入空中时水平速度 $v_0=110\text{km/h}$，斜坡与水平夹角 $\theta=35°$(如图 1.9 所示). 求：

(1) 运动员在空中的飞行时间；

(2) 沿斜坡飞行距离.

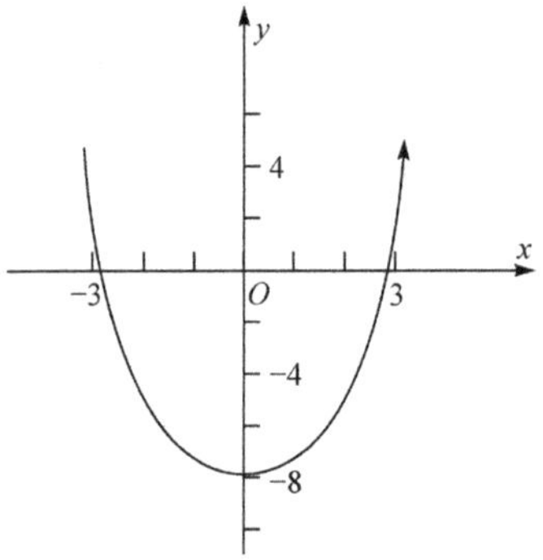


图 1.8

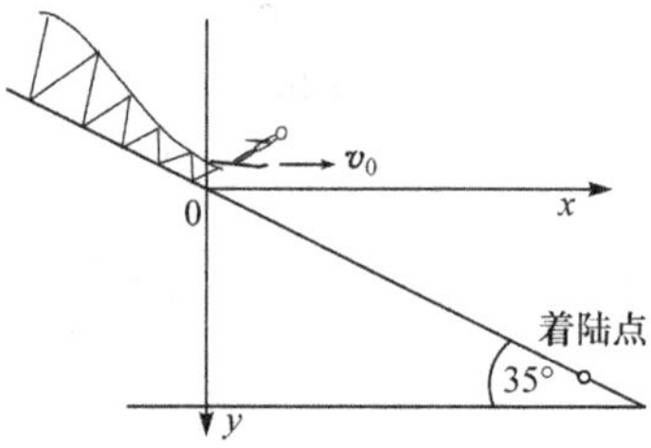


图 1.9

**解**　(1) 如图 1.9 选取坐标，设沿斜坡飞行距离为 $L$，则着陆位置坐标为

$$x=L\cos35°=v_0t,\quad y=L\sin35°=\frac{1}{2}gt^2$$

解方程得

$$t=\frac{2v_0}{g}\tan35°$$

已知 $v_0=110\text{km/h}=30.6\text{m/s}$，得

$$t=4.37\text{s}$$

(2) $L=\dfrac{v_0 t}{\cos 35^\circ}=163.2\text{m}$.

**1.10**　汽车在半径 $R=400\text{m}$ 的圆弧弯道上减速行驶. 设在某一时刻，汽车的速率为 $v=10\text{m/s}$，切向加速度的大小为 $a_t=0.2\text{m/s}^2$. 求汽车的法向加速度和总加速度的大小和方向.

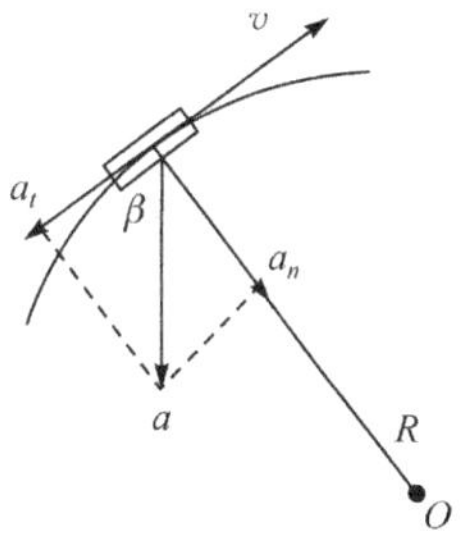


图 1.10

**解**　如图 1.10 所示，汽车的法向加速度为

$$a_n=\frac{v^2}{R}=\frac{10^2}{400}=0.25(\text{m/s}^2)$$

总加速度为

$$a=\sqrt{a_n^2+a_t^2}=\sqrt{0.25^2+0.2^2}=0.32(\text{m/s}^2)$$

总加速度与速度之间的夹角为

$$180^\circ-\beta=180^\circ-\arctan\frac{a_n}{a_t}=128^\circ 40'$$

**1.11**　如图 1.11 所示一个半径 $R=1.0\text{m}$ 的圆盘，可以绕一水平轴自由转动. 一根轻绳绕在盘的边缘，其自由端拴一物体 $A$. 在重力作用下，物体 $A$ 从静止开始匀加速地下降，在 $\Delta t=2.0\text{s}$ 内下降的距离 $h=0.4\text{m}$. 求物体开始下降后 3s 末，轮边缘上任一点的切向加速度与法向加速度.

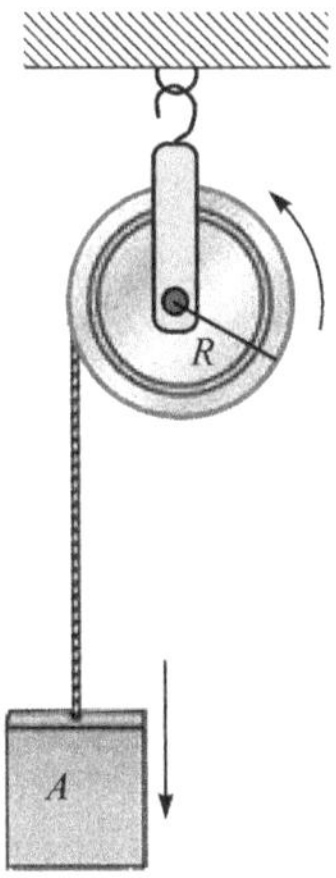


图 1.11

**解**　物体 $A$ 下降的加速度为

$$a=\frac{2h}{t^2}=\frac{2\times 0.4}{2^2}=0.2(\text{m/s}^2)$$

此加速度也等于轮缘上一点在 $t'=3\text{s}$ 时的切向加速度，即

$$a'=0.2\text{m/s}^2$$

在 $t'=3\text{s}$ 时的法向加速度为

$$a_n=\frac{v'^2}{R}=\frac{(a'_t)^2}{R}=\frac{(0.2\times 3)^2}{1.0}=0.36(\text{m/s}^2)$$

# 第2章　质点和质点系动力学

## 【本章要点】

### 一、牛顿定律

**1. 第一定律**

它包含两个重要的概念.

惯性　质点保持原来速度不变的性质.

力　　力是质点受其他物体的作用. 力是改变速度的原因.

**2. 第二定律**

$$\boldsymbol{F}=\frac{\mathrm{d}\boldsymbol{P}}{\mathrm{d}t},\quad \boldsymbol{P}=m\boldsymbol{v}$$

(不考虑相对论效应)$\boldsymbol{F}=m\boldsymbol{a}$

$\boldsymbol{F}$ 是质点所受的合外力,$\boldsymbol{P}$ 为质点的动量,$\boldsymbol{a}$ 为质点的加速度, $m$ 为质点的质量,$\boldsymbol{v}$ 为质点运动的速度.

**3. 第三定律**

$$\boldsymbol{F}_{12}=-\boldsymbol{F}_{21}$$

作用力与反作用力是作用在两个物体上的力.

### 二、惯性力

惯性力是非惯性系中不可忽略的力.

**1. 平动加速参考系**

$$\boldsymbol{F}_{惯}=-m\boldsymbol{a}$$

式中,$\boldsymbol{a}$ 为非惯性系相对某一确定惯性系的加速度,$m$ 是研究对象的质量.

**2. 匀角速转动的参考系**

$$\boldsymbol{F}_{\text{惯}} = m\omega^2 \boldsymbol{r}$$

式中，$\omega$ 是参考系旋转的角速度，$m$、$\boldsymbol{r}$ 分别是研究对象的质量和位置矢量.

## 三、动量定理、动量守恒定律

**1. 动量定理**

合外力的冲量等于质点(或质点系)动量的增量.

$$\boldsymbol{F}\mathrm{d}t = \mathrm{d}\boldsymbol{P}$$

**2. 动量守恒定律**

质点系所受合外力为零时，则系统

$$\boldsymbol{P} = \sum_i \boldsymbol{P}_i = \text{常矢量}$$

式中各速度相对同一惯性参考系而言.

## 四、质心运动定理

**1. 质心的位置矢量**

$$\boldsymbol{r}_c = \frac{\sum_{i=1}^{n} m_i \boldsymbol{r}_i}{M} \text{ 或 } \boldsymbol{r}_c = \frac{\int \boldsymbol{r}\mathrm{d}m}{M}$$

式中，$m_i$、$\boldsymbol{r}_i$ 为第 $i$ 个质点的质量和该质点的位置矢量，$M$ 为质点系的总质量.

**2. 质心运动定理**

质点系所受的合外力等于其总质量乘以质心的加速度.

$$\boldsymbol{F} = m\boldsymbol{a}_c$$

## 五、角动量定理与角动量守恒定律

**1. 质点的角动量**

对于某一定点

$$\boldsymbol{L} = \boldsymbol{r} \times \boldsymbol{P} = \boldsymbol{r} \times m\boldsymbol{v}$$

**2. 质点的角动量定理**

$$\boldsymbol{M}=\frac{\mathrm{d}\boldsymbol{L}}{\mathrm{d}t}$$

其中,$\boldsymbol{M}=\boldsymbol{r}\times\boldsymbol{F}$,$\boldsymbol{M}$、$\boldsymbol{L}$ 都是对同一定点而言.

**3. 角动量守恒定律**

对某定点,质点(或质点系)受的合外力矩为零时,则对于同一定点的

$$\boldsymbol{L}=\text{常矢量}$$

## 六、功和能

**1. 功**

力在位移方向上的分量与该位移大小的乘积

$$\mathrm{d}\boldsymbol{A}=\boldsymbol{F}\cdot\mathrm{d}\boldsymbol{r}$$

$$A_{ab}=\int_a^b\boldsymbol{F}\cdot\mathrm{d}\boldsymbol{r}$$

**2. 动能定理**

合外力对质点所做的功等于质点动能的增量.

对一个质点:$A_{AB}=\frac{1}{2}mv_B^2-\frac{1}{2}mv_A^2$

对一个质点系:$A_{\mathrm{ex}}+A_{\mathrm{in}}=E_{\mathrm{k}B}-E_{\mathrm{k}A}$

$A_{\mathrm{ex}}$: 质点系所有外力做功之和;$A_{\mathrm{in}}$:所有内力做功之和.

**3. 保守力**

做功与相对路径无关.或者说,质点沿闭合路径移动一周保守力做功为零.

**4. 势能**

对保守内力可引进势能概念.一个系统的势能 $E_{\mathrm{p}}$ 决定于系统的位形,定义为

$$-\Delta E_{\mathrm{p}}=E_{\mathrm{p}A}-E_{\mathrm{p}B}=A_{AB}$$

即系统以损失势能的代价来做功.

**5. 引力势能**

$$E_{\mathrm{p}}=\frac{-Gm_1m_2}{R}$$

以两质点相距无限远为势能零点. 式中 $m_1$、$m_2$ 为相距为 $R$ 的两质点的质量.

**6. 重力势能**

$$E_p = mgh$$

$h$ 值与势能零点的选择有关，通常有用的是 $\Delta E_p = mg\Delta h$，$g$ 为重力加速度.

**7. 弹性势能**

$$E_p = \frac{1}{2}kx^2$$

取弹簧原长为势能零点.

**8. 功能原理**

系统所受外力的功与系统内非保守内力的功之和等于系统机械能的增量.

$$A_{ex} + A_{in,\ n-cons} = E_2 - E_1$$

**9. 机械能守恒定律**

在只有保守内力做功的情况下，系统的机械能不变. 它是普遍的能量守恒定律的特例.

$$E_2 = E_1$$

利用此定律解决问题的特点是：抓住过程中的始末状态即可，不需考虑过程是如何变化的.

## 七、宇宙速度

**1. 第一宇宙速度**

它是人造卫星能绕地球飞行的最低速度.

$$v_1 = \sqrt{gR_e} \approx 7.8 \times 10^3 \mathrm{m/s}$$

式中，$g$ 为重力加速度，$R_e$ 为地球半径.

**2. 第二宇宙速度**

它是物体飞离地球的引力范围所需的最小初速度

$$v_2 = \sqrt{2gR_e} \approx 11.2 \times 10^3 \mathrm{m/s}$$

**3. 第三宇宙速度**

地球上的物体能飞离太阳的引力范围，它是所需的相对地球的最小初速度.

在物体飞离太阳时，物体相对太阳的初速度

$$v_0 = \sqrt{\frac{2GM_s}{R_{se}}}$$

地球绕太阳公转的速度

$$v_{es} = 29.8 \times 10^3 \mathrm{m/s}$$

不考虑地球引力,要脱离太阳引力范围,物体相对地球的最小初速度

$$v'_0 = v_0 - v_{es}$$

设第三宇宙速度为 $v_3$,物体与地球这一系统机械能守恒,可得

$$v_3^2 = \sqrt{v'^2_0 + v_2^2}$$

$$v_2 = \sqrt{2gR_e}$$

所以 $v_3 \approx 16.7 \times 10^3 \mathrm{m/s}$.

$M_s$ 为太阳的质量,$R_{se}$为地球与太阳间的距离,$R_e$ 为地球的半径,$g$ 为地面附近的重力加速度,$v_2$ 为第二宇宙速度.

## 【问题讨论】

**问题 1**　两人手拉手进行拔河比赛,甲对乙的拉力等于乙对甲的拉力,为什么会有胜负?

**讨论**　甲对乙的拉力等于乙对甲的拉力,这是一对作用力与反作用力,是分别作用在两个人上,而不是作用在一个人上的平衡力.对甲、乙两个不同的研究对象,各自的受力情况不同(各受拉力和不同的摩擦力),决定他们有胜有负.

**问题 2**　摩擦力是否一定阻碍物体的运动?

**讨论**　不一定.摩擦力有时作为动力出现.如水平加速运动的货车上的货物,就是靠摩擦力作为动力使货物加速运动的.

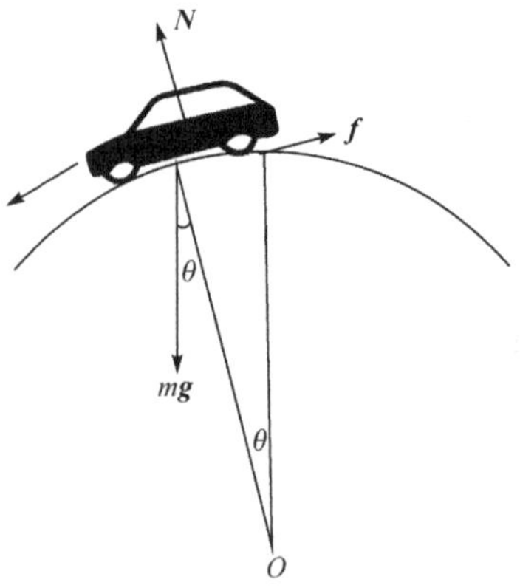


图 2.1

**问题 3**　熄火的小车如图 2.1,通过弧形拱桥面时,(1)受几个力的作用?(2)它们的反作用力作用在哪里?(3)若 $m$ 为车的质量,车对桥面的压力是否等于 $mg\cos\theta$?(4)小车能否作匀速率运动?

**讨论**　(1) 受重力、支持力、摩擦力三个力的作用.

(2) 它们的反作用力分别作用在地球上、桥上、桥上.

(3) 车对桥面的压力小于 $mg\cos\theta$. 压力 $N' = mg\cos\theta - m\dfrac{V^2}{R}$. 其中,$V$ 为小车运动的速

率，$R$ 为弧形拱桥的曲率半径.

(4) 当小车受的摩擦力等于 $mg\sin\theta$ 时，小车可以作匀速率运动.

**问题 4**　有一单摆如图 2.2(a)所示.(1)试在图中画出摆球运动到达最低点 $P_1$ 和最高点 $P_2$ 时所受的力；(2)在这两个位置上，摆线中张力是否等于摆球重力或重力在摆线方向的分力？(3)如果用一水平绳拉住摆球，使之静止在 $P_2$ 位置上，线中张力多大？

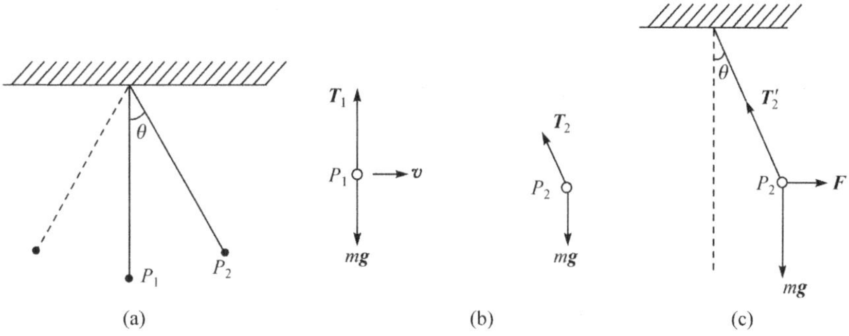


图 2.2

**讨论**　(1) $P_1$、$P_2$ 点摆球受力如图 2.2(b).

(2) 单摆在摆动过程中的 $P_1$ 点与静止时的 $P_1$ 点摆线中的张力不同. 因摆球作圆周运动，在摆线(即法线)方向必然合力不为零，以此为摆球提供作圆周运动的向心力.

运动到 $P_1$ 点张力为 $T_1$，$v_1$ 为摆球在 $P_1$ 点的速率，满足

$$T_1 - mg = m\frac{v_1^2}{l}$$

因为 $m\dfrac{v_1^2}{l}>0$，所以，$T_1>mg$.

到 $P_2$ 点时张力为 $T_2$，满足

$$T_2 - mg\cos\theta = \frac{mv_2^2}{l}$$

因 $P_2$ 点为最高点，速度为零，故 $P_2$ 点摆线中张力为

$$T_2 = mg\cos\theta$$

(3) 在水平绳拉力作用下，摆球在 $P_2$ 点处于静止状态，所受合力为零，如图 2.2(c)，则 $T_2'\cos\theta=mg$，$T_2'=mg/\cos\theta$.

**问题 5**　试讨论质点系内力做功问题.

**讨论**　(1) 一对内力做功之和可能不为零(大于零、小于零)，可能等于零.

系统中的一对内力是作用力反作用力的关系，虽然大小相等，方向相反，但是

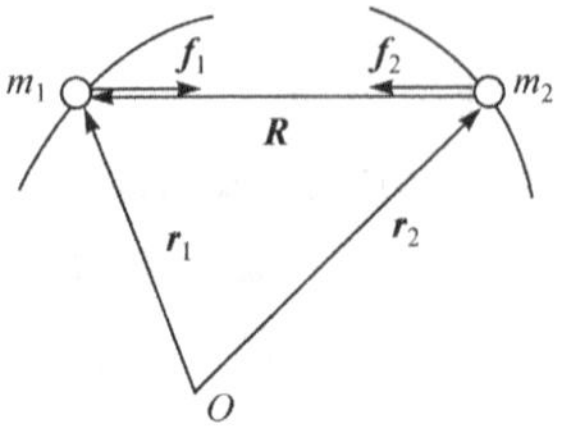

图 2.3

作用在两个质点上,两个质点的位移可能不同,因而决定这一对内力做功之和可能不为零.

如图 2.3 所示. 设质点 $m_1$、$m_2$ 组成一系统,$m_1$、$m_2$ 分别受到来自对方的作用力 $f_1$、$f_2$,这是一对内力,求这一对内力在此时间内做功之和.

$m_1$ 在 $f_1$ 作用下,$\mathrm{d}t$ 时间内位移为 $\mathrm{d}\boldsymbol{r}_1$,

$m_2$ 在 $f_2$ 作用下,$\mathrm{d}t$ 时间内位移为 $\mathrm{d}\boldsymbol{r}_2$.

则内力做功之和

$$\mathrm{d}A=\boldsymbol{f}_1\cdot\mathrm{d}\boldsymbol{r}_1+\boldsymbol{f}_2\cdot\mathrm{d}\boldsymbol{r}_2$$

因

$$\boldsymbol{f}_2=-\boldsymbol{f}_1$$

故

$$\begin{aligned}\mathrm{d}A&=\boldsymbol{f}_1\cdot(\mathrm{d}\boldsymbol{r}_1-\mathrm{d}\boldsymbol{r}_2)=\boldsymbol{f}_1\cdot\mathrm{d}(\boldsymbol{r}_1-\boldsymbol{r}_2)\\&=\boldsymbol{f}_1\cdot\mathrm{d}\boldsymbol{R}\end{aligned}$$

当① $\boldsymbol{f}\cdot\mathrm{d}\boldsymbol{R}=0$,即 $\boldsymbol{f}\perp\mathrm{d}\boldsymbol{R}$ 时,$\mathrm{d}A=0$;

② $\boldsymbol{f}\cdot\mathrm{d}\boldsymbol{R}>0$,$\mathrm{d}A>0$;

③ $\boldsymbol{f}\cdot\mathrm{d}\boldsymbol{R}<0$,$\mathrm{d}A<0$.

(2) 一对内力做的功之和的重要特点:决定于两质点间的相对路径,因而和两质点所选的参考系无关. 或者说,两质点间“一对力”所做功之和,等于其中一个质点受的力沿着该质点相对于另一质点所移动的路径所做的功.

**问题 6**　如图 2.4 所示的两个由轻质弹簧和小球组成的系统,都放在水平光滑平面上,今拉长弹簧然后松手. 在小球来回运动的过程中,对所选的参考系,两系统的动量是否都改变?两系统的动能是否都改变?两系统的机械能是否都改变?

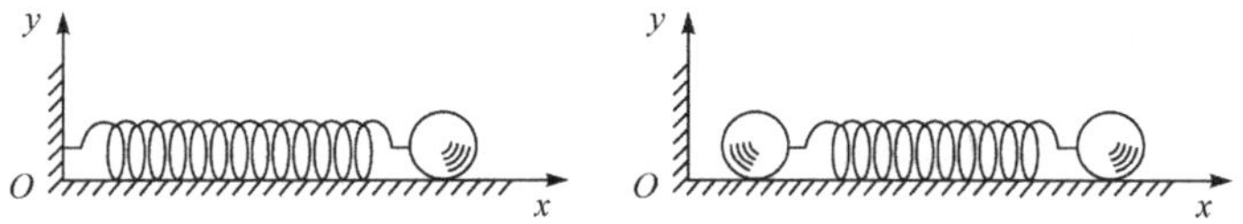

图 2.4

**讨论**　对图 2.4(a)所选取的参考系,轻质弹簧与小球组成的系统,所受合外力不为零,则系统的动量不守恒,即整个过程中动量不守恒;外力对系统做功为零,但内力对系统做功不为零,则系统的动能在运动过程中改变;系统只有保守内力做功,则系统的机械能不改变.

对图 2.4(b)所选取的参考系,轻质弹簧与小球组成的系统,所受合外力为零,则系统动量是不改变的;系统所受合外力为零,且外力做功为零,但内力对系统做功不为零,则系统的动能在运动过程中是改变的;系统只有保守内力做功,则系统的机械能不改变.

## 【习题解答】

**2.1**　如图 2.5 所示,一个擦窗工人利用滑轮—吊桶装置上升.

(1) 要自己慢慢匀速上升,他需要用多大力拉绳?

(2) 如果他的拉力增大 10%,他的加速度将多大?

设人和吊桶的总质量为 75kg.

**解**　设人与吊桶为一整体,其受力分析如图.由牛顿第二定律得

$$2T - Mg = Ma$$

故 $T=M(g+a)/2$.

(1) 当人匀速上升即 $a=0$ 时,人的拉力为

$$T = Mg/2 = 75 \times 9.8/2 = 367.5(\text{N})$$

(2) 当拉力 $T'=1.1T=1.1Mg/2$ 时

$$a=\frac{2T'-Mg}{M}=\frac{(1.1-1)Mg}{M}=0.1g=0.98\text{m/s}^2$$

图 2.5

**2.2**　设质量 $m=0.5$kg 的小球挂在 $\theta=30°$的光滑斜面上.

(1) 当斜面以加速度 $a=2\text{m/s}^2$ 沿 $x$ 方向运动,如图 2.6 所示,绳中的张力及小球对斜面的正压力各是多大?

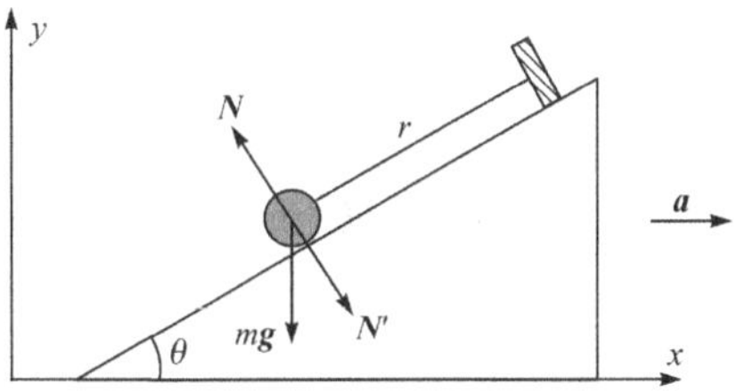

图 2.6

(2) 当斜面的加速度至少为多大时,小球将脱离斜面?

**解**　(1) 以小球为研究对象,据牛顿第二定律

$x$ 方向:$T\cos\theta - N\sin\theta = ma$　　(1)

$y$ 方向:$T\sin\theta + N\cos\theta - mg = 0$　　(2)

解此二式,可得

$$T=m(a\cos\theta+g\sin\theta)=0.5(2\cos30°+9.8\sin30°)=3.32(\text{N})$$

$$N=m(g\cos\theta-a\sin\theta)=0.5(9.8\cos30°-2\sin30°)=3.75(\text{N})$$

据牛顿第三定律,小球对斜面的压力

$$N' = N = 3.75\text{N}$$

(2) 小球刚要脱离斜面时 $N=0$,则(1)、(2)式变为

$$T\cos\theta = ma, \quad T\sin\theta = mg$$

由此二式可得

$$a = g/\tan\theta = 9.8/\tan 30° = 17.0(\mathrm{m/s^2})$$

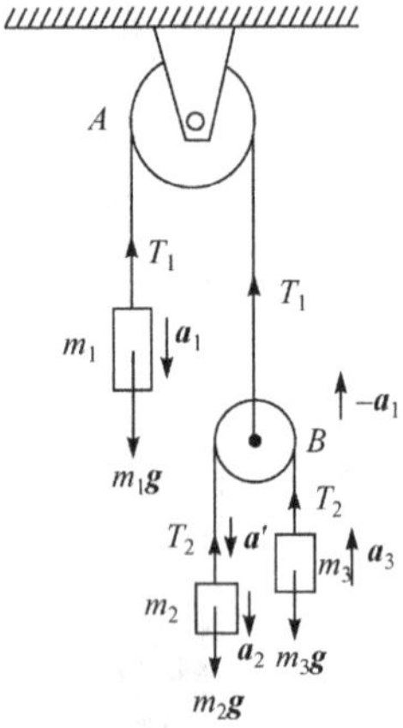


图 2.7

**2.3**　图中 $A$ 为定滑轮,$B$ 为动滑轮,3 个物体的质量分别为 $m_1=200\mathrm{g}, m_2=100\mathrm{g}, m_3=50\mathrm{g}$.

(1) 求每个物体的加速度;

(2) 求两根绳中的张力 $T_1$ 和 $T_2$.假定滑轮和绳的质量以及绳的伸长和摩擦力均可忽略.

**解**　(1) 以地面为参考系,设三个物体的加速度分别为 $a_1$、$a_2$ 和 $a_3$,方向如图 2.7.它们各自受力如图 2.7 所示.以 $a'$表示 $m_2$ 相对于滑轮 $B$ 的加速度,则

$$a_2=a'-a_1 \tag{1}$$

$$a_3=a'+a_1 \tag{2}$$

据牛顿第二定律列出方程

$$m_1g-T_1=m_1a_1 \tag{3}$$

$$m_2g-T_2=m_2a_2=m_2(a'-a_1) \tag{4}$$

$$m_3g-T_2=-m_3a_3=-m_3(a'+a_1) \tag{5}$$

由于滑轮 $B$ 的质量忽略,故

$$T_1-2T_2=0 \tag{6}$$

联立(3)~(6)式,得

$$a_1=\frac{m_1m_2+m_1m_3-4m_2m_3}{m_1m_2+m_1m_3+4m_2m_3}g$$

$$=\frac{0.2\times0.1+0.2\times0.05-4\times0.1\times0.05}{0.2\times0.1+0.2\times0.05+4\times0.1\times0.05}\times9.8=1.96(\mathrm{m/s^2})$$

$$a'=\frac{2m_1m_2-2m_1m_3}{m_1m_2+m_1m_3+4m_2m_3}g$$

$$=\frac{2\times0.2\times0.1-2\times0.2\times0.05}{0.2\times0.1+0.2\times0.05+4\times0.1\times0.05}\times9.8=3.92(\mathrm{m/s^2})$$

由(1)、(2)式得

$$a_2=a'-a_1=3.92-1.96=1.96(\mathrm{m/s^2})$$

$$a_3=a'+a_1=3.92+1.96=5.88(\mathrm{m/s^2})$$

由于 $a_1$、$a_2$、$a_3$ 都是正值,故它们的方向就是如图所设的方向.

(2) 由(3)、(4)式得

$$T_1 = m_1(g - a_1) = 0.2 \times (9.8 - 1.96) = 1.57(\text{N})$$
$$T_2 = m_2(g - a_2) = 0.1 \times (9.8 - 1.96) = 0.784(\text{N})$$

**2.4**　在光滑的水平冰面上如图 2.8(a)，放着一根长 10m 质量为 500kg 的均匀圆钢. 用力拉圆钢使它作匀加速直线运动，加速度是 $2\text{m/s}^2$. 求圆钢任一横截面前后两部分间的作用力(即张力)，并画出张力随横截面位置的变化图线(即 $T$-$x$ 图).

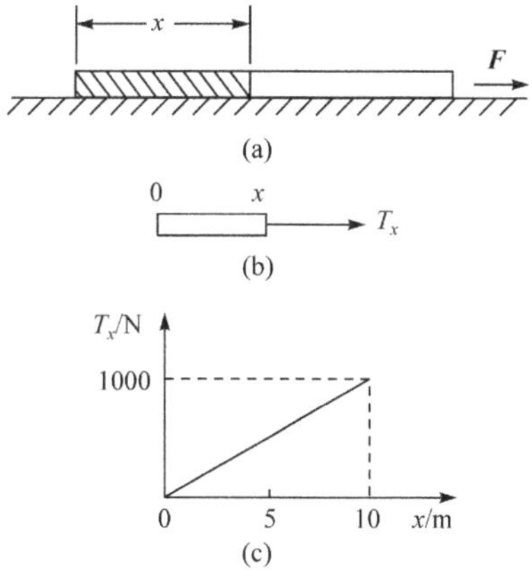


图 2.8

**解**　取长度为 $x$ 的一段隔离体如图 2.8(b)，其水平方向受力为 $T_x$，据牛顿第二定律

$$T_x = m_x a = M\frac{x}{l}a = 500 \times \frac{x}{10} \times 2$$
$$= 100x$$

张力随横截面位置的变化图线如图2.8(c).

**2.5**　如图 2.9(a)所示，水平桌面上，放着一块质量为 $M$ 的三角形冰决，冰块斜面上放着一质量为 $m$ 的物体. 斜面的仰角为 $\theta$. 不计摩擦，试求冰块对地的加速度，物体 $m$ 对冰块的加速度.

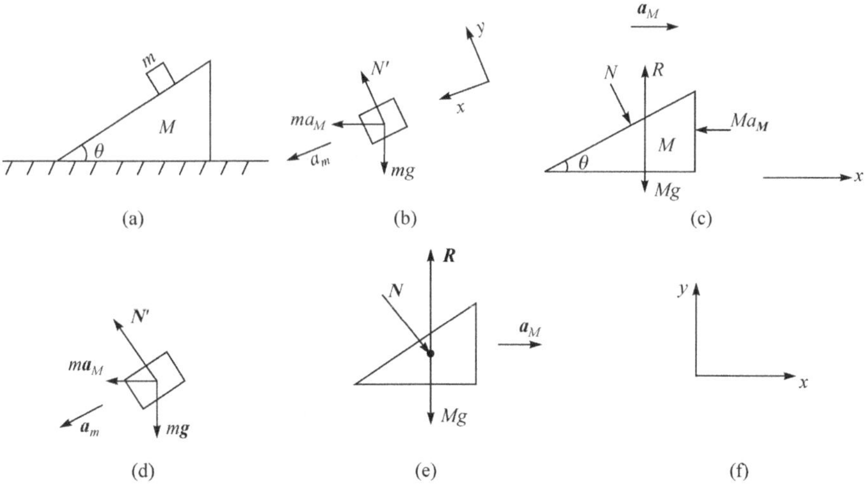


图 2.9

**解**　法 1　取 $m$、$M$ 为隔离体，以 $M$ 为参考系(非惯性系)，受力分析如图2.9(b)、(c).

关于 $m$：取 $m$ 沿斜面向下为 $x$ 的正方向，其相对 $M$ 的加速度为 $a_m$，与 $x$ 轴垂

直的 $y$ 方向无位移,故 $y$ 方向加速度为零.据牛顿第二定律

$$mg\sin\theta + ma_M\cos\theta = ma_m$$

$$N' + ma_M\sin\theta - mg\cos\theta = 0$$

关于 $M$:取水平方向为 $x$ 轴,在 $M$ 这个非惯性参考系中有

$$N\sin\theta - Ma_M = 0$$

又因

$$N' = N$$

解上述方程得

$$a_M = \frac{m\cos\theta\sin\theta}{M + m\sin^2\theta}g$$

$$a_m = \frac{(M+m)\sin\theta}{M + m\sin^2\theta}g$$

法 2　关于 $M$,以地面为参考系,受力分析、坐标选取如图 2.9(e)(f)所示

$$R - Mg - N\cos\theta = 0 \tag{1}$$

$$N\sin\theta = Ma_M \tag{2}$$

关于 $m$,$m$ 以 $M$ 为参考系时,受力如图 2.9(d).此时 $m$ 以相对 $M$ 为 $a_m$ 的加速度沿斜面下滑,仍取图 2.9(f)中的 $x$-$y$ 坐标.因 $N'=N$,据牛顿第二定律

$$N\cos\theta - mg = -ma_m\sin\theta \tag{3}$$

$$N\sin\theta + ma_M = ma_m\cos\theta \tag{4}$$

由(2)式得 $N=\dfrac{Ma_M}{\sin\theta}$,代入(3)、(4)式中

$$\frac{Ma_M}{\sin\theta}\cos\theta - mg = -ma_m\sin\theta \tag{5}$$

$$\frac{Ma_M}{\sin\theta}\sin\theta + ma_M = ma_m\cos\theta \tag{6}$$

(5)×$\cos\theta$+(6)×$\sin\theta$ 整理得

$$a_M = \frac{mg\cos\theta\sin\theta}{M + m\sin^2\theta} \tag{7}$$

由(7)、(5)式解得

$$a_m = \frac{(M+m)g\sin\theta}{M + m\sin^2\theta}$$

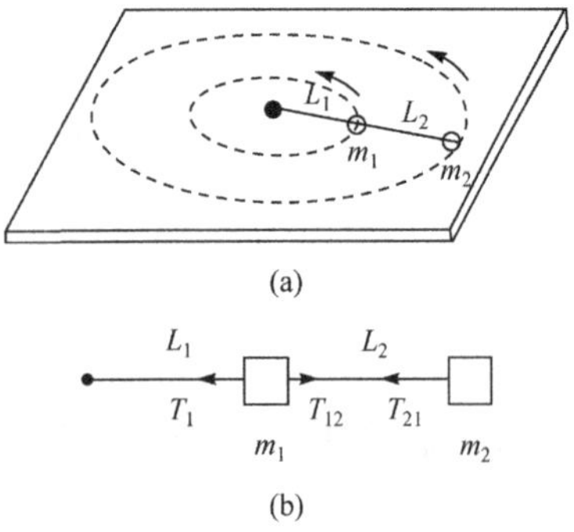


图 2.10

**2.6**　如图 2.10 所示,一个质量为 $m_1$ 的物体拴在长为 $L_1$ 的轻绳上,绳的另一端固定在一个水平光滑桌面的钉子上.另一物体质量为 $m_2$,用长为 $L_2$ 的绳与 $m_1$ 连接.二者均在桌面上作匀速圆

周运动，假设 $m_1$、$m_2$ 的角速度为 $\omega$，求各段绳子上的张力.

**解**　$m_1$、$m_2$ 水平方向受力如图. 由牛顿第二定律得

$$T_{21} = m_2\omega^2(L_1 + L_2) \tag{1}$$

$$T_1 - T_{12} = m_1\omega^2 L_1 \tag{2}$$

据牛顿第三定律

$$T_{12} = T_{21} \tag{3}$$

解(1)～(3)方程得

$$T_1 = m_1\omega^2 L_1 + m_2\omega^2(L_1 + L_2) = \omega^2[m_1 L_1 + m_2(L_1 + L_2)]$$

$$T_{21} = T_{12} = m_2\omega^2(L_1 + L_2)$$

**2.7**　如图 2.11(a)质量为 $m$，长为 $l$ 的摆，挂在固定于小车的架子上，以小车为参考系，求在下列情况下摆线的方向及线中的张力：

(1) 小车沿水平面作匀速直线运动；

(2) 小车以加速度 $a$ 作水平运动；

(3) 小车自由地从斜面上滑下，斜面与水平面成 $\alpha$ 角.

**解**　法 1　以小车用加速度 $a_1$ 沿斜面向上运动为例. 小球受力分析、坐标选取如图 2.11(b)，设此时摆线与竖直方向夹角为 $\theta$，顺时针方向为正. 选小车为参考系，考虑惯性力 $-m\boldsymbol{a}_1$ 则有

$$T\sin\theta - ma_1\cos\alpha = 0 \tag{1}$$

$$T\cos\theta - ma_1\sin\alpha - mg = 0 \tag{2}$$

解(1)、(2)式得

$$T = m\sqrt{a_1^2 + g^2 + 2a_1 g\sin\alpha} \tag{3}$$

$$\theta = \arctan\frac{a_1\cos\alpha}{a_1\sin\alpha + g} \tag{4}$$

由(3)、(4)式讨论

(1) $\alpha=0$，$a_1=0$ 时，$\theta=0$，$T=mg$；

(2) $\alpha=0$，$a_1=a$ 时，$\theta=\arctan\dfrac{a}{g}$，$T=m\sqrt{a^2+g^2}$；

(3) $\alpha=\alpha$，$a_1=-g\sin\alpha$ 时，$\theta=-\alpha$，$T=$

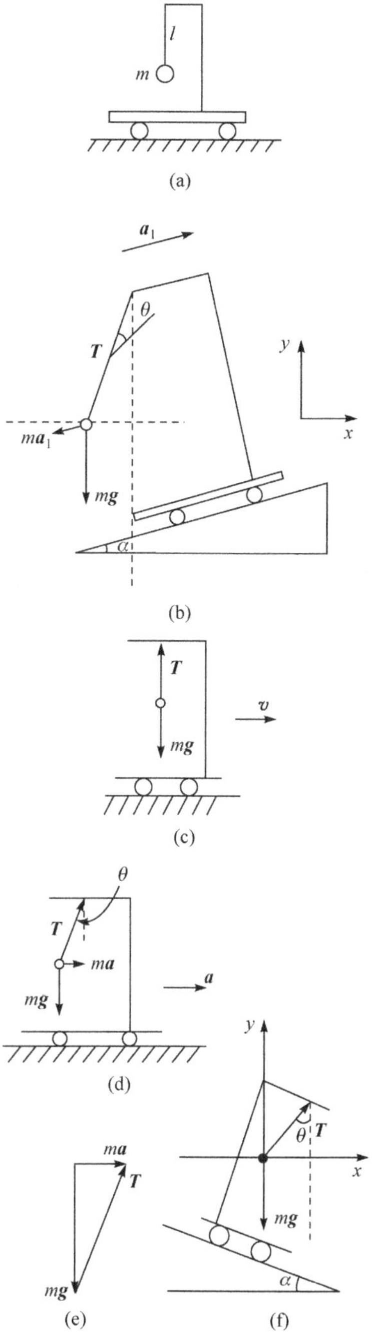


图 2.11

$mg\cos\alpha$.

法 2 (1)以地面为参考系,小球受力为重力 $m\boldsymbol{g}$ 和绳的拉力 $\boldsymbol{T}$,如图 2.11(c) 因其与小车一起作匀速直线运动,故 $\boldsymbol{a}=0$. 则

$$m\boldsymbol{g}+\boldsymbol{T}=0$$

因 $m\boldsymbol{g}$ 竖直向下,故 $\boldsymbol{T}$ 一定竖直向上. 即摆线与竖直方向夹角为零,$T=mg$.

(2) 同样以地面为参考系,球与小车一起以加速度 $a$ 水平运动,如图 2.11(d). 则

$$m\boldsymbol{g}+\boldsymbol{T}=m\boldsymbol{a}$$

因 $\boldsymbol{g}\perp\boldsymbol{a}$, $m\boldsymbol{g}$、$\boldsymbol{T}$ 与 $m\boldsymbol{a}$ 构成矢量三角形如图 2.11(e). 故

$$T=m\sqrt{g^2+a^2}$$

$$\theta=\arctan\frac{a}{g}$$

(3) 球与小车一起自由地从倾角为 $\alpha$ 的斜面上滑下时,两者沿斜面的加速度为 $a=g\sin\alpha$ 取坐标如图. 设摆线与 $y$ 轴成 $\theta$ 角,如图 2.11(f).

$$T\sin\theta=mg\sin\alpha\cos\alpha$$

$$T\cos\theta-mg=-mg\sin\alpha\sin\alpha$$

解之

$$\theta=\arctan\frac{mg\sin\alpha\cos\alpha}{mg\sin^2\alpha+mg}=\alpha$$

$$T=mg\cos\alpha$$

**2.8** 如图 2.12 所示,长度为 $l$ 的轻绳,一端拴着质量为 $m$ 的小球,另一端固定在离水平冰面高 $h$ 的地方,使小球在冰面上作匀速圆周运动,转速为 $n$. 问冰面受小球的压力是多少? $n$ 多大时小球将离开冰面?

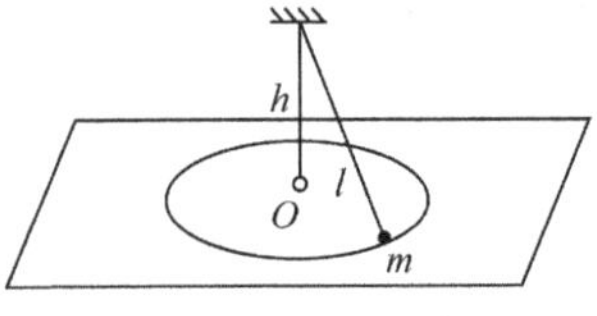


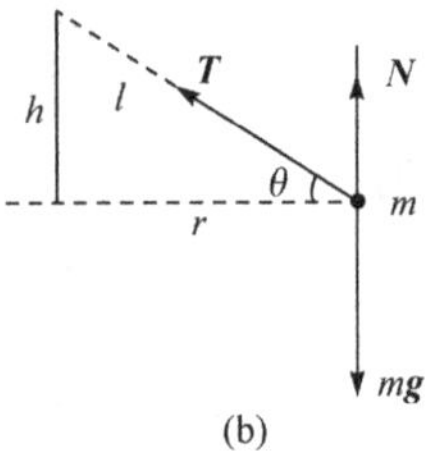


图 2.12

**解** 小球受力如图 2.12(b),据牛顿第二定律得

$$T\cos\theta=mr\omega^2,\quad 其中\ \omega=2\pi n$$

$$T\sin\theta+N-mg=0$$

由几何关系得

$$r=\sqrt{l^2-h^2},\quad \sin\theta=h/l$$

$$\cos\theta=\sqrt{l^2-h^2}/l$$

据以上方程可解出

$$N=m(g-4\pi^2n^2h)$$

则冰面受小球压力 $N'=m(g-4\pi^2n^2h)$. 当 $n\geqslant\frac{1}{2\pi}\sqrt{\frac{g}{h}}$

时，小球离开冰面(即为 $N=0$ 时).

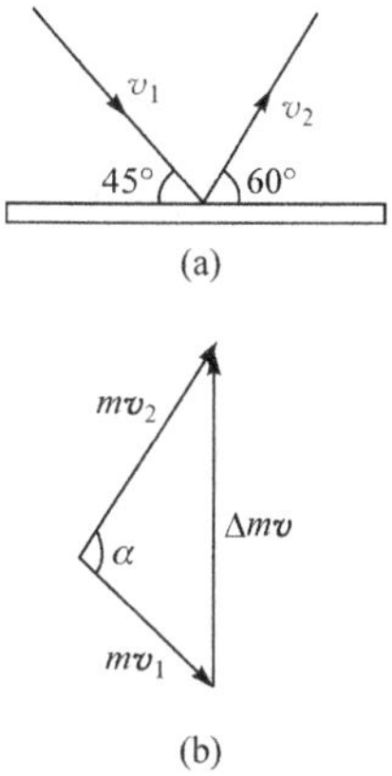


图 2.13

**2.9**　一质量 $m=2.5\text{g}$ 的乒乓球以 $v_1=10\text{m/s}$ 的速率飞来，用板推挡后球又以 $v_2=20\text{m/s}$ 的速率飞出，设推挡前后球的运动方向与板面夹角分别为 45°和 60°，如图 2.13(a).

(1) 求小球得到的冲量；

(2) 如撞击时间是 0.01s，求板施于球的平均冲力.

**解**　(1) 求球得到的冲量. 据动量定理列方程如下：

$$\boldsymbol{I}=m\boldsymbol{v}_2-m\boldsymbol{v}_1=\Delta m\boldsymbol{v}$$

推挡前、后动量 $m\boldsymbol{v}_1$、$m\boldsymbol{v}_2$ 与冲量 $\Delta m\boldsymbol{v}$ 构成矢量三角形. 如图 2.13(b)，则

$$\begin{aligned}I&=m\sqrt{v_1^2+v_2^2-2v_1v_2\cos\alpha}\\&=2.5\times10^{-3}\times\sqrt{10^2+20^2-2\times10\times20\times\cos105^\circ}\\&=6.14\times10^{-2}(\text{N}\cdot\text{s})\end{aligned}$$

(2) 平均冲力为

$$\overline{F}=\frac{I}{\Delta t}=\frac{6.4\times10^{-2}}{0.01}=6.14(\text{N})$$

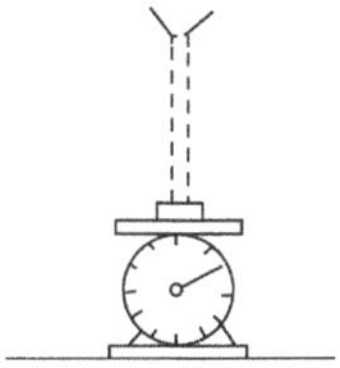

图 2.14

**2.10**　如图 2.14 所示，将一空盒放在秤盘上，秤的读数调到零，然后从高出盒底 $h=4.9\text{m}$ 处，将小石子流以 $n=100$ 个/s 的速度注入盒中，假设每一石子的质量为 $m=0.02\text{kg}$ 都从同一高度落下，且落到盒内后就停止运动. 求石子从开始落到盒底后 10s 时秤的读数.

**解**　取石子落到盒底后的 10s 内作为研究过程. 研究对象为这 10s 内落到盒底石子的质量 $M$，有

$$M=10nm=10\times100\times0.02=20(\text{kg})$$

因石子以 $n=100$ 个/s 的速率注入，所以受到盒的冲力 $\boldsymbol{F}$ 是一常力. 取向上为正方向.

质量 $M$ 的石子与盒底作用前、后的动量为

$$\text{作用前：}Mv_0,\quad \text{其中 } v_0=-\sqrt{2gh}$$
$$\text{作用后：}Mv,\quad v=0$$

据动量定理有

$$\overline{F}\Delta t=Mv-Mv_0$$

$$\overline{F}=\frac{0-M(-\sqrt{2gh})}{\Delta t}=\frac{M\sqrt{2hg}}{\Delta t}=19.6\text{N}$$

在 10s 时称的读数 $N$ 应为盘受的压力和冲力 $\overline{F}'$ 之和

$$N=Mg+\overline{F}'=Mg+\overline{F}=20\times 9.8+19.6=215.6(\text{N})$$

**2.11** 一辆装煤车，以 3m/s 的速率从煤斗下面通过，煤车通过漏斗以 $5\times 10^3$kg/s 的速率铅直注入车厢，如果车厢的速率保持不变，并设煤车牵引力远大于车厢与钢轨间的摩擦阻力，求牵引力的大小.

**解** 法 1 设系统由煤车 $m$ 与 $t\sim t+\Delta t$ 时间内注入的煤的质量 $\mathrm{d}m$ 组成. 系统因摩擦忽略不计，水平方向只受牵引力的作用. 取牵引力的方向为 $x$ 正方向.

作用前系统水平方向的动量

煤车：$mv$， 煤：0 （$\mathrm{d}m$ 竖直下落无水平速度）

作用后系统水平方向的动量

$$(m+\mathrm{d}m)v$$

系统水平方向据动量定理得

$$F\mathrm{d}t=(m+\mathrm{d}m)v-mv=v\mathrm{d}m$$

$$F=v\frac{\mathrm{d}m}{\mathrm{d}t}=3\times 5\times 10^3=1.5\times 10^4(\text{N})$$

法 2 选煤车为研究对象，在牵引力的作用下，煤车的动量发生变化，因煤车是速率不变，那么动量的变化就体现为煤车的质量在变化，故此为变质量问题. 运用牛顿定律有如下形式：

$$F=\frac{\mathrm{d}(mv)}{\mathrm{d}t}=m\frac{\mathrm{d}v}{\mathrm{d}t}+v\frac{\mathrm{d}m}{\mathrm{d}t}$$

因

$$\frac{\mathrm{d}v}{\mathrm{d}t}=0$$

故

$$F=v\frac{\mathrm{d}m}{\mathrm{d}t}=3\times 5\times 10^3=1.5\times 10^4(\text{N})$$

**2.12** 如图 2.15 所示，一根质量为 $M$，长度为 $L$ 的链条，被竖直地悬挂起来，最低端刚好与秤盘接触，今将链条释放并让它落到秤上，求证：链条下落长度为 $x$ 时，秤的读数为 $N=\dfrac{3Mgx}{L}$.

**解** 取落入盘中长为 $x$ 的链条为研究对象. 其落入盘中后处于平衡状态，受到重力 $W=\dfrac{Mg}{L}x$、盘面的支持力 $N$ 和 $x\to x+\Delta x$ 那一小段链条的冲力 $T$. 如

图 2.15 所示. 取向下为正方向则

$$W+T-N=0 \tag{1}$$

即

$$\frac{Mg}{L}x+T-N=0 \tag{2}$$

对 $x \to x+\Delta x$ 这一小段链条来说，以速率 $v_0=\sqrt{2gh}$ 与盘相互作用，受到冲力 $T'$ 后而静止. 此据动量定理得

$$-T'\mathrm{d}t=0-\frac{M}{L}\mathrm{d}x \cdot v_0$$

$$T'=\frac{M}{L}\frac{\mathrm{d}x}{\mathrm{d}t}v_0=\frac{M}{L}v_0^2=\frac{2Mgx}{L}$$

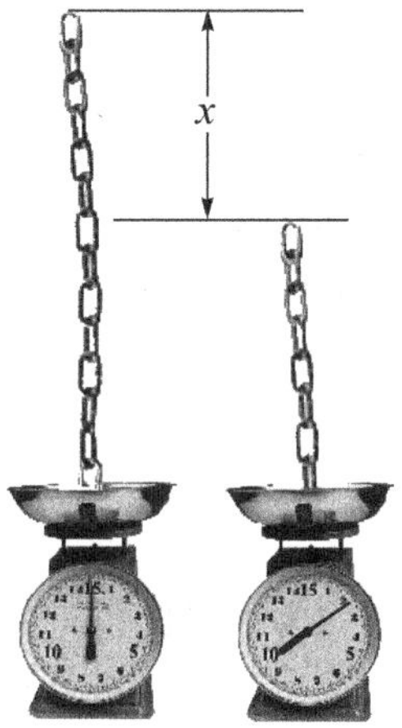


图 2.15

据(2)式得

$$N=T+\frac{Mgx}{L}=T'+\frac{Mgx}{L}=\frac{3Mgx}{L}$$

秤的读数 $N'=N=\frac{3Mgx}{L}$.

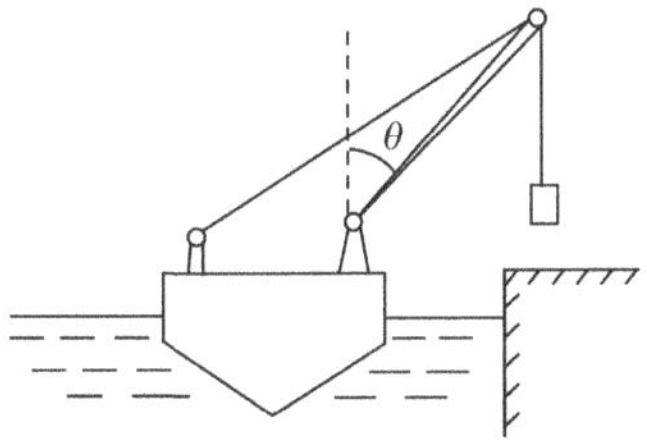


图 2.16

**2.13** 如图 2.16 所示，质量为 20t 的浮吊，吊着质量为 $2\times10^3$kg 的货物. 当吊杆与铅垂线的夹角 $\theta$ 从 60°变到 30°时，浮吊在水平方向移动了多少距离？设杆长为 8m，杆的质量可忽略不计.

**解**　法 1　设杆长为 $L$，浮吊的质量为 $M$，货物的质量为 $m$，$V$ 为浮吊对地的速度，$\boldsymbol{v}'$ 为货物对浮吊的速度，$\boldsymbol{v}$ 为货物对地的速度. 据速度合成公式

$$\boldsymbol{v}=\boldsymbol{v}'+\boldsymbol{V}$$

取浮吊的移动方向为 $x$ 轴的正向，则

$$-v_x=V-v'_x$$

取浮吊和货物为系统，忽略水的阻力，系统在水平方向动量守恒

$$MV-mv_x=0$$

故

$$V=\frac{m}{M+m}v'_x$$

浮吊移动的距离为

$$s=\int_0^t V\mathrm{d}t=\frac{m}{M+m}\int_0^t v'_x\mathrm{d}t=\frac{m}{M+m}L(\sin60°-\sin30°)$$

$$= \frac{2}{20+2} \times 8 \times (0.866 - 0.5) = 0.266(\mathrm{m})$$

法 2　取浮吊和货物为系统,因水的阻力不计,则系统所受合外力为零. 因此质心加速度 $\boldsymbol{a}_c=0$,即质心的速度 $\boldsymbol{v}_c=$常矢量. 由开始质心不动而知 $\boldsymbol{v}_c=0$,所以系统质心的位移 $\Delta x_c=0$. 系统质心的坐标为

$$x_c = \frac{-mx + MX}{M+m} \quad \text{(设浮吊移动方向为正)}$$

故

$$\Delta x_c = M\Delta X - m\Delta x = 0$$

因为绝对位移=牵连位移+相对位移,所以

$$-\Delta x = \Delta X - \Delta x' \quad \text{(其中 } \Delta x' \text{ 为相对位移)}$$

此式代入式(1)中,则浮吊水平移动的距离为

$$\Delta X = \frac{m}{M+m}\Delta x' = \frac{m}{M+m}L(\sin 60° - \sin 30°) = 0.266\mathrm{m}$$

**2.14**　质量为 $m$ 的小球,以 $\boldsymbol{v}_0$ 速度碰撞静止长杆一端,碰撞后小球不动了. 假设杆是均匀的,质量为 $M$,求碰撞后杆中心的运动速度.

**解**　取杆和小球为一系统,碰撞过程中系统动量守恒. 杆是均匀的,质心在杆的中心. 设碰后杆中心即质心的速度为 $\boldsymbol{v}_c$,则

$$m\boldsymbol{v}_0 = M\boldsymbol{v}_c$$

碰后杆中心的运动速度

$$\boldsymbol{v}_c = \frac{m}{M}\boldsymbol{v}_0$$

**2.15**　如图 2.17 所示,地球绕日公转轨道是椭圆. 设椭圆的长、短半轴分别为 $a$ 和 $b$. 求地球位于近日点和远日点时离太阳的距离. 设地球位于近日点时的速率为 $v_1$,求它在远日点时的速率.

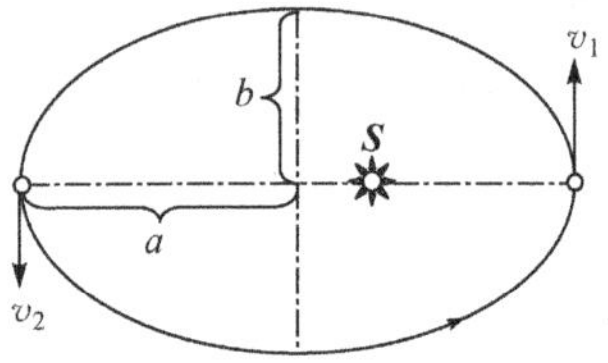

图 2.17

**解**　将地球与太阳都当成质点,地球受太阳的引力作用而绕太阳公转,此引力相对太阳的力矩为零,故地球对太阳的角动量守恒,即

$$L = mrv = \text{恒量}$$

得

$$r_1 v_1 = r_2 v_2$$

由椭圆的性质可知

$$r_1 = a - \sqrt{a^2 - b^2}, \quad r_2 = a + \sqrt{a^2 - b^2}$$

则地球远日点时的速率

$$v_2 = \frac{r_1}{r_2}v_1 = \frac{a-\sqrt{a^2-b^2}}{a+\sqrt{a^2-b^2}}v_1$$

**2.16**　质量为 $M$,长为 $l$ 的均匀细杆,中点有一垂直于杆的转轴. 杆绕轴旋转的角速度为 $\omega$. 求杆对中点的角动量.

**解**　如图 2.18 所示,在距杆中心 $O$ 轴 $x$ 处,取质元 $\mathrm{d}m=\frac{M}{l}\mathrm{d}x$, 它对 $O$ 轴的角动量为 $\mathrm{d}L=\mathrm{d}mwx^2$,即

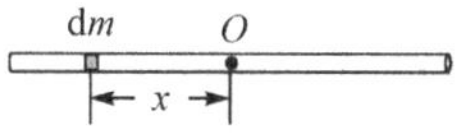

图 2.18

$$\mathrm{d}L = \frac{M}{l}wx^2\mathrm{d}x$$

则杆对中点的角动量

$$L = \frac{M}{l}w\int_{-\frac{l}{2}}^{+\frac{l}{2}} x^2\mathrm{d}x = \frac{Ml^2w}{12}$$

**2.17**　仰角为 45°的光滑斜面上,有一质量为0.5kg的物体从斜面上滑下来. 滑了 3m 后和一弹簧接触. 设弹簧的劲度系数为 400N/m. 求弹簧的最大压缩量. 如图 2.19 所示.

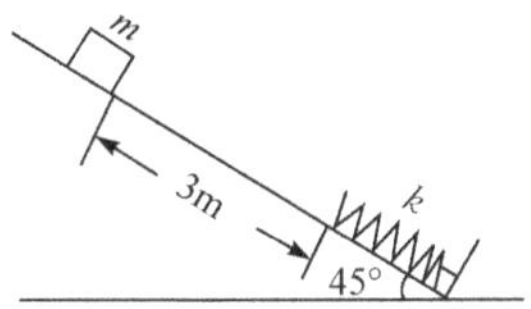

图 2.19

**解**　取物体、弹簧和地球为一系统,从 $m$ 开始下滑到将弹簧压缩最大为 $x$ 时为研究过程. 此过程中,系统受斜面的支持力做功为零,只有保守内力(重力、弹力)做功,则系统的机械能守恒. 即

$$mg(l+x)\sin\theta = \frac{1}{2}kx^2$$

解得

$$x = \frac{mg\sin\theta + \sqrt{(mg\sin\theta)^2 + 2kmgl\sin\theta}}{k} = 0.237\mathrm{m}$$

**2.18**　在光滑的水平桌面上,放一质量为 $M$ 的滑块,滑块与轻质弹簧相连,弹簧的另一端固定于 $O$ 点,弹簧的劲度系数为 $k$,静止的弹簧原长为 $l_0$,今用力猛击滑块,使之获得与弹簧轴线垂直的水平速度 $v_0$,当滑块 $M$ 运动到 $B$ 点时,弹簧长度为 $l$,求滑块在 $B$ 点的速度的大小与弹簧轴线间的夹角 $\theta$. 如图 2.20.

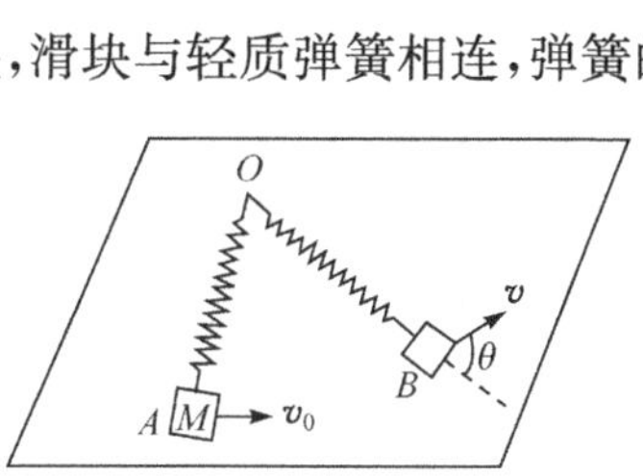

图 2.20

**解**　弹簧和滑块这一系统,从 $A$ 到 $B$ 的过程中,只有弹性力做功,故机械能守恒. 即

$$\frac{1}{2}Mv_0^2 = \frac{1}{2}Mv^2 + \frac{1}{2}k(l-l_0)^2$$

解出

$$v=\sqrt{v_0^2-\frac{k}{m}(l-l_0)^2}$$

又因系统在 $A$ 到 $B$ 的过程中角动量守恒,故

$$mv_0l_0=mvl\sin\theta$$

解出

$$\theta=\arcsin\frac{v_0l_0}{vl}$$

**2.19** 用弹簧把质量分别为 $m_1$、$m_2$ 两木块连接起来,如图 2.21(a)放置. 用力压上面的木块,突然撤掉压力,让上木块跳起来. 为了能使下木块也随着起来,压力至少要多少?(弹簧质量不计.)

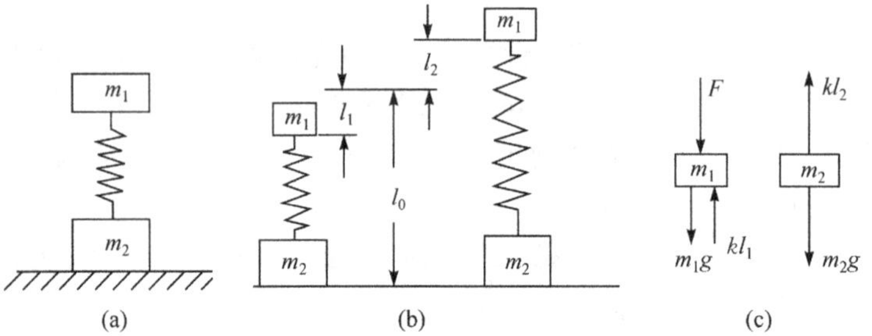


图 2.21

**解** $m_1$ 在压力 $F$、重力 $m_1g$、弹性力的作用下处于平衡状态. 如图 2.21(c)则

$$kl_1=F+m_1g \tag{1}$$

其中,$k$ 为弹簧劲度系数,$l_1$ 为此时弹簧压缩量.

撤力后,$m_2$ 在弹性力作用下恰好刚被提起,此时 $m_2$ 处于平衡状态. $m_2$ 受力如图 2.21(c)有

$$kl_2=m_2g \tag{2}$$

(支持力 $N=0$)$l_2$ 为 $m_1$ 到最高点时弹簧的伸长量.

在 $m_1$ 从最低点到最高点[如图 2.21(b)]的过程中,对 $m_1$、$m_2$、弹簧和地球这一系统,只有保守内力做功,则机械能守恒. 取弹簧原长 $l_0$ 的位置为重力势能、弹性势能的零点. 则

$$-m_1gl_1+\frac{1}{2}kl_1^2=m_1gl_2+\frac{1}{2}kl_2^2 \qquad (m_2\text{ 势能无变化})$$

整理得

$$k(l_1^2-l_2^2)=2m_1g(l_1+l_2)$$

$$k(l_1-l_2)=2m_1g \tag{3}$$

将式(1)、(2)代入式(3)中得

$$F=(m_1+m_2)g$$

即压力

$$F\geqslant(m_1+m_2)g$$

**2.20**　质量为 $7.2\times10^{-2}$kg，速度为 $6.0\times10^7$m/s 的粒子 $A$，与另一个质量为其一半而静止的粒子 $B$ 相碰，假定碰撞是完全弹性碰撞，碰撞后粒子 $A$ 的速度为$5\times10^7$m/s，求：

(1) 粒子 $B$ 的速率及偏转角；

(2) 粒子 $A$ 的偏转角.

**解**　两粒子碰撞情况如图 2.22(a)所示. 因碰撞是完全弹性的，故动能守恒

$$\frac{1}{2}m_Av_A^2=\frac{1}{2}m_Av'^2_A+\frac{1}{2}m_Bv'^2_B$$

解出

$$v'_B=\sqrt{2v_A^2-2v'^2_A}=4.69\times10^7\text{m/s}$$

据动量守恒定律

$$m_A\boldsymbol{v}_A=m_A\boldsymbol{v}'_A+m_B\boldsymbol{v}'_B$$

此三个矢量构成的矢量三角形如图 2.22(b).

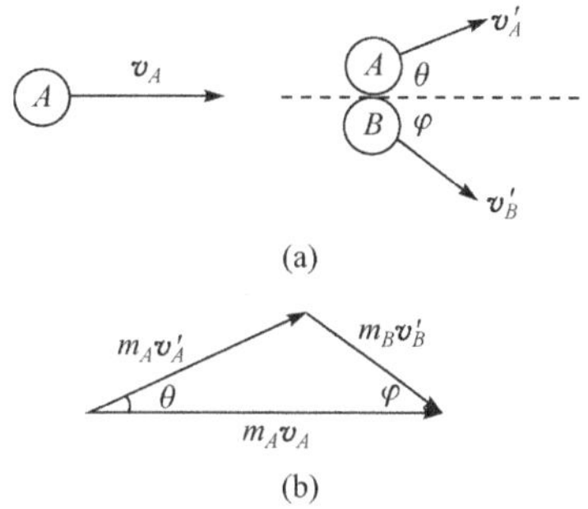


图 2.22

据余弦定理

$$\cos\varphi=\frac{4v_A^2+v'^2_B-4v'^2_A}{4v_Av'_B}=0.5863,\quad \varphi=54°6'$$

$$\cos\theta=\frac{4v_A^2+4v'^2_A-v'^2_B}{8v_Av'_A}=0.925,\quad \theta=22°16'$$

**2.21**　石墨原子核在核反应中作为快中子的减速剂. 已知石墨原子核的质量为 $19.9\times10^{-27}$kg，中子的质量为 $1.67\times10^{-27}$kg，若中子的初速度为 $3\times10^7$m/s 与静止的石墨原子作完全弹性碰撞后减速，问经过几次对心碰撞后中子速度减为 $10^2$m/s?

**解**　对中子和原子核组成的系统，合外力为零，又是完全弹性碰撞，因此系统的动量守恒、动能守恒.

设中子的质量为 $m_1$，碰前的速度为 $v_{10}$，碰后的速度为 $v_1$；原子核的质量为 $m_2$，撞前的速度为零，碰后的速度为 $v_2$. 设两者碰撞 $n$ 次中子速度减为$v_n=10^2$m/s，则

$$m_1v_{10}=m_1v_1+m_2v_2 \tag{1}$$

$$\frac{1}{2}m_1v_{10}^2=\frac{1}{2}m_1v_1^2+\frac{1}{2}m_2v_2^2 \tag{2}$$

解式(1)、(2)得

$$v_1=\frac{m_1-m_2}{m_1+m_2}v_{10},\quad v_2=\frac{2m_1}{m_1+m_2}v_{10}\tag{3}$$

设$\frac{m_1-m_2}{m_1+m_2}$为 $a$，中子第一次碰撞后速度减为 $v_1=av_{10}$. 第二次碰撞前假定原子核速率仍为零,碰后中子的速度以此类推减为 $v_2=av_1=a^2v_{10}$,那么经第 $n$ 次碰撞后,中子的速度为

$$v_n=a^nv_{10}$$

所以

$$\frac{v_n}{v_{10}}=a^n$$

取对数得

$$n=\frac{\ln\frac{v_n}{v_{10}}}{\ln a}$$

因为

$$|a|=\left|\frac{m_1-m_2}{m_1+m_2}\right|=\left|\frac{1.67-19.9}{1.67+19.9}\right|=0.8452\qquad(不考虑速度方向,故取绝对值)$$

所以

$$n=\frac{\ln\frac{10^2}{3\times10^7}}{\ln0.8452}=\frac{2\ln10-\ln3-7\ln10}{\ln0.8452}=\frac{-\ln3-5\ln10}{\ln0.8452}=75(次)$$

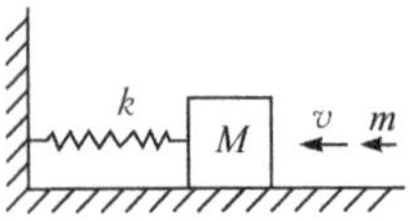

图 2.23

**2.22** 如图 2.23 所示,测子弹速度的一种方法是把子弹水平射入一个固定在弹簧上的木块内,由弹簧压缩的距离可以求出子弹的速度. 已知子弹的质量 $m=0.02$kg,木块质量 $M=8.98$kg,弹簧劲度系数 $k=100$N/m,子弹射入木块后,弹簧被压缩 10cm,求子弹的速度. 设木块与平面间的动摩擦因数是 0.2.

**解** 在子弹射入木块的过程中,摩擦力可不计,则系统不受外力,动量守恒. 设射入前子弹的速度为 $v$,射入后子弹与木块一起运动的速度为 $V$,则有

$$mv=(m+M)V,\quad V=mv/(m+M)\tag{1}$$

在子弹被压缩 $x=10$cm 的过程中,子弹、木块和弹簧组成的系统,外力做功不等于零,由功能原理得

$$-\mu(M+m)gx=\frac{1}{2}kx^2-\frac{1}{2}(m+M)V^2\tag{2}$$

式(1)、(2)联立解出

$$v=\frac{m+M}{m}\sqrt{\frac{k}{m+M}x^2+2\mu gx}=319\text{m/s}$$

**2.23**　$m_1$ 与 $m_2$ 可沿光滑表面 $PQR$ 滑动，如附图 2.24 所示. 开始，将 $m_1$ 压紧弹簧($m_1$ 与弹簧未连接)，然后放手，让 $m_1$ 与静止放在 $Q$ 处的 $m_2$ 作完全弹性碰撞，假定弹簧的劲度系数为 $k$，开始压缩的距离为 $x_0$.

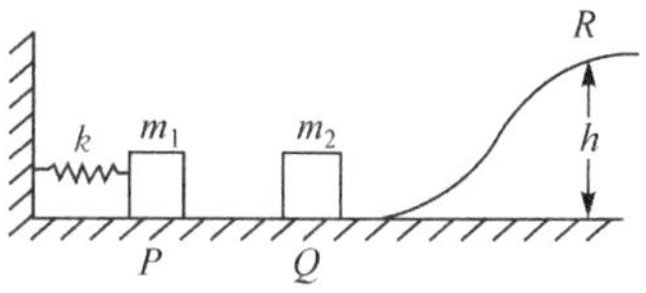

图 2.24

(1) 如 $m_1<m_2$，问碰撞后 $m_1$ 能再将弹簧压缩多大距离 $x$?

(2) 如 $m_1=m_2$，$x$ 为多大?

(3) 如仍为 $m_1<m_2$，而 $m_2$ 到达 $R$ 时恰好停止，问原来压缩弹簧距离 $x_0$ 为多少?

**解**　(1) 在 $m_1$ 压缩弹簧到脱离弹簧的过程中，弹簧与 $m_1$ 组成的系统，只有保守内力(弹性力)做功，故机械能守恒. 设 $m_1$ 离开弹簧时速度为 $v_{10}$，则

$$\frac{1}{2}kx_0^2=\frac{1}{2}m_1v_{10}^2 \tag{1}$$

解式(1)得

$$v_{10}=\sqrt{\frac{k}{m_1}}x_0 \tag{2}$$

之后 $m_1$ 和 $m_2$ 作完全弹性碰撞，碰撞时动量守恒，动能守恒，故

$$\frac{1}{2}m_1v_{10}^2=\frac{1}{2}m_1v_1^2+\frac{1}{2}m_2v_2^2 \tag{3}$$

$$m_1v_{10}=m_1v_1+m_2v_2 \tag{4}$$

由式(4)、(3)求解得碰撞后 $m_1$、$m_2$ 的速度 $v_1$、$v_2$

$$v_1=\frac{m_1-m_2}{m_1+m_2}v_{10},\quad v_2=\frac{2m_1}{m_1+m_2}v_{10} \tag{5}$$

$m_1$ 弹回来再压缩弹簧，压缩量为 $x$，压缩过程机械能守恒，即

$$\frac{1}{2}m_1v_1^2=\frac{1}{2}kx^2 \tag{6}$$

由式(2)、(5)、(6)得

$$x=\sqrt{\frac{m_1}{k}}v_1=\sqrt{\frac{m_1}{k}}\cdot\left|\frac{m_1-m_2}{m_1+m_2}\right|\cdot\sqrt{\frac{k}{m_1}}\cdot x_0=\left|\frac{m_1-m_2}{m_1+m_2}\right|x_0$$

当 $m_1<m_2$ 时，$m_1$ 碰撞后的速度方向与碰前速度方向相反，故取绝对值.

(2) 当 $m_1=m_2$ 时，$v_1=0$，碰后 $m_1$ 静止，不能再压缩弹簧，所以 $x=0$.

(3) $m_2$ 至 $R$ 处静止,从 $Q \to R$ 过程中,$m_2$ 机械能守恒,即

$$\frac{1}{2}m_2 v_2^2 = m_2 gh, \quad v_2 = \sqrt{2gh}$$

所以

$$x_0 = \sqrt{\frac{m_1}{k}} v_{10} = \sqrt{\frac{m_1}{k}} \cdot \frac{m_1 + m_2}{2m_1} \cdot v_2$$

$$= \sqrt{\frac{m_1}{k}} \cdot \frac{m_1 + m_2}{2m_1} \cdot \sqrt{2gh} = (m_1 + m_2)\sqrt{\frac{hg}{2m_1 k}}$$

# 第3章 刚体力学

## 【本章要点】

### 一、刚体的定轴转动

**1. 匀加速转动公式**

$$w = w_0 + \alpha t$$

$$\theta = w_0 t + \frac{1}{2}\alpha t^2$$

$$w^2 - w_0^2 = 2\alpha\theta$$

**2. 线量和角量的关系**

$$s = r\theta$$

$$v = r\omega$$

$$a_t = r\alpha$$

$$a_n = r\omega^2$$

### 二、刚体定轴转动定律

**1. 转动惯量**

$$J = \sum_i^n \Delta m_i r_i^2$$

$$J = \int r^2 \mathrm{d}m = \int r^2 \rho \mathrm{d}v$$

$J$ 为刚体对转轴的转动惯量.

物体的转动惯量不仅与物体的形状、物体的质量分布有关,而且还与转轴的位置有关.

**2. 刚体的角动量**

$$L_z = J\omega$$

$L_z$ 为刚体对 $z$ 轴的角动量.

**3. 转动定律**

$$M_z = J\frac{\mathrm{d}w}{\mathrm{d}t} = J\alpha$$

$M_z$ 为刚体对 $z$ 轴的合外力矩.

## 三、定轴转动的角动量守恒定律

对于一个质点系,如果它受的对于某一固定轴的合外力矩为零,则它对于此固定轴的角动量保持不变.

$$M_z = \frac{\mathrm{d}L_z}{\mathrm{d}t} = 0$$

则 $L_z$=常量,即

$$J_1\omega_1 = J_2\omega_2 = J\omega$$

## 四、刚体定轴转动的动能定理

**1. 力矩的功**

$$A = \int_{\theta_1}^{\theta_2} M\mathrm{d}\theta$$

**2. 转动动能**

$$E_\mathrm{k} = \frac{1}{2}Jw^2$$

**3. 刚体定轴转动动能定理**

$$A = \int_{\theta_1}^{\theta_2} M\mathrm{d}\theta = \frac{1}{2}Jw_2^2 - \frac{1}{2}Jw_1^2$$

## 五、质点的运动的规律和刚体的定轴转动的规律对比

| 质点的运动 | 刚体的定轴转动 |
|---|---|
| 速度 $\boldsymbol{v}=\frac{\mathrm{d}\boldsymbol{r}}{\mathrm{d}t}$ | 角速度 $\omega=\frac{\mathrm{d}\theta}{\mathrm{d}t}$ |
| 加速度 $\boldsymbol{a}=\frac{\mathrm{d}\boldsymbol{v}}{\mathrm{d}t}=\frac{\mathrm{d}^2\boldsymbol{r}}{\mathrm{d}t^2}$ | 角加速度 $\alpha=\frac{\mathrm{d}\omega}{\mathrm{d}t}=\frac{\mathrm{d}^2\theta}{\mathrm{d}t^2}$ |
| 质量 $m$ | 转动惯量 $J=\int r^2\mathrm{d}m$ |
| 力 $\boldsymbol{F}$ | 力矩 $\boldsymbol{M}=\boldsymbol{r}\times\boldsymbol{F}$ |
| 运动定律 $\boldsymbol{F}=m\boldsymbol{a}$ | 转动定律 $M=J\alpha$ |
| 动量 $\boldsymbol{p}=m\boldsymbol{v}$ | 动量 $\boldsymbol{p}=\sum\Delta m_i\boldsymbol{v}_i$ |
| 角动量 $\boldsymbol{L}=\boldsymbol{r}\times\boldsymbol{p}$ | 角动量 $L=J\omega$ |
| 动量定理 $\boldsymbol{F}=\frac{\mathrm{d}(m\boldsymbol{v})}{\mathrm{d}t}$ | 角动量定理 $M=\frac{\mathrm{d}(J\omega)}{\mathrm{d}t}$ |
| 动量守恒 合外力为零时 $\sum m_i\boldsymbol{v}_i=$恒量 | 角动量守恒 合外力矩为零时 $\sum J\omega=$恒量 |
| 力的功 $A_{AB}=\int_A^B\boldsymbol{F}\cdot\mathrm{d}\boldsymbol{r}$ | 力矩的功 $A=\int_{\theta_1}^{\theta_2}M\mathrm{d}\theta$ |
| 动能 $E_\mathrm{k}=\frac{1}{2}mv^2$ | 转动动能 $E_\mathrm{k}=\frac{1}{2}J\omega^2$ |
| 动能定理 $A=\frac{1}{2}mv_2^2-\frac{1}{2}mv_1^2$ | 动能定理 $A=\frac{1}{2}J\omega_2^2-\frac{1}{2}J\omega_1^2$ |

## 【问题讨论】

**问题1** 平行于$z$轴的力对$z$轴的力矩一定是零. 垂直于$z$轴的力对$z$轴的力矩一定不是零. 这种说法对吗?

**讨论** 前者是正确的,后者不一定. 当垂直于$z$轴的力的作用线通过$z$轴时,力矩是零.

**问题2** 一个有固定轴的刚体,受到两个力的作用. 当这两个力的合力为零时,它

们对轴的合力矩也一定是零吗？当这两个力对轴的合力矩为零时，它们的合力一定是零吗？举例说明.

**讨论** 第一种情况不一定. 如图 3.1(a)、(b)，绕定轴 $O$ 转动的滑轮受两个力 $F$ 作用时，合力为零，但合力矩并不为零.

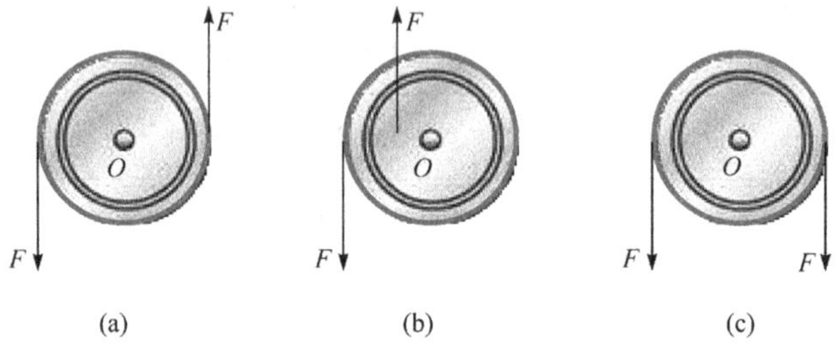


图 3.1

第二种情况也不一定. 如图 3.1(c)作用在定滑轮上的两个力 $F$，对 $O$ 轴的合力矩为零，但这两个力的合力并不为零.

**问题 3** 一个系统的动量守恒和角动量守恒的条件有何不同？

**讨论** 一个系统的动量守恒的条件是：系统受合外力为零.

而角动量守恒的条件是：对某定点，系统受的合外力矩为零. 即一个是合外力为零，一个是合外力矩为零.

**问题 4** 假定时钟的指针是质量均匀的矩形薄片. 分针长而细，时针短而粗，两者具有相等的质量. 哪个指针有较大的转动惯量？哪个有较大的动能与角动量？

**讨论** 刚体对某轴的转动惯量等于刚体中各质元的质量和它们各自离该转轴的垂直距离的平方的乘积的总和.

对于总质量相等、转轴相同的刚体，质量分布离轴越远，转动惯量越大. 即分针有较大的转动惯量.

又因转动动能等于$\frac{1}{2}Jw^2$，分针的转动惯量大，且角速度大，所以分针的转动动能大.

刚体的角动量等于 $Jw$，故分针的角动量大于时针的角动量.

**问题 5** 一个站在水平转盘上的人，左手举一个自行车轮，使轮子的轴竖直. 当他用右手拨动轮缘使车轮转动时，他自己会同时沿相反方向转动起来. 解释其中的道理.

**讨论** 对于人和水平转盘这一系统，忽略转轴处的摩擦力，则系统的合外力矩为零，系统的角动量守恒. 因初始人、转盘处于静止状态，所以系统初始角动量为零. 之后各时刻系统的角动量也为零. 所以当人用右手拨动轮缘使车轮转动时，他自己会同时沿相反方向转动. 以满足系统的角动量为零.

**问题 6** 一个内壁光滑的圆环形细管，正绕竖直光滑固定轴 $OO'$ 自由转动. 管是刚性的，环半径为 $R$. 一质量为 $m$ 的小球静止于管内最高点 $A$ 处，如图 3.2 所示. 由于微小扰动，小球向下滑动，试判断小球在管内下滑过程中，下列三种说法是否正确，并说明理由.

(1) 地球、环管与小球系统的机械能不守恒.

(2) 小球的动量不守恒.

(3) 小球对 $OO'$ 轴的角动量守恒.

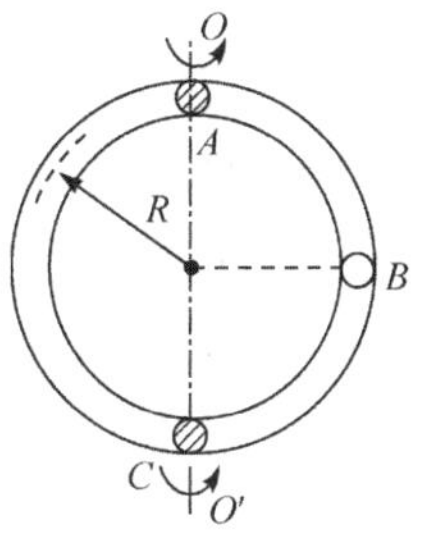

图 3.2

**讨论** (1) 不正确. 因为一个系统在运动中只有保守内力做功，外力和非保守内力都不做功时机械能守恒. 对地球、环管和小球组成的系统：

系统不受外力，所以外力做功为零.

受内力：① 重力为保守内力；② 球与环管间的正压力. 此是一对非保守内力.

小球受的压力(与管壁垂直)与小球相对管壁的速度方向(与管壁相切)始终垂直，所以这一对内力做功之和为零，而且与参考系的选择无关.

综上所述，系统只有保守内力(重力)做功，系统的机械能守恒.

(2) 正确. 当系统所受合外力为零时动量守恒. 在小球下滑过程中，小球受重力(竖直向下)、管壁压力(与管壁垂直斜向上)，两力的合力不为零，所以，小球的动量不守恒.

(3) 不正确. 对某定点，当质点系受的合外力矩为零时，则对于同一定点的角动量保持不变. 对小球来说，受重力和管壁的压力. 重力和 $OO'$ 轴平行，重力对轴的力矩恒为零. 而管壁对小球的压力的作用线一般不通过 $OO'$ 轴，其对 $OO'$ 轴的力矩也就不为零. 小球在下滑过程中对 $OO'$ 轴的力矩不为零，所以小球对 $OO'$ 轴的角动量不守恒.

## 【习题解答】

**3.1** (1) 求地球自转和公转的角速度；

(2) 地球在自转，讨论球面上各点的速度、加速度与纬度的关系.

**解** (1)

$$\omega_{自}=\frac{2\pi}{3600\times 24}=7.27\times 10^{-5}(\text{rad/s})$$

$$\omega_{公}=\frac{2\pi}{3600\times 24\times 365}=2.0\times 10^{-7}(\text{rad/s})$$

(2) 设地球上半径为 $R$，纬度为 $\varphi$ 处的线速度和加速度分别为

$$v=\omega r=\omega R\cos\varphi$$

$$a = \omega^2 r = \omega^2 R\cos\varphi$$

**3.2** 在半径为 $R$、转动惯量为 $J$ 的定滑轮上跨一轻绳，绳的两端挂着质量分别为 $m_1$ 和 $m_2$ 两物体，$m_1 > m_2$，如图 3.3(a). 设绳在滑轮上不打滑，求物体的加速度，滑轮的角加速度和绳中张力.

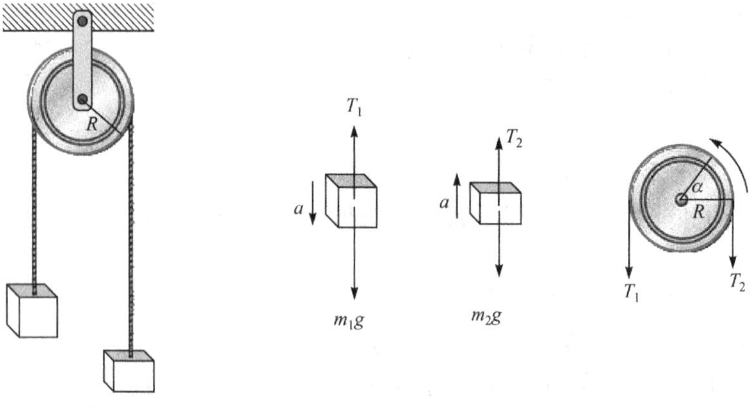


图 3.3

**解** 设 $m_1$、$m_2$ 的加速度为 $a$，利用隔离法分析 $m_1$、$m_2$、滑轮的受力情况，如图 3.3(b)(通过支点 $O$ 的力未画). 据牛顿第二定律，得

$$m_1 g - T_1 = m_1 a \tag{1}$$

$$T_2 - m_2 g = m_2 a \tag{2}$$

对滑轮应用转动定律，得

$$(T_1 - T_2)R = J\alpha \tag{3}$$

又因

$$a = R\alpha \tag{4}$$

解(1)～(4)式得

$$a = \frac{(m_1 - m_2)gR^2}{J + (m_1 + m_2)R^2},\quad T_1 = \frac{(J + 2m_2R^2)m_1 g}{J + (m_1 + m_2)R^2},\quad T_2 = \frac{(J + 2m_1R^2)m_2 g}{J + (m_1 + m_2)R^2}$$

**3.3** 飞轮的质量为 60kg，直径为 0.5m，转速为 1000r/min. 在 5s 内使其制动，求制动力. 假定闸瓦与飞轮之间的摩擦系数为 $\mu = 0.40$，飞轮的质量全分布在圆周上. 尺寸如图 3.4(a)所示.

**解** 首先分析杆和轮的受力情况，如图 3.4(b)(通过支点 $O$ 的力未画).

杆在制动过程中处于平衡状态. 则

$$F(l_1 + l_2) - Nl_1 = 0 \tag{1}$$

对轮据转动定律得

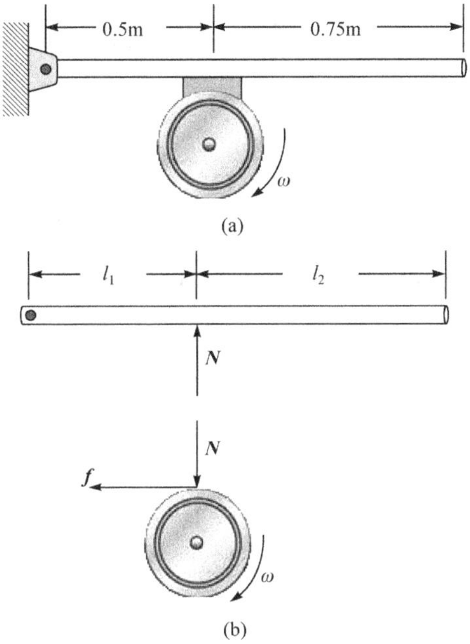


图 3.4

$$fR = J\alpha \tag{2}$$

因

$$f = \mu N \tag{3}$$

$$\omega - \omega_0 = \alpha t \tag{4}$$

设飞轮逆时针转动为正，则 $\omega_0 < 0, \omega_0 = -2\pi\dfrac{1000}{60}$, $\omega = 0$.

联立式(1)～(4)解得

$$F = \frac{l_1 J(\omega - \omega_0)}{\mu(l_1 + l_2)Rt} = \frac{l_1 mR^2(\omega - \omega_0)}{\mu(l_1 + l_2)Rt} = 3.14 \times 10^2\,\mathrm{N}$$

**3.4** 如图 3.5 所示，两物体质量分别为 $m_1$ 与 $m_2$，滑轮的转动惯量为 $J$，半径为 $r$. $m_2$ 与桌面间的摩擦系数为 $\mu$，求物体的加速度 $a$ 及绳中的张力 $T_1$ 与 $T_2$(设绳子与滑轮间无相对滑动).

**解** $m_1$、$m_2$ 和滑轮受力分析如图 3.5(b)，对 $m_1$、$m_2$ 应用牛顿第二定律得

$$m_1 g - T_1 = m_1 a \tag{1}$$

$$T_2 - f = m_2 a \tag{2}$$

因

$$f = \mu N_2 = \mu m_2 g \tag{3}$$

对滑轮，据转动定律得

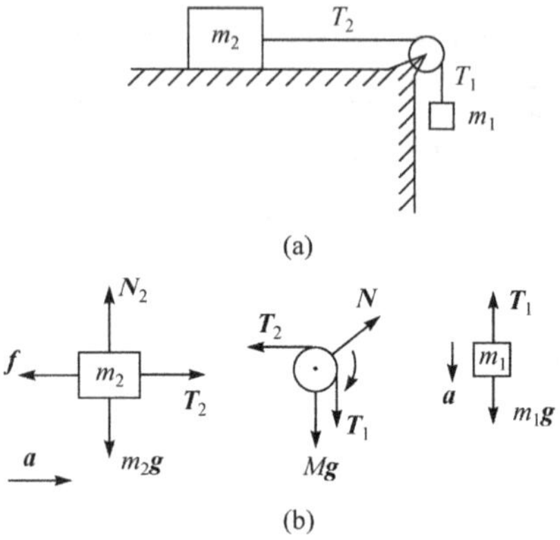


图 3.5

$$(T_1 - T_2)r = J\alpha = J\,\frac{a}{r} \tag{4}$$

联立式(1)～(4)解得

$$a = \frac{m_1 - m_2\mu}{m_1 + m_2 + \dfrac{J}{r^2}}g$$

此结果代入式(1)、(2)分别得

$$T_1 = \frac{(1+\mu)m_2 + \dfrac{J}{r^2}}{m_1 + m_2 + \dfrac{J}{r^2}}m_1 g$$

$$T_2 = \frac{(1+\mu)m_1 + \mu\,\dfrac{J}{r^2}}{m_1 + m_2 + \dfrac{J}{r^2}}m_2 g$$

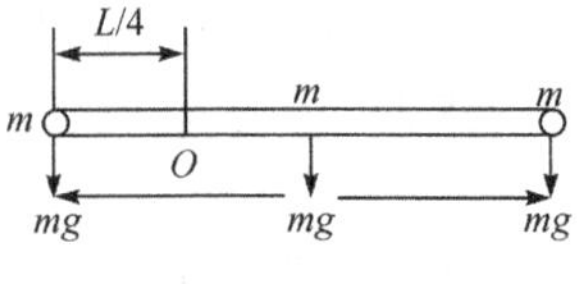


图 3.6

**3.5**　有一条长为 $l$，质量为 $m$ 的均匀细杆，两端各牢固地连接有一个质量为 $m$ 的小球(小球半径 $r \ll l$)，整个系统可绕过 $O$ 点并垂直于杆长的水平轴无摩擦地转动，如图 3.6 所示. 系统转过水平的位置时，求：

(1) 这系统所受的合外力矩；

(2) 系统对该转轴的转动惯量；

(3) 系统的角加速度.

**解**　(1) 设杆与两球组成一系统，受力分析如图 3.7($O$ 点除外). 取转轴为 $O$ 点，顺时针方向为正方向，则系统合外力矩为

$$M = mg\left(\frac{L}{4} + \frac{3}{4}L - \frac{L}{4}\right) = \frac{3}{4}mgL$$

(2) 系统对该轴的转动惯量为(利用平行轴定理)

$$J = J_1 + J_2 + J_3 = \left[\frac{mL^2}{12} + m\left(\frac{L}{4}\right)^2\right] + m\left(\frac{3L}{4}\right)^2 + m\left(\frac{L}{4}\right)^2 = \frac{37}{48}mL^2$$

(3) 系统的角加速度

$$\alpha = \frac{M}{J} = \frac{3}{4}mgL \Big/ \frac{37}{48}mL^2 = \frac{36g}{37L}$$

**3.6** 某冲床上飞轮的转动惯量为 $4.0\times10^3 \text{kg}\cdot\text{m}^2$,(1)当它的转速达到 30r/min 时,它的转动动能是多少?(2)冲一次后,其转速降为 10r/min. 求飞轮所做之功.

**解** (1) 当飞轮转速达到 $n_1=30\text{r/min}$ 时,角速度

$$\omega_1 = \frac{2\pi\times30}{60} = \pi(\text{rad/s})$$

飞轮的转动动能

$$\frac{1}{2}J\omega_1^2 = \frac{1}{2}\times4\times10^3\times\pi^2 = 1.97\times10^4(\text{J})$$

(2) 当飞轮转速降为 $n_2=10\text{r/min}$ 时,角速度

$$\omega_2=\frac{2\pi\times10}{60}=\frac{\pi}{3}(\text{rad/s})$$

转动动能

$$\frac{1}{2}J\omega_2^2=\frac{1}{2}\times4\times10^3\times\left(\frac{\pi}{3}\right)^2=0.22\times10^4(\text{J})$$

据转动动能定理,合外力矩对飞轮所做的功 $A$ 等于它的转动动能的增量.

$$A = \frac{1}{2}J\omega_2 - \frac{1}{2}J\omega_1 = 0.22\times10^4 - 1.97\times10^4 = -1.75\times10^4(\text{J})$$

所以飞轮所做的功为 $1.75\times10^4$J.

**3.7** 质量为 $m$,长为 $l$ 的均匀长杆,一端可绕水平的固定轴旋转. 开始时,杆系静止下垂. 如图 3.7(a)所示. 现有一质量为 $m$ 的子弹,以水平速度 $v$ 打击杆于 $A$ 点,以后就附在杆上随之一起摆动. 设 $A$ 离轴的距离为$\frac{3}{4}l$,求杆向上摆的最大角度.

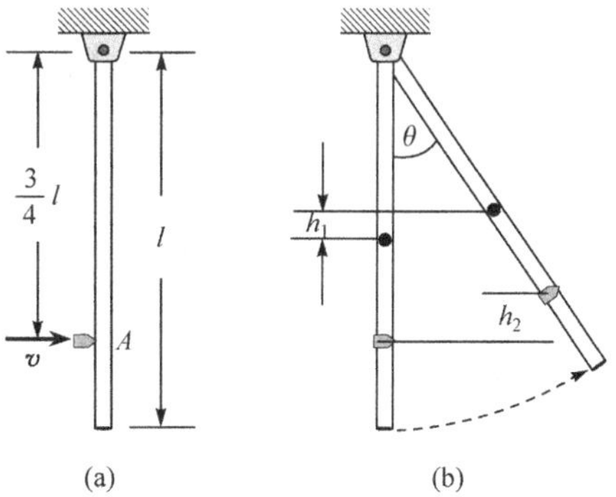

图 3.7

**解** 取子弹和杆为一系统,在子弹射入杆前到与杆一起以角速度 $\omega$ 绕轴转动的过程中,系统所受的重力与固定轴的作用力的

合外力矩为零,则系统的角动量守恒. 即

$$L_{子弹} = L_{杆} + L'_{子弹}$$

因杆对转轴的转动惯量 $J_1=\frac{1}{3}ml^2$,子弹的转动惯量 $J_2=\left(\frac{3}{4}l\right)^2 m$,射入前后角动量守恒,则

$$\frac{3}{4}lmv = \frac{1}{3}ml^2\omega + m\left(\frac{3}{4}l\right)^2\omega$$

解此式得

$$\omega = \frac{36v}{43l}$$

在杆与子弹从位置 1 到最大偏角位置 2 的过程中,系统机械能守恒. 设杆在竖直位置时势能为零. 即

$$E_1 = E_2$$

$$\frac{1}{2}J_1\omega^2 + \frac{1}{2}J_2\omega^2 = mgh_1 + mgh_2$$

$$\frac{1}{2}(J_1 + J_2)\omega^2 = mg\left(\frac{l}{2} - \frac{l}{2}\cos\theta\right) + mg\left(\frac{3l}{4} - \frac{3}{4}l\cos\theta\right) \tag{1}$$

其中

$$J_2 = m\left(\frac{3}{4}l\right)^2$$

为子弹对 $O$ 点的转动惯量. 将 $J_1$、$J_2$ 代入式(1)中得

$$1-\cos\theta=\frac{2(J_1+J_2)\omega^2}{5mgl}=\frac{54}{215}\frac{v^2}{gl}$$

所以摆动的最大角度为

$$\theta=\arccos\left(1-\frac{54}{215}\frac{v^2}{gl}\right)$$

**3.8** 如图 3.8 所示,一个圆柱体,长为 $L$,半径为 $R$,质量为 $m$. 用两条轻软的绳子对称地绕在柱体两端,绳的上部固定. 现将柱体水平托住,且使两绳垂直拉紧,然后释放. 求:

(1) 该柱体向下运动的线加速度;

(2) 该柱体向下运动时一条绳中的张力.

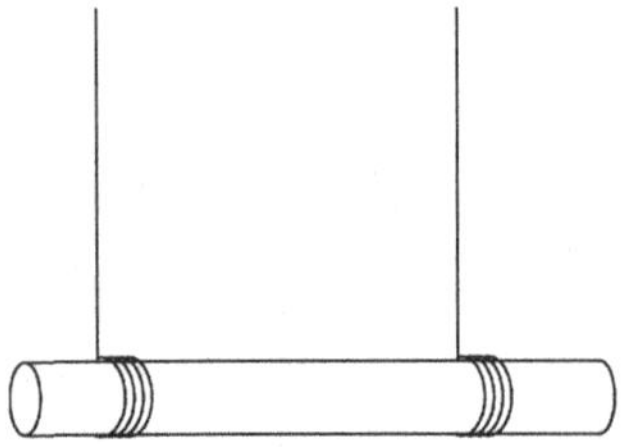

图 3.8

**解** (1) 受力分析如图 3.9 所示,合力与线加速度 $a$ 的关系

$$mg-2T=ma \tag{1}$$

合力矩与角加速度$\beta$的关系

$$2TR=J\beta \tag{2}$$

线加速度$a$与角加速度$\beta$的关系

$$\beta=\frac{a}{R} \tag{3}$$

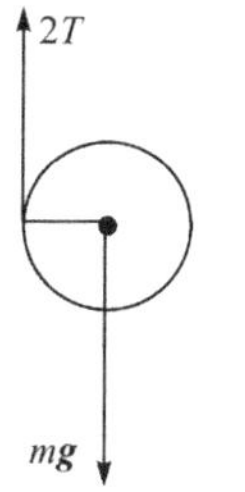

图 3.9

圆柱体的转动惯量

$$J=\frac{1}{2}mR^2 \tag{4}$$

将式(3)、(4)代入式(2)得

$$2T=\frac{1}{2}ma \tag{5}$$

将式(5)代入式(1)得

$$a=\frac{2}{3}g \tag{6}$$

(2) 将式(6)代入式(5)得

$$T=\frac{1}{6}mg$$

# 第 4 章　振　　动

## 【本章要点】

### 一、基本概念

**1. 振动**

物理量在某一值附近随时间反复变化,则称该物理量在作振动.

**2. 简谐振动**

物理量随时间按余弦(或正弦)规律变化

$$x(t)=A\cos(\omega t+\varphi_0)$$

则称该物理量在作简谐振动.

**3. 描述简谐振动的物理量**

振幅 $A$　物理量变化的最大范围;

频率 $\nu$　单位时间振动的次数,单位:赫兹(Hz);

角频率　$\omega=2\pi\nu$,单位:弧度/秒(rad/s);

周期　$T=\dfrac{1}{\nu}=\dfrac{2\pi}{\omega}$,单位:秒(s);

相位 $\omega t+\varphi_0$ 一个确定的振动,不同时刻的振动状态取决于相位,相位变化 $2\pi$ 系统完成一个周期的振动. $t=0$ 时刻的相位称为初相位.

**4. 简谐振动的速度**

$$v=\frac{\mathrm{d}x}{\mathrm{d}t}=-A\omega\sin(\omega t+\varphi)=A\omega\cos\left(\omega t+\varphi+\frac{\pi}{2}\right)$$

比位移超前$\dfrac{\pi}{2}$.

**5. 简谐振动的加速度**

$$a=\frac{\mathrm{d}^2x}{\mathrm{d}t^2}=-A\omega^2\cos(\omega t+\varphi)=-\omega^2x$$

比位移超前 π.

## 二、常数的确定

**1. 由初始条件确定 $A$、$\varphi_0$**

将 $t=0$ 时刻系统的运动状态 $x_0$、$v_0$ 代入振动函数和速度函数，得

$$x_0=A\cos\varphi_0,\quad v_0=-A\omega\sin\varphi_0$$

可解得

$$A=\sqrt{x_0^2+\frac{v_0^2}{\omega^2}},\quad \tan\varphi_0=-\frac{v_0}{\omega x_0}$$

**2. 用旋转矢量法确定 $\varphi_0$**

简谐振动可以用一模为 $A$，绕起始端以 $\omega$ 角速度旋转的矢量，在 $x$ 轴上的投影来描述. 如图 4.1，以振幅 $A$ 为半径画参考圆，由 $x$ 逆时针转 $\varphi_0$ 角度画矢量$A(0)$，当 $A$ 以 $\omega$ 的角速度逆时针旋转时，$t$ 时刻其在 $x$ 轴上的投影为

$$x(t)=A\cos(\omega t+\varphi_0)$$

正是振动函数.

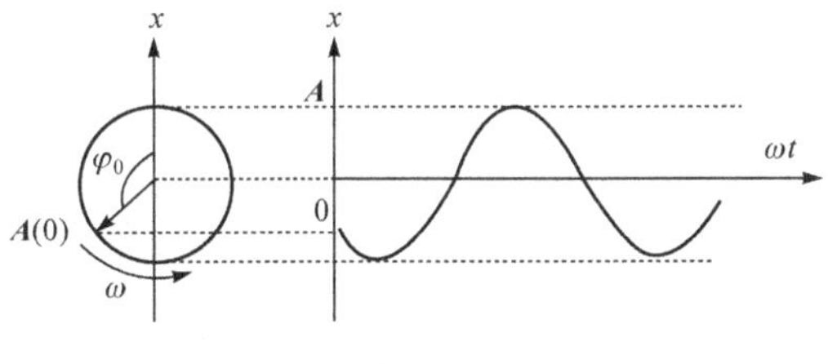


图 4.1

所以，旋转矢量 $\boldsymbol{A}$ 的模，就是振幅；$t$ 时刻旋转矢量 $\boldsymbol{A}(t)$ 与 $x$ 轴的夹角(从 $x$ 轴起，逆时针转为正，顺时针转为负)即振动的相位.

$\boldsymbol{A}(0)$ 与 $x$ 轴的夹角即振动的初相位.

## 三、谐振动

作简谐振动的系统称为谐振子.

**1. 弹簧振子**

由一根质量可忽略不计、劲度系数为 $k$ 的轻弹簧和质量为 $m$ 的重物组成. 选择物体静止时的位置为原点,忽略阻力,物体在弹性力作用下,位移为

$$x(t) = A\cos(\omega t + \varphi_0)$$

其中,角频率 $\omega=\sqrt{\dfrac{k}{m}}$ 为系统的固有频率;$A$、$\varphi_0$ 由初始条件确定.

**2. 单摆**

由一根质量可以忽略、长度为 $l$ 的细绳一端固定于上方,下端系一质量为 $m$ 的小物体组成. 当摆角 $\theta<5°$时,$\theta$ 随时间的变化规律为

$$\theta(t) = \theta_0\cos(\omega t + \varphi_0)$$

其中,角频率 $\omega=\sqrt{\dfrac{g}{l}}$ 为系统的固有频率;$\theta_0$、$\varphi_0$ 由初始条件确定.

**3. *LC* 电路**

电容 $C$ 的电容器和自感系数为 $L$ 的线圈组成闭合回路,忽略电阻作用. 一旦充上电,电容器极板上的电荷、回路中的电流随时间变化规律分别为

$$Q(t) = Q_0\cos(\omega t + \varphi_0),\quad I(t) = I_0\cos\left(\omega t + \varphi_0 + \frac{\pi}{2}\right)$$

其中,角频率 $\omega=\dfrac{1}{\sqrt{LC}}$为系统的固有频率;$Q_0$、$\varphi_0$ 由初始条件确定.

## 四、简谐振动的能量

以弹簧振子为例,物体 $t$ 时刻处于状态 $x$、$v$,则其动能

$$E_k = \frac{1}{2}mv^2 = \frac{1}{2}m\omega^2A^2\sin^2(\omega t + \varphi_0)$$

$$= \frac{1}{2}kA^2\sin^2(\omega t + \varphi_0)$$

系统的弹性势能为

$$E_p = \frac{1}{2}kx^2 = \frac{1}{2}kA^2\cos^2(\omega t + \varphi_0)$$

总能量

$$E = E_k + E_p = \frac{1}{2}kA^2$$

可见随着振动，系统的动能、势能各自都随时间变化，但是，总能量却保持常量.

## 五、阻尼振动

能量有损失的振动.

若一个弹簧振子的固有频率为 $\omega_0$，当阻尼力与振动速度大小成比例 $f=-\gamma v$ 时，振动方程可表示为

$$\frac{\mathrm{d}^2x}{\mathrm{d}t^2}+2\beta\frac{\mathrm{d}x}{\mathrm{d}t}+\omega_0^2x=0$$

式中，$\beta=\dfrac{\gamma}{2m}$称为阻尼系数. 当 $\beta<\omega_0$ 时，仍可近似看作振动，振动函数为

$$x(t)=A\mathrm{e}^{-\beta t}\cos(\omega t+\varphi_0)$$

角频率 $\omega=\sqrt{\omega_0^2-\beta^2}$；振幅 $A'=A\mathrm{e}^{-\beta t}$ 当 $t\to\infty$，$A'=0$ 振动停止.

## 六、受迫振动

周期性外力 $F=F_0\cos\omega' t$ 不断作用在系统上，使系统也以 $\omega'$的角频率振动. 稳定时，系统的振动函数为

$$x(t)=A\cos(\omega' t+\varphi)$$

式中

$$A=\frac{F_0/m}{\sqrt{(\omega_0^2-\omega'^2)^2+(2\beta\omega')^2}},\quad \tan\varphi=-\frac{2\beta\omega'}{\omega_0^2-\omega'^2}$$

当 $\omega'$接近 $\omega_0$ 时，振动最强烈，我们称这时系统发生了共振.

## 七、相空间轨迹

### 1. 相空间

由空间位置和动量为正交坐标轴所构成的空间. 通常也可用位置和速度作为坐标轴.

### 2. 相空间轨迹

简谐振动的相空间轨迹为一椭圆；受迫振动达到稳态时轨迹也是一椭圆；阻尼振动的相空间轨迹是趋向原点的螺旋线.

## 八、振动合成

### 1. 同频率同方向振动的合成

两个分振动

$$x_1=A_1\cos(\omega t+\varphi_1)$$
$$x_2=A_2\cos(\omega t+\varphi_2)$$

合振动

$$x=A\cos(\omega t+\omega)$$

$$A=\sqrt{A_1^2+A_2^2+2A_1A_2\cos(\varphi_2-\varphi_1)},\quad \tan\varphi=\frac{A_1\sin\varphi_1+A_2\sin\varphi_2}{A_2\cos\varphi_1+A_2\cos\varphi_2}$$

当 $\varphi_2-\varphi_1=2k\pi\quad(k=0,\pm1,\pm2,\cdots)$时,$A=A_1+A_2$;

当 $\varphi_2-\varphi_1=(2k+1)\pi\quad(k=0,\pm1,\pm2,\cdots)$时,$A=|A_1-A_2|$.

### 2. 同频率相互垂直振动的合成

两个分振动

$$x=A_1\cos(\omega t+\varphi_1)$$
$$y=A_2\cos(\omega t+\varphi_2)$$

一般情况下,轨迹是在$-A_1<x<A_1$,$-A_2<y<A_2$ 范围内的斜椭圆.特殊情况当$\varphi_2-\varphi_1=k\pi(k=0,\pm1,\pm2,\cdots)$时,轨迹为一斜线.

当 $\varphi_2-\varphi_1=(2k+1)\frac{\pi}{2}(k=0,\pm1,\pm2,\cdots)$时,轨迹为正椭圆;特别当 $A_1=A_2$ 时,轨迹为圆.

## 【问题讨论】

**问题 1** 以弹簧振子为例,讨论简谐振动的运动学特征和动力学特征.

**讨论** 运动学即不涉及受力问题.从简谐振动的微分方程

$$\frac{\mathrm{d}^2x}{\mathrm{d}t^2}=-\omega^2x$$

可见,其运动学特征为:任意时刻加速度与位移大小成正比,方向相反.

从动力学的角度看,物体受弹性力

$$F=-kx$$

则作简谐振动.所以,其动力学特征为:物体受到一个与位移成正比的回复力.

**问题 2** 如果把一弹簧振子和一单摆从地球上转移到月球上,它们的振动周期如何变化?

**讨论** 因为弹簧振子的周期 $T=\dfrac{2\pi}{\omega}=2\pi\sqrt{\dfrac{m}{k}}$,式中 $m$、$k$ 无论在地球上还是月球上都一样;而单摆的周期 $T=\dfrac{2\pi}{\omega}=2\pi\sqrt{\dfrac{l}{g}}$,式中的引力常数 $g$ 在月球上比在地球上小得多.所以,弹簧振子从地球转移到月球,周期不变;单摆从地球转移到月球周期变长.

**问题 3** 当一个弹簧振子的振幅增大到原来的两倍时,试讨论下列物理量中哪些受影响:周期、最大速度、最大加速度、总能量.

**讨论** 周期与质量、弹性系数有关,对同一个振子,不管振幅多大,周期都一样.最大速度 $v_0=A\omega$,所以位移振幅变为 2 倍,速度振幅也变为原来的 2 倍.加速度振幅 $a_0=A\omega^2$,与速度振幅的道理一样,为原来的 2 倍.能量 $E=\dfrac{1}{2}kA^2$,振幅变为 2 倍,能量变为 4 倍.

**问题 4** 已知一简谐振动在 $t=0$ 时,物体处于平衡位置,试结合旋转矢量图说明单由此条件能否确定系统振动的初相位.

**讨论** 对应处于平衡位置的物体,旋转矢量图上有两个矢量(如图 4.2),初相位分别为$\dfrac{\pi}{2}$和$-\dfrac{\pi}{2}$,所以无法确定.

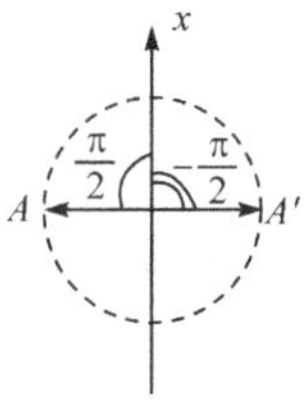

图 4.2

**问题 5** 稳态受迫振动的频率由什么决定?这个振动频率与系统本身的性质有什么关系?

**讨论** 稳态受迫振动的频率唯一地由策动力的频率决定,与系统本身的性质没有什么关系.

## 【习题解答】

**4.1** 作简谐运动的小球,速度最大值为 $v_m=3\text{cm/s}$,振幅 $A=2\text{cm}$,若从速度为正的最大值的某时刻开始计算时间,求:

(1) 振动的周期;

(2) 加速度的最大值;

(3) 写出振动函数.

**解** (1)

$$v_m=\omega A=\frac{2\pi}{T}A$$

$$T=\frac{2\pi A}{v_m}=\frac{4\pi}{3}=4.2(\text{s})$$

(2) $a_m=\omega v_m=\frac{2\pi}{T}v_m=\frac{2\pi\times 3\times 10^{-2}}{4.2}\approx 4.5\times 10^{-2}$(m/s);

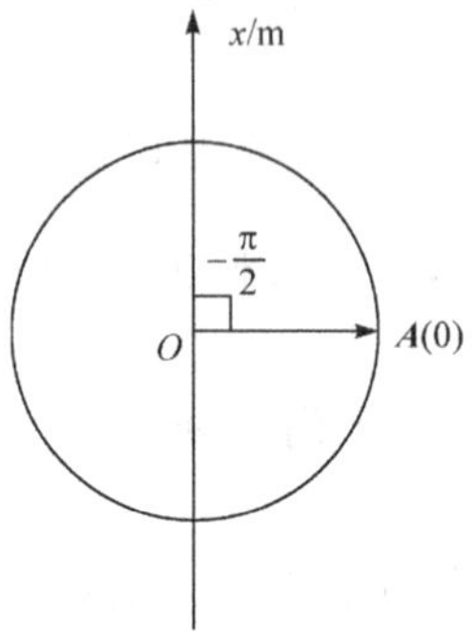


图 4.3

(3) $x(t)=A\cos\left(\frac{2\pi}{T}t+\varphi\right)=0.02\cos(1.5t+\varphi)$

根据 $t=0$ 时. 速度为正向最大,求 $\varphi$.

法 1　由旋转矢量图 4.3 知

$$\varphi=-\frac{\pi}{2}$$

法 2

$$v(t)=-v_m\sin(1.5t+\varphi)$$
$$v(0)=v_m=-v_m\sin\varphi$$
$$\sin\varphi=-1,\quad \varphi=-\frac{\pi}{2}$$

所以

$$x(t)=0.02\cos\left(1.5t-\frac{\pi}{2}\right)\quad \text{(SI)}$$

**4.2**　一水平弹簧振子,振幅 $A=2.0\times 10^{-2}$m,周期 $T=0.50$s. 当 $t=0$ 时,求:

(1) 物体过 $x=1.0\times 10^{-2}$m 处,向负方向运动;

(2) 物体过 $x=-1.0\times 10^{-2}$m 处,向正方向运动.

分别写出以上两种情况下的振动函数.

**解**　(1) $t=0$,物体过 $x=0.01$m 处向负方向运动[见图 4.4(a)]

$$x=A\cos\left(\frac{2\pi}{T}t+\varphi\right)=0.02\cos\left(4\pi t+\frac{\pi}{3}\right)\quad \text{(SI)}$$

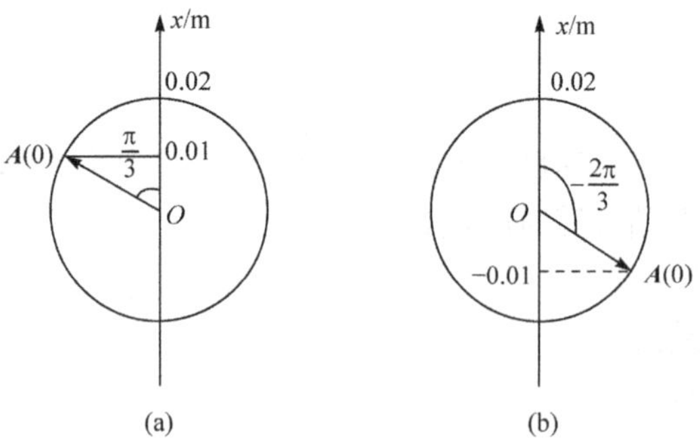


图 4.4

（2）$t=0$，物体过 $x=-0.01\text{m}$ 处向正方向运动[见图 4.4(b)]

$$x=A\cos\left(\frac{2\pi}{T}t+\varphi\right)$$

$$=0.02\cos\left(4\pi t-\frac{2\pi}{3}\right)\quad (\text{SI})$$

**4.3**　一质量为 10g 的物体作简谐运动，其振幅为 24cm，周期为 4s，当 $t=0$ 时，位移为 +24cm. 求：

（1）$t=0.5\text{s}$ 时，物体所在位置和物体所受的力；

（2）由起始位置运动到 $x=12\text{cm}$ 处所需最少时间.

**解**　（1）因为 1 周期（4s）旋转矢量转 $2\pi$，所以，0.5s 时间 $\boldsymbol{A}$ 旋转 $\frac{\pi}{4}$，见图 4.5(a)中 $\boldsymbol{A}(0.5)$.

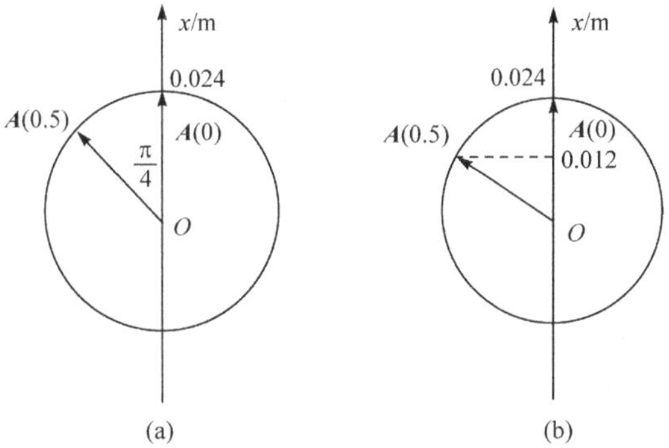


图 4.5

物体的位置，即 $\boldsymbol{A}$ 在 $x$ 轴上的投影

$$x(0.5)=A\cos\frac{\pi}{4}=\frac{0.24}{\sqrt{2}}\approx 0.17(\text{m})$$

此时物体受回复力

$$F=-kx=-m\omega^2 x$$

$$=-m\left(\frac{2\pi}{T}\right)^2 x$$

$$=-0.01\times\frac{4\pi^2}{16}\times 0.17\approx -4.2\times 10^{-3}(\text{N})$$

（2）法 1　旋转矢量法

从起始位置 $\boldsymbol{A}(0)$（$x_0=0.24\text{m}$）到 $\boldsymbol{A}(\Delta t)$[$x(\Delta t)=0.12\text{m}$]$\boldsymbol{A}$ 转过 $\frac{\pi}{3}$ 弧度角. 因为一周期转 $2\pi$ 弧度，所以

$$\frac{\Delta t}{T}=\frac{\frac{\pi}{3}}{2\pi}$$

得

$$\Delta t=\frac{2}{3}\mathrm{s}$$

法 2　解析法由

$$x(t)=0.024\cos\left(\frac{\pi}{2}t\right)$$

得 $\Delta t$ 时间后

$$0.12=0.24\cos\left(\frac{\pi}{2}\Delta t\right)$$

即

$$\cos\left(\frac{\pi}{2}\cdot\Delta t\right)=\frac{1}{2}$$

解得

$$\Delta t=\frac{2}{3}\mathrm{s}$$

**4.4**　两个谐振子作同频率、同振幅的简谐运动. 第一个振子的振动表达式为 $x_1=A\cos(\omega t+\varphi)$，当第一个振子从振动的正方向回到平衡位置时，第二个振子恰在正方向位移的端点.

(1) 求第二个振子的振动函数和二者的相位差；

(2) 若 $t=0$ 时，$x_1=-A/2$，并向 $x$ 负方向运动，画出二者的 $x$-$t$ 曲线及旋转矢量图.

**解**　(1) $x_1(t)=A\cos(\omega t+\varphi)$，画旋转矢量图[如图 4.6(a)]，由图可见第二个振子相位落后$\frac{\pi}{2}$$\left(\text{或超前}\frac{3}{2}\pi\right)$所以

$$x_2(t)=A\cos\left(\omega t+\varphi-\frac{\pi}{2}\right)$$

或

$$x_2(t)=A\cos\left(\omega t+\varphi+\frac{3\pi}{2}\right)$$

(2) 根据题意，画旋转矢量图及 $x$-$t$ 振动曲线，见图 4.6(b).

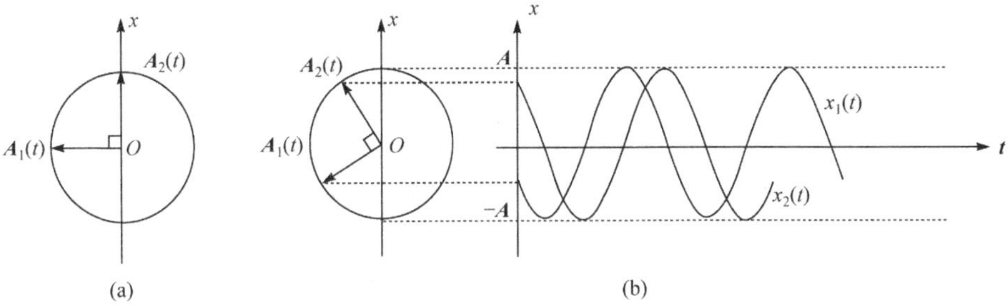


图 4.6

**4.5** 弹簧下悬一质量为 10g 的小球时，其伸长量为 4.9cm. 将小球从平衡位置向下拉 1cm 后，再给它向上的初速度 5cm/s. 求小球的振动周期和任意时刻的振移和速度.

**解** 由已知

$$kx_0 = mg$$

$$k = \frac{mg}{x_0} = \frac{0.01 \times 9.8}{4.9 \times 10^{-2}} \approx 2(\mathrm{N/m})$$

小球作简谐振动的角频率

$$\omega = \sqrt{\frac{k}{m}} = \sqrt{\frac{2}{0.01}} \approx 14.1(\mathrm{rad/s})$$

周期

$$T = \frac{2\pi}{\omega} = 0.44\mathrm{s}$$

如图 4.7 建立坐标系，并规定静止时小球位置为坐标原点，则振动函数

$$x(t) = A\cos(\omega t + \varphi)$$
$$v(t) = -A\omega\sin(\omega t + \varphi)$$

由已知条件

$$x(0) = -0.01\mathrm{m}$$
$$v(0) = 0.05\mathrm{m/s}$$

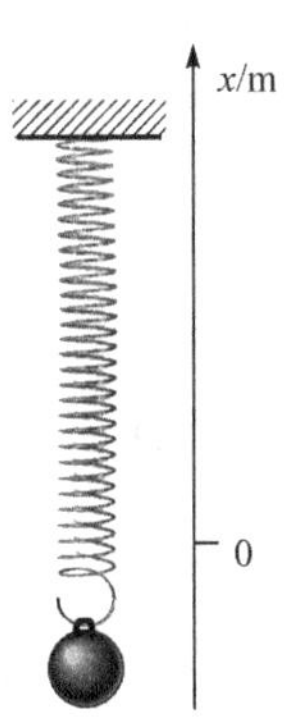


图 4.7

得

$$-0.01 = A\cos\varphi$$
$$0.05 = -A\omega\sin\varphi$$

两式相比得

$$\tan\varphi = \frac{-0.05}{-0.01\omega} = \frac{-5}{-14.1}$$

即

$$\varphi = 199.5° = 1.108\pi$$

算得

$$A=0.0106\text{m}$$

所以

$$x(t)=0.0106\cos(14.1t+1.108\pi)\quad[\text{SI}]$$

$$v(t)=-0.141\sin(14.1t+1.108\pi)\quad[\text{SI}]$$

**4.6**　在平板上放一质量为 1kg 的物体. 平板沿铅直方向作简谐振动，振幅为 2cm，周期为 0.5s.

(1) 平板位于最高点时，物体对平板的压力是多大?

(2) 平板应以多大的振幅振动时，才能使重物跳离平板?

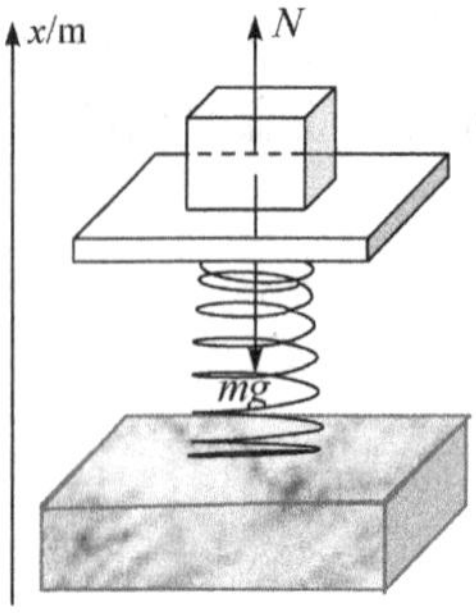


图 4.8

**解**　建立坐标系，选向上为 $x$ 正向，当平板位于最高处计时开始，则振动函数为

$$x(t)=A\cos\omega t=0.02\cos4\pi t$$

加速度为

$$a(t)=-\omega^2A\cos\omega t=-0.32\pi^2\cos4\pi t$$

(1) 物体受力如图 4.8 所示，根据牛顿定律

$$N-mg=ma$$

在最高处 $a=-0.32\pi^2$，则

$$N=m(g-0.32\pi^2)=6.64\text{N}$$

(2) 由

$$N-mg=-m\omega^2A\cos4\pi t$$

$$N=m(g-\omega^2A\cos4\pi t)$$

物不脱离板，即 $N>0$，所以当

$$g-\omega^2A\cos4\pi t\leqslant0$$

时，物体脱离板，即

$$A\geqslant\frac{g}{\omega^2}=\frac{g}{16\pi^2}\approx0.062\text{m}$$

**4.7**　阻尼振动时($\omega_0>\beta$)，位移的两个相邻的极大值之比是多少?

**解**　欠阻尼振动的振动函数为

$$x(t)=A\text{e}^{-\beta t}\cos(\omega t+\varphi)$$

式中

$$\omega=\sqrt{\omega_0^2-\beta^2}$$

所以周期

$$T=\frac{2\pi}{\omega}=\frac{2\pi}{\sqrt{\omega_0^2-\beta^2}}$$

设 $t$ 时刻振幅极大，为

$$x_M(t)=A\text{e}^{-\beta t}$$

则，相邻极大为

$$x_M(t+T)=Ae^{-\beta(t+T)}$$

比值

$$\frac{x_M(t)}{x_M(t+T)}=e^{\beta T}=e^{\frac{2\pi\beta}{\sqrt{\omega_0^2-\beta^2}}}$$

**4.8** 在简谐力作用下弹簧振子作受迫振动.设重物的质量是10kg,弹簧的劲度系数是700N/m,阻尼系数是40N·s/m,简谐力的振幅是100N,角频率是$10s^{-1}$.

(1) 求稳态时各时刻重物的速度;

(2) 简谐力的角频率应为多大时才能产生共振?共振时速度的振幅是多大?

**解** (1) 稳态时

$$x=A\cos(\omega t+\varphi)$$

$$v=-A\omega\sin(\omega t+\varphi)=A\omega\cos\left(\omega t+\varphi+\frac{\pi}{2}\right)$$

其中

$$A=\frac{f_0}{\sqrt{(\omega_0^2-\omega^2)^2+(2\beta\omega)^2}} \tag{1}$$

$$\varphi=-\arctan\frac{2\beta\omega}{\omega_0^2-\omega^2} \tag{2}$$

由题意

$$f_0=\frac{F_0}{m}=\frac{100}{10}=10,\quad \omega_0^2=\frac{k}{m}=\frac{700}{m}=70,\quad \omega^2=100,\quad \beta=2$$

代入(1)式得

$$A=0.2\text{m}$$

代入(2)式得

$$\varphi=-0.295\pi$$

故

$$v=2\cos(10t+0.25\pi)\quad (\text{SI})$$

(2) 简谐力的角频率

$$\omega=\omega_0=\sqrt{\frac{k}{m}}=8.37\text{rad/s}$$

发生共振,速度振幅有最大值

$$v_M=A\omega=\frac{f_0}{2\beta}=\frac{10}{2\times 2}=2.5(\text{m/s})$$

**4.9** 电台播音频率为800kHz,收音机中接收线圈的自感系数为0.25mH,应把电容调到多大才能收到此电台的播音?

**解** 当收音机固有频率与电台播音频率相等时(回路中电流共振即可收到播

音信号),由

$$\omega = \frac{1}{\sqrt{LC}} = 2\pi\nu$$

得电容

$$\begin{aligned} C &= \frac{1}{(2\pi\nu)^2 L} \\ &= \frac{1}{[2\pi\times(8\times10^5)]^2\times0.25\times10^{-3}}\text{F} \\ &= 1.58\times10^{-10}\text{F} = 1.58\times10^{-4}\mu\text{F} \end{aligned}$$

**4.10**　$LC$ 振荡电路中,$L=0.01\text{H}$,$C=1\mu\text{F}$.先使电容器充电至 1.4V,然后接通电路.求:

(1) 振荡角频率;

(2) $L$ 中的最大电流;

(3) 电能和磁能相等时,电容器上的电荷.

**解**　(1)

$$\omega = \frac{1}{\sqrt{LC}} = \frac{1}{\sqrt{0.01\times10^{-6}}} = 10^4(\text{rad/s})$$

(2) 设电容器极板上的电荷为

$$Q = Q_0\cos(\omega t + \varphi)$$

则电流强度

$$I = \frac{\text{d}Q}{\text{d}t} = -\omega Q_0\sin(\omega t + \varphi)$$

电流最大值

$$I_\text{M} = \omega Q_0 = \omega CU = 10^4\times10^{-6}\times1.4 = 1.4\times10^{-2}(\text{A})$$

(3) 电能和磁能相等,即

$$\frac{1}{2}LI^2 = \frac{Q^2}{2C}$$

$$\frac{1}{2}L\omega^2 Q_0^2\sin^2(\omega t + \varphi) = \frac{Q_0^2}{2C}\cos^2(\omega t + \varphi)$$

考虑到 $\omega^2 = \frac{1}{LC}$,上式为

$$\sin^2(\omega t + \varphi) = \cos^2(\omega t + \varphi)$$

则

$$\cos(\omega t + \varphi) = \frac{1}{\sqrt{2}}$$

电容器的电量

$$Q = Q_0 \cos(\omega t + \varphi) = \frac{CU}{\sqrt{2}} = \frac{10^{-6} \times 1.4}{\sqrt{2}} \approx 1 \times 10^{-6}(\text{C})$$

**4.11** 求下列简谐函数之和的振幅和初相角(长度单位是 mm,时间单位是 s).

(1) $x(t) = 5\cos\left(10t + \frac{3}{4}\pi\right) + 6\cos\left(10t + \frac{1}{4}\pi\right)$;

(2) $x(t) = 5\cos\left(10t + \frac{3}{4}\pi\right) - 6\cos\left(10t + \frac{1}{4}\pi\right)$.

**解** (1) 由题意

$$x_1 = 5\cos\left(10t + \frac{3}{4}\pi\right)$$

$$x_2 = 6\cos\left(10t + \frac{1}{4}\pi\right)$$

$$x = x_1 + x_2$$

由图 4.9(a)旋转矢量可见

$$A = \sqrt{A_1^2 + A_2^2} = \sqrt{5^2 + 6^2} = 7.81(\text{mm})$$

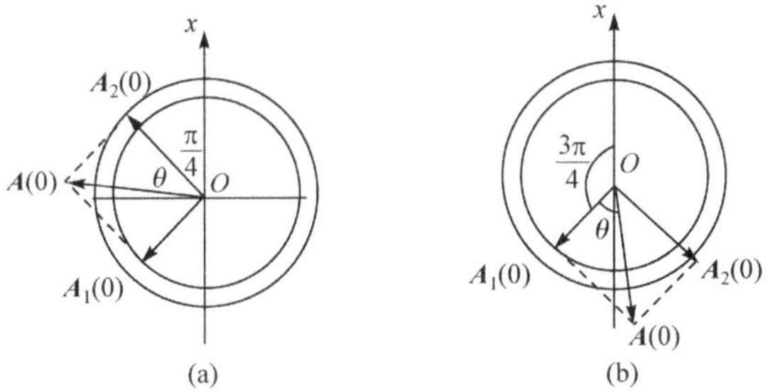


图 4.9

合振动初相角:法 1

$$\varphi_0 = \frac{\pi}{4} + \theta$$

$$\tan\theta = \frac{A_1}{A_2}, \quad \theta = 39.8^\circ$$

$$\varphi_0 = 39.8^\circ + 45^\circ = 84.8^\circ$$

法 2

$$\tan\varphi_0 = \frac{A_1 \sin\varphi_{10} + A_2 \sin\varphi_{20}}{A_1 \cos\varphi_1 + A_2 \cos\varphi_{20}} = \frac{5\sin\frac{3}{4}\pi + 6\sin\frac{\pi}{4}}{5\cos\frac{3}{4}\pi + 6\cos\frac{\pi}{4}} = 11, \quad \varphi_0 = 84.8^\circ$$

(2) 同上题

$$x_1=5\cos\left(10t+\frac{3}{4}\pi\right)$$

$$x_2=-6\cos\left(10t+\frac{1}{4}\pi\right)=6\cos\left(10t+\frac{5}{4}\pi\right)$$

$$x=x_1+x_2$$

旋转矢量如图 4.9(b)所示

$$A=\sqrt{A_1^2+A_2^2}=7.81\text{mm}$$

求初相角

法 1

$$\varphi_0=\frac{3}{4}\pi+\theta$$

$$\tan\theta=\frac{A_2}{A_1},\quad \theta=50.2^\circ$$

$$\varphi_0=135^\circ+50.2^\circ=185.2^\circ$$

法 2

$$\tan\varphi_0=\frac{A_1\sin\varphi_{10}+A_2\sin\varphi_{20}}{A_1\cos\varphi_{10}+A_2\cos\varphi_{20}}=\frac{5\sin\frac{3}{4}\pi+6\sin\frac{5}{4}\pi}{5\cos\frac{3}{4}\pi+6\cos\frac{5}{4}\pi}=\frac{-1}{-11}$$

$$\varphi_0=185.2^\circ$$

**4.12** 求下列诸振动函数的周期：

(1) $x(t)=10\cos 250t+20\cos(300t+\pi/2)$；

(2) $x(t)=10\cos 3t+20\cos(3.6t+\pi/2)$.

**解** (1)

$$x_1=10\cos 250t$$

$$x_2=20\cos\left(300t+\frac{\pi}{2}\right)$$

$$x=x_1+x_2$$

由于 $x_1$ 与 $x_2$ 的周期分别为

$$T_1=\frac{\pi}{250}\text{s},\quad T_2=\frac{\pi}{300}\text{s}$$

合成函数的周期应是二者的最小公倍数

$$T=5T_1=6T_2=\frac{\pi}{25}\text{s}$$

(2) 同上题

$$T_1=\frac{2\pi}{3}\text{s},\quad T_2=\frac{2\pi}{3.6}\text{s}$$

$$T = 5T_1 = 6T_2 = \frac{10}{3}\pi\text{s}$$

**4.13** 已知质点在 $x$ 轴和 $y$ 轴上的投影在作简谐振动，振动函数分别为

$$x(t) = 4\cos 20t,\quad y(t) = 2\cos(20t + \pi/3)$$

用作图法画出质点的轨迹，并标明运动方向.

**解** 分别以 $A_x$，$A_y$ 为半径作参考圆，依题意 $A_x = 2A_y$，$\boldsymbol{A}_x(0)$沿 $x$ 轴(初相位 $\varphi_x = 0$)，$\boldsymbol{A}_y(0)$与 $y$ 轴夹角为$\frac{\pi}{3}\left(\varphi_y = \frac{\pi}{3}\right)$. 如图 4.10 按顺序描点连线，画出轨迹.

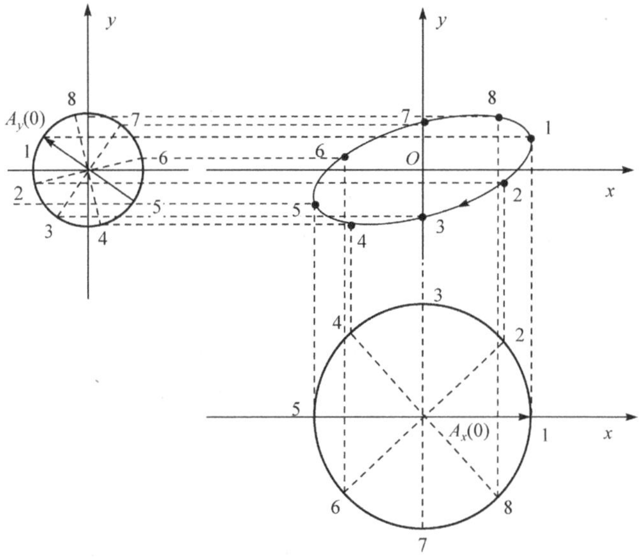


图 4.10

# 第5章 波 动

## 【本章要点】

### 一、波动的基本概念

**1. 机械波**

机械振动在弹性介质中的传播称为机械波.

形成机械波必须有波源(振动物体)和弹性介质.

**2. 横波和纵波**

质点的振动方向与波的传播方向相互垂直的波叫做横波;两者相互平行的波叫做纵波.横波与纵波是波动的两种基本类型,各种复杂的波都可以分解成横波与纵波分别处理.

**3. 波线与波面**

为描述形象起见,自波源沿各传播方向画一些带箭头的线,叫做波线.介质中振动的相相同的各点组成的面叫做同相面或波面.在某一时刻,最前方的波面叫波前.

**4. 平面波和球面波**

波面为平面的波称为平面波.点波源的波面是球面,叫做球面波.在离波源足够远处,且观察范围不大时,球面波可按平面波处理.

**5. 波速(相速)**

振动状态(即相位)在空间的传播速度称为波速或相速.它与波动的特性无关,仅取决于传播介质的性质.

**6. 波长 $\lambda$**

同一波线上相位差为 $2\pi$ 的两相邻质点之间的距离,即一个完整波形的长度.它反映波在空间的周期性.

**7. 波的周期 $T$**

一个完整波形通过波线上某点所需的时间. 它反映波在时间上的周期性. 波的周期与传播介质各质点的振动周期相同.

**8. 波的频率 $\nu$**

单位时间通过波线上某点的完整波形的数目,它与介质质元的振动频率相等.

**9. 波数 $k$**

它的数值等于在 $2\pi$ 长度内所包含的完整波的个数.

波速、波长、周期、频率、波数之间的关系

$$u=\frac{\lambda}{T}=\lambda\nu,\quad k=\frac{2\pi}{\lambda}=\frac{\omega}{u}$$

**10. 半波损失**

波从波疏介质(折射率较小)射向波密介质(折射率较大),在界面上反射时反射波相位突变 $\pi$,相当于损失了 $\lambda/2$ 的光程.

## 二、简谐波

**1. 简谐波**

波源和介质质点都作简谐振动的波称为简谐波. 各种复杂的波形都可看成由许多不同频率的简谐波的叠加.

**2. 平面简谐波的波函数**

在无吸收的均匀介质中沿 $x$ 轴传播的平面简谐波的波函数为

$$y=A\cos\left[\omega\left(t\mp\frac{x}{u}\right)+\varphi\right]=A\cos\left[2\pi\left(\frac{t}{T}\mp\frac{x}{\lambda}\right)+\varphi\right]$$
$$=A\cos\left[\left(\omega t\mp 2\pi\frac{x}{\lambda}\right)+\varphi\right]$$

其中,"$-$"表示波沿 $x$ 轴正方向传播;"$+$"表示波沿 $x$ 轴负方向传播.

**3. 波函数的物理意义**

波函数是 $x$ 和 $t$ 的函数. 给定 $x$,表示 $x$ 处质点的振动,即给出 $x$ 处质点任意时刻离开自己平衡位置的位移;给定 $t$,表示 $t$ 时刻的波形,即给出 $t$ 时刻质点离开自己平衡位置的位移.

## 三、波传播的能量

**1. 能量密度**

单位体积介质的波动能量

$$w=\rho\omega^2A^2\sin^2\omega\left(t-\frac{x}{u}\right)$$

在一个周期内的平均值叫做平均能量密度,$\overline{w}=\frac{1}{2}\rho\omega^2A^2$.

**2. 能流**

单位时间内通过某一面的能量,称为通过该面的能流.

**3. 能流密度和平均能流密度**

通过垂直于传播方向的单位面积的能流称为该处的能流密度. 能流密度是时间的周期函数,对时间取平均,则为平均能流密度,表示为 $\boldsymbol{I}=\frac{1}{2}\rho\omega^2A^2\boldsymbol{u}$. 能流密度是矢量,方向与波速方向相同. 平均能流密度的大小为波强.

## 四、波动方程

在无吸收的均匀介质中,一切平面波都遵守微分方程

$$\frac{\partial^2 y}{\partial x^2}=\frac{1}{u^2}\frac{\partial^2 y}{\partial t^2}$$

在三维空间中传播的一切波动过程都遵守微分方程

$$\frac{\partial^2\xi}{\partial x^2}+\frac{\partial^2\xi}{\partial y^2}+\frac{\partial^2\xi}{\partial z^2}=\frac{1}{u^2}\frac{\partial^2\xi}{\partial t^2}$$

## 五、惠更斯原理

介质中波阵面上各点都可看做子波波源,任一时刻这些子波的包迹就是新的波阵面.

## 六、波的叠加原理

几列波可以保持各自的特点通过同一介质,好像没有其他波一样;在它们相重叠的区域内,每一点的振动都是各个波单独在该点产生的振动的矢量和.

## 七、波的干涉

### 1. 波的干涉现象

由频率相同、振动方向相同、相位相同或相位差恒定的两个波源所发出的波，在空间相遇，出现某些点振动始终加强，某些点振动始终减弱或完全抵消的现象称为波的干涉现象. 能产生干涉现象的波叫做相干波，相应的波源叫做相干波源.

### 2. 波的相干条件

频率相同、振动方向不相互垂直、相位差恒定.

### 3. 干涉加强和减弱的条件

两相干波源发出的波在空间某处相遇叠加时，干涉加强或减弱的条件由下述两波在该处的相位差决定：

$$\Delta\varphi=\varphi_2-\varphi_1-\frac{2\pi}{\lambda}(r_2-r_1)$$

$$\Delta\varphi=\begin{cases}\pm 2k\pi,(k=0,1,2,\cdots),\text{振幅最大},A=A_1+A_2\\ \pm(2k+1)\pi,(k=0,1,2,\cdots),\text{振幅最小},A=|A_1-A_2|\end{cases}$$

其中，$\varphi_2-\varphi_1$ 为波源的相位差. 当两相干波源的振动的相位相同时，干涉条件也可用波程差表示

$$\delta=r_2-r_1=\begin{cases}\pm k\lambda,A=A_1+A_2\\ \pm(2k+1)\dfrac{\lambda}{2},A=|A_1-A_2|\end{cases}\quad(k=0,1,2,\cdots)$$

## 八、驻波

两列振幅相同的相干波，在同一直线上沿相反方向传播时，形成驻波. 它实际上是稳定的分段振动. 有波节和波腹. 相邻两波节或波腹之间的距离为 $\lambda/2$. 波节两边的介质，振动的相位差为 $\pi$.

## 九、多普勒效应

当波源($S$)与观察者或测量仪器($R$)之间有相对运动时，观察者或测量仪器所接收到的波频率 $\nu_R$ 与波源所发射的波的频率 $\nu_S$ 不同，这种现象称为多普勒效应.

波源与观察者在同一直线上运动时，二者关系为

$$\nu_R=\frac{u\pm v_R}{u\mp v_S}\nu_S$$

上面一组符号表示相互靠近;下面一组符号表示相互远离.

## 【问题讨论】

**问题 1** 机械波从一种介质进入另一种介质时,波长、波的周期和频率、波速这些量,哪个要改变,哪个不变?

**讨论** 波动的周期与波源的振动周期相同,与介质无关,波的频率是周期的倒数,也与介质无关,因此,这二者都不会改变. 波速与传播介质的性质有关,故两种介质中波速不同. 波长由 $\lambda=uT=u/\nu$ 决定,因此波长要改变.

**问题 2** 如何理解波速和振动速度.

**讨论** 波速和振动速度是两个不同的概念.

波速是波源的振动在介质中的传播速度,也可以说是振动状态或振动相位在介质中的传播速度. 它仅仅取决于传播介质的性质. 它可以由下式求得 $u=\lambda/T$. 它不是介质质元的运动速度.

振动速度才是介质中质元的运动速度. 它可以由介质质元相对自己平衡位置的位移对时间求一阶导数而求得. 由

$$v=\frac{\mathrm{d}y}{\mathrm{d}t}=-\omega A\sin\left[\omega\left(t-\frac{x}{u}\right)+\varphi\right]$$

可以求得波线上 $x$ 处的质元在 $t$ 时刻的运动速度.

**问题 3** 从能量的观点看,谐振子系统与传波介质中的体积元有何不同?

**讨论** 孤立的谐振子势能最大时动能为零,势能为零时动能最大,势能与动能相互转化,但总的机械能守恒,这表明它储存着一定的能量.

传波介质中的体积元则不同,势能最大时动能亦最大,势能为零时动能亦为零,总机械能不守恒,它在零到最大值之间周期性地变化,不断地将来自波源的能量沿波的传播方向传出去. 可见弹性介质本身并不储存能量,它只起到传播能量的作用.

**问题 4** 有人认为频率不同、振动方向不同、相位差不恒定的两列波在空间相遇时不能叠加,这种说法对吗? 波的叠加和波的干涉有何联系和区别?

**讨论** 这种看法不正确. 波的叠加是指两列或几列波可以保持各自的特点(频率、波长、振动方向、振幅等)同时通过同一介质,在各自的传播过程中好像没有遇到其他波一样. 所以在几列波相遇的区域内任一点的振动就是各个波单独在该点引起的振动的合成. 因此,对于频率不同、振动方向不同、相位差不恒定的两列波同时通过同一介质时,是能够叠加的.

当两列或几列波的频率相同、振动方向相同、相位差恒定时,它们同时通过同一介质,在相遇的区域内叠加的结果,有的地方强度始终加强,另一些地方强度始终减弱,在空间形成一个稳定的分布,这叫波的干涉现象. 频率相同、振动方向相同、相位差恒定称为波的相干条件. 只有满足相干条件的两列或几列波才能称为相干波，只有相干波在空间相遇才能产生干涉现象. 频率、振动方向、相位差这三个因素中只要有一个不满足相干条件，波在空间相遇叠加时也不能产生干涉现象，这些波也就不能称为相干波.

由此可见，波的干涉现象，是波的叠加的一种特殊情况. 两列波在通过同一介质时，必定能够叠加，当这些波满足相干条件时，叠加的结果就形成干涉现象.

**问题5** 两列振幅相同的相干波在空间相遇时，干涉加强处的波的强度为一个波强度的4倍，而不是两相干波强度的和. 这是否违背能量守恒定律?

**讨论** 并不违背能量守恒定律.

振幅相同的两列相干波在同一介质中传播时，由于干涉，使得某些相遇点的振动的合振幅为原来单独一个波时的两倍，一些点的振动振幅为零，还有更多的点的合振动振幅是介于这两个值之间. 而振幅的平方代表能量，因此，从合振动的结果来看，振动的能量在干涉加强的地方集中，不仅是合振动振幅为零的点的能量，其他合振幅变小的点的能量都有向干涉加强点逐渐集中的趋势. 另外，并非所有干涉加强的点的能量都是单独一个波的能量的4倍，只有那些干涉加强最大的点才这样；其他许多点也得到加强，但并没有加强到最大，也就不会拥有那么多的能量.

由此可见，在这种干涉现象中，一些点振动的能量增加为单独的波的能量的4倍；一些点，不振动，其能量为零；还有大量的点其振动的能量减少一些；一些点其振动的能量增加一些. 形成了空间能量(波的强度)的稳定分布. 因此，干涉时，能量既不消失，也不会产生，只是总能量在空间的重新分布.

**问题6** 如何理解驻波?

**讨论** 两列振幅相同、振动方向相同、频率相同的相干波沿相反方向传播时，就叠加形成驻波. 其表达式为

$$y = 2A\cos\frac{2\pi}{\lambda}x\cos\omega t = A(x)\cos\omega t$$

其中，$A(x)=2A\cos\dfrac{2\pi}{\lambda}x$.

它表示各质点在作简谐振动，其频率相同，就是原来波的频率.

从 $A(x)=2A\cos\dfrac{2\pi}{\lambda}x$ 看出，各质点位置不同振动的振幅不同. 这一波函数不满足

$$y(t+\Delta t, x+u\Delta t) = y(t,x)$$

因此，它不表示行波，即没有能量和相的传播，或者说波不传播，这就是驻波中“驻”字的含义.

形成驻波时，当质点的位置 $x$ 满足 $\cos\dfrac{2\pi}{\lambda}x=0$ 时，这些质点不振动，称为驻波

的波节. 两个相邻节点之间的质点称为一段. 由驻波的表达式可见,同一段质点的振动相位相同,即它们的振动步调一致,当然它们的振幅是不同的. 相邻两段质点的振动的方向相反,即相差为 $\pi$. 因此,实际上,驻波就是分段振动的现象.

**问题 7** 如何理解"半波损失"?

**讨论** 所谓"半波损失"是指波由波疏介质射向波密介质时,在反射点处,反射波的相比入射波的相改变 $\pi$. 就是说,如果波由波疏介质射向波密介质时,反射波在反射点处的质点振动的相等于入射波在反射点处的相加 $\pi$ 或者减 $\pi$. 在同一波线上,空间距离相差一个波长 $\lambda$ 的两个点,它们相位相差 $2\pi$,那么相位相差 $\pi$ 的两个点,它们在同一波线上的空间距离就是半个波长. 反射波与入射波相比在入射点处相位相差 $\pi$,就相当于反射波在空间上多(或者少)传播了半个波长的距离. 因此才称为"半波损失".

如果波是由波密介质射向波疏介质,则反射波与入射波相比没有"半波损失". 即在反射点处,反射波与入射波的相位相同.

特别强调指出,不论波是由波疏介质射向波密介质,还是由波密介质射向波疏介质,折射波相对于入射波没有"半波损失". 即在折射点处,折射波和入射波的相位相同.

"半波损失"既可以发生在机械波中,也可以发生在电磁波中.

**问题 8** 弹性波在介质中传播时,对于一个介质质元来说,它的振动动能和振动势能与自由弹簧谐振子的情况有何不同? 总机械能有何不同? 为什么说这反映了波在传播能量?

**讨论** 此题用来区别波的能量与振动能量.

自由弹簧谐振子是孤立的振动系统,任一时刻系统机械能守恒,即

$$E = E_k + E_p = \frac{1}{2}kA^2$$

其中

$$E_k = \frac{1}{2}m\omega^2 A^2 \sin^2(\omega t + \varphi)$$

势能

$$E_p = \frac{1}{2}kA^2 \cos^2(\omega t + \varphi)$$

振动过程中,动能 $E_k$ 与势能 $E_p$ 相互转化;质点处于最大位移处,势能最大,动能为零;处于平衡位置处,势能为零,动能最大.

平面简谐波在弹性介质中传播时,每一质元的动能

$$\Delta W_k = \frac{1}{2}\rho\omega^2 A^2 (\Delta V)\sin^2\omega\left(t - \frac{x}{u}\right)$$

和弹性势能

$$\Delta W_p = \frac{1}{2}\rho\omega^2 A^2 (\Delta V)\sin^2\omega\left(t - \frac{x}{u}\right)$$

是同相地随时间变化的，且在任意时刻都有相同的数值. 质元的总机械能为

$$\Delta W = \rho\omega^2 A^2 (\Delta V) \sin^2 \omega \left(t - \frac{x}{u}\right)$$

当质元从最大位移回到平衡位置的过程中，它从相邻的一段介质质元获得能量，其能量逐渐增加；当质元从平衡位置运动到最大位移处的过程中，它把自己的能量传给相邻的一段质元，其能量逐渐减小. 因此，质元完成一“全振动”的过程就是能量传播的过程.

**问题 9**　两个振幅相等的相干波在空间中传播，使空间中的某些地方振动互相抵消，波好像消失了. 这与波的叠加原理是否矛盾？

**讨论**　此题用来加深对波的叠加原理与波的干涉之间的联系和区别的理解.

波的叠加原理是说两列或几列波在相遇点的前后仍将保持和恢复各个波原来的特性，只有在相遇点有些特殊. 如果两波没有相干关系，在相遇点合振动就是各个波的简单合成. 如果两波是相干波，则在相遇点是相干叠加. 在相干叠加的情况下，虽然空间某些地方的振动由于干涉而相互抵消只是说明波的能量在干涉场中重新分配. 但在该处相遇的两个波仍然能通过相遇点继续保持自己的特性向前传播. 波并未消失. 所以，干涉与波的叠加原理没有矛盾. 波的干涉只是波的叠加的特例.

**问题 10**　声源向着观察者运动或者观察者向着声源运动都使观察者接收的频率变高. 如果声源不动，观察者向着声源运动，接收频率为

$$\nu_R = \frac{u + v_R}{u} \nu_S$$

反之如果声源向着观察者运动，观察者不动，接收频率为

$$\nu_R' = \frac{u}{u - v_S} \nu_S$$

$\nu_R$ 和 $\nu_R'$ 通常是不同的. 这两种物理过程有何区别($u$ 为声波在空气中的波速，$\nu_S$ 为声源的频率，$v_R$ 为观察者相对空气的速度，$v_S$ 为声源相对空气的速度)？

**讨论**　虽然这两种情况，都能使观察者接收的频率变高，但这两种频率变高的物理本质是不同的.

首先应该区别波源的频率 $\nu_S$、观察者接收到的频率 $\nu_R$、波的频率 $\nu$ 这三个概念的物理意义. 波源的频率 $\nu_S$ 是波源在单位时间内振动的次数，或在单位时间内发出的“完整波”的个数；观察者接收到的频率 $\nu_R$ 是观察者在单位时间内接收到的振动数或完整波个数；波的频率 $\nu$ 是介质质元在单位时间内振动的次数或单位时间内通过介质中某点的完整波个数，它等于波速 $u$ 除以波长 $\lambda$.

若声源相对于介质静止，则声波的频率等于声源的频率. 当观察者向着声源运动时，观察者在单位时间内接收到的完整波的数目比他静止时接收的多. 因此，接收到的频率增加.

若观察者相对于介质静止,他所接收到的频率就是声波的频率.当声源向着观察者运动时,声源所发出的相邻的两个同相振动状态是在不同的地点发出的,要比它静止时这两个相同振动状态的空间距离要短一些,即波的波长变短,波被压缩,相应地波的频率增高.因此,观察者接收到的频率增加.

对于观察者和声源都相对于介质运动的情况,这两种物理过程同时存在.

上述这些观察者和声源相互运动的情况,都可以引起观察者接收到的频率的变化,统称为多普勒效应,但它们的物理过程是不同的.

## 【习题解答】

**5.1** 图 5.1 为 $t=0$ 时刻的波形曲线.

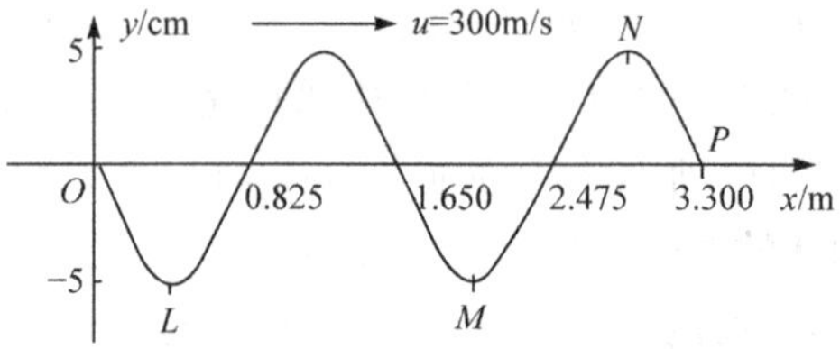


图 5.1

(1) 质点 $O$ 振动的初相位是多少?用余弦函数形式写出其振动表达式;

(2) $L$、$M$、$N$、$P$ 各质点的振动相位比原点 $O$ 的质点的相位超前还是落后?写出各点与 $O$ 点之相位差值;

(3) 各质点振动速度之幅值如何?

**解** (1) $t=0$ 时,质点 $O$ 位移为 0,向 $y$ 轴正方向运动,故初相为 $-\dfrac{\pi}{2}$,质点振动的频率即波的频率,

$$\omega=2\pi\nu=2\pi\frac{u}{\lambda}=2\pi\frac{300}{1.650}\approx 1142(\text{rad/s})$$

质点 $O$ 的振动表达式为

$$y=0.05\cos\left(1142t-\frac{\pi}{2}\right)$$

(2) 根据波的传播方向,$L$、$M$、$N$、$P$ 各质点的振动相位均比原点 $O$ 的质点的相位落后

$$\varphi_L-\varphi_0=-\frac{\pi}{2},\quad \varphi_M-\varphi_0=-\frac{5}{2}\pi$$

$$\varphi_N-\varphi_0=-\frac{7}{2}\pi,\quad \varphi_P-\varphi_0=-4\pi$$

(3) $v_m=\omega A=1142\times 0.05=57.1(\text{m/s})$.

**5.2** 一正弦波沿一弦传播，如果弦上某一质点从最大位移处回到平衡位置所用的时间是0.17s，试求：

(1) 周期；

(2) 频率；

(3) 如果波长是1.4m，问波速多大？

**解** (1) $\frac{T}{4}=0.17\text{s}$，周期 $T=0.68\text{s}$；

(2) 频率 $\nu=\frac{1}{T}=1.47\text{Hz}$；

(3) 波速 $u=\nu\lambda=2.06\text{m/s}$.

**5.3** 一声波在空气中的波长0.25m，波速是340m/s，当它进入另一介质时，波长变成了0.79m，求在这种介质中声波波速.

**解** 波在传播过程中频率不变

$$\nu=\frac{u}{\lambda}$$

$$u'=\nu\lambda'=\frac{340}{0.25}\times 0.79=1074.4(\text{m/s})$$

**5.4** 投石于静水，见圆形波纹沿水面向外传播. 当第一波峰的半径扩展为6m时，第十个波峰恰在圆心处，且第一个波峰传到5m远处所需时间为40s，试求此波波长、波速、周期和频率.

**解**

$$\lambda=\frac{6}{9}=\frac{2}{3}(\text{m})$$

$$u=\frac{5}{40}=0.125(\text{m/s})$$

$$T=\frac{\lambda}{u}=5.33\text{s}$$

$$\nu=\frac{1}{T}=0.1875\text{Hz}$$

**5.5** 一平面简谐波的波动方程为 $z=A\cos(nt+ry)$，$A$，$n$、$r$ 均为正值常数，试求此波的：

(1) 传播方向；

(2) 频率与周期；

(3) 波长；

(4) 波速；

(5) $t_1$ 时刻位于 $y=a$ 处的振动状态，何时传到 $y=b$ 处($b<a$).

**解** (1) $y$ 轴负方向；

(2) 波动方程 $z=A\cos(nt+ry)$ 与平面简谐波的标准形式 $z=A\cos2\pi\left(\frac{t}{T}+\frac{y}{\lambda}\right)$比较得

$$T=\frac{2\pi}{n},\quad \nu=\frac{n}{2\pi}$$

(3) $\lambda=\frac{2\pi}{r}$;

(4) $u=\lambda\nu=\frac{n}{r}$;

(5) 振动状态由 $y=a$ 处传到 $y=b$ 处的时间为

$$\Delta t=\frac{a-b}{u}$$

故

$$t_2=\frac{r}{n}(a-b)+t_1$$

**5.6** 一质点在弹性介质中作谐振动,振幅为 0.2cm,周期为 $4\pi$s. 取该质点过 $x_0=0.1$cm处开始往 $x$ 轴正向运动的瞬时为 $t=0$,已知由此质点的振动所激起的横波,在 $y$ 轴正向传播,其波长为$\lambda=2$cm. 试求此波的波动方程.

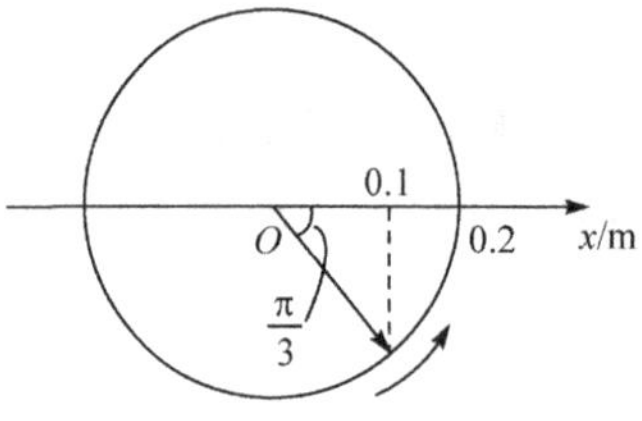

图 5.2

**解** 从振动的旋转矢量图 5.2 可知,质点振动初相为$-\frac{\pi}{3}$. 振动方程为

$$x=0.2\cos\left(\frac{2\pi}{4\pi}t-\frac{\pi}{3}\right)=0.2\cos\left(\frac{t}{2}-\frac{\pi}{3}\right)$$

波动方程为

$$x=0.2\cos\left[2\pi\left(\frac{t}{4\pi}-\frac{y}{2}\right)-\frac{\pi}{3}\right]$$
$$=0.2\cos\left(\frac{t}{2}-\pi y-\frac{\pi}{3}\right)$$

**5.7** 图 5.3(a)所示为一等幅谐波在 $t=0$ 时刻的波形图,此波以波速 $u=2.5$m/s 朝 $x$ 轴负向传播.

(1) 写出此波之波动方程;

(2) 画出 $t=T/4$ 周期时的波形图;

(3) 在 $t=0$ 时的波形图上标出该时刻各质点的运动方向;

(4) 问 $t=0$ 时刻在 $x=3$m 处之振动状态,在什么时刻传到 $x=1$m 处?

**解** (1) 原点 $O$ 处质点的振动方程为

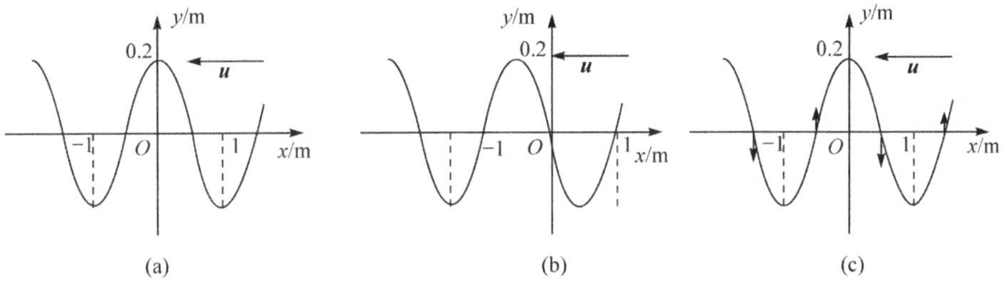


图 5.3

$$y = A\cos(\omega t + \varphi_0) = 0.2\cos 2\pi \frac{u}{\lambda} t = 0.2\cos 2.5\pi t$$

波动方程

$$y = 0.2\cos 2.5\pi\left(t + \frac{x}{2.5}\right) = 0.2\cos(2.5\pi t + \pi x)$$

或写成

$$y = 0.2\cos 2\pi\left(\frac{t}{0.8} + \frac{x}{2}\right)$$

(2) 见图 5.3(b)；

(3) 见图 5.3(c)；

(4) $t = \dfrac{3-1}{2.5} = 0.8(\mathrm{s})$.

**5.8** 有一波在密度为 $800\mathrm{kg/m^3}$ 的介质中以波速 $u = 10^3\mathrm{m/s}$ 传播. 振幅 $A = 1.0 \times 10^{-4}\mathrm{m}$，频率 $\nu = 10^3\mathrm{Hz}$. 求：

(1) 该波的能流密度；

(2) 1 分钟内垂直通过面积 $S = 4 \times 10^{-4}\mathrm{m^2}$ 的总能量.

**解** (1) $I = \dfrac{1}{2}\rho u \omega^2 A^2 \approx 1.58 \times 10^5\mathrm{W/m^2}$；

(2) $E = I \cdot S \cdot t \approx 3.79 \times 10^3\mathrm{J}$.

**5.9** 一线波源发射柱面波，设介质为不吸收能量的各向同性均匀介质，试求波的强度以及振幅和离开波源的距离有何关系？

**解**

$$I_1 \cdot 2\pi r_1 \cdot l = I_2 \cdot 2\pi r_2 \cdot l$$

$$\frac{I_1}{I_2} = \frac{r_2}{r_1}$$

$$I = \frac{1}{2}\rho u \omega^2 A^2, \quad \frac{A_1}{A_2} = \sqrt{\frac{r_2}{r_1}}$$

**5.10** 位于 $A$、$B$ 两点的两个相干波源，振幅相等，频率都是 100Hz，相差为 $\pi$，若 $A$、$B$ 相距 30m，波速为 400m/s，求 $AB$ 连线上二者之间叠加而静止的各点的位置.

**解** 原点取在 $A$ 点，$AB$ 方向为 $x$ 轴正方向.

设波源 $A$ 发出波的波动方程为(沿 $x$ 轴正向，指向 $B$)

$$y_1 = A_0\cos 2\pi\nu\left(t-\frac{x}{u}\right)$$

则波源 $B$ 发出波的波动方程为(沿 $x$ 轴负向，指向 $A$)

$$y_2 = A_0\cos\left[2\pi\nu\left(t+\frac{x-30}{u}\right)+\pi\right]$$

$A$、$B$ 间任一点两波的相位差 $\Delta\varphi=2\pi\nu\dfrac{2x-30}{u}+\pi$ 满足 $\Delta\varphi=(2k+1)\pi$ 的各点静止即

$$x = 15+2k \quad (k=0,\pm 1,\pm 2,\cdots,\pm 7)$$

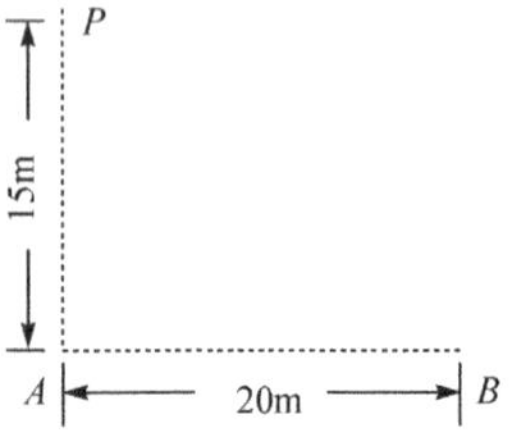


图 5.4

**5.11** 如图 5.4 所示，$A$、$B$ 两点为同一介质中两相干波源，振幅皆为 $a=5$cm，频率皆为 100Hz，当 $A$ 为波峰时，$B$ 恰为波谷. 设在介质中的波速为 100m/s，试写出两列波的波动方程及两波传到 $P$ 点时干涉的结果.

**解** $A$、$B$ 两波源相位差为 $\pi$，两波波长均为

$$\lambda=\frac{u}{\nu}=0.1\text{m}$$

$$y_1=0.05\cos 2\pi(100t-10r_1)$$
$$y_2=0.05\cos[2\pi(100t-10r_2)-\pi]$$

$r_1=0.15$m，$r_2=0.25$m 时，两波在 $P$ 点引起振动的相位差 $\Delta\varphi=3\pi$，$P$ 点静止.

**5.12** 如图 5.5 所示，两相干波源 $S_1$ 与 $S_2$ 相距为 1/4 波长，$S_1$ 相位比 $S_2$ 超前 $\pi/2$. 若两波在 $S_1S_2$ 连线上强度相同，且不随距离变化，问在 $S_1S_2$ 连线上 $S_1$ 外侧与 $S_2$ 外侧各点的强度如何?

**解** 两波源激起波的波动方程分别为

$$y_1 = A\cos 2\pi\left(\frac{t}{T}-\frac{r_1}{\lambda}\right)$$

$$y_2 = A\cos 2\pi\left[2\pi\left(\frac{t}{T}-\frac{r_2}{\lambda}\right)-\frac{\pi}{2}\right]$$

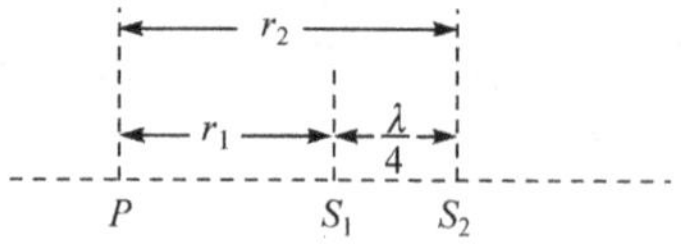


图 5.5

当 $P$ 为 $S_1$ 外侧任一点时，$P$ 点两振动的相位差

$$\Delta\varphi = 2\pi\frac{r_2-r_1}{\lambda}+\frac{\pi}{2}=\pi \quad \left(r_2-r_1=\frac{\lambda}{4}\right)$$

$S_1$ 外侧各点不动.

当 $P$ 为 $S_2$ 外侧任一点时

$$\Delta\varphi = 2\pi\frac{r_2 - r_1}{\lambda} + \frac{\pi}{2} = 0 \quad \left(r_2 - r_1 = -\frac{\lambda}{4}\right)$$

$S_2$ 外侧各点振动加强.

**5.13** 一个 3m 长的弦上有三个波腹的驻波(四个波节),其振幅为 1.0cm,弦上波速为 100m/s.

(1) 试计算频率;

(2) 写出合成此驻波的两个波动方程.

**解** 驻波的相邻两波腹(或波节)的距离为$\frac{\lambda}{2}$,

$$3\times\frac{\lambda}{2} = 3,\quad \lambda = 2\text{m}$$

(1)
$$\nu = \frac{u}{\lambda} = 50\text{Hz}$$

(2)
$$y_1 = 0.005\cos 2\pi\left(50t + \frac{x}{2}\right) \quad (\text{SI})$$

端部为波节,两波在端点处相位差为 $\pi$.

$$y_2 = 0.005\cos\left[2\pi\left(50t - \frac{x}{2}\right) - \pi\right] \quad (\text{SI})$$

**5.14** 一驻波波函数为 $y=0.02\cos 20x\cos 750t$,求:

(1) 形成此驻波的两行波的振幅和波速;

(2) 相邻两波节间的距离;

(3) $t=2.0\times10^{-3}$s 时,$x=5.0\times10^{-2}$m 处质点振动的速度.

**解** 沿正反两方向传播的简谐波叠加形成驻波的表达式为

$$y(t,x) = 2A\cos 2\pi\frac{x}{\lambda}\cos\omega t$$

(1)
$$A = 0.01\text{m}$$

$$\omega = 750,\quad \lambda = \frac{\pi}{10} \quad (\text{已知波函数与上式比较})$$

$$u = \nu\lambda = \frac{\omega}{2\pi}\cdot\lambda = 37.5\text{m/s}$$

(2)
$$\Delta x = \frac{\lambda}{2} = 0.157\text{m}$$

(3)
$$v=\frac{\mathrm{d}y}{\mathrm{d}t}=-2A\omega\cos2\pi\frac{x}{\lambda}\sin\omega t$$

$$v\Big|_{\substack{t=2.0\times10^{-3}\,\mathrm{s}\\ x=5.0\times10^{-2}\,\mathrm{m}}}=-8.08\mathrm{m/s}$$

**5.15** 一平面简谐波沿 $x$ 轴正向传播,如图 5.6 所示,振幅为 $A$,频率为 $\nu$,传播速度为 $u$.

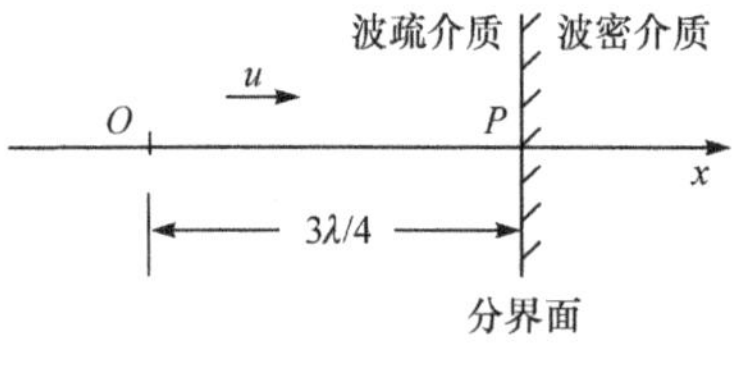

图 5.6

(1) 若 $t=0$ 时,在原点 $O$ 处的质元由平衡位置向 $x$ 轴正方向运动,试写出此波的波函数;

(2) 若经分界面反射的波的振幅和入射波的振幅相等,试写出反射波的波函数,并求在 $x$ 轴上因入射波和反射波叠加而静止的各点的位置.

**解** (1) 原点 $O$ 处质元振动的初相为$-\frac{\pi}{2}$,振动方程为

$$y=A\cos\left(2\pi\nu t-\frac{\pi}{2}\right)$$

波动方程为

$$y_1=A\cos\left[2\pi\nu\left(t-\frac{x}{u}\right)-\frac{\pi}{2}\right]$$

(2) 入射波在分界面处的振动方程为

$$y=A\cos\left[2\pi\left(\nu t-\frac{\frac{3}{4}\lambda}{\lambda}\right)-\frac{\pi}{2}\right]=A\cos(2\pi\nu t-2\pi)=A\cos2\pi\nu t$$

反射波有半波损失,反射波在分界面处的振动方程为

$$y=A\cos(2\pi\nu t+\pi)$$

反射波为

$$y_2=A\cos\left[2\pi\nu\left(t+\frac{x-\frac{3}{4}\lambda}{u}\right)+\pi\right]=A\cos\left[2\pi\nu\left(t+\frac{x}{u}\right)-\frac{\pi}{2}\right]$$

合成驻波

$$y=y_1+y_2=2A\cos2\pi\frac{x}{\lambda}\cos\left(2\pi\nu t-\frac{\pi}{2}\right)$$

静止点的位置,$OP$ 之间 $x=\frac{\lambda}{4},\frac{3}{4}\lambda$. 此外,$x=-\frac{\lambda}{4},-\frac{3}{4}\lambda,\cdots$也是波节位置.

**5.16** 火车以 63km/h 速度行驶时,鸣笛声频率为 650Hz,问在铁道旁的公路上坐在汽车中的人在下列情况下听到此笛声的频率分别是多?

(1) 汽车静止;

(2) 汽车以 45km/h 速度与火车同向行驶;

(3) 汽车以上述速度与火车反向行驶.(空气中声速 $u=340\text{m/s}$.)

**解** (1) 火车向人驶来时

$$\nu'=\frac{u}{u-v_{火}}\nu_s=\frac{340}{340-17.5}\times650=685(\text{Hz})$$

火车离人而去时

$$\nu'=\frac{u}{u+v_{火}}\nu_s=\frac{340}{340+17.5}\times650=618(\text{Hz})$$

(2) 火车与汽车同向,火车追赶汽车时

$$\nu'=\frac{u-v_{汽}}{u-v_{火}}\nu_s=660\text{Hz}$$

火车远离汽车而去时

$$\nu'=\frac{u+v_{汽}}{u+v_{火}}\nu_s=641\text{Hz}$$

(3) 火车与汽车反向行驶,迎面而来时

$$\nu'=\frac{u+v_{汽}}{u-v_{火}}\nu_s=710\text{Hz}$$

背道而去时

$$\nu'=\frac{u-v_{汽}}{u+v_{火}}\nu_s=595\text{Hz}$$

**5.17** 一驱逐舰停在海面上,它的水下声呐向一驶近的潜艇发射 $2.8\times10^4\text{Hz}$ 的超声波.该潜艇反射回来的超声波的频率和发射的相差 220Hz,求该潜艇的速度.已知海水中声速为 $1.54\times10^3\text{m/s}$.

**解** 驱逐舰发射的超声波频率为 $\nu_s$,运动潜艇接收到的频率为 $\nu_s'=\frac{u+v}{u}\nu_s$ ($u$ 为声速,$v$ 为潜艇速度).

潜艇反射回去的超声波频率为

$$\nu_s'' = \frac{u}{u-v}\nu_s' = \frac{u+v}{u-v}\nu_s$$

$$\Delta\nu = \nu_s'' - \nu_s = 220\text{Hz}$$

解出

$$v = 6.0\text{m/s}$$

# 第 6 章 相对论基础

## 【本章要点】

### 一、狭义相对论的基本假设

**1. 相对性原理**

在一切惯性系中所有的物理规律都一样.

**2. 光速不变原理**

在所有惯性系中测得真空中的光速率是常量 $c$.

### 二、两种时空观

**1. 经典力学的时空观**

经典力学理论认为时间和空间是相互独立的物理量,而且两者都不因为参考系的运动而改变.

**2. 狭义相对论的时空观**

狭义相对论理论认为,对两个事件的时间间隔、空间间隔的测量值与参考系的运动有关.

(1) “同时”的相对性:在一个惯性系测得同时发生的两个事件,在相对两事件连线方向运动的另一个惯性系中测得这两个事件一定不是同时发生的.

(2) 时间膨胀效应:在相对静止参考系 S 中测得(用一只相对事件静止的钟测量)事件的时间间隔为 $\Delta t$,在相对事件以 $u$ 的速度运动的另一个惯性系 S′中测得(用一系列在 S′系中校对好的钟测量)事件的时间间隔为 $\Delta t'$,二者关系为

$$\Delta t' = \frac{\Delta t}{\sqrt{1-\frac{u^2}{c^2}}}$$

式中,$c$ 为真空中的光速,$\Delta t$ 为原时间(或称固有时间),原时间最短.

(3) 空间收缩效应:在相对静止的参考系 S 中测得物体的长度为 $\Delta l$,在沿物体长度方向以 $u$ 的速度运动的另一个惯性系 S′中测得物体的长度为 $\Delta l'$,二者关系为

$$\Delta l' = \Delta l\sqrt{1-\frac{u^2}{c^2}}$$

式中 $\Delta l$ 为静长度(或称固有长度),静长度最长.

## 三、洛伦兹变换

### 1. 时空坐标变换

设惯性系 S′与 S 的相对坐标轴平行,S′相对 S 以 $u$ 的速度沿 $x$ 正方向运动,当两者的原点 $O'$与 $O$ 对齐时 $t'=t=0$,则在两个惯性系中分别测得一质点的两组时空坐标($x$, $y$, $z$, $t$)、($x'$, $y'$, $z'$, $t'$). 狭义相对论认为这两组时空坐标的关系为

$$t' = \frac{t-\frac{ux}{c^2}}{\sqrt{1-\frac{u^2}{c^2}}},\quad x' = \frac{x-ut}{\sqrt{1-\frac{u^2}{c^2}}},\quad y'=y,\quad z'=z$$

这就是洛伦兹变换.

### 2. 洛伦兹速度变换

设惯性系 S′与 S 的相应坐标轴平行,S′相对 S 以 $u$ 的速度沿 $x$ 正方向运动,当两者的原点 $O'$与 $O$ 对齐时 $t'=t=0$,则在两个惯性系中分别测得一运动质点的两组速度($v_x$, $v_y$, $v_z$)、($v'_x$,$v'_y$,$v'_z$). 狭义相对论认为这两组速度的关系为

$$v'_x = \frac{v_x-u}{1-\frac{uv_x}{c^2}}$$

$$v'_y = \frac{v_y}{1-\frac{uv_x}{c^2}}\sqrt{1-\frac{u^2}{c^2}}$$

$$v'_z = \frac{v_z}{1-\frac{uv_x}{c^2}}\sqrt{1-\frac{u^2}{c^2}}$$

## 四、质量与能量

### 1. 质量

狭义相对论认为测得物体的质量值与参考系的运动状态有关. 在相对物体静止的参考系测得物体的质量 $m_0$ 称为**静止质量**. 在相对物体以 $v$ 的速度运动的参考系测得该物体的质量

$$m=\frac{m_0}{\sqrt{1-\frac{v^2}{c^2}}}$$

### 2. 质量与能量

一个质量为 $m$ 的物体的总能量为

$$E=mc^2=\frac{m_0c^2}{\sqrt{1-\frac{v^2}{c^2}}}$$

静止物体具有静止能量 $E_0=m_0c^2$,物体的动能为

$$E_k=E-E_0$$

当外力对物体做功,物体能量增加 $\Delta E$,质量也相应增加 $\Delta m$,满足

$$\Delta E=\Delta mc^2$$

## 五、狭义相对论质点动力学

### 1. 动量

$$\boldsymbol{p}=m\boldsymbol{v}=\frac{m_0\boldsymbol{v}}{\sqrt{1-\frac{\boldsymbol{v}^2}{c^2}}}$$

### 2. 力

$$\boldsymbol{F}=\frac{\mathrm{d}\boldsymbol{p}}{\mathrm{d}t}=\frac{\mathrm{d}}{\mathrm{d}t}\left[\frac{m_0\boldsymbol{v}}{\sqrt{1-\frac{v^2}{c^2}}}\right]$$

### 3. 动量与能量

$$p^2c^2+E_0^2=E^2$$

## 六、广义相对论基本假设

**1. 广义相对性原理**

在所有参考系中物理规律是等价的.

**2. 等效原理**

(1) 引力场和加速度的效应是等价的.

(2) 在每一事件的时空点及其邻域里存在一个局域惯性系,在这个局域惯性系中,一切物理定律服从狭义相对论原理.

# 【问题讨论】

**问题 1**　伽利略相对性原理与狭义相对论的相对性原理有何相同之处?有何不同之处?

**讨论**　二者相同之处在于都认为,对于力学规律,一切惯性系都是等价的. 即无法用力学实验证明一个惯性系是静止的还是作匀速直线运动. 所不同之处在于伽利略相对性原理仅限于力学规律,而狭义相对论的相对性原理则指出,对于所有的物理规律(不仅仅力学),一切惯性系都是等价的.

**问题 2**　如果没有附加条件:当 K、K′系的原点 $O$、$O'$重合时计时开始,即 $t=t'=0$,洛伦兹变换式还能保持现在的形式吗?

**讨论**　显然不能了,其形式必然要比现在复杂一些.

若当 $O$、$O'$重合时,$t_0=\tau$, $t'_{0'}=\tau'$(这意味着 $t_x=t'_{x'}=0$),则洛伦兹变换式为

$$x'=\frac{x-u(t-\tau)}{\sqrt{1-\left(\frac{u}{c}\right)^2}}$$

$$t'-\tau'=\frac{(t-\tau)-\frac{u}{c^2}x}{\sqrt{1-\left(\frac{u}{c}\right)^2}}$$

反变换为

$$x=\frac{x'+u(t'-\tau')}{\sqrt{1-\left(\frac{u}{c}\right)^2}}$$

$$t-\tau=\frac{(t'-\tau')+\frac{u}{c^2}x'}{\sqrt{1-\left(\frac{u}{c}\right)^2}}$$

**问题 3**　“同时性”的相对性是针对任意两个事件而言的吗？

**讨论**　“同时性”的相对性是针对沿运动方向上，不同的空间坐标的两个事件而言的. 若事件 1、事件 2 的时空坐标在 K、K′系中分别为$(t_1, x_1, y_1, z_1)$、$(t_2, x_2, y_2, z_2)$和$(t_1', x_1', y_1', z_1')$、$(t_2', x_2', y_2', z_2')$，K、K′沿 $x$、$x'$轴运动则根据洛伦兹变换有

$$t'_1=\frac{t_1-\frac{u}{c^2}x_1}{\sqrt{1-\left(\frac{u}{c}\right)^2}},\quad t'_2=\frac{t_2-\frac{u}{c^2}x_2}{\sqrt{1-\left(\frac{u}{c}\right)^2}}$$

当在 K 系中测得两事件是沿运动方向位置坐标相同并且同时发生的，即 $x_1=x_2$、$t_1=t_2$（不一定要求 $y_1=y_2$，$z_1=z_2$），则必有 $t_1'=t_2'$. 这意味着，对于一个惯性系同时、不同地发生的两件事，在另一个惯性系测量也可能是同时发生的，只要沿运动方向位置坐标相同.

**问题 4**　如果光速较小或无限大，“同时”的相对性效应会怎样？

**讨论**　狭义相对论用光速不变原理作为比较时间先后的客观依据. 如图 6.1 所示，设想作为 K 系的列车相对地面（K′系）以 $\boldsymbol{u}$ 的速度匀速运动. 车厢两壁放着校对好的同步钟. 地面也放着一系列校对好的同步钟. 车厢中点的光脉冲信号发生器发出一信号. 在 K 系测量，信号到达 A 壁、B 壁用的时间都是$l/c$——光信号到达 A 壁、B 壁两事件同时发生. 在 K′系（地面）测量，由于光传播是有限大速度，传播一定距离需要时间，而在这段时间内，列车又向前运动了，所以信号先到达 A 壁，后到达 B 壁——两事件不同时发生. 由于宏观物体的运动速度一般都远远小于光速，因此，在通常的实际测量中都觉察不出这种差别. 如果光速较小，这种效应就会明显加强；如果光速无限大，则光信号传播不需要时间，则车厢未曾移动，信号就到达 A、B 两壁，也就不存在同时性的相对性了.

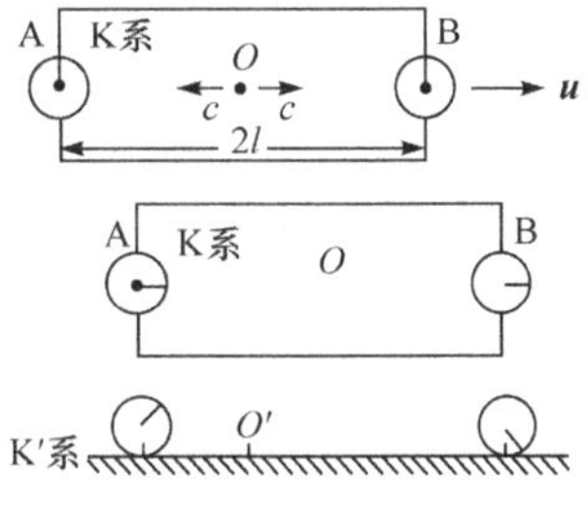


图 6.1

**问题 5**　列车和隧道静止时长度相等，当列车以 $\boldsymbol{u}$ 的高速通过隧道时，分别在地面和列车上测量，列车长度 $L$ 与隧道长度 $L'$的关系如何？若地面观测者发现当列车完全进入隧道时，隧道的进、出口处同时发生了雷击，当然并未击中列车，按相对论的理论，列车上的旅客会测得列车遭雷击了吗？为什么？

**讨论**　按照狭义相对论的理论，物体沿运动方向会收缩. 在地面测隧道长度 $L'$是固有长度，火车是运动的，其长度为

$$L = L'\sqrt{1-\left(\frac{u}{c}\right)^2}$$

即车比隧道短，如图 6.2(a)所示.

而在车上测车长 $L$ 是固有长度，测得的隧道长度为

$$L' = L\sqrt{1-\left(\frac{u}{c}\right)^2}$$

即车比隧道长，如图 6.2(b)所示.

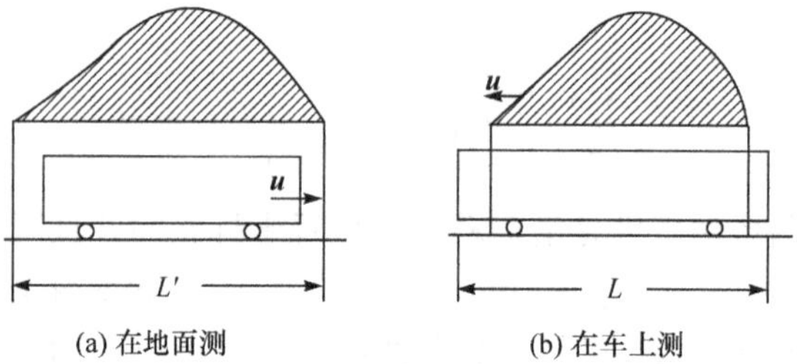


图 6.2

当地面观测者发现隧道两端同时发生雷击时，列车恰好**完全进入隧道**，如图 6.3(a)所示，因而**未被击中**. "完全进入隧道"是相对论效应(即火车长度收缩)，"未被击中"是客观事实，列车上旅客的测量会有相对论效应，但不会更改客观事实. 所以在他们看来，列车也**未被雷击中**. 因为按相对论的理论，在地面(K 系)测得隧道两端(设坐标分别为 $x_1$，$x_2$)的雷击事件是同时发生的(即 $t_1=t_2$)，在列车上(K′系)测得并不是同时发生的，根据洛伦兹变换式，有

$$t'_1=\frac{t_1-\dfrac{u}{c^2}x_1}{\sqrt{1-\left(\dfrac{u}{c}\right)^2}}$$

$$t'_2=\frac{t_2-\dfrac{u}{c^2}x_2}{\sqrt{1-\left(\dfrac{u}{c}\right)^2}}$$

因为 $t_1=t_2$，$x_1<x_2$，所以 $t'_1>t'_2$. 即出口端的雷击事件先发生，其时列车头部还没到达该处，如图 6.3(b)所示；而入口端的雷击事件后发生，其时列车尾部已进入隧道，如图 6.3(c)所示.

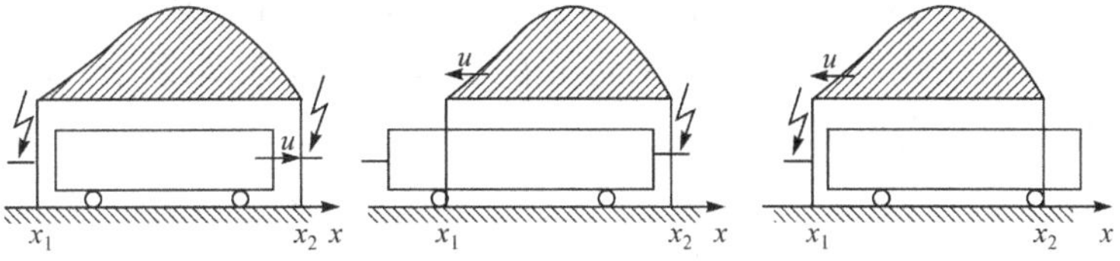


图 6.3

**问题 6**　如图 6.4 所示，一列长度为 $L_0$ 的列车以 $u=0.8c$ 的速度通过站台. 若列车首尾各置已校准的钟 A′、B′，当 A′钟与站台上 A 钟对齐时，二者同指零点. 问：当 B′钟与 A 钟对齐时，二者各指示几点？

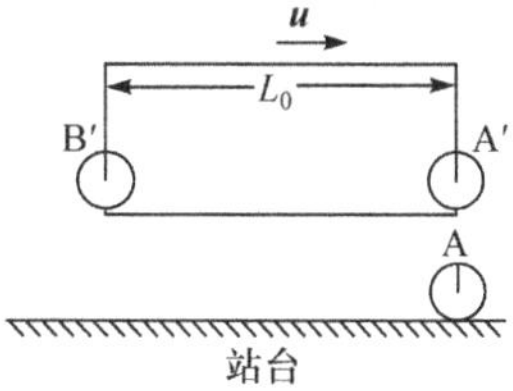


图 6.4

**讨论**　讨论这一问题可有两种方法.

法 1　在站台上测得以 0.8$c$ 速度运动的列车长度为

$$L=L_0\sqrt{1-\left(\frac{u}{c}\right)^2}=0.6L_0$$

因此，当 B′钟与 A 钟对齐时，A 钟指示

$$\Delta t=\frac{L}{u}=\frac{0.6L_0}{0.8c}=\frac{0.75L_0}{c}$$

车上观察者测量，A 钟以速率 $u$ 相对运动. 它从 A′到 B′经过距离为 $L_0$，所以，当 B′与 A 对齐时，B′钟指示

$$\Delta t'=\frac{L_0}{u}=\frac{L_0}{0.8c}=\frac{1.25L_0}{c}$$

法 2　A′钟、B′钟与 A 钟对齐，是站台上同一地点先后发生的两个事件，其时间差(即 B′钟与 A 钟对齐时，A 钟指示)为

$$\Delta t=\frac{L}{u}=\frac{0.75L_0}{c}$$

为固有时间. 根据时间膨胀效应，在以速度 $u$ 相对运动的列车中测得这两个事件的时间差(即 B′钟与 A 钟对齐时，B′钟的指示)为

$$\Delta t'=\frac{\Delta t}{\sqrt{1-\left(\frac{u}{c}\right)^2}}=\frac{0.75L_0}{0.6c}=\frac{1.25L_0}{c}$$

**问题 7**　为什么长度的测量结果与参考系有关？当看一个相对运动的物体时，视觉形状的改变是否完全归结于长度收缩效应？

**讨论**　当待测物体沿其长度 $AB$ 方向相对参考系 K 以 $u$ 的速度运动时，为了

在 K 系中测得物体的长度,按规定必须同时确定 $A$、$B$ 两端对应的坐标 $x_A$、$x_B$. 然而,由于同时的相对性,在与物体相对静止的 K′系测量,在 K 系中读取 $x_A$、$x_B$ 并不是同一时刻,根据洛伦兹变换

$$t'_A=\frac{t_A-\frac{u}{c^2}x_A}{\sqrt{1-\left(\frac{u}{c}\right)^2}},\quad t'_B=\frac{t_B-\frac{u}{c^2}x_B}{\sqrt{1-\left(\frac{u}{c}\right)^2}}$$

由于 $t_A=t_B$、$x_A>x_B$,所以有 $t'_A<t'_B$,即在 K′系,测 $A$ 点坐标读数事件在先,测 $B$ 点坐标事件在后. 而且时间差为

$$\Delta t'=t'_B-t'_A=\frac{\frac{u}{c^2}(x_A-x_B)}{\sqrt{1-\left(\frac{u}{c}\right)^2}}=\frac{\frac{u}{c^2}\Delta x}{\sqrt{1-\left(\frac{u}{c}\right)^2}}=\frac{u\Delta x'}{c^2}$$

随相对运动速度 $u$ 的增大而增大(式中 $\Delta x'$为固有长度),因此,对于相对物体运动速度 $u$ 值不同的参考系,就测出不同的长度值.

长度收缩的测量结果与实际看不是一回事. 人们看到的物体图像,是人脑对同时到达眼睛视网膜上的物体上各点光信号的反应结果. 由于物体各部分到观察者的距离不同,光的传播速度又相同,所以在视网膜上成像的,是物体上各部分不同时刻发出的光信号. 当物体在运动时,这种时间差使我们看到一个部分相对位置已经发生改变的运动物体的图像,这是一个由相对论效应和光学效应共同产生的观察图像,而非单纯由长度收缩效应造成的相对论测量图像. 两者并不相同.

**问题 8** 根据相对论的理论,实物粒子在介质中的运动速度是否有可能大于光在该介质中的传播速度?

**讨论** 相对论只给出真空中的光速 $c$ 是一切物质运动的极限速率. 由于光在任何介质中的传播速度都小于 $c$,所以实物粒子在介质中的运动速度有可能大于光在介质中的传播速度.

**问题 9** 经典力学的动能定理和相对论力学的动能定理有什么相同和不同之处?

**讨论** 相同之处在于都认为动能是物体因运动而具有的能量,而且都以 $A=E_{k2}-E_{k1}$ 的形式表明物体动能的增量与外力对其所做功等值. 不同之处在于经典力学中 $E_k=\frac{1}{2}mv^2$,其中质量 $m$ 是常量;相对论力学中 $E_k=mc^2-m_0c^2$,其中 $m_0$ 是物体静止时的质量,运动质量 $m$ 是随其运动速度变化的量,$m_0c^2=E_0$ 称静止能量,$mc^2=E$ 称相对论总能量,由此可见,相对论认为物体的动能是其总能量与静止能量之差.

**问题 10** 作用于物体上的外力,是否会因为惯性系的不同而不同? 分别从经典力

学与相对论力学的角度讨论.

**讨论**　在惯性系中,力的定义是被作用物体的动量随时间的变化率,即

$$\boldsymbol{F}=\frac{\mathrm{d}\boldsymbol{P}}{\mathrm{d}t}$$

在经典力学中,动量 $\boldsymbol{P}=m\boldsymbol{v}$,其中质量 $m$ 是常量. 故

$$\boldsymbol{F}=\frac{\mathrm{d}\boldsymbol{P}}{\mathrm{d}t}=m\frac{\mathrm{d}v}{\mathrm{d}t}=m\boldsymbol{a}$$

因为加速度 $\boldsymbol{a}$ 在所有惯性系中相等,所以力 $\boldsymbol{F}=m\boldsymbol{a}$ 是个不变量,即与惯性系的选择无关.

在相对论力学中,$m$ 是个随惯性系的不同而变化的量. 故

$$\boldsymbol{F}=\frac{\mathrm{d}\boldsymbol{P}}{\mathrm{d}t}=m\frac{\mathrm{d}\boldsymbol{v}}{\mathrm{d}t}+\boldsymbol{v}\frac{\mathrm{d}m}{\mathrm{d}t}$$

式中,$m$、$\boldsymbol{v}$ 都是与惯性系选择有关的量,故力也因惯性系的不同而不同.

**问题 11**　如果 $A$、$B$ 是 K′惯性系中互为因果关系的两个事件($A$ 是 $B$ 的原因,先于 $B$ 发生). 问:是否能找到一个惯性系,在该系中测得 $B$ 先于 $A$ 发生,出现时间顺序颠倒的现象?

**讨论**　不能. 理由如下:

设 $A$、$B$ 事件在 K′系的时空坐标分别为$(t'_A,\ x'_A)$、$(t'_B,\ x'_B)$,K′系相对 K 系以 $\boldsymbol{u}$ 的速度沿 $x$ 轴正向运动,则根据洛伦兹变换,在 K 系中测得两事件发生的时间 $t_A$、$t_B$ 有

$$t_A=\frac{t'_A+\dfrac{u}{c^2}x'_A}{\sqrt{1-\left(\dfrac{u}{c}\right)^2}}$$

$$t_B=\frac{t'_B+\dfrac{u}{c^2}x'_B}{\sqrt{1-\left(\dfrac{u}{c}\right)^2}}$$

则时间差为

$$t_B-t_A=\frac{(t'_B-t'_A)+\dfrac{u}{c^2}(x'_B-x'_A)}{\sqrt{1-\left(\dfrac{u}{c}\right)^2}}$$

可见:

(1) 若 $x'_B>x'_A$,则只要 $t'_B>t'_A$,必有 $t_B>t_A$,即只要在 K′系测 $A$ 先于 $B$ 发生,在 K 系中测也是 $A$ 先于 $B$ 发生.

(2) 若 $x'_B<x'_A$，则有可能 $t'_B>t'_A$，而 $t_B<t_A$，即在 K′系测 $A$ 先于 $B$ 发生，有可能在 K 系测得 $B$ 先于 $A$ 发生. 但是这种时序颠倒的情况只能发生在彼此无关的两事件之间. 如果 $A$ 事件是 $B$ 事件的原因，则 $x'_A$处 $A$ 事件的影响必以某种物质运动方式以速度

$$v_S=\frac{x'_A-x'_B}{t'_B-t'_A}$$

传递到 $B$ 点，将

$$v_S(t'_B-t'_A)=x'_A-x'_B$$

代入时间差式中，有

$$t_B-t_A=\frac{(t'_B-t'_A)-\frac{u}{c^2}v_S(t'_B-t'_A)}{\sqrt{1-\left(\frac{u}{c}\right)^2}}$$

$$=\frac{(t'_B-t'_A)\left(1-\frac{uv_S}{c^2}\right)}{\sqrt{1-\left(\frac{u}{c}\right)^2}}$$

根据狭义相对论的理论，$u<c$，$v_S<c$，故

$$1-\frac{uv_S}{c^2}>0$$

恒成立. 因此若 $t'_B>t'_A$，必有 $t_B>t_A$.

由此得出结论，互为因果关系的两事件，在任何惯性系中都不会出现时序颠倒的情况. 这也说明不会因为相对论效应，而改变客观事件的因果规律，相对论不是“怪物”，它是反映客观规律的正确理论.

## 【习题解答】

**6.1**　$\pi^+$介子的固有寿命为 $2.6\times10^{-8}$s，在实验室参考系观察到某 $\pi^+$介子的速度为 $v=0.9c$，问它衰变前飞过的路程是多少？

**解**　介子的固有寿命即介子在与它相对静止的参考系中存在的时间，用 $\tau_0$ 表示. 在实验室参考系统观察，介子的寿命应为

$$\tau=\frac{\tau_0}{\sqrt{1-v^2/c^2}}$$

因而实验观察到介子飞过的路程为

$$l=v\tau=\frac{v\tau_0}{\sqrt{1-v^2/c^2}}=16.1\text{m}$$

**6.2**　一观察者测出某运动着的米尺长为 0.5m，问此米尺与观察者的相对速度是多少？设观察者位于米尺延长线上.

**解**　所谓“米尺”，即其固有长度 $l_0=1\text{m}$. 设该米尺相对观察者以速度 $u$ 运动，则观察者测出它的长度为

$$l=l_0\sqrt{1-u^2/c^2}$$

解出

$$u=\sqrt{1-l^2/l_0^2}\,c=2.60\times10^8\text{m/s}$$

**6.3**　地面观察者测定某火箭通过地面上相距 120km 两观察点的时间间隔是 $5\times10^{-4}\text{s}$，问由火箭上的观察者所测出的这两观察点的距离和飞越的时间间隔是多少？

**解**　由地面上两观察点的距离(即固有长度)$l_0$ 和地面观察者测定火箭通过两点的时间 $\Delta t$，可得火箭相对地面的速度为

$$v=\frac{l_0}{\Delta t}=2.4\times10^5\text{km/s}$$

火箭上的观察者测得地面上两点的距离为

$$l=l_0\sqrt{1-v^2/c^2}=72\text{km}$$

而火箭上观察者所测出飞越两点的时间为

$$\Delta t'=l/v=3\times10^{-4}\text{s}$$

**6.4**　在惯性参考系 $A$ 中观察，在同一位置发生的两个事件的时间间隔是 2s，在惯性参考系 $B$ 中观察，这两个事件的时间间隔是 3s，问在 $B$ 系中这两个事件的空间距离是多少？

**解**　在 $A$ 中观察同一位置发生的两事件的时间间隔为 $\Delta t_A$，是固有时间，则在 $B$ 中观察该两事件发生的时间间隔

$$\Delta t_B=\Delta t_A/\sqrt{1-u^2/c^2}$$

由此可得 $A$、$B$ 的相对速度

$$u=\sqrt{1-(\Delta t_A/\Delta t_B)^2}\,c$$

故在 $B$ 中发生两事件的空间距离为

$$l=u\Delta t_B=\sqrt{1-(\Delta t_A/\Delta t_B)^2}\,c\Delta t_B=6.71\times10^8\text{m}$$

**6.5**　远方有一颗星体，以 0.80c 的速度离开地球，在地球上接收到它的光辐射按 5 昼夜的周期变化，求这个星体光辐射的固有周期.

**解**　设星体发光的固有周期为 $T_0$. 相对于我们的参考系，星体以速度 $u=0.8c$在运动，所以，相对于地球参考系星体发光周期为

$$T_1=T_0/\sqrt{1-(u/c)^2}$$

由于波源以速度 $u$ 离开我们，根据多普勒效应，地面仪器测到的周期 $T$ 为

$$T=\frac{(c+u)T_1}{c}=(1+\frac{u}{c})\frac{T_0}{\sqrt{1-(u/c)^2}}=\sqrt{\frac{1+u/c}{1-u/c}}T_0$$

解得

$$T_0=\sqrt{\frac{1-u/c}{1+u/c}}T=1.67(\text{昼夜})$$

**6.6** 火箭 $A$ 和火箭 $B$ 分别为 $0.8c$ 和 $0.6c$ 的速度相对于某惯性参考系沿同一直线但反向飞行，问 $A$ 与 $B$ 的相对速度是多少？

**解** 设某惯性系称作 $C$，则按速度变换公式可求得

$$u_{A\text{-}B}=\frac{u_{A\text{-}C}-u_{B\text{-}C}}{1-\frac{u_{B\text{-}C}u_{A\text{-}C}}{c^2}}=0.946c$$

**6.7** 如图 6.5 所示，一静止面积为 $s_0=100\text{m}^2$，面密度为 $\sigma_0$ 的正方形板，当观察者以 $u=0.6c$ 的速度沿其对角线运动，求：

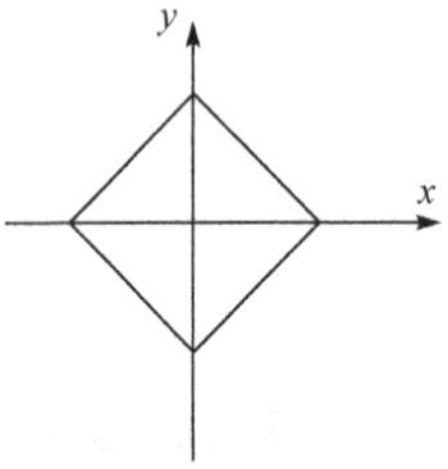

图 6.5

(1) 所测得图形的形状与面积；

(2) 面密度之比 $\sigma/\sigma_0$.

**解** 设静对角线长为 $l$，则面积

$$s_0=\frac{1}{2}l^2=100$$

$$l^2=200$$

运动时，沿运动方向对角线长度

$$l'_x=l\sqrt{1-\frac{u^2}{c^2}}=0.8l$$

垂直运动方向对角线长度不变，正方形成为菱形，其面积

$$s'=\frac{1}{2}l_y l'_x=0.4l^2=80\text{m}^2$$

运动质量

$$m'=\frac{m_0}{\sqrt{1-\frac{u^2}{c^2}}}=\frac{100\sigma_0}{0.8}=125\sigma_0$$

面密度

$$\sigma=\frac{m'}{s'}=\frac{125\sigma_0}{80}$$

$$\frac{\sigma}{\sigma_0}=\frac{125}{80}=1.5625$$

**6.8** 地球上的观察者测得一艘以速率 $0.60c$ 向东飞行的宇宙飞船将在 5s 后同一

个以 0.80$c$ 速率向西飞行的彗星相撞. 求：

(1) 飞船中的人测得彗星以多大速率接近?

(2) 按照飞船上测量,他们最多还有多少时间允许离开原来航线避免碰撞?

**解**　(1) 由洛伦兹速度变换,在飞船测得的彗星速度为

$$v'_2=\frac{v_2-v_1}{1-\frac{v_2v_1}{c_2}}$$

$$=\frac{-0.8c-0.6c}{1-(-0.8\times0.6)}=0.95c$$

即彗星以 0.95$c$ 的速率向飞船接近.

(2) 以地球上发现飞船经过某地时飞船和彗星最初隔一段距离(并于 5s 后就要碰撞)为事件 1,以地球上发现飞船和彗星就要相撞为事件 2. 这两件事对飞船来说发生在同一地点,飞船上测得的时间间隔应为固有时,

$$\Delta t'=\Delta t\sqrt{1-v_1^2/c^2}=5\times\sqrt{1-0.6^2}=4(\text{s})$$

**6.9**　当电子的运动质量为其静止质量的 2 倍时,问电子的速度变为多少?

**解**　由

$$m=\frac{m_0}{\sqrt{1-v^2/c^2}}=2m_0$$

可得

$$v=\sqrt{1-1/4c}=2.6\times10^8\text{m/s}$$

**6.10**　设电子的速度为(1)$1.0\times10^8$m/s; (2)$2.0\times10^8$m/s;计算电子的动能各是多少? 如用牛顿力学公式计算,电子的动能又各是多少?

**解**　由相对论动能公式

$$E_k=mc^2-m_0c^2=m_0c^2\left(\frac{1}{\sqrt{1-v^2/c^2}}-1\right)$$

算得

$$(1)\ E_k=4.97\times10^{-15}\text{J}$$

$$(2)\ E_k=2.80\times10^{-14}\text{J}$$

由牛顿力学动能公式

$$E_k=\frac{1}{2}m_0v^2$$

算得

$$(1)\ E_k=4.56\times10^{-15}\text{J}$$

$$(2)\ E_k=1.82\times10^{-14}\text{J}$$

**6.11**　一个电子从静止加速到 0.1$c$ 的速度需要做多少功? 从速度 0.9$c$ 加速到

0.99$c$ 需要做多少功?

**解** 从 $v=0$ 加速到 $v=0.1c$ 所需功

$$A=m_0c^2\left(\frac{1}{\sqrt{1-(1/10)^2}}-1\right)=4.13\times10^{-16}\text{J}$$

从 $v=0.9c$ 加速到 0.99$c$ 所需功

$$A=m_0c^2\left(\frac{1}{\sqrt{1-(99/100)^2}}-\frac{1}{\sqrt{1-(9/10)^2}}\right)=3.93\times10^{-13}\text{J}$$

**6.12** 计算聚变反应${}_1^2\text{H}+{}_1^2\text{H}\to{}_2^3\text{He}+{}_0^1\text{n}$ 所放出的能量. 已知${}_1^2\text{H}$、${}_2^3\text{He}$ 的原子质量分别 2.014102u、3.016049u,中子和电子的质量各为 1.008665u、0.000549u. (原子质量单位 $1\text{u}=1.66\times10^{-27}\text{kg}$)

**解** 聚变反应放出的能量

$$\Delta E=[2m({}_1^2\text{H})-m({}_2^3\text{He})-m({}_0^1\text{n})]c^2=5.21\times10^{-13}\text{J}$$

**6.13** 燃烧 1kg 煤可放出能量 $2.9\times10^7$J. 设某国每年消耗能约 $7\times10^{12}$ kW · h,问:

(1) 若这能量从燃烧煤来获得,需要多少煤?

(2) 若从习题 6.12 中的聚变反应来获得,需要多少${}^2\text{H}$?

(3) 这些能量相当于多少${}_1^2\text{H}$ 原子的静止质量所联系着的能量.

**解** (1) 一年需煤量为

$$\frac{7\times10^{12}\times10^3\times3600}{2.9\times10^7}\approx8.69\times10^{11}(\text{kg})$$

(2) 需${}_1^2\text{H}$ 的量为

$$2\times\frac{7\times10^{12}\times10^3\times3600}{5.21\times10^{-13}}\times2.014\times1.66\times10^{-27}\approx3.23\times10^5(\text{kg})$$

(3) 设所求${}_1^2\text{H}$ 的静质量为 $m_0$,则

$$m_0=\frac{7\times10^{12}\times10^3\times3600}{c^2}=280\text{kg}$$

**6.14** 设静质量为 $m_0$ 的粒子具有初速度 $v_0=0.4c$,那么

(1) 若粒子速度增加一倍,问这时它所具有动量为初动量的几倍?

(2) 若要它的末动量等于初动量的 10 倍,问末速度是初速度的几倍?

**解** 由相对论动量公式可得

$$\frac{p}{p_0}=\frac{m_0v/\sqrt{1-v^2/c^2}}{m_0v_0/\sqrt{1-v_0^2/c^2}}=\frac{v}{v_0}\times\frac{\sqrt{1-v_0^2/c^2}}{\sqrt{1-v^2/c^2}}$$

(1) 若 $v=2v_0$, 已知 $v_0/c=0.4$,则

$$\frac{p}{p_0}=2\times\frac{\sqrt{1-v_0^2/c^2}}{\sqrt{1-4v_0^2/c^2}}=3.06\text{ 倍}$$

(2) 若 $p=10p_0$,设 $v=xv_0$,则

$$10=x\frac{\sqrt{1-v_0^2/c^2}}{\sqrt{1-x^2v_0^2/c^2}}=x\frac{\sqrt{1-0.16}}{\sqrt{1-0.16x^2}}$$

$$100(1-0.16x^2)=0.84x^2$$

解出

$$x=2.44\text{ 倍}.$$

**6.15** 在北京正负电子对撞机中,电子可以被加速到动能为 $E_k=2.8\times10^9\,\text{eV}$.

(1) 这种电子的速率和光速相差多少?

(2) 这样的一个电子动量多大?

(3) 这种电子在周长为 240m 的储存环内绕行时,它受到的向心力多大? 需要多大的偏转磁场?

**解** (1) 由

$$E_k=\left(\frac{m_0}{\sqrt{1-v^2/c^2}}-m_0\right)c^2$$

可得

$$c^2-v^2=\left(\frac{m_0c^3}{E_k+m_0c^2}\right)^2$$

由于 $c\approx v$,所以

$$c^2-v^2=(c+v)(c-v)\approx2c(c-v)$$

从而由上式可得

$$c-v=\frac{1}{2c}\left(\frac{m_0c^3}{E_k+m_0c^2}\right)^2$$

又由于

$$E_k=2.8\times10^9\,\text{eV}\gg m_0c^2=0.511\times10^6\,\text{eV}$$

所以又有

$$c-v=\frac{m_0^2c^5}{2E_k^2}=\frac{(0.911\times10^{-30})^2\times(3\times10^8)^5}{2\times(2.8\times10^9\times1.6\times10^{-19})^2}=5.02(\text{m/s})$$

(2) 电子的动量为

$$p=\sqrt{\frac{E^2-m_0^2c^4}{c^2}}=\sqrt{\frac{E_k(E_k+2m_0c^2)}{c}}$$

由于 $E_k\gg m_0c^2$,所以有

$$p\approx\frac{E_k}{c}=\frac{2.8\times10^9\times1.6\times10^{-19}}{3\times10^8}\approx1.49\times10^{-18}(\text{kg}\cdot\text{m/s})$$

(3) 电子绕行所需的向心力为

$$F=\frac{mv^2}{R}\approx\frac{mc^2}{R}=\frac{E}{R}\approx\frac{E_k}{R}$$
$$=\frac{2.8\times10^9\times1.6\times10^{-19}}{240/(2\pi)}\approx1.2\times10^{-11}(\text{N})$$

所需的偏转磁场为

$$B=\frac{F}{ev}\approx\frac{F}{ec}=\frac{1.2\times10^{-11}}{1.6\times10^{-19}\times3\times10^8}=0.25(\text{T})$$

**6.16** 最强的宇宙射线具有 50J 的能量，如果这一射线是由一个质子形成的，这样的一个质子的速度和光速差多少？

**解** 由 $E=m_0c^2/\sqrt{1-v^2/c^2}$ 可得

$$c^2-v^2=\frac{m_0^2c^6}{E^2}$$

由于 $v\approx c$，$v+c\approx2c$，所以有

$$2c(c-v)=\frac{m_0^2c^6}{E^2}$$

最后得

$$c-v=\frac{m_0^2c^5}{2E^2}=\frac{(1.67\times10^{-27})^2\times(3\times10^8)^5}{2\times50^2}=1.36\times10^{-15}(\text{m/s})$$

# 第 7 章　静电场和恒定电场

## 【本章要点】

### 一、电场强度　高斯定理

**1. 电场强度**

电场强度是定量描述电场对电荷有作用力性质的物理量. 电场强度的定义式为

$$\boldsymbol{E}=\frac{\boldsymbol{F}}{Q_0}$$

**2. 场强叠加原理**

在由若干点电荷形成的电场中,任一点的总场强等于各点电荷单独在该点产生的场强的矢量和,即

$$\boldsymbol{E}=\sum_{i=1}^{n}\boldsymbol{E}_i$$

**3. 电场强度的计算**

由场强定义式并应用库仑定律和场强叠加原理,得到三种类型场源电荷产生电场的场强计算公式.

(1) 点电荷的场强

$$\boldsymbol{E}=\frac{1}{4\pi\varepsilon_0}\frac{Q}{r^3}\boldsymbol{r}$$

(2) 点电荷系的场强

$$\boldsymbol{E}=\sum_{i=1}^{n}\frac{1}{4\pi\varepsilon_0}\frac{Q_i}{r_i^3}\boldsymbol{r}_i$$

(3) 电荷连续分布的带电体的场强

$$\boldsymbol{E}=\int\mathrm{d}\boldsymbol{E}=\int\frac{1}{4\pi\varepsilon_0}\frac{\mathrm{d}Q}{r^3}\boldsymbol{r}$$

**4. 高斯定理**

在真空中的任何静电场中，通过任一闭合曲面的电通量等于该闭合曲面所包围的电荷的代数和除以 $\varepsilon_0$，数学表达式为

$$\oint_S \boldsymbol{E} \cdot \mathrm{d}\boldsymbol{s} = \frac{1}{\varepsilon_0}\sum_{i=1}^{n} Q_i$$

微分形式为

$$\nabla \cdot \boldsymbol{E} = \frac{\rho}{\varepsilon_0}$$

## 二、场强环路定理

**1. 场强环路定理**

电荷 $Q_0$ 在静电场中从 $a$ 点经某一路径移到 $b$ 点，电场力的功只与起点 $a$ 和终点 $b$ 的位置有关，而与电荷移动的路径无关，反映该特性的数学表达式即为静电场的场强环路定理.

$$\oint_L \boldsymbol{E} \cdot \mathrm{d}\boldsymbol{r} = 0$$

**2. 电势能**

定义 $Q_0$ 从 $a$ 点移到 $b$ 点时，电场力所做的功等于其电势能的减少量，即

$$W_a - W_b = Q_0\int_a^b \boldsymbol{E} \cdot \mathrm{d}\boldsymbol{r}$$

**3. 电势**

电荷 $Q_0$ 在电场中 $a$ 点的电势能 $W_a$ 与 $Q_0$ 成正比，为了直接描述 $a$ 点的电场性质，把 $W_a$ 与 $Q_0$ 的比值定义为该点的电势，即

$$U_a = \frac{W_a}{Q_0} = \int_a^{\infty} \boldsymbol{E} \cdot \mathrm{d}\boldsymbol{r}$$

电场中某点的电势在数值上等于单位正电荷置于该点时具有的电势能，或单位正电荷从该点经任意路径移动到无限远处电场力所做的功. 可见，电势是描述电场力做功性质的物理量. 该式表明了电势与电场强度之间的积分关系.

在国际单位制(SI)中，电势的单位是焦耳每库仑(J/C)，称作伏特(V).

电势的值只具有相对意义，电势零点的选取是任意的. 理论研究中，对于有限的电荷分布，通常选取无限远处为电势零点；对于无限大的带电体，则选取有限远处为电势零点，实际问题中常以大地或电器的金属外壳为电势零点.

### 4. 电势差

静电场中,任意两点的电势之差的计算式为

$$U_{ab}=U_a-U_b=\int_a^b \boldsymbol{E}\cdot \mathrm{d}\boldsymbol{r}$$

对电势差来说,不管取什么参考点作电势零点,其值总是确定的,$U_{ab}$ 在量值上等于将单位正电荷从 $a$ 点移到 $b$ 点电场力所做的功.

### 5. 电势的计算

点电荷电场中任意点 $P$ 处的电势

$$U=\frac{1}{4\pi\varepsilon_0}\frac{Q}{r}\text{(设无穷远处为电势零点)}$$

点电荷系电场中任意点 $P$ 处的电势,由点电荷公式及电势的标量叠加可得

$$U=\sum_{i=1}^{n}U_i=\sum_{i=1}^{n}\frac{1}{4\pi\varepsilon_0}\frac{Q_i}{r_i}$$

电荷连续分布的带电体电场中某点 $P$ 处的电势

$$U=\int\frac{1}{4\pi\varepsilon_0}\frac{\mathrm{d}Q}{r}$$

可见,电势的计算方法有两种类型:

(1) 已知场强的分布,根据电势的定义,用积分的方法求电势. 即

$$U_a=\int_a^{\infty}\boldsymbol{E}\cdot \mathrm{d}\boldsymbol{r}$$

(2) 已知电荷分布,利用电势的叠加原理求电势,即

$$\text{点电荷系}\quad U=\sum_{i=1}^{n}\frac{1}{4\pi\varepsilon_0}\frac{Q_i}{r_i}$$

$$\text{连续的带电体}\quad U=\int\frac{1}{4\pi\varepsilon_0}\frac{\mathrm{d}Q}{r}$$

### 6. 电势梯度矢量

$$\mathrm{grad}U=\frac{\partial U}{\partial x}\boldsymbol{i}+\frac{\partial U}{\partial y}\boldsymbol{j}+\frac{\partial U}{\partial z}\boldsymbol{k}=\nabla U$$

### 7. 电势梯度与场强的关系

$$\boldsymbol{E}=-\nabla U$$

## 三、静电场中的导体

### 1. 导体的静电平衡

导体内部及表面上的电荷都无宏观定向运动的状态,叫做导体的静电平衡状态.

在静电平衡状态下:导体内部任一点场强为零;导体外,表面附近任一点场强方向与表面垂直,这就是导体的静电平衡条件.

静电平衡下导体的特性:

(1) 导体内部的电势处处等于导体表面的电势,整个导体是个等势体,导体表面是个等势面.

(2) 导体内部没有净电荷,净电荷只分布在导体的表面上.

(3) 导体外,表面附近某点的场强大小

$$E=\frac{\sigma}{\varepsilon_0}$$

($\sigma$ 为该处附近导体的电荷面密度),方向垂直导体表面.

### 2. 孤立导体的电容

$$C=\frac{Q}{U}$$

式中,$Q$ 为孤立导体所带的电量;$U$ 为孤立导体相对于无穷远处的电势;$C$ 为孤立导体的电容.

### 3. 电容器的电容

$$C=\frac{Q}{\Delta U}$$

## 四、电介质

### 1. 电介质

是电阻率很大、导电能力很差的缘缘体. 可均匀极化的电介质放入电场后. 介质表面上出现极化电荷(束缚电荷),从而影响电场的分布.

### 2. 电极化强度矢量 $\boldsymbol{P}$

是描述介质中某处极化程度的物理量. 定义为

$$\boldsymbol{P}=\frac{\sum \boldsymbol{p}_e}{\Delta V}$$

其中 $\Delta V$ 为介质内部某一点附近的体积，$\sum \boldsymbol{p}_e$ 为 $\Delta V$ 内分子电偶极矩 $\boldsymbol{p}_e$ 的矢量和. 实验证明，在各向同性介质内

$$\boldsymbol{P}=\chi_e\varepsilon_0\boldsymbol{E}$$

式中，$\chi_e$ 是介质的电极化率，是一个无单位的纯数，$\boldsymbol{E}$ 为介质中总的电场强度.

理论证明电介质表面出现极化面电荷，某处面电荷密度

$$\sigma'=P_n=\boldsymbol{P}\cdot\boldsymbol{n}$$

式中，$\boldsymbol{n}$ 为该处介质表面外法向单位矢量，$\sigma'$ 为该处极化电荷面密度.

### 3. 有电介质时的电场

有电介质时的场强 $\boldsymbol{E}$ 是由自由电荷的场强 $\boldsymbol{E}_0$ 与极化电荷的场强 $\boldsymbol{E}'$ 两者叠加的结果，即

$$\boldsymbol{E}=\boldsymbol{E}_0+\boldsymbol{E}'$$

### 4. 电位移矢量

由于静止的极化电荷和自由电荷产生的电场都是静电场，因此静电场的两条基本定理仍成立，即高斯定理、场强环路定理. 由于极化电荷不易求得，应用高斯定理求有介质时的场强遇到困难. 为避免在计算中出现与极化电荷有关的项，引入电位移矢量

$$\boldsymbol{D}=\varepsilon_0\boldsymbol{E}+\boldsymbol{P}$$

对于各向同性的均匀介质，$\boldsymbol{D}=\varepsilon_0\varepsilon_r\boldsymbol{E}=\varepsilon\boldsymbol{E}$，式中 $\varepsilon$ 称为电介质的介电常量.

### 5. 有电介质时的高斯定理

有电介质时通过任一闭合曲面的电位移通量等于该曲面所包围的自由电荷的代数和.

$$\oint_S \boldsymbol{D}\cdot\mathrm{d}\boldsymbol{s}=\sum_{i=1}^{n}Q_{0i}$$

有电介质时的高斯定理是很重要的定理. 当已知自由电荷分布具有一定的对称性时，常可利用高斯定理求得电位移矢量 $\boldsymbol{D}$，再由 $\boldsymbol{D}=\varepsilon_0\varepsilon_r\boldsymbol{E}=\varepsilon\boldsymbol{E}$ 求得有电介质时的电场强度，它的优点是摆脱了求极化电荷 $Q'$.

### 6. 静电场的能量

带电系统周围伴随有静电场. 带电系统的能量储存在整个电场中，称为电场

的能量,单位体积内的电场能量. 即电场的能量体密度为

$$w_e = \frac{1}{2}ED = \frac{1}{2}\varepsilon E^2 = \frac{1}{2}\frac{D^2}{\varepsilon}$$

则整个电场空间的总能量

$$W_e = \int_V \frac{1}{2}ED\,\mathrm{d}V$$

积分对整个电场所在的空间进行.

## 五、稳恒电流和稳恒电场

### 1. 电流强度

表示单位时间通过某一截面的电量.

$$I = \frac{\mathrm{d}q}{\mathrm{d}t}$$

单位是安培(A).

### 2. 电流密度

其大小等于通过与电荷移动方向垂直的单位面积的电流强度,单位是安培/米$^2$($\mathrm{A/m^2}$),其方向为正电荷移动方向,即

$$\boldsymbol{J} = \frac{\mathrm{d}I}{\mathrm{d}S_\perp}\boldsymbol{n}$$

由电流密度矢量可计算通过任意面积的电流强度

$$I = \int_S \boldsymbol{J}\cdot\mathrm{d}\boldsymbol{S}$$

### 3. 电流连续性方程

由电荷守恒定律,在单位时间内,从任意闭合曲面内流出的电荷$\oint_S \boldsymbol{J}\cdot\mathrm{d}\boldsymbol{S}$等于该闭合曲面内总电荷的减少,即

$$\oint_S \boldsymbol{J}\cdot\mathrm{d}\boldsymbol{S} = -\frac{\mathrm{d}Q}{\mathrm{d}t}$$

### 4. 电流稳恒条件

稳恒电流时,电荷分布不随时间改变$\frac{\mathrm{d}Q}{\mathrm{d}t}=0$,因此

$$\oint_S \boldsymbol{J}\cdot\mathrm{d}\boldsymbol{S} = 0$$

**讨论**　电流强度 $I$ 是单位时间通过导体某一截面的电量，它描述导体中某一截面上电荷流动的总体情况. 而电流密度 $J$ 是描述导体中某一点处电荷流动的情况. 也就是说它精细地反映电流场中电流分布的细节. 它们之间的联系是 $I=\int_S \boldsymbol{J}\cdot \mathrm{d}\boldsymbol{S}$，可见，通过曲面 $S$ 的电流强度等于通过该曲面的电流密度的通量.

**问题 6**　电动势与电势差的异同是什么？

**讨论**　电动势的定义

$$\mathscr{E}=\int_{-}^{+}\boldsymbol{E}_K\cdot \mathrm{d}\boldsymbol{r}$$

表示把单位正电荷从电源负极通过电源内部移到电源正极时非静电力所做的功，它反映了电源中非静电力做功的本领，是描述电源本身性质的一个物理量. 电源一定，电动势就一定，与外电路的性质以及电路是否接通都没有关系.

电势差是指在静电场或稳恒电场中，把单位正电荷从 $a$ 点沿任意路径移动到 $b$ 点静电场力所做的功，它定义为

$$U_{ab}=U_a-U_b=\int_a^b \boldsymbol{E}\cdot \mathrm{d}\boldsymbol{r}$$

它是描述静电场或稳恒电场本身性质的物理量，在静电场或稳恒电场中，确定的两点的电势差是一定的，与电势参考点的选取无关.

## 【习题解答】

**7.1**　两个点电荷分别带电荷 $2Q$ 和 $Q$，相距为 $l$，问将第三个点电荷放在何处其所受合力为零？

**解**　第三个点电荷 $q$ 应放在 $2Q$ 和 $Q$ 的连线上，与 $Q$ 相距为 $x$，与 $2Q$ 相距为 $l-x$，所受库仑力相平衡

$$\frac{Qq}{x^2}=\frac{2Qq}{(l-x)^2}$$

解得

$$x=(\sqrt{2}-1)l$$

将第三电荷置于两点电荷之间，与 $Q$ 相距 $(\sqrt{2}-1)l$ 处，所受合力为零.

**7.2**　一个正 $\pi$ 介子由一个 u 夸克和一个反 d 夸克组成. u 夸克带电量为 $\frac{2}{3}e$，反 d 夸克带电量为 $\frac{1}{3}e$. 将夸克作为经典粒子处理，试计算正 $\pi$ 介子中夸克间的电力（设它们之间的距离为 $1.0\times10^{-15}$ m).

**解**　根据库仑定律，两粒子之间的作用力的大小为

$$
\begin{aligned}
F &= \frac{1}{4\pi\varepsilon_0}\frac{Q_u Q_d}{r^2} \\
&= \frac{e^2}{18\pi\varepsilon_0 r^2} \\
&= \frac{(1.6\times10^{-19})^2}{18\times3.14\times8.85\times10^{-12}\times(1.0\times10^{-15})^2} \\
&= 51.2(\mathrm{N})
\end{aligned}
$$

**7.3**　电子所带的电荷($-e$)最先是由密立根通过油滴实验测出的. 一个很小的带电油滴放在电场强度为 $E$ 的电场中,调节 $E$ 的大小,使作用在油滴上的电场力与油滴的重量平衡. 如果油滴的半径为 $1.64\times10^{-4}$ cm,在平衡时 $E=1.92\times10^5$ N/C. 求油滴上所带电荷(已知油的密度为 $0.851\mathrm{g/cm^3}$).

**解**　由油滴半径可以求出油滴质量

$$
\begin{aligned}
m &= \rho V = \rho\times\frac{4}{3}\pi r^3 \\
&= 0.851\times10^3\times\frac{4}{3}\times3.14\times(1.64\times10^{-4}\times10^{-2})^3 \\
&\approx 1.57\times10^{-14}(\mathrm{kg})
\end{aligned}
$$

所带电场力和重力平衡

$$\boldsymbol{F}_e = -\boldsymbol{G}$$

$$qE = mg$$

$$q = \frac{mg}{E} = \frac{1.57\times10^{-14}\times9.8}{1.92\times10^5} \approx 8.01\times10^{-19}(\mathrm{C})$$

**7.4**　一个电偶极子的电矩为 $\boldsymbol{p}=q\boldsymbol{l}$,求此电偶极子轴线上距其中心为 $r(r\gg l)$处的场强.

**解**　设该点为 $P$,$+q$,$-q$ 两点电荷在 $P$ 点产生的场强方向如图 7.1 所示,大小分别为

$$+q:\qquad E_+ = \frac{1}{4\pi\varepsilon_0}\frac{q}{r_+^2}$$

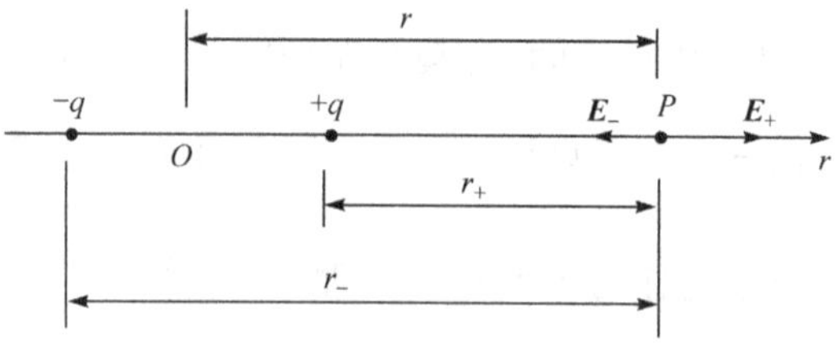


图 7.1

$$-q: \qquad E_- = \frac{1}{4\pi\varepsilon_0}\frac{-q}{r_-^2}$$

$P$ 点总场强的大小

$$E = E_+ + E_- = \frac{q}{4\pi\varepsilon_0}\left(\frac{1}{r_+^2} - \frac{1}{r_-^2}\right)$$

$$= \frac{q}{4\pi\varepsilon_0}\frac{r_-^2 - r_+^2}{r_+^2 \cdot r_-^2}$$

由 $r \gg l$ 得

$$r_+ \cdot r_- \doteq r^2, \quad r_- - r_+ = l, \quad r_- + r_+ \doteq 2r$$

$$r_-^2 - r_+^2 = (r_- + r_+)(r_- - r_+) \doteq 2r \cdot l$$

$$E \doteq \frac{q}{4\pi\varepsilon_0}\frac{2r \cdot l}{r^4} = \frac{2ql}{4\pi\varepsilon_0 r^3} = \frac{p}{2\pi\varepsilon_0 r^3}$$

$$p = ql, \qquad \boldsymbol{p} = q\boldsymbol{l}$$

$\boldsymbol{l}$ 从 $-q$ 指向 $+q$，故得

$$\boldsymbol{E} = \frac{\boldsymbol{p}}{2\pi\varepsilon_0 r^3}$$

电场强度方向和偶极矩方向一致.

**7.5**　一根半无限长的均匀带电直线，电荷线密度为 $\lambda$. 求通过端点垂直方向上 $P$ 点的电场强度.

**解**　法 1　如图 7.2(a)所示，长度为 $l$ 的均匀带电直线，在线外一点 $P$ 的场强为

$$E_x = \frac{\lambda}{4\pi\varepsilon_0 y}(\sin\theta_2 - \sin\theta_1)$$

$$E_y = \frac{\lambda}{4\pi\varepsilon_0 y}(\cos\theta_1 - \cos\theta_2)$$

所求情形为 $\theta_1 = \frac{\pi}{2}$，$\theta_2 = \pi$ 代入上式得

$$E_x = \frac{-\lambda}{4\pi\varepsilon_0 y}, \qquad E_y = \frac{\lambda}{4\pi\varepsilon_0 y}$$

$$\boldsymbol{E} = E_x\boldsymbol{i} + E_y\boldsymbol{j} = \frac{\lambda}{4\pi\varepsilon_0 y}(-\boldsymbol{i} + \boldsymbol{j})$$

法 2　如图 7.2(b)所示，将半无限长带电直线无限分割成许多小的电荷元，其中任一电荷元在 $x$ 处，长为 $\mathrm{d}x$，所带电量为 $\mathrm{d}q = \lambda\mathrm{d}x$，$\mathrm{d}q$ 在 $P$ 点产生的场强方向如图 7.2(b)所示，大小为

$$\mathrm{d}E = \frac{\mathrm{d}q}{4\pi\varepsilon_0 r^2} = \frac{\lambda\mathrm{d}x}{4\pi\varepsilon_0(x^2 + y^2)}$$

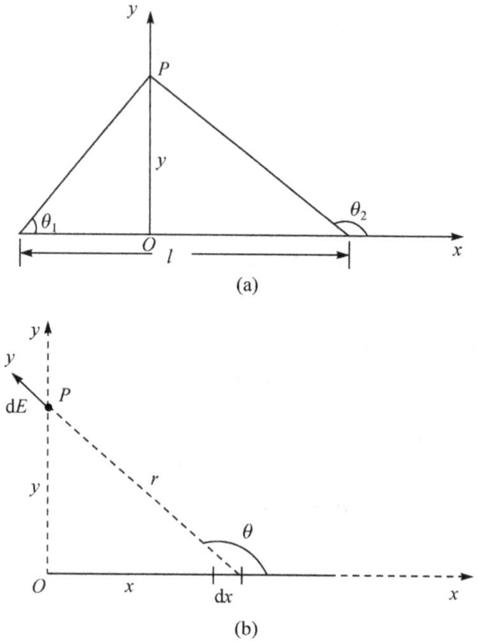


图 7.2

在 $x$ 轴和 $y$ 轴方向的分量分别为

$$dE_x = dE\cos\theta = \frac{\lambda}{4\pi\varepsilon_0}\frac{dx}{r^2}\cos\theta$$

$$dE_y = dE\sin\theta = \frac{\lambda}{4\pi\varepsilon_0}\frac{dx}{r^2}\sin\theta$$

其中

$$\sin\theta = \frac{y}{r}, \quad r = \frac{y}{\sin\theta}, \quad \cos\theta = -\frac{x}{r}$$

$$\frac{x}{y} = -\cot\theta, \quad dx = y\csc^2\theta d\theta$$

将 $r$、$dx$ 与 $\theta$ 的关系式代入 $dZ_x$ 及 $dE_y$ 中得

$$E_x = \int dE_x = \frac{\lambda}{4\pi\varepsilon_0 y}\int_{\frac{\pi}{2}}^{\pi}\cos\theta d\theta$$

$$= -\frac{\lambda}{4\pi\varepsilon_0 y}$$

$$E_y = \int dE_y = \frac{\lambda}{4\pi\varepsilon_0 y}\int_{\frac{\pi}{2}}^{\pi}\sin\theta d\theta$$

$$= \frac{\lambda}{4\pi\varepsilon_0 y}$$

$$\boldsymbol{E} = E_x\boldsymbol{i} + E_y\boldsymbol{j} = \frac{\lambda}{4\pi\varepsilon_0 y}(-\boldsymbol{i}+\boldsymbol{j})$$

大小为

$$E = \sqrt{E_x^2 + E_y^2} = \frac{\sqrt{2}\lambda}{4\pi\varepsilon_0 y}$$

**7.6**　一均匀带电直线，长为 $L$，电荷线密度为 $\lambda$. 求直线的延长线上距 $L$ 中点为 $r(r>L/2)$处的场强.

**解**　取坐标如图 7.3 所示，首先把带电直线分割成许多电荷元，其中任一电荷元长为 $\mathrm{d}x$，到 $O$ 点的距离为 $x$，所带电荷为 $\mathrm{d}q=\lambda\mathrm{d}x$，其在 $P$ 点产生的场强为

$$\mathrm{d}E = \frac{1}{4\pi\varepsilon_0}\frac{\mathrm{d}q}{\left(r+\dfrac{l}{2}-x\right)^2}$$

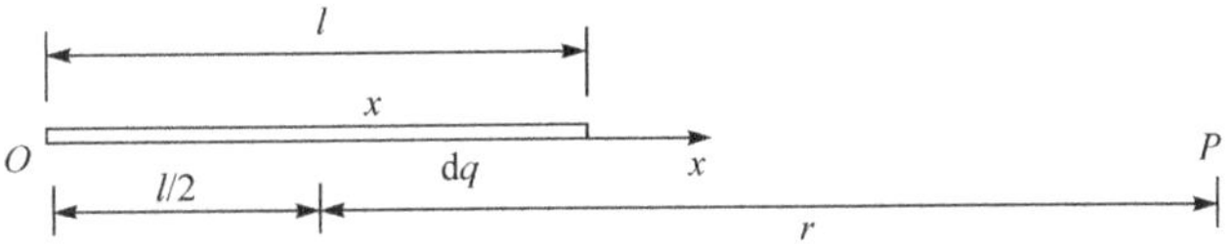


图 7.3

所有电荷元在 $P$ 点产生的场强方向相同.

$P$ 点总场强的大小为

$$E=\frac{1}{4\pi\varepsilon_0}\int_0^L\frac{\mathrm{d}x}{\left(r+\dfrac{l}{2}-x\right)^2}$$

$$=\frac{\lambda L}{4\pi\varepsilon_0\left(r^2-\dfrac{L^2}{4}\right)}$$

电场强度的方向为：当 $\lambda>0$ 时，指向 $x$ 轴正向，当 $\lambda<0$ 时，指向 $x$ 轴负向.

**7.7**　用细绝缘线弯成的半圆形环，半径为 $R$，其上均匀地带正电荷 $Q$，求圆心 $O$ 点的电场强度.

**解**　坐标系如图 7.4 所示，把半圆环无限分割成许多电荷元，其中任一电荷元长为 $\mathrm{d}l$ 所带电量为 $\mathrm{d}q=\lambda\mathrm{d}l=(Q/\pi R)\mathrm{d}l$，$\mathrm{d}q$ 在 $O$ 点产生的场强大小为

$$\mathrm{d}E = \frac{1}{4\pi\varepsilon_0}\frac{\mathrm{d}q}{R^2}$$

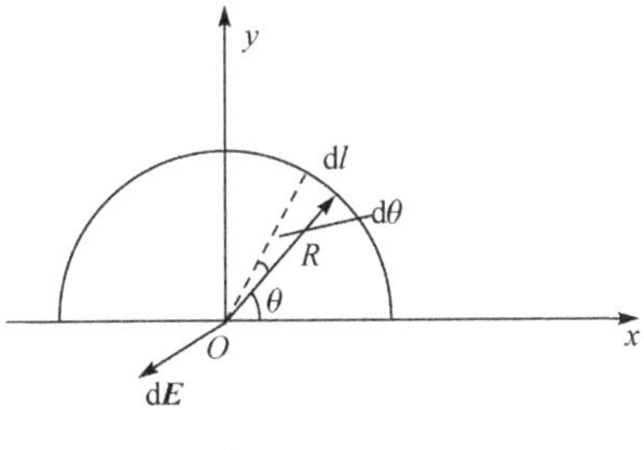


图 7.4

方向如图所示，它在 $x$ 轴、$y$ 轴方向的分量分

别为

$$dE_x = -\frac{1}{4\pi\varepsilon_0}\frac{dq}{R^2}\cos\theta$$

$$dE_y = -\frac{1}{4\pi\varepsilon_0}\frac{dq}{R^2}\sin\theta$$

由对称的特点

$$E_x = \int_l dE_x = 0$$

$$E_y = \int_l dE_y = -\frac{1}{4\pi\varepsilon_0}\int_0^\pi \frac{dq}{R^2}\sin\theta \quad (\text{其中 } dl = Rd\theta)$$

$$= -\frac{Q}{4\pi^2\varepsilon_0 R^2}\int_0^\pi \sin\theta d\theta$$

$$= -\frac{Q}{2\pi^2\varepsilon_0 R^2}$$

方向为沿 $y$ 轴负方向.

**7.8** 有一细线做成的圆环,半径 $R=5\times10^{-2}$m,其上均匀分布着 $Q=5\times10^{-9}$C 的电荷. 求:

(1) 在圆环轴线上一点 $A$ 的场强,设 $A$ 距环心 $O$ 点的距离 $x=5\times10^{-2}$m;

(2) 证明在 $x=\frac{R}{\sqrt{2}}$处场强最大,并计算其值.

**解** (1) 均匀带电圆环在轴线上产生的场强为

$$E = \frac{1}{4\pi\varepsilon_0}\frac{Qx}{(x^2+R^2)^{3/2}}$$

代入数值

$$E = \frac{5\times10^{-9}\times5\times10^{-2}}{4\times3.14\times8.85\times10^{-12}[(5\times10^{-2})^2+(5\times10^{-2})^2]^{3/2}}$$

$$= 6.38\times10^3(\text{V/m})$$

方向沿轴线指向远方.

(2)

$$E_x = \frac{Qx}{4\pi\varepsilon_0(R^2+x^2)^{3/2}}$$

$$\frac{\partial E}{\partial x} = \frac{Q(R^2-2x^2)}{4\pi\varepsilon_0(x^2+R^2)^{5/2}}$$

当$\frac{\partial E}{\partial x}=0$时,$E$ 取最大值,可得 $x=\frac{R}{\sqrt{2}}$,

$$E_{max} = \frac{\sqrt{3}Q}{18\pi\varepsilon_0 R^2} = 6.95\times10^3\text{V/m}$$

**7.9**　如图 7.5 所示，一根不导电的细塑料杆，被弯成近乎完整的圆，圆的半径 $R$ 为 0.5m，杆的两端有 $a=2\times10^{-2}$m 的缝隙，$3.12\times10^{-9}$C 的正电荷均匀地分布在杆上，求圆心处电场的大小和方向.

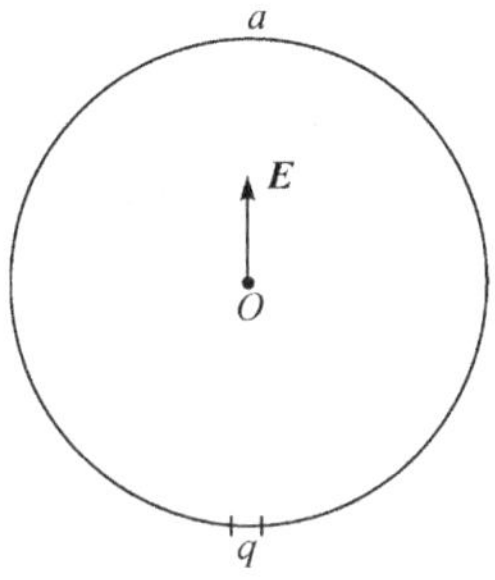


图 7.5

**解**　由对称性可知，圆心处的场强是由和缺口经圆心相对称的一段圆弧所引起的(这段圆弧可看成点电荷 $q$)，场强方向由圆心指向间隙.

$$q=\lambda a$$

$$\lambda=\frac{Q}{(2\pi R-a)}$$

$$E=\frac{q}{4\pi\varepsilon_0 R^2}=\frac{\lambda a}{4\pi\varepsilon_0 R^2}=\frac{Qa}{4\pi\varepsilon_0 R^2(2\pi R-a)}$$

代入数值

$$E=\frac{3.12\times10^{-9}\times2\times10^{-2}}{4\times(3.14)\times8.85\times10^{-12}\times(0.5)^2(2\times3.14\times0.5-2\times10^{-2})}$$
$$\approx0.7(\text{V/m})$$

方向如图 7.5 所示.

**7.10**　如图 7.6 所示的电荷分布称为电四极子，它由两个相同的电偶极子组成. 证明在电四极子轴线的延长线上离中心为 $r(r\gg l)$的 $P$ 点的电场强度为

$$E=\frac{6pl^2}{4\pi\varepsilon_0 r^4}$$

**解**　$P$ 点的场强为每个电荷在 $P$ 点所激发场强之和. 大小为

$$E_P=\frac{1}{4\pi\varepsilon_0}\left[\frac{q}{(r-l)^2}+\frac{q}{(r+l)^2}-\frac{2q}{r^2}\right]$$
$$=\frac{q}{4\pi\varepsilon_0}\left[\frac{6r^2l^2}{r^2(r-l)^2(r+l)^2}\right]$$
$$(r-l)(r+l)\doteq r^2$$
$$E_P=\frac{6ql^2}{4\pi\varepsilon_0 r^4}$$

方向为沿轴线指向远方.

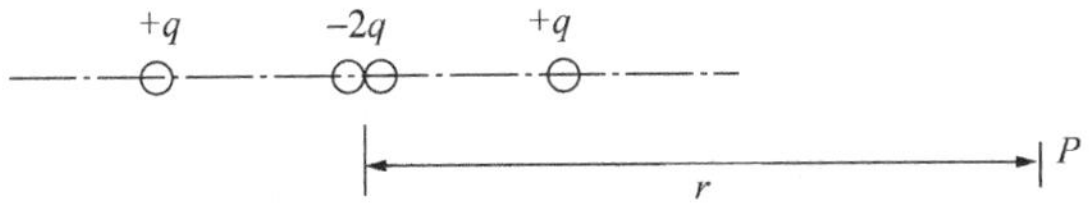


图 7.6

**7.11**　(1) 点电荷 $q$ 位于边长为 $a$ 的正立方体的中心，通过此立方体的每一面的电通量各为多少？

(2) 若电荷移至立方体的一个顶点上，则通过每个面的电通量又各是多少？

**解**　(1) 由高斯定理可知，通过此立方体表面的电通量为

$$\varphi = \frac{q}{\varepsilon_0}$$

又由于对称性，通过此正立方体六个正方形面的电通量相等，所以正方体每一面的电通量为

$$\varphi' = \frac{1}{6}\varphi = \frac{q}{6\varepsilon_0}$$

(2) 以 $q$ 所在点为顶点的三个面电通量为零，其他三个面有相同的电通量，则

$$\phi = \frac{1}{8} \times \frac{1}{3} \times \varphi_E = \frac{q}{24\varepsilon_0}$$

**7.12**　如图 7.7 所示，在点电荷 $q$ 的电场中，取半径为 $R$ 的圆形平面. 设 $q$ 在垂直于该平面并通过圆心 $O$ 的轴线上 $A$ 点处，试计算通过此平面的电通量.（图中 $\overline{OA}=x$；$\overline{OB}=R$；$\alpha=\arctan\dfrac{R}{x}$）

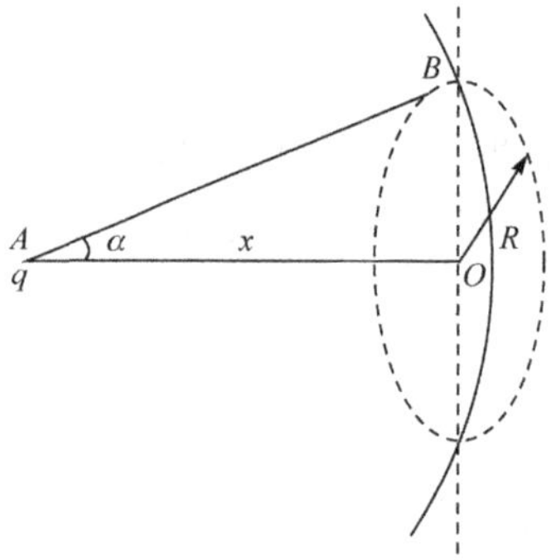

图 7.7

**解**　如图所示，在以 $A$ 点为球心、$\overline{AB}$为半径的球面上剖出一个球冠，通过圆面的电通量等于通过球冠面的电通量，球冠面的表面积为：$S=2\pi rh$，$h$ 为球冠高，$r$ 为球面半径

$$r = \sqrt{x^2 + R^2}$$

$$h = r - x$$

$$S = 2\pi(x^2 + R^2 - x\sqrt{x^2 + R^2})$$

通过球面单位面积的电通量为

$$\varphi_0 = \frac{q}{4\pi\varepsilon_0 r^2}$$

$$\varphi = \varphi_0 \cdot S = \frac{q}{2\varepsilon_0} - \frac{xq}{2\varepsilon_0\sqrt{x^2 + R^2}}$$

$$= \frac{q}{2\varepsilon_0}\left(1 - \frac{x}{\sqrt{R^2 + x^2}}\right) = \frac{q}{2\varepsilon_0}(1 - \cos\alpha)$$

**7.13**　实验表明：在靠近地面处有相当强的电场，$E$ 垂直地面向下，大小约为 200N/C；在离地面 1400m 高处，场强 $E$ 也是垂直地面向下的，大小约为 20N/C.

(1) 如果地球上的电荷全部分布在表面，求地球表面所带的过剩电荷；

(2) 试计算在 1400m 以下大气层的平均电荷体密度.

**解**　(1) 对地表面和离地表 1400m,应用高斯定理,

$$\oint_S \boldsymbol{E} \cdot \mathrm{d}\boldsymbol{S} = \frac{q}{\varepsilon_0}$$

$$E = \frac{q}{4\pi\varepsilon_0 r^2}$$

$q$ 为半径 $r$ 的球面所包围电荷的代数和. 代入数据计算,$R$ 为地球的半径 $6.4\times10^6$m.

$$\begin{aligned} q_{地} &= 4\pi\varepsilon_0 R^2 E_{地} \\ &= 4\times3.14\times8.85\times10^{-12}\times(6.4\times10^6)^2\times200 \\ &\approx 9.1\times10^5(\mathrm{C}) \end{aligned}$$

(2) 设 $r$ 为空气中某点到地心的距离

$$\begin{aligned} q_{空} &= 4\pi\varepsilon_0 r^2 E_{空} - q_{地} \\ &= 4\times3.14\times8.85\times10^{-12}\times(6.4\times10^6+1.4\times10^3)^2\times20-9.1\times10^5 \\ &\approx -8.2\times10^5(\mathrm{C}) \end{aligned}$$

$$\rho = \frac{q_{空}}{V} = \frac{q_{空}}{\frac{4}{3}\pi(r^3-R^3)} = -1.14\times10^{-12}\mathrm{C/m^3}$$

**7.14**　图 7.8(a)所示为半径分别是 $R_1$ 和 $R_2$ 的两个同心球面,其上分别均匀地分布着电荷 $Q_1$ 和 $Q_2$,求:

(1) Ⅰ、Ⅱ、Ⅲ三个区域内的场强分布;

(2) 若 $Q_2=-Q_1$,情况又如何? 画出上述情况下的 $E$-$r$ 图形.

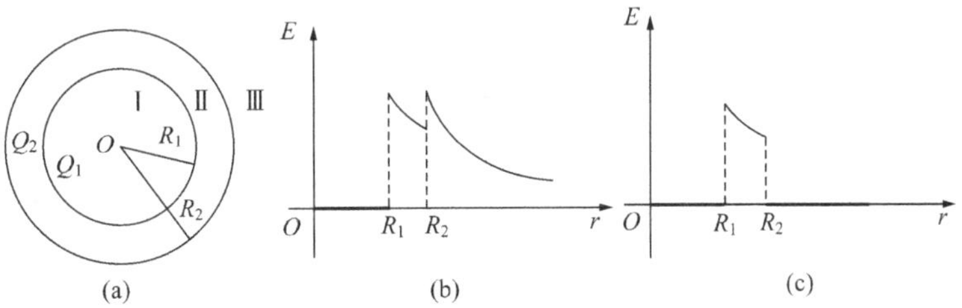


图 7.8

**解**　(1) 电场空间中三个区域中的电场分布可由高斯定理解出,在 $I$ 区作半径 $r(r<R_1)$ 和球面同心的高斯球面 $S_1$,由 $\oint_{S_1} \boldsymbol{E}\cdot\mathrm{d}\boldsymbol{S} = \frac{1}{\varepsilon_0}\sum_{i=1}^{n} Q_i$,这里 $\sum Q = 0$,得 $E_I = 0$.

同理在Ⅱ区作半径为 $r(R_1<r<R_2)$ 和球面同心的高斯面 $S_2$，由 $\oint_{S_2} \boldsymbol{E}\cdot d\boldsymbol{S} = \frac{1}{\varepsilon_0}\sum Q$，这里 $\sum Q = Q_1$，得

$$E_{\mathrm{II}} = \frac{Q_1}{4\pi\varepsilon_0 r^2} \qquad (R_1 < r < R_2)$$

同理在Ⅲ区作半径为 $r(r>R_2)$ 与球面同心的高斯面 $S_3$，由 $\oint_{S_3} \boldsymbol{E}\cdot d\boldsymbol{S} = \frac{1}{\varepsilon_0}\sum Q$. 这里 $\sum Q = Q_1 + Q_2$，得

$$E_{\mathrm{III}} = \frac{Q_1 + Q_2}{4\pi\varepsilon_0 r^2} \qquad (r > R_3)$$

(2) 当 $Q_2 = -Q_1$

$$E = \begin{cases} 0 & (r < R_1) \quad \text{Ⅰ区} \\ \dfrac{Q_1}{4\pi\varepsilon_0 r^2} & (R_1 < r < R_2) \quad \text{Ⅱ区} \\ 0 & (r > R_2) \quad \text{Ⅲ区} \end{cases}$$

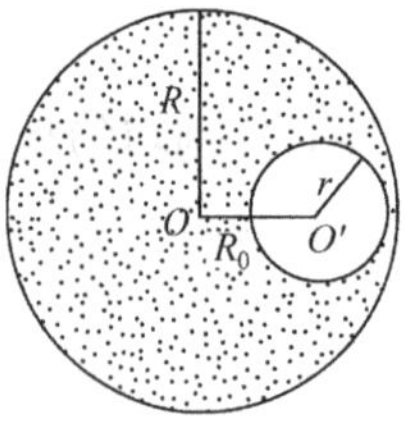


图 7.9

**7.15** 如图 7.9 所示，一个半径为 $R$，电荷体密度为 $\rho$ 的均匀带电球体，内部有一个半径为 $r$ 的偏心空腔. 已知球体中心与空腔中心间距为 $R_0$，求空腔内的电场强度.(提示:该空腔带电体可等效为半径为 $R$，电荷体密度为 $\rho$ 的均匀带电球体和半径为 $r$，电荷体密度为 $-\rho$ 的均匀带电球体的叠加.)

**解** 依提示如图 7.10(a)，现求图 7.10(b)中任意一点 $P$ 点的电场强度.

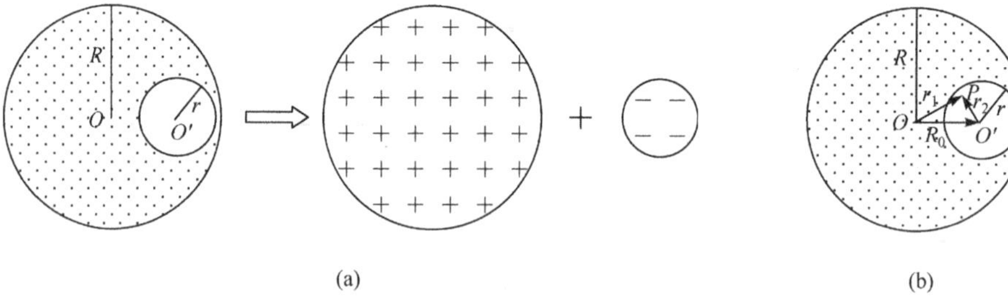


图 7.10

设 $OP$ 矢量为 $\boldsymbol{r}_1$，$O'P$ 矢量为 $\boldsymbol{r}_2$，$OO'$ 矢量为 $\boldsymbol{R}_0$，$P$ 点的电场强度是带正电的大球和带负电的小球分别单独存在时 $P$ 点的电场强度 $\boldsymbol{E}_{P1}$ 和 $\boldsymbol{E}_{P2}$ 的矢量和.

由高斯定理可求得电场强度大小

$$4\pi r_1^2 E_{P1}=\frac{\frac{4}{3}\pi r_1^3}{\varepsilon_0}$$

$$E_{P1}=\frac{\rho r_1}{3\varepsilon_0}$$

写成矢量式

$$\boldsymbol{E}_{P1}=\frac{\rho \boldsymbol{r}_1}{3\varepsilon_0}$$

$$\boldsymbol{E}_{P2}=\frac{-\rho \boldsymbol{r}_2}{3\varepsilon_0}$$

总场强

$$\begin{aligned}\boldsymbol{E}_P &=\boldsymbol{E}_{P1}+\boldsymbol{E}_{P2}\\ &=\frac{\rho}{3\varepsilon_0}(\boldsymbol{r}_1-\boldsymbol{r}_2)\\ &=\frac{\rho}{3\varepsilon_0}\boldsymbol{R}_0\end{aligned}$$

可见空腔内是匀强电场.

**7.16**　一厚度为 $d$ 的无限大平板，平板体内均匀带电[参见图 7.11(a)]. 体电荷密度为 $\rho$. 求板内外的场强分布，画出 $E$-$x$ 图线.

**解**　如图 7.11(a)(b)所示，在无限大平板中建立坐标系，$x$ 轴零点在板中心，在板内根据高斯定理取一平行于 $x$ 轴，高为 $2x'$，横截面为 $\Delta S_1$ 的柱面作为高斯面$\left(|x'|<\frac{d}{2}\right)$，

$$\oint_S \boldsymbol{E}\cdot \mathrm{d}\boldsymbol{S}=\sum\frac{Q}{\varepsilon_0}$$

$$E\Delta S_1+E\Delta S_1=\frac{2\,|\,x'\,|\,\Delta S_1\rho}{\varepsilon_0}$$

$$E=\pm\frac{\rho\,|\,x'\,|}{\varepsilon_0}=\frac{\rho x'}{\varepsilon_0}\qquad\left(|\,x'\,|<\frac{d}{2}\right)$$

在板外作横截面为 $\Delta S_2$ 的高斯柱面，两底离原点分别为 $\pm|x|$，由高斯定理得

$$2\Delta S_2 E=\frac{\rho d\,\Delta S_2}{\varepsilon_0}$$

$$E=\pm\frac{\rho d}{2\varepsilon_0}\qquad\left(|\,x\,|>\frac{d}{2}\right)$$

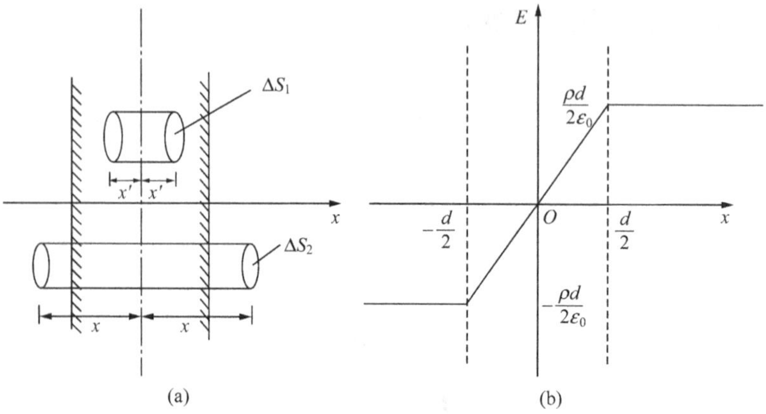


图 7.11

**7.17**　一对无限长的共轴圆筒(厚度不计)，半径分别为 $R_1$ 和 $R_2$，均匀带电，沿轴单位长度电荷分别为 $\lambda_1$、$\lambda_2$. 求：

(1) 空间电场强度分布；

(2) 画出 $E$-$r$ 曲线.

**解**　(1) 源具有旋转对称性，产生的场也必有这种对称性，方向沿矢径. 作高为单位长度、半径为 $r$ 的同轴柱面高斯面，如图 7.12(a)所示.

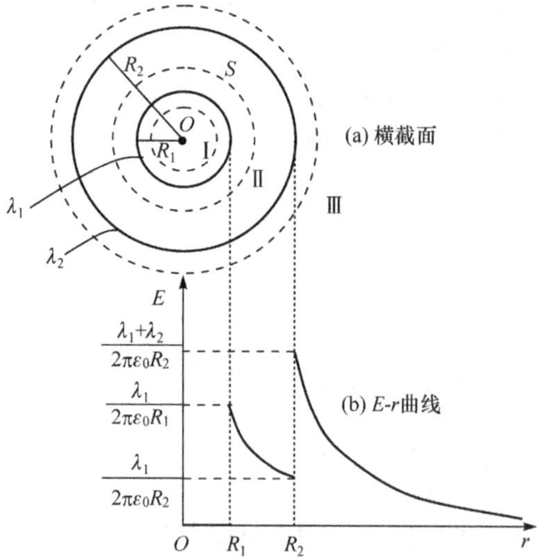


图 7.12

由高斯定理

$$\oint\!\!\!\oint_S \boldsymbol{E}\cdot \mathrm{d}\boldsymbol{s} = \frac{1}{\varepsilon_0}\sum\nolimits_S Q$$

$$2\pi rE = \frac{1}{\varepsilon_0}\sum{}_S Q$$

因两个筒把空间分隔为Ⅰ、Ⅱ、Ⅲ区间，故分区讨论

$$\text{Ⅰ 区}(r < R_1):\quad \sum{}_S Q = 0 \quad \Rightarrow E_1 = 0$$

$$\text{Ⅱ 区}(R_1 < r < R_2):\quad \sum{}_S Q = \lambda_1 \quad \Rightarrow E_2 = \frac{\lambda_1}{2\pi\varepsilon_0 r}$$

$$\text{Ⅲ 区}(R_2 < r):\quad \sum{}_S Q = \lambda_1 + \lambda_2 \quad \Rightarrow E_2 = \frac{\lambda_1 + \lambda_2}{2\pi\varepsilon_0 r}$$

(2) $E$-$r$ 曲线如图 7.12(b)所示.

**7.18**　两个无限大均匀带电平面相互平行，电荷面密度分别为$+\sigma$和$-\sigma$，求此系统的电场分布.

**解**　如图 7.13 所示，作底面为 $S_1$ 的柱形高斯面，因两边的场强都是由两平面上的电荷产生的，应相等，由高斯定理

$$E_1S_1 + E_1S_1 = 0, \qquad E_1 = 0(\text{两平面外侧})$$

在正负极板的外侧，由正负极板电荷引起的场强分量方向相反，大小相等，总值为零. 再作一底面为 $S_2$ 的柱形高斯面，则

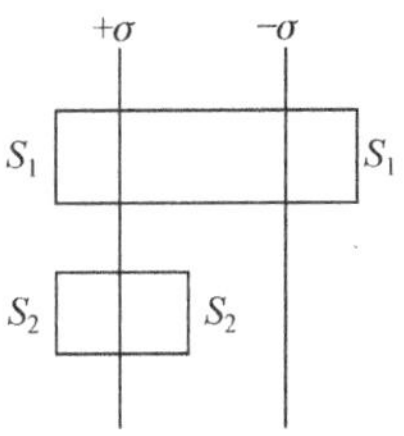

图 7.13

$$E_2S_2 = \frac{\sigma S_2}{\varepsilon_0}, \qquad E_2 = \frac{\sigma}{\varepsilon_0}(\text{两平面之间})$$

**7.19**　半径为 $R$ 的带电球体，其电荷体密度为

$$\rho = \begin{cases} \dfrac{qr}{\pi R^4} & (r \leqslant R) \\ 0 & (r > R) \end{cases}$$

求：

(1) 带电体的总电量；

(2) 球内、外的电场强度；

(3) 球内、外电势.

**解**　(1) 因为电荷分布具有球对称性. 把球体分成许多个薄球壳. 其中任一球壳厚为 $\mathrm{d}r$，体积为 $4\pi r^2\mathrm{d}r$，在此球壳内电荷可看成均匀分布，此球壳所带电量为 $\mathrm{d}q=\rho\cdot\mathrm{d}V=\dfrac{4q}{R^4}r^3\mathrm{d}r$，则总电量为

$$Q = \int\mathrm{d}q = \int\rho\mathrm{d}V = \int_0^R \frac{4q}{R^4}r^3\mathrm{d}r = q$$

(2) 在球内作半径为 $r$ 的高斯球面,按高斯定理有

$$4\pi r^2 E_1 = \frac{1}{\varepsilon_0}\int_0^r \frac{qr}{\pi R^4} 4\pi r^2 \mathrm{d}r = \frac{qr^4}{\varepsilon_0 R^4}$$

得

$$E_1 = \frac{qr^2}{4\pi\varepsilon_0 R^4} \qquad (r \leqslant R)$$

在球外作半径为 $r$ 的高斯球面,按高斯定理有

$$4\pi r^2 E_2 = \frac{q}{\varepsilon_0}$$

得

$$E_2 = \frac{q}{4\pi\varepsilon_0 r^2} \qquad (r > R)$$

(3) 球内电势

$$\begin{aligned} U_1 &= \int_r^R \boldsymbol{E}_1 \cdot \mathrm{d}\boldsymbol{r} + \int_R^\infty \boldsymbol{E}_i \mathrm{d}\boldsymbol{r} \\ &= \int_r^R \frac{qr^2}{4\pi\varepsilon_0 R^4}\mathrm{d}r + \int_R^\infty \frac{q}{4\pi\varepsilon_0 r^2}\mathrm{d}r \\ &= \frac{q}{3\pi\varepsilon_0 r} - \frac{qr^3}{12\pi\varepsilon_0 R^4} \\ &= \frac{q}{12\pi\varepsilon_0 R}\left(4 - \frac{r^3}{R^3}\right) \qquad (r < R) \end{aligned}$$

球外电势

$$\begin{aligned} U_2 &= \int_r^\infty \boldsymbol{E}_2 \cdot \mathrm{d}\boldsymbol{r} \\ &= \int_r^\infty \frac{q}{4\pi\varepsilon_0 r^2}\mathrm{d}r = \frac{q}{4\pi\varepsilon_0 r} \qquad (r > R) \end{aligned}$$

**7.20** 电荷以相同的面密度 $\sigma$ 分布在半径为 10cm 和 20cm 的两同心球面上,若球心处的电势为 300V,而无限远处电势为零,求电荷面密度 $\sigma$.

**解** 球心处的电势为两个球面上的电荷在球心处产生的电势的叠加,即

$$U_0 = U_1 + U_2$$

$$U_1 = \frac{q_1}{4\pi\varepsilon_0 R_1} = \frac{4\pi R_1^2 \sigma}{4\pi\varepsilon_0 R_1} = \frac{\sigma R_1}{\varepsilon_0}$$

$$U_2 = \frac{q_2}{4\pi\varepsilon_0 R_2} = \frac{4\pi R_2^2 \sigma}{4\pi\varepsilon_0 R_2} = \frac{\sigma R_2}{\varepsilon_0}$$

$$U_0 = \frac{\sigma}{\varepsilon_0}(R_1 + R_2)$$

$U_0=300\text{V}$,得出电荷面密度

$$\sigma=\frac{U_0\varepsilon_0}{R_1+R_2}$$

$$=\frac{300\times 8.85\times 10^{-12}}{0.1+0.2}=8.85\times 10^{-9}(\text{C/m}^2)$$

**7.21**　一边长为 $a$ 的正三角形,其三个顶点上各放以 $q$, $-q$ 和 $-2q$ 的点电荷,求此三角形中心上的电势. 将一电量为 $+Q$ 的点电荷由无限远处移到中心上,外力要做多少功?

**解**　正三角形中心到任一顶点的距离为 $\frac{\sqrt{3}}{3}a$ 三个点电荷在中心处的电势分别为

$$q:\qquad U_1=\frac{\sqrt{3}q}{4\pi\varepsilon_0 a}$$

$$-q:\qquad U_2=\frac{-\sqrt{3}q}{4\pi\varepsilon_0 a}$$

$$-2q:\qquad U_3=\frac{-\sqrt{3}q}{2\pi\varepsilon_0 a}$$

总电势

$$U=U_1+U_2+U_3=\frac{-\sqrt{3}q}{2\pi\varepsilon_0 a}$$

将一电量为 $+Q$ 的点电荷由无限远处移到中心处,外力所做的功为该点的电势能.

$$W=QU=\frac{-\sqrt{3}Qq}{2\pi\varepsilon_0 a}$$

**7.22**　如图7.14所示,三块互相平行的均匀带电大平面,电荷面密度分别为 $\sigma_1=1.2\times10^{-4}\text{C/m}^2$, $\sigma_2=2.0\times10^{-5}\text{C/m}^2$, $\sigma_3=1.1\times10^{-4}\text{C/m}^2$. $a$ 点与平面 $B$ 相距5.0cm, $b$ 点与平面 $B$ 相距7.0cm. 求:

(1) $a$、$b$ 两点电势差;

(2) 如果把一电量 $q_0=-1.0\times10^{-8}\text{C}$ 的点电荷从 $a$ 点移到 $b$ 点,电场力做多少功?

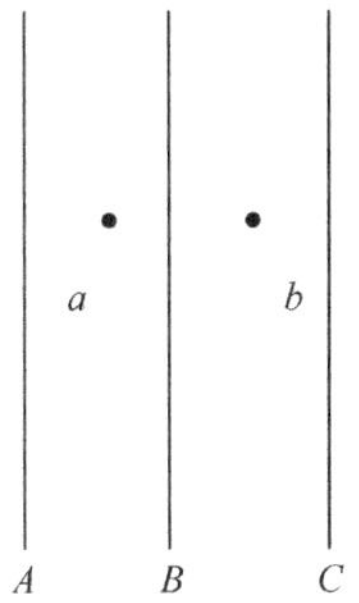


图7.14

**解**　各区域内的电场强度分布为:

$A$ 和 $C$ 平面外侧的电场强度分布

$$E_{A外} = E_{C外} = \frac{1}{2\varepsilon_0}(\sigma_1 + \sigma_2 + \sigma_3)$$

$A$、$B$ 两平面之间

$$E_{AB} = \frac{1}{2\varepsilon_0}(\sigma_1 - \sigma_2 - \sigma_3)$$

$B$、$C$ 两平面之间

$$E_{BC} = \frac{1}{2\varepsilon_0}(\sigma_1 + \sigma_2 - \sigma_3)$$

(1) $a$、$b$ 两点之间的电势差

$$\begin{aligned} U_{ab} &= U_a - U_b = \int_a^B \boldsymbol{E}_{AB} \cdot \mathrm{d}\boldsymbol{r} + \int_B^b \boldsymbol{E}_{BC} \cdot \mathrm{d}\boldsymbol{r} \\ &= E_{AB} \cdot l_{aB} + E_{BC} \cdot l_{Bb} \\ &= \frac{1}{2\varepsilon_0}(\sigma_1 + \sigma_2 - \sigma_3) l_{Bb} + \frac{1}{2\varepsilon_0}(\sigma_1 - \sigma_2 - \sigma_3) l_{aB} \\ &= \frac{1}{2 \times 8.85 \times 10^{-12}}[(1.2 \times 10^{-4} + 2.0 \times 10^{-5} - 1.1 \times 10^{-4}) \times 7 \times 10^{-2} \\ &\quad + (1.2 \times 10^{-4} - 2.0 \times 10^{-5} - 1.1 \times 10^{-4}) \times 5 \times 10^{-2}] \\ &= 9.1 \times 10^4 (\mathrm{V}) \end{aligned}$$

(2) 把电荷 $q=-1.0\times10^{-8}\mathrm{C}$ 的电荷从 $a$ 点移到 $b$ 点电场力做功

$$\begin{aligned} W &= qU_{ab} = 1.0 \times 10^{-8}\mathrm{C} \times 9 \times 10^4 \mathrm{V} \\ &= 9.1 \times 10^{-4} \mathrm{J} \end{aligned}$$

**7.23** 如图 7.15 所示,一无限长均匀带电圆柱,电荷体密度为 $\rho$,截面半径为 $a$,以轴线为电势零点,求:

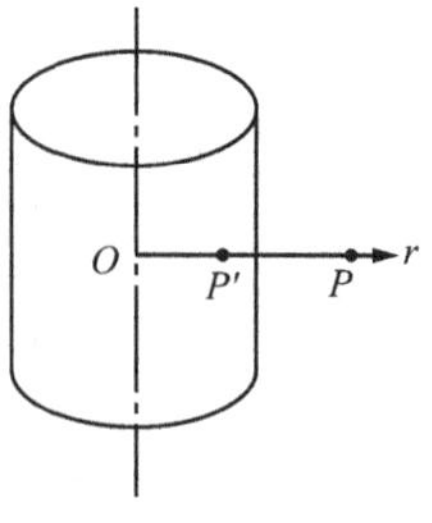

图 7.15

(1) 出柱内外电势分布;

(2) 并画出电势 $U$ 随距轴线距离 $r$ 的函数曲线.

**解** 由高斯定理可求出柱内、外的场强

$$E_1 = \frac{\rho}{2\varepsilon_0} r \qquad (r \leqslant a)$$

$$E_2 = \frac{\rho a^2}{2\varepsilon_0 r} \qquad (r > a)$$

柱内 $O$、$P'$ 两点之间的电势差与电势零点的选取无关.

$$\begin{aligned} \Delta U_{OP'} &= U_0 - U_{P'} = \int_0^{P'} \boldsymbol{E}_1 \cdot \mathrm{d}\boldsymbol{r} \\ &= \int_0^r \frac{\rho r}{2\varepsilon_0} \mathrm{d}r = \frac{\rho r^2}{4\varepsilon_0} \end{aligned}$$

取 $U_0=0$

$$U_{P'}=-\Delta U_{OP'}=-\frac{\rho r^2}{4\varepsilon_0}\qquad (r<a)$$

柱外，同理

$$\Delta U_{OP}=U_O-U_P=\int_O^P \boldsymbol{E}\cdot \mathrm{d}\boldsymbol{r}=\int_0^a E_1\mathrm{d}r+\int_a^r E_2\mathrm{d}r$$

$$=\int_0^a \frac{\rho r}{2\varepsilon_0}\mathrm{d}r+\int_a^r \frac{\rho a^2}{2\varepsilon_0 r}\mathrm{d}r$$

$$=\frac{\rho a^2}{4\varepsilon_0}+\frac{\rho a^2}{2\varepsilon_0}\ln\frac{r}{a}$$

取 $U_0=0$

$$U_P=-\Delta U_{OP}=-\frac{\rho a^2}{2\varepsilon_0}\left(\frac{1}{2}+\ln\frac{r}{a}\right)\qquad (r>a)$$

(2) 见图 7.16.

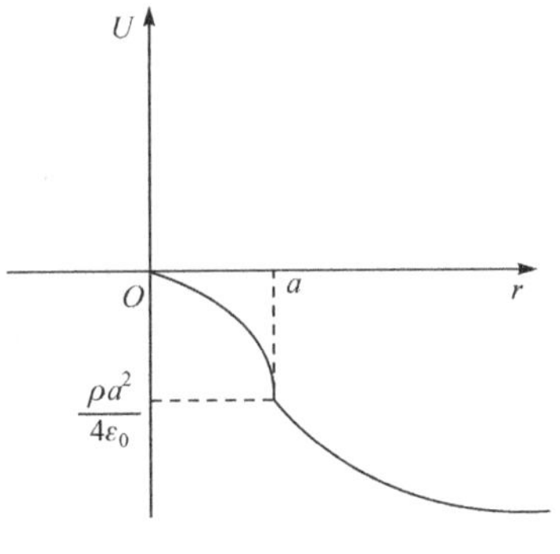


图 7.16

**7.24** 如图 7.17 所示，半径为 $R_1$，带电量 $q$ 的导体球和内、外半径分别为 $R_2$、$R_3$，带电量 $Q$ 的厚导体球壳同心放置.

(1) 求空间电场分布；

(2) 求空间电势分布.

**解** (1) 导体球电荷 $q$ 只均匀分布在表面，由于静电感应使球壳的内表面均匀带 $-q$ 电荷，外表面均匀带电 $Q+q$.

作与球面同心的球形高斯面，由高斯定理

$$\oint_S \boldsymbol{E}\cdot \mathrm{d}\boldsymbol{S}=\frac{1}{\varepsilon_0}\sum q$$

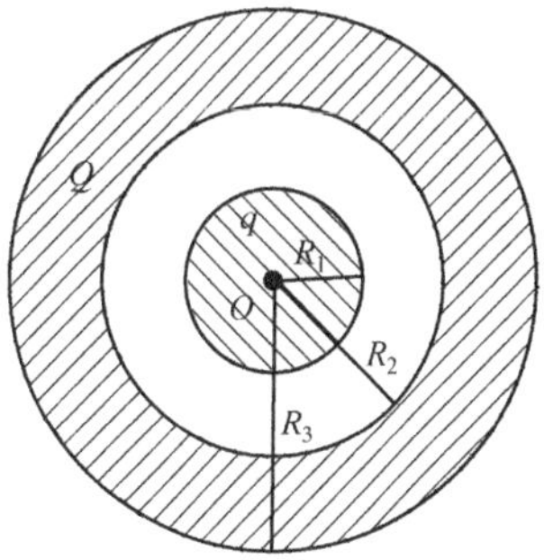


图 7.17

解得

$$\boldsymbol{E}_1=0 \qquad (r<R_1)$$

$$\boldsymbol{E}_2=\frac{q}{4\pi\varepsilon_0 r^2}\boldsymbol{r}_0 \qquad (R_1\leqslant r<R_2)$$

$$\boldsymbol{E}_3=0 \qquad (R_2\leqslant r<R_3)$$

$$\boldsymbol{E}_4=\frac{q+Q}{4\pi\varepsilon_0 r^2}\boldsymbol{r}_0 \qquad (R_3\leqslant r)$$

其中,$\boldsymbol{r}_0=\dfrac{\boldsymbol{r}}{r}$为沿矢径方向单位矢量.

(2) 无限远处电势为 0,在($r<R_1$)空间

$$\begin{aligned}U_1&=\int_r^{R_1}\boldsymbol{E}_1\cdot \mathrm{d}\boldsymbol{r}+\int_{R_1}^{R_2}\boldsymbol{E}_2\cdot \mathrm{d}\boldsymbol{r}+\int_{R_2}^{R_3}\boldsymbol{E}_3\cdot \mathrm{d}\boldsymbol{r}+\int_{R_3}^{\infty}\boldsymbol{E}_4\cdot \mathrm{d}\boldsymbol{r}\\&=\int_r^{R_1}0\cdot \mathrm{d}\boldsymbol{r}+\int_{R_1}^{R_2}\frac{q}{4\pi\varepsilon_0 r^2}\boldsymbol{r}_0\cdot \mathrm{d}\boldsymbol{r}+\int_{R_2}^{R_3}0\cdot \mathrm{d}\boldsymbol{r}+\int_{R_3}^{\infty}\frac{q+Q}{4\pi\varepsilon_0 r^2}\boldsymbol{r}_0\cdot \mathrm{d}\boldsymbol{r}\\&=\frac{1}{4\pi\varepsilon_0}\left(\frac{q}{R_1}-\frac{q}{R_2}+\frac{q+Q}{R_3}\right)\end{aligned}$$

在 $R_1<r<R_2$ 空间

$$\begin{aligned}U_2&=\int_r^{R_2}\boldsymbol{E}_2\cdot \mathrm{d}\boldsymbol{r}+\int_{R_2}^{R_3}\boldsymbol{E}_3\cdot \mathrm{d}\boldsymbol{r}+\int_{R_3}^{\infty}\boldsymbol{E}_4\cdot \mathrm{d}\boldsymbol{r}\\&=\int_r^{R_2}\frac{q}{4\pi\varepsilon_0 r^2}\boldsymbol{r}_0\cdot \mathrm{d}\boldsymbol{r}+\int_{R_2}^{R_3}0\cdot \mathrm{d}\boldsymbol{r}+\int_{R_3}^{\infty}\frac{q+Q}{4\pi\varepsilon_0 r^2}\boldsymbol{r}_0\cdot \mathrm{d}\boldsymbol{r}\\&=\frac{1}{4\pi\varepsilon_0}\left(\frac{q}{r}-\frac{q}{R_2}+\frac{q+Q}{R_3}\right)\end{aligned}$$

在 $R_2<r<R_3$ 空间

$$\begin{aligned}U_3&=\int_r^{R_3}\boldsymbol{E}_3\cdot \mathrm{d}\boldsymbol{r}+\int_{R_3}^{\infty}\boldsymbol{E}_4\cdot \mathrm{d}\boldsymbol{r}\\&=\int_r^{R_3}0\cdot \mathrm{d}\boldsymbol{r}+\int_{R_3}^{\infty}\frac{q+Q}{4\pi\varepsilon_0 r^2}\boldsymbol{r}_0\cdot \mathrm{d}\boldsymbol{r}\\&=\frac{q+Q}{4\pi\varepsilon_0 R_3}\end{aligned}$$

在 $R_3<r$ 空间

$$\begin{aligned}U_4&=\int_r^{\infty}\boldsymbol{E}_4\cdot \mathrm{d}\boldsymbol{r}\\&=\frac{q+Q}{4\pi\varepsilon_0 r}\end{aligned}$$

**7.25** 两个同心的薄金属球壳,内、外球壳半径分别为 $R_1=0.02\mathrm{m}$ 和 $R_2=0.06\mathrm{m}$. 球壳间充满两层均匀电介质,两层电介质分界面半径 $R=0.04\mathrm{m}$,它们的相对介电

常量分别为 $\varepsilon_{r1}=6$ 和 $\varepsilon_{r2}=3$，内球壳带电量 $Q=-6\times10^{-8}\text{C}$，求：

(1) $D$ 和 $E$ 的分布，并出画 $D$-$r$，$E$-$r$ 曲线；

(2) 两球壳之间的电势差；

(3) 贴近内金属壳的电介质表面上的束缚电荷面密度.

**解**　以与球壳同心的球面为高斯面，

$$\oint_S \boldsymbol{D}\cdot \mathrm{d}\boldsymbol{S}=\sum_{i=1}^{n} q_i$$

$$\boldsymbol{D}=\varepsilon \boldsymbol{E}$$

(1) $r<R_1$，

$$\boldsymbol{D}_1=0,\quad \boldsymbol{E}_1=0$$

$R_1\leqslant r<R$，

$$\boldsymbol{D}_2=\frac{Q}{4\pi r^2}\hat{\boldsymbol{r}},\quad \boldsymbol{E}_2=\frac{Q}{4\pi\varepsilon_0\varepsilon_{r1}r^2}\hat{\boldsymbol{r}}$$

$R\leqslant r\leqslant R_2$，

$$\boldsymbol{D}_3=\frac{Q}{4\pi r^2}\hat{\boldsymbol{r}},\quad \boldsymbol{E}_3=\frac{Q}{4\pi\varepsilon_0\varepsilon_{r2}r^2}\hat{\boldsymbol{r}}$$

$R_2<r$，

$$\boldsymbol{D}_4=\frac{Q}{4\pi r^2}\boldsymbol{r},\quad \boldsymbol{E}_4=\frac{Q}{4\pi\varepsilon_0 r^2}\hat{\boldsymbol{r}}$$

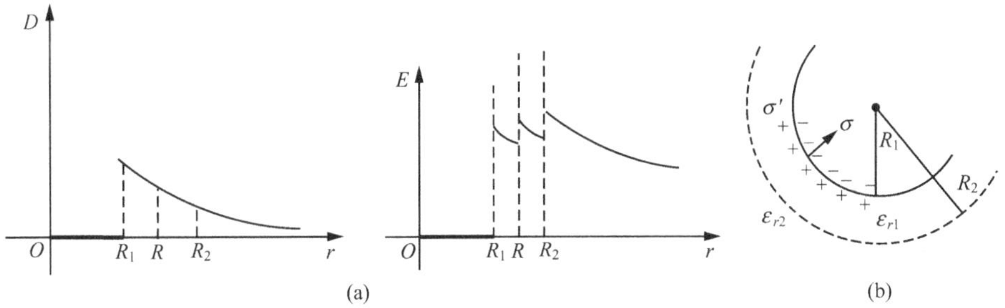


图 7.18

(2)

$$\begin{aligned}\Delta U&=\int_{R_1}^{R_2}\boldsymbol{E}\cdot \mathrm{d}\boldsymbol{r}=\int_{R}^{R_2}\boldsymbol{E}_2\cdot \mathrm{d}\boldsymbol{r}+\int_{R_1}^{R}\boldsymbol{E}_3\cdot \mathrm{d}\boldsymbol{r}\\&=\frac{Q}{4\pi\varepsilon_0}\left[\frac{1}{\varepsilon_{r_1}}\left(\frac{1}{R_1}-\frac{1}{R}\right)+\frac{1}{\varepsilon_{r_2}}\left(\frac{1}{R}-\frac{1}{R_2}\right)\right]\\&=-3.15\times10^{3}\,\text{V}\end{aligned}$$

(3) 内球壳表面电荷密度

$$\sigma=\frac{Q}{S}$$

$$=\frac{Q}{4\pi R_1^2}$$

$$=\frac{-6.0\times10^{-8}}{4\times3.14\times(0.02)^2}$$

$$\approx-1.19\times10^{-5}(\mathrm{C/m^2})$$

在贴近内层球壳上的电介质表面电荷密度为

$$\sigma'=P_n=P=(\varepsilon_r-1)\varepsilon_0E_2(r=R_1)$$

$$\sigma'=\frac{(\varepsilon_{r1}-1)\sigma}{\varepsilon_{r1}}=\frac{5}{6}\times1.19\times10^{-5}\approx9.92\times10^{-6}(\mathrm{C/m^2})$$

**7.26** 分别计算半径为 $R$,带电量为 $Q$ 的均匀带电球体和半径为 $R$,带电量为 $Q$ 的导体球的电场的总能量.

**解** 对于半径为 $R$,带电量为 $Q$ 的均匀带电球体取与球体同心的球形高斯面.

球内:
$$\oint_S \boldsymbol{E}\cdot\mathrm{d}\boldsymbol{S}=\frac{1}{\varepsilon_0}\sum Q$$

$$\rho=Q/\frac{4}{3}\pi R^3$$

$$4\pi r^2E_1=\frac{1}{\varepsilon_0}\left[Q/(\frac{4}{3}\pi R^3)\right]\cdot\frac{4}{3}\pi r^3$$

球内:
$$E_1=\frac{Qr}{4\pi\varepsilon_0R^3}\quad(r<R)$$

球外:
$$E_2=\frac{Q}{4\pi\varepsilon_0r^2}\quad(r>R)$$

$$W_e=\int_{V_1球内}\frac{1}{2}\varepsilon_0E_1^2\mathrm{d}V+\int_{V_2球外}\frac{1}{2}\varepsilon_0E_2^2\mathrm{d}V$$

$$\mathrm{d}V=4\pi r^2\mathrm{d}r$$

$$=\frac{1}{2}\varepsilon_0\left(\int_0^R\left[\frac{Qr}{4\pi\varepsilon_0R^3}\right]^24\pi r^2\mathrm{d}r+\int_R^\infty\left[\frac{Q}{4\pi\varepsilon_0r^2}\right]^24\pi r^2\mathrm{d}r\right)$$

$$W_e=\frac{Q^2}{20\pi\varepsilon_0R}$$

对于半径为 $R$、带电量为 $Q$ 的导体球球内：　$\oint_S \boldsymbol{E}_1 \cdot d\boldsymbol{S} = 0$，　$E_1 = 0$

球外：　$\oint_S \boldsymbol{E}_2 d\boldsymbol{S} = \dfrac{Q}{\varepsilon_0}$，　$E_2 = \dfrac{Q}{4\pi\varepsilon_0 r^2}$　（球对称）

$$
\begin{aligned}
W &= \int_{V_1\text{球内}} \frac{1}{2}\varepsilon_0 E_1^2 dV + \int_{V_2\text{球外}} \frac{1}{2}\varepsilon_0 E_2^2 dV \\
&= \int_R^{\infty} \frac{1}{2}\varepsilon_0 \left[\frac{Q}{4\pi\varepsilon_0 r^2}\right] 4\pi r^2 dr \\
&= \int_R^{\infty} \frac{Q^2}{32\pi^2\varepsilon_0 r^4} 4\pi r^2 dr \\
&= \frac{Q^2}{8\pi\varepsilon_0 R}
\end{aligned}
$$

# 第 8 章　恒定磁场

## 【本章要点】

### 一、磁场、磁感应强度

**1. 磁场**

在运动电荷(电流)周围,除了形成电场外,还形成磁场. 磁场的基本性质之一是它对置于其中的运动电荷或电流施加作用力.

**2. 磁感应强度**

磁感应强度是描述磁场对运动电荷或电流有作用力的性质的物理量. 电荷 $Q$ 沿不同方向运动受力大小不同,沿"磁线"方向运动时不受力,沿"磁线"垂直方向运动时受最大磁力 $F_{\max}$,如图 8.1 所示. 定义磁感应强度 $\boldsymbol{B}$ 的大小为

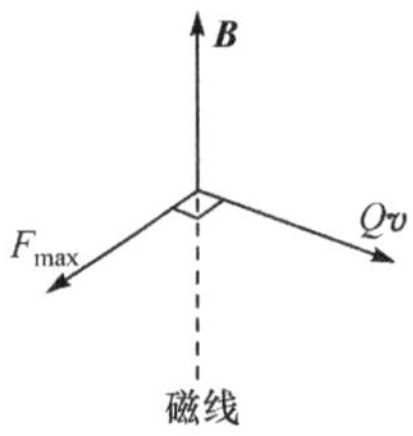

图 8.1

$$B=\frac{F_{\max}}{Qv}$$

$\boldsymbol{B}$ 的方向与"磁线"平行,指向由 $\boldsymbol{F}_{\max}\times Q\boldsymbol{v}$ 决定. 磁感应强度的单位是特斯拉(T).

### 二、毕奥-萨伐尔定律

**1. 电流元**

电流元 $I\mathrm{d}\boldsymbol{l}$ 是矢量,其大小等于电流 $I$ 与导线元长度 $\mathrm{d}l$ 的乘积,方向沿电流正方向.

**2. 毕奥-萨伐尔定律**

如图 8.2 所示,电流元 $I\mathrm{d}\boldsymbol{l}$ 在 $P$ 点产生的磁感应强度为

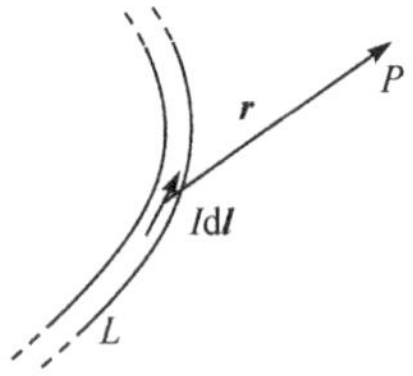

图 8.2

$$dB = \frac{\mu_0}{4\pi}\frac{I d\boldsymbol{l} \times \boldsymbol{r}}{r^3}$$

式中，$\mu_0 = 4\pi \times 10^{-7}\,\mathrm{N/A^2}$，为真空的磁导率；$\boldsymbol{r}$ 是从电流元所在处到 $P$ 点的有向线段；$r$ 是两点间距离.

**3. 磁场叠加原理**

导线 $L$ 中的电流在 $P$ 点产生的磁感应强度等于每个电流元单独存在时，在 $P$ 点所产生的磁感应强度的矢量和，即

$$\boldsymbol{B} = \int d\boldsymbol{B} = \frac{\mu_0}{4\pi}\int_L \frac{I d\boldsymbol{l} \times \boldsymbol{r}}{r^3}$$

或

$$\boldsymbol{B} = \sum_i \boldsymbol{B}_i$$

$\boldsymbol{B}_i$ 为构成导线的若干段电流各自产生的磁感应强度.

三种特殊形状载流导线的磁场：

(1) "无限长"直线电流周围的磁场

$$B = \frac{\mu_0 I}{2\pi a}$$

$a$ 为场点到导线的垂直距离，如图 8.3 所示.

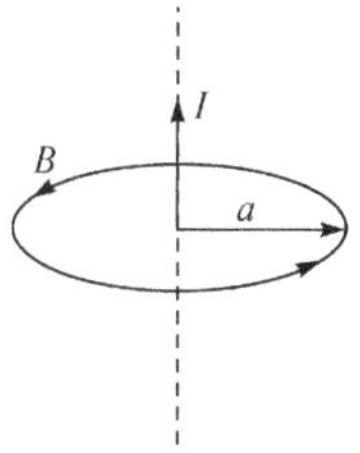

图 8.3

(2) 载流圆线圈中心处磁场

$$B = \frac{\mu_0 I}{2R}$$

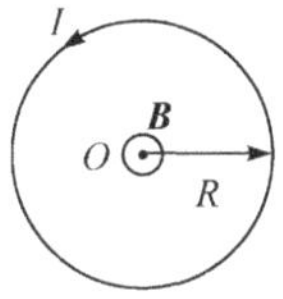

图 8.4

$\boldsymbol{B}$ 的方向由右手螺旋法则判断，如图 8.4 所示. $R$ 为圆线圈半径.

(3) 均匀密绕"无限长"直载流螺线管内的磁场

$$B = \mu_0 n I$$

$n$ 为螺线管单位长度的匝数.

## 三、磁高斯定理

**1. 磁感应线**

磁感应线是一些有向曲线，其上各点切线方向表示该点磁感应强度的方向. 稳恒磁场中每一条磁感应线都是与电流套合的无头无尾的闭合曲线.

**2. 磁感应通量**

在磁场中，穿过任意曲面 $S$ 的磁感应通量为

$$\Phi_m = \int_S \boldsymbol{B} \cdot d\boldsymbol{S}$$

可以形象地理解为穿过曲面 $S$ 的磁感应线的“数目”.

**3. 磁高斯定理**

在磁场中,穿出任意闭合曲面 $\boldsymbol{S}$ 的磁感应通量恒等于零,即

$$\oint_S \boldsymbol{B} \cdot d\boldsymbol{S} = 0$$

它表达了磁场是“无源的”这一特征.

## 四、安培环路定理

真空磁场中,磁感应强度 $\boldsymbol{B}$ 沿任意闭合路径 $C$ 的环流等于正向通过环路 $C$ 所围任意曲面 $\boldsymbol{S}$ 的电流的代数和乘以 $\mu_0$,即

$$\oint_C \boldsymbol{B} \cdot d\boldsymbol{r} = \mu_0 \sum_i I_i$$

它表明磁场是“有旋”场. 安培环路定理可用来计算某些具有高度对称性的磁场分布.

## 五、带电粒子在磁场中的运动

**1. 洛伦兹力**

电荷为 $Q$ 的粒子以速度 $\boldsymbol{v}$ 在磁场中运动时所受磁力为

$$\boldsymbol{F} = Q\boldsymbol{v} \times \boldsymbol{B}$$

洛伦兹力对运动电荷不做功.

**2. 回转半径和回转周期**

质量为 $m$、电荷为 $Q$ 的粒子以速度 $\boldsymbol{v}$ 进入磁感应强度为 $\boldsymbol{B}$ 的匀强磁场,当 $\boldsymbol{v} \perp \boldsymbol{B}$ 时,粒子作匀速圆周运动,半径为

$$r = \frac{mv}{QB}$$

回转周期为

$$T = \frac{2\pi m}{QB}$$

当 $\boldsymbol{v}$ 与 $\boldsymbol{B}$ 不垂直时,粒子沿磁场方向作等螺距的螺旋运动,半径为

$$r = \frac{mv_\perp}{QB}$$

$v_{\perp}$ 表示与 $\boldsymbol{B}$ 垂直的速度分量，螺距为

$$h = \frac{2\pi m v_{/\!/}}{QB}$$

$v_{/\!/}$ 表示与 $\boldsymbol{B}$ 平行的速度分量.

## 六、磁场对电流的作用

### 1. 安培力

电流元 $I\mathrm{d}\boldsymbol{l}$ 在磁场中受磁力即安培力为

$$\mathrm{d}\boldsymbol{F} = I\mathrm{d}\boldsymbol{l} \times \boldsymbol{B}$$

$\boldsymbol{B}$ 为 $I\mathrm{d}\boldsymbol{l}$ 所在处的磁感应强度. 一般任意形状的载流导线在磁场中受到的安培力为

$$\boldsymbol{F} = \int \mathrm{d}\boldsymbol{F} = \int_L I\mathrm{d}\boldsymbol{l} \times \boldsymbol{B}$$

均匀磁场中一段载流导线受力

$$\boldsymbol{F} = I\boldsymbol{l} \times \boldsymbol{B}$$

$\boldsymbol{l}$ 为从电流起点指向终点的有向线段.

均匀磁场中载流线圈受力 $\boldsymbol{F} = \oint I\mathrm{d}\boldsymbol{l} \times \boldsymbol{B} = 0$.

### 2. 磁矩

载流平面线圈的磁矩 $\boldsymbol{m}$ 的大小等于电流 $I$ 乘以线圈平面的面积 $S$，方向按右手螺旋法则确定. 如图 8.5 所示.

$$\boldsymbol{m} = IS\boldsymbol{n}$$

$\boldsymbol{n}$ 为线圈平面的正法线方向的单位矢量. 磁矩单位是 $\mathrm{A \cdot m^2}$.

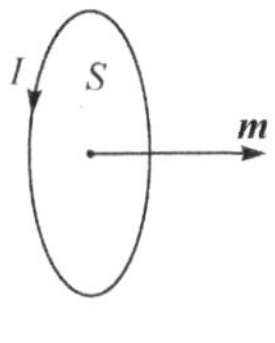

图 8.5

### 3. 磁力矩

磁矩为 $\boldsymbol{m}$ 的任意形状的载流平面线圈，在磁感应强度为 $\boldsymbol{B}$ 的均匀磁场中所受力矩为

$$\boldsymbol{M} = \boldsymbol{m} \times \boldsymbol{B}$$

磁力矩总是力图使磁矩 $\boldsymbol{m}$ 转向磁感应强度 $\boldsymbol{B}$ 的方向.

## 七、磁介质

### 1. 相对磁导率

介质在磁场中被磁化，介质表面出现磁化电流，改变了原来的磁场. 在充满各

向同性均匀介质的情况下,磁感应强度为

$$\boldsymbol{B}=\mu_r\boldsymbol{B}_0$$

$\mu_r$ 表示介质中的磁场相对真空中磁场变化的倍数,叫做相对磁导率.顺磁质$\mu_r>1$,抗磁质 $\mu_r<1$,两者都接近 1,铁磁质 $\mu_r\gg1$.

**2. 磁化电流**

磁介质磁化过程中产生的附加磁场,实质上是由分子电流产生的,但也可以看作某些等效的宏观电流产生的,这些宏观电流分布在磁介质界面和非均匀磁介质中,称为磁化电流.

**3. 磁化强度**

磁化强度是表征介质磁化程度的物理量,用单位体积的分子磁矩的矢量和来表示,即

$$\boldsymbol{M}=\frac{\sum\boldsymbol{m}}{\Delta V}$$

对顺磁质,$\boldsymbol{m}$ 为有矩分子的固有磁矩,$\boldsymbol{M}$ 的方向与外磁场方向相同.对抗磁质,$\boldsymbol{m}$ 为无矩分子在外磁场中出现的附加磁矩,$\boldsymbol{M}$ 的方向与外磁场方向相反.磁化强度的单位是 A/m.

**4. 磁场强度**

在应用安培环路定理时,为避免出现磁化电流项,引入辅助矢量 $\boldsymbol{H}$,即

$$\boldsymbol{H}=\frac{\boldsymbol{B}}{\mu_0}-\boldsymbol{M}$$

称为磁场强度,单位是 A/m.该矢量没有实际物理意义.在各向同性均匀介质中,有

$$\boldsymbol{M}=\chi_m\boldsymbol{H}$$

$\chi_m$ 称为磁化率,顺磁质的$\chi_m>0$,抗磁质的$\chi_m<0$.$\chi_m$ 是一个纯数.由此,$\boldsymbol{H}$ 和 $\boldsymbol{B}$ 的关系为

$$\boldsymbol{B}=\mu_0(1+\chi_m)\boldsymbol{H}=\mu_0\mu_r\boldsymbol{H}=\mu\boldsymbol{H}$$

$\mu_r$ 即为介质的相对磁导率,$\mu$ 称为磁导率.

**5. 介质中的安培环路定理**

在恒定磁场中,矢量 $\boldsymbol{H}$ 沿任意闭合路径 $C$ 的线积分等于正向通过以 $C$ 为边界的任一曲面的传导电流代数和,即

$$\oint_C \boldsymbol{H} \cdot \mathrm{d}\boldsymbol{r} = \sum I_i$$

**6. 铁磁质的特性**

(1) $\boldsymbol{B}$ 与 $\boldsymbol{H}$ 非线性关系,$\mu$ 不是常数,与 $\boldsymbol{H}$ 有关;

(2) 有剩磁现象;

(3) 有一临界温度(居里点),超过此温度时转变为顺磁质.

## 【问题讨论】

**问题 1** 为什么不能简单地定义磁感应强度 $\boldsymbol{B}$ 的方向就是作用在运动电荷上的磁力方向?

**讨论** 为反映磁场具有对运动电荷(电流)的施力作用的性质,我们引入了磁感应强度 $\boldsymbol{B}$,它是描述磁场本身性质的物理量,与激发磁场的电流分布有关.某点的 $\boldsymbol{B}$ 的大小和方向应与该点运动电荷的电量及运动方向无关,或者说,与该点是否存在运动电荷无关.而运动电荷在该点所受到的磁力的方向不仅和该点磁场的性质有关,还和电荷的运动方向有关,电荷的运动方向不同,所受磁力的方向不同(大小也不同),所以运动电荷受的磁力方向不是磁场本身特有的,不能把它定义为 $\boldsymbol{B}$ 的方向.

**问题 2** 一个静止的点电荷能在它的周围空间任一点激起电场;一个线电流元是否也能够在它的周围空间任一点激起磁场?

**讨论** 不一定.电流元激起的磁场由毕奥-萨伐尔定律给出

$$\mathrm{d}\boldsymbol{B} = \frac{\mu_0}{4\pi}\frac{I\mathrm{d}\boldsymbol{l} \times \boldsymbol{r}}{r^3}$$

$\boldsymbol{r}$ 为电流元到空间任一点(场点)的有向线段,当 $I\mathrm{d}\boldsymbol{l}$ 与 $\boldsymbol{r}$ 的夹角 $\theta$ 为 0 或 $\pi$ 时,$|\mathrm{d}\boldsymbol{B}| = \frac{\mu_0}{4\pi}\frac{I\mathrm{d}l\sin\theta}{r^2} = 0$,所以在电流元 $I\mathrm{d}\boldsymbol{l}$ 的延长线上各点,电流元不能激起磁场.在线电流元周围空间的其他位置上,是能够激发磁场的.

**问题 3** 由毕奥-萨伐尔定律可导出"无限长"直线电流的磁场公式为

$$B = \frac{\mu_0 I}{2\pi r}$$

当场点无限接近导线($r \to 0$)时,$B \to \infty$,这一结果是没有物理意义的.应如何解释?

**讨论** 公式 $B = \mu_0 I/(2\pi r)$ 只对线电流适用.所谓"线电流"是指电流横截面的线度比从该截面到场中考察点的距离小得多的情况.当 $r \to 0$ 时,线电流概念已不复存在,上式不再适用.如果不是线电流,可将电流划分成许多线电流,用场强叠加原理来求 $r\to 0$ 的点的磁感应强度 $\boldsymbol{B}$. 只要电流密度 $\boldsymbol{J}$ 到处有限,这样求得的 $\boldsymbol{B}$ 仍为一有限值,不会成为无限大.

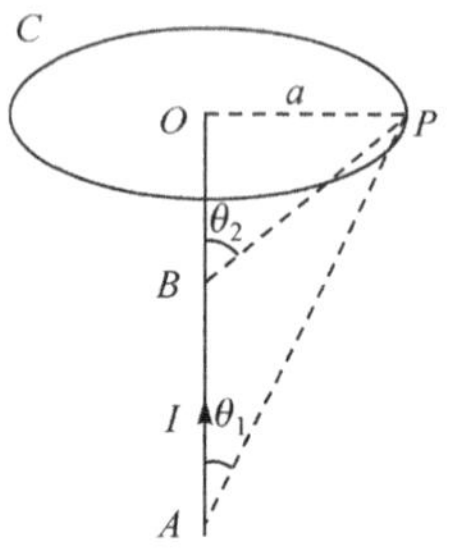


图 8.6

**问题 4** 按毕奥-萨伐尔定律可求得真空中一有限载流直导线 $AB$ 在空间 $P$ 点产生的磁感应强度大小为

$$B=\frac{\mu_0 I}{4\pi a}(\cos\theta_1-\cos\theta_2)$$

方向垂直于 $OP$,今沿图 8.6 中圆形环路 $C$ 作 $\boldsymbol{B}$ 的线积分,得到

$$\oint_C \boldsymbol{B}\cdot \mathrm{d}\boldsymbol{r}=\frac{\mu_0 I}{2}(\cos\theta_1-\cos\theta_2)$$

此结果与安培环路定理不一致,这是什么缘故?

**讨论** 安培环路定理仅适用于稳恒电流,而稳恒电流必定是闭合的.若 $AB$ 中电流是稳恒的,则上面计算的磁场只是闭合电流磁场的一部分,而安培环路定理中的 $\boldsymbol{B}$ 所表达的是闭合电流磁场的全部,故两者不相一致.

**问题 5** 如图 8.7 所示,两电流元 $I_1\mathrm{d}\boldsymbol{l}_1$ 和 $I_2\mathrm{d}\boldsymbol{l}_2$ 距离为 $r$,并互相垂直,这两电流元之间的相互作用力是否大小相等、方向相反? 如果不是,那么是否违反牛顿第三定律?

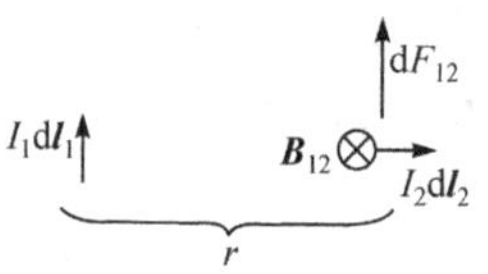


图 8.7

**讨论** 由毕奥-萨伐尔定律,$I_1\mathrm{d}\boldsymbol{l}_1$ 在 $I_2\mathrm{d}\boldsymbol{l}_2$ 处产生的场强大小为 $B_{12}=\frac{\mu_0}{4\pi}\frac{I_1\mathrm{d}l_1}{r^2}$,方向垂直向里,如图 8.7 所示,由安培定律,$I_2\mathrm{d}\boldsymbol{l}_2$ 所受作用力大小为

$$\mathrm{d}F_{12}=I_2\mathrm{d}l_2B_{12}$$

方向如图 8.7 所示.

同理,$I_2\mathrm{d}\boldsymbol{l}_2$ 在 $I_1\mathrm{d}\boldsymbol{l}_1$ 处产生的磁场大小为

$$B_{21}=0$$

$I_1\mathrm{d}\boldsymbol{l}_1$ 所受作用力大小为

$$\mathrm{d}F_{21}=0$$

由此可见,这两个电流元之间的相互作用力不遵守牛顿第三定律.实际上,电流元 $I_2\mathrm{d}\boldsymbol{l}_2$ 受到当地磁场的力,施力者是磁场,受力者是电流元 $I_2\mathrm{d}\boldsymbol{l}_2$,$\mathrm{d}\boldsymbol{F}_{12}$ 的反作用力是电流元 $I_2\mathrm{d}\boldsymbol{l}_2$ 给磁场的力 $\mathrm{d}\boldsymbol{F}'_{12}$,$\mathrm{d}\boldsymbol{F}_{12}$ 和 $\mathrm{d}\boldsymbol{F}'_{12}$ 才是一对作用力和反作用力.因为 $\mathrm{d}\boldsymbol{F}_{12}$ 和 $\mathrm{d}\boldsymbol{F}_{21}$ 不是一对作用力和反作用力,两者不等,并不违反牛顿第三定律.

**问题 6** 在一载流螺线管外做一平面圆回路 $L$,且其平面垂直于螺线管的轴,圆心在轴上.则环路积分 $\oint_L \boldsymbol{B}\cdot \mathrm{d}\boldsymbol{l}$ 等于多少?有人说,$\oint_L \boldsymbol{B}\cdot \mathrm{d}\boldsymbol{l}=0$,有人根据安培环路定

理认为$\oint_L \boldsymbol{B}\cdot d\boldsymbol{l}=\mu_0 I$,究竟哪种说法正确?

**讨论** 密绕的无限长螺线管,常用紧密排列的封闭圆电流组来近似,因而管内$B=\mu_0 nI$,管外$B=0$.所以,紧密排列的封闭圆电流组产生的磁场中,在管外绕一周,积分$\oint_L \boldsymbol{B}\cdot d\boldsymbol{l}=0$,但实际的螺线管并不等同于紧密排列的封闭圆电流组,电流总是从一端输入,一端输出,以管外任一闭合回路为边界的曲面总和一根电线相交,因而

$$\oint_L \boldsymbol{B}\cdot d\boldsymbol{l}=\mu_0 I$$

**问题7** 在没有电流分布的空间区域里,是否能存在这样的恒定磁场:其磁感应线为一系列不均匀分布的平行直线.

**讨论** 不存在.假设存在如问题中所描述的磁场,磁感应线如图8.8所示.

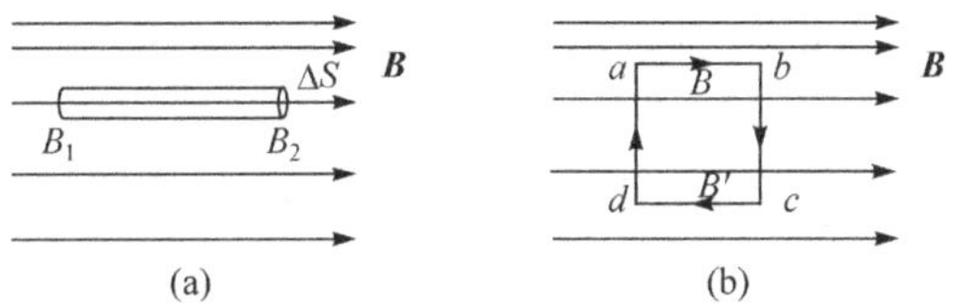


图8.8

沿磁感应线作一柱形高斯面,如图8.8(a),由磁场的高斯定理$\oint \boldsymbol{B}\cdot d\boldsymbol{S}=0$,当$\Delta S$很小时,可得

$$B_2\Delta S-B_1\Delta S=0$$

有$B_1=B_2$,即同一条磁感应线上的$\boldsymbol{B}$相等.如再在该磁场中作一有向矩形安培环路$abcd$,让$ab$、$cd$与磁感应线平行,$bc$、$da$与磁感应线垂直,如图8.8(b).设沿$ab$段磁感应强度为$\boldsymbol{B}$,沿$cd$段磁感应强度为$\boldsymbol{B}'$,由磁感应线疏密不均匀可知$B\neq B'$,磁感应强度沿该回路的线积分为

$$\oint_{abcda} \boldsymbol{B}\cdot d\boldsymbol{l}=B\cdot\overline{ab}-B'\cdot\overline{cd}=(B-B')\cdot\overline{ab}\neq 0$$

而根据安培环路定理,考虑到环路$abcda$中不包围电流,应有

$$\oint_{abcda} \boldsymbol{B}\cdot d\boldsymbol{l}=\mu_0\sum I=0$$

这说明假想的磁场不遵守恒定磁场的安培环路定理,即这样的恒定磁场并不存在.

当然,在有电流分布的空间区域里,是可以存在这样的磁场的,即其磁感应线虽然平行,但间隔却不同.读者可以分析一下,两无穷大载流平面,平行放置,两平面保持一定距离.当它们的面电流密度$j_1$和$j_2$方向相同,大小不等时,空间的磁场分布.

**问题 8**　介质中安培环路定理为$\oint_L \boldsymbol{H}\cdot \mathrm{d}\boldsymbol{l}=\sum I_i$，$\sum I_i$为正向穿过闭合回路的传导电流的代数和，这是否可以说 $H$ 只与传导电流有关，与分子电流无关？

**讨论**　不可以这样认为.

介质中的安培环路定理说明磁场强度 $\boldsymbol{H}$ 的环路积分只与穿过环路的传导电流有关，与分子电流无关，但不能由此得出 $\boldsymbol{H}$ 本身与分子电流无关或与磁介质无关的结论.

在一般情况下，$\boldsymbol{H}$ 是与分子电流有关的，因为介质磁化产生的分子电流也激发磁场. 这可以从公式 $\boldsymbol{H}=\dfrac{\boldsymbol{B}}{\mu}$ 或 $\boldsymbol{H}=\dfrac{\boldsymbol{B}}{\mu_0}-\boldsymbol{M}$ 中看到. 当然，在一些特殊条件下，$\boldsymbol{H}$ 可能只决定于传导电流，而与分子电流无关. 例如，当传导电流具有某种高度对称性，而各向同性的磁介质的分布也具有某种高度对称性，这样磁介质因磁化而产生的分子电流也同样具有高度对称性，从而使由传导电流和分子电流共同产生的磁场具有高度对称性，这时可由介质中的安培环路定理唯一地确定 $\boldsymbol{H}$，$\boldsymbol{H}$ 的表达式中只含有传导电流，与分子电流无关.

**问题 9**　在恒定磁场中，穿出以封闭曲线 $L$ 为边界的各曲面的 $\boldsymbol{B}$ 通量是否均相等？穿出以封闭曲线 $L$ 为边界的各曲面的 $\boldsymbol{H}$ 通量是否均相等？

**讨论**　因为磁场是涡旋场，根据磁高斯定理，对任意闭合曲面均有 $\oiint_S \boldsymbol{B}\cdot \mathrm{d}\boldsymbol{S}=0$，因此正向穿出以 $L$ 为边界的诸曲面的磁通量相等. 或者形象地说磁感应线是闭合的，不能中断，因此穿出以 $L$ 为边界的各曲面的磁感应线的数目是相同的. 因为

$$\boldsymbol{B}=\mu\boldsymbol{H}=\mu_0\mu_r\boldsymbol{H}$$

所以

$$\oiint_S \boldsymbol{B}\cdot \mathrm{d}\boldsymbol{S}=\mu_0\oiint_S \mu_r\boldsymbol{H}\cdot \mathrm{d}\boldsymbol{S}=0$$

如果不能保证任何闭合曲面上各点的 $\mu_r$ 都相等，就不能将 $\mu_r$ 移到积分号外，也就不能推出 $\oiint_S \boldsymbol{H}\cdot \mathrm{d}\boldsymbol{S}=0$.

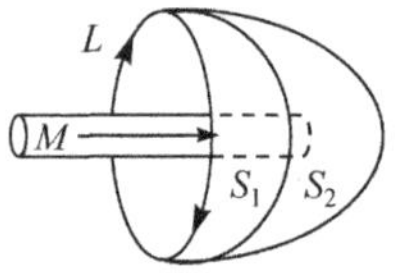


图 8.9

因此，一般说来，不能得出通过以闭合曲线 $L$ 为边界的各曲面的 $\boldsymbol{H}$ 通量均相等的结论.

例如一永磁棒，设棒内 $\boldsymbol{M}$ 为一常值，如图 8.9 所示，对以 $L$ 为边界的两曲面 $S_1$ 和 $S_2$，有

$$\Phi=\iint_{S_1} \boldsymbol{B}\cdot \mathrm{d}\boldsymbol{S}=\iint_{S_2} \boldsymbol{B}\cdot \mathrm{d}\boldsymbol{S}$$

对 $S_1$ 面上各点，

$$\boldsymbol{H}=\frac{\boldsymbol{B}}{\mu_0}-\boldsymbol{M}$$

$$\oiint_{S_1} \boldsymbol{H} \cdot \mathrm{d}\boldsymbol{S} = \oiint_{S_1} \frac{\boldsymbol{B}}{\mu_0} \cdot \mathrm{d}\boldsymbol{S} - \oiint_{S_1} \boldsymbol{M} \cdot \mathrm{d}\boldsymbol{S}$$

$$= \frac{\Phi}{\mu_0} - \oiint_{S_1} \boldsymbol{M} \cdot \mathrm{d}\boldsymbol{S}$$

对 $S_2$ 面上各点

$$\boldsymbol{M}=0,\quad \boldsymbol{H}=\frac{\boldsymbol{B}}{\mu_0}$$

$$\oiint_{S_2} \boldsymbol{H} \cdot \mathrm{d}\boldsymbol{S} = \oiint_{S_2} \frac{\boldsymbol{B}}{\mu_0} \cdot \mathrm{d}\boldsymbol{S} = \frac{\Phi}{\mu_0}$$

显然

$$\oiint_{S_1} \boldsymbol{H} \cdot \mathrm{d}\boldsymbol{S} \neq \oiint_{S_2} \frac{\boldsymbol{B}}{\mu_0} \cdot \mathrm{d}\boldsymbol{S}$$

## 【习题解答】

**8.1** 长为 $L$ 的一根导线通有电流 $I$，在下列情况下求中心点的磁感应强度：

(1) 将导线弯成边长为 $L/4$ 的正方形线圈；

(2) 将导线弯成周长为 $L$ 的圆线圈，并比较哪一种情况下磁场更强.

**解** (1)导线弯成正方形线圈时，如图 8.10 所示，相当于四根长为 $L/4$ 的载流直线段，则

$$B_1 = 4\frac{\mu_0 I}{4\pi a}(\cos45^\circ - \cos135^\circ)$$

$$= \frac{8\sqrt{2}}{\pi}\frac{\mu_0 I}{L}$$

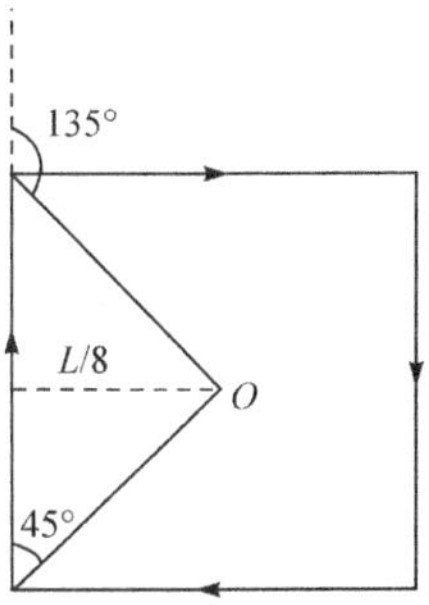

图 8.10

(2)导线弯成周长为 $L$ 的圆线圈时，则

$$B_2 = \frac{\mu_0 I}{2R} = \frac{\mu_0 I}{2\dfrac{L}{2\pi}} = \pi\left(\frac{\mu_0 I}{L}\right)$$

可见 $B_1 > B_2$.

**8.2** 如图 8.11，一根无限长直导线，通有电流 $I$，中部一段变成圆弧形，求图中 $O$ 点的磁感应强度的大小.

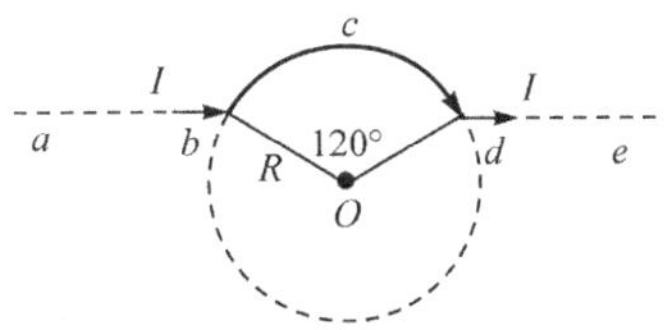

图 8.11

**解** 直导线 $ab$ 和 $de$ 在 $O$ 点产生的磁场

$$B_{ab} = B_{de} = \frac{\mu_0 I}{4\pi R\cos60^\circ}(\cos0^\circ - \cos30^\circ)$$

$$=\frac{\mu_0 I}{2\pi R}\left(1-\frac{\sqrt{3}}{2}\right),\quad 方向\otimes$$

$\widehat{bcd}$在 $O$ 点产生的场

$$B_{\widehat{bcd}}=\frac{\mu_0 I}{2R}\cdot\frac{\frac{2}{3}\pi}{2\pi}=\frac{\mu_0 I}{6R},\quad 方向\otimes$$

$$B_o=B_{ab}+B_{de}+B_{\widehat{bcd}}=\frac{\mu_0 I}{6R}+\frac{\mu_0 I}{2\pi R}(2-\sqrt{3})\doteq\frac{0.21\mu_0 I}{R},\quad 方向\otimes$$

**8.3** 高压输电线在地面上空 25m 处,通过电流为 $1.8\times10^3$A,求:

(1)在地面上由这电流所产生的磁感应强度多大?

(2)在上述地区,地磁场为 $0.6\times10^{-4}$T,输电线产生的磁场与地磁场相差多少?

**解** (1) 在地面上相当于无限长直导线产生的磁场

$$B=\frac{\mu_0 I}{2\pi r}=\frac{4\pi\times10^{-7}\times1.8\times10^3}{2\pi\times25}=1.44\times10^{-5}(\text{T})$$

(2) $B_{地}-B_{线}=4.56\times10^{-5}$T.

**8.4** 在一半径 $R=1.0$cm 的无限长半圆柱形金属薄片中,自上而下地有电流 $I=5.0$A 通过,试求圆柱轴线上任一点的磁感应强度.

**解** 该电流不具有高度对称性,不能用安培环路定理求 $B$,我们用场强叠加原理求. 半圆柱面上的面电流密度为 $j=\frac{I}{\pi R}$,建立如图 8.12(b)坐标系.

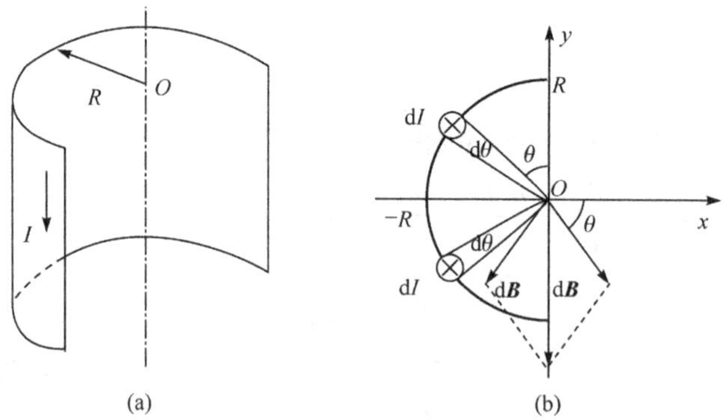


图 8.12

在半圆柱面上取一窄长条(与轴线平行),宽 $dl$,其上载有电流 $dI=jdl=jRd\theta$,将其视作线电流,它在轴上产生的磁感应强度为 $d\boldsymbol{B}$,其大小为

$$dB = \frac{\mu_0 dI}{2\pi R} = \frac{\mu_0 j d\theta}{2\pi}$$

方向如图 8.12(b)，由对称性分析可知

$$B_x = \int_{-R}^{R} dB_x = 0$$

$$B = B_y = \int_{-R}^{R} dB_y = -\int_0^{\pi} dB\sin\theta$$

$$= -\int_0^{\pi} \frac{\mu_0 j \sin\theta d\theta}{2\pi} = -\frac{\mu_0 j}{\pi} = -\frac{\mu_0 I}{\pi^2 R}$$

$$= \frac{-4\pi \times 10^{-7} \times 5}{\pi^2 \times 1.0 \times 10^{-2}} \approx -6.37 \times 10^{-5}(\text{T})$$

方向与轴线垂直.

**8.5** 从经典观点来看，氢原子可看作是一个电子绕核高速旋转的体系，已知电子以速度 $2.2\times10^6$ m/s 在半径 $r=0.53\times10^{-10}$ m 的圆轨道上运动. 求电子在轨道中心所产生的磁感应强度和电子的磁矩大小.

**解** 电子绕核高速运动，相当于一个载流圆线圈，其电流为

$$I = e\nu = \frac{ve}{2\pi r} = 1.057 \times 10^{-3}\text{A}$$

该圆线圈在其中心产生的磁感应强度为

$$B = \frac{\mu_0 I}{2r} \doteq 13\text{T}$$

对应的磁矩的大小为

$$m = IS = I\pi r^2 = 0.93 \times 10^{-23}\text{A} \cdot \text{m}^2$$

**8.6** 有一很长的载流导体直圆筒，如图 8.13(a)所示，内半径 $a$，外半径 $b$，电流强度为 $I$，电流沿轴线方向流动，且均匀分布在管壁的横截面上，求空间各点的磁感应强度，并画出 $B$-$r$ 曲线($r$ 为场点到轴线的垂直距离).

**解** 磁场对轴线呈对称分布，以轴线上一点为中心以任意半径 $r$ 分别在管内、管壁内和管外作三条安培环路，根据安培环路定理有

$$2\pi r B = \begin{cases} 0 & (r \leqslant a) \\ \mu_0 I' = \dfrac{r^2 - a^2}{b^2 - a^2}\mu_0 I & (a \leqslant r \leqslant b) \\ \mu_0 I & (r \geqslant b) \end{cases}$$

由此得空间各点磁场分布为

$$B = \begin{cases} 0 & (r \leqslant a) \\ \dfrac{\mu_0 I(r^2 - a^2)}{2\pi r(b^2 - a^2)} & (a \leqslant r \leqslant b) \\ \dfrac{\mu_0 I}{2\pi r} & (r \geqslant b) \end{cases}$$

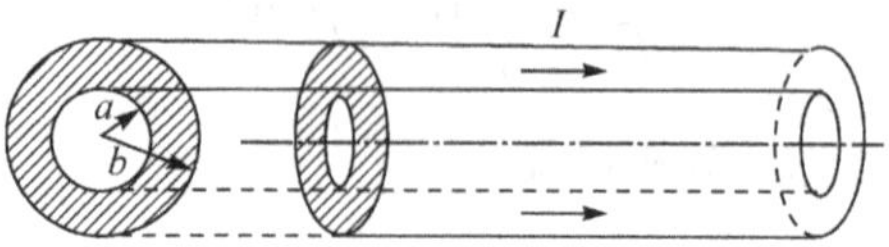


(a)

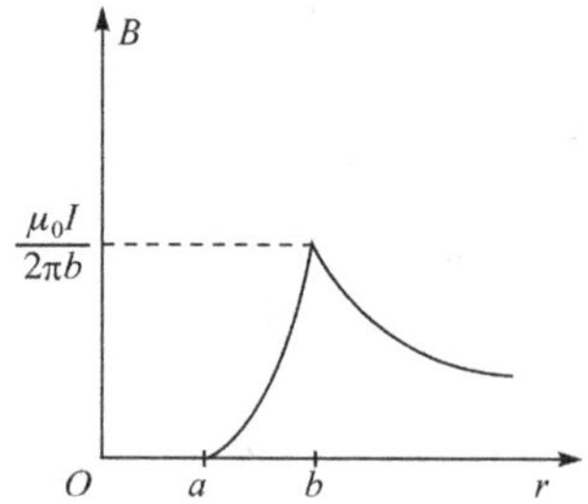


(b) $B$-$r$曲线

图 8.13

$B$-$r$ 曲线如图 8.13(b).

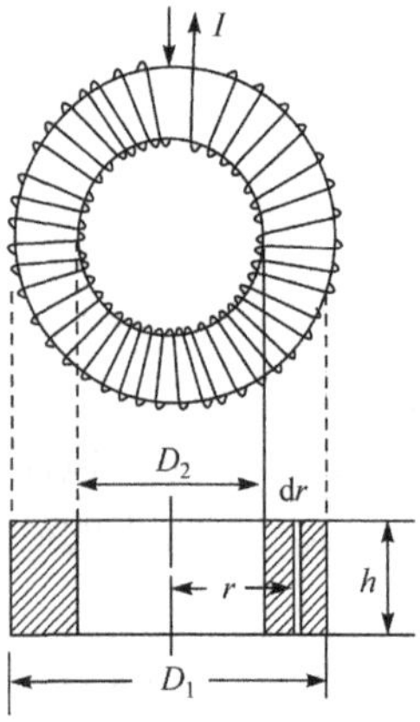


图 8.14

**8.7**　矩形截面的螺线环,尺寸如图 8.14 所示,共绕有 $N$ 匝线圈,通有电流 $I$,求:

(1) 环内磁感应强度的分布;

(2) 过螺线环截面(图中阴影区)的磁通量.

**解**　(1)设线圈总匝数为 $N$,以环心为中心 $r$ 为半径作圆形安培环路($D_2/2<r<D_1/2$),从电流分布可见,在环路上各点 $B$ 的大小相等,方向沿环路切向.根据安培环路定理

$$\oint_C \boldsymbol{B} \cdot \mathrm{d}\boldsymbol{r} = 2\pi r B = \mu_0 N I$$

得

$$B = \frac{\mu_0 N I}{2\pi r}$$

(2)在任意半径 $r$ 处取长为 $h$ 宽为 d$r$ 的小截面.其磁通量为

$$\mathrm{d}\Phi = Bh\,\mathrm{d}r = \frac{\mu_0 I h}{2\pi r}\mathrm{d}r$$

则通过螺线环横截面的总磁通量为

$$\Phi = N\int_0^{\Phi}\mathrm{d}\Phi = \frac{\mu_0 N I h}{2\pi}\int_{\frac{D_2}{2}}^{\frac{D_1}{2}}\frac{\mathrm{d}r}{r} = \frac{\mu_0 N I h}{2\pi}\ln\frac{D_1}{D_2}$$

**8.8**　在一汽泡室内,磁场为 20T,一高能质子垂直于磁场飞过时留下的圆弧轨迹

的半径为3.5m,求此质子的动量和动能.

**解** 该质子的动量为

$$P = mv = eRB = 1.6 \times 10^{-19} \times 3.5 \times 20$$
$$= 1.12 \times 10^{-17} (\text{kg} \cdot \text{m/s})$$

按非相对论计算,该质子的动能为

$$E = \frac{P^2}{2m_0} = \frac{(1.12 \times 10^{-17})^2}{2 \times 1.67 \times 10^{-27}} = 3.75 \times 10^{-7} (\text{J}) = 234(\text{Gev})$$

按相对论计算,该质子的动能为

$$E = \sqrt{c^2 p^2 - m_0^2 c^4} \doteq cp = 3 \times 10^8 \times 1.12 \times 10^{-17} = 3.36 \times 10^{-9} (\text{J}) = 21(\text{Gev})$$

**8.9** 一条2cm宽,0.1cm厚的金属带,载有20A电流,处于磁感应强度为2.0T的均匀磁场中,如图8.15所示,测得霍尔电势差为4.27$\mu$V.

(1) 计算带中电子的漂移速度;

(2) 求带电电子的浓度;

(3) $M$和$N$哪点电势较高?

(4) 如果用p型半导体代替该金属带,$M$和$N$哪点电势高?

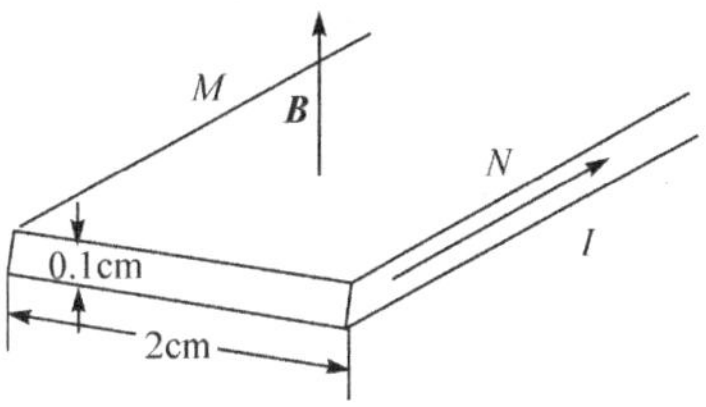


图8.15

**解** (1) 金属中自由电子受磁场作用的洛伦兹力与霍尔电场的电场力平衡.即

$$ev_d B = e\frac{V}{b}$$

$$v_d = \frac{V}{Bb} = \frac{4.27 \times 10^{-6}}{2.0 \times 2 \times 10^{-2}} = 1.07 \times 10^{-4} (\text{m/s})$$

(2) $MN$两侧的霍尔电势差

$$|V| = \frac{1}{ne} \cdot \frac{IB}{d}$$

带中电子的浓度

$$n = \frac{IB}{edV} = \frac{20 \times 2.0}{1.6 \times 10^{-19} \times 0.1 \times 10^{-2} \times 4.27 \times 10^{-6}} = 5.85 \times 10^{28} (\text{m}^{-3})$$

也可利用$I = ensv_d$计算

$$n = \frac{I}{ev_d s} = \frac{I}{ev_d bd} = 5.84 \times 10^{28} \text{m}^{-3}$$

(3) 电子在洛伦兹力作用下向$N$侧偏转,$M$点电势高;

(4) p型半导体多数载流子为空穴,空穴在洛伦兹力作用下向$N$侧偏转,$N$点电势高.

**8.10** 用绝缘导线紧密排列绕成直径为 1cm 的螺线管,有 100 匝线圈.

(1)当导线中通 2A 电流时,求螺线管的磁矩;

(2)再将螺线管放在磁感应强度为 4T 的均匀磁场中,求螺线管能受到的最大力矩.

**解** (1)$|\boldsymbol{m}| = NI|\boldsymbol{s}| = NI\pi R^2 = 100\times 2\times \pi\times \left(\frac{1}{2}\times 0.01\right)^2 = 1.57\times 10^{-2}(\text{A}\cdot\text{m}^2)$;

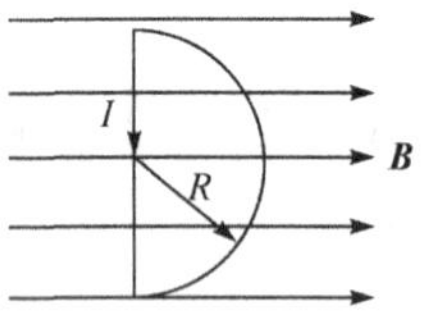

图 8.16

(2)最大磁场力矩

$$M = mB = 1.57\times 10^{-2}\times 4 = 6.28\times 10^{-2}(\text{N}\cdot\text{m})$$

**8.11** 一半径 $R=0.1\text{m}$ 的半圆形闭合线圈,载有电流 $I=10\text{A}$,放在均匀外磁场 $\boldsymbol{B}$ 中,磁场方向与线圈平面平行,如图 8.16 所示,已知 $B=0.5\text{T}$,求:

(1)线圈的磁矩 $m$;

(2)线圈所受力矩的大小和方向.

**解** (1)$m=IS=10\times\frac{1}{2}\times\pi\times 0.1^2=0.157(\text{A}\cdot\text{m}^2)$,方向$\odot$;

(2)$M=mB=0.157\times 0.5=7.85\times 10^{-2}(\text{N}\cdot\text{m})$.

**8.12** 螺线环中心周长 $l=10\text{cm}$,环上线圈匝数 $N=200$,线圈中通有电流 $I=100\text{mA}$.

(1) 求管内的磁场强度 $H$ 和磁感应强度 $B_0$;

(2) 若管内充满相对磁导率 $\mu_r=4200$ 的磁介质,则管内的 $H$ 和 $B$ 是多少?

(3) 磁介质内由导线中电流产生的 $B_0$ 和磁化电流产生的 $B'$各是多少?

**解** (1)$H=nI=\frac{200}{10\times 10^{-2}}\times 100\times 10^{-3}=200(\text{A/m})$

$$B_0 = \mu_0 H = 2.51\times 10^{-4}\text{T}$$

(2)$H=nI=200\text{A/m}$

$$B = \mu_0\mu_r H = 1.06\text{T}$$

(3)$B_0=\mu_0 H=2.51\times 10^{-4}\text{T}$

$$\boldsymbol{B} = \boldsymbol{B}_0 + \boldsymbol{B}'$$

$$B' = B - B_0 \doteq 1.05\text{T}$$

**8.13** 一无限长圆柱形直导线,外包一层相对磁导率为 $\mu_r$ 的圆筒形磁介质,导线半径为 $R_1$,磁介质外半径为 $R_2$,导线中的电流 $I$ 均匀分布在横截面上,如图 8.17(a)所示.求介质内、外的磁场强度和磁感应强度的分布,并画出 $H$-$r$ 和 $B$-$r$ 图线.

**解** 在导体内部和导体以外分别以轴线为中心作任意半径 $r$ 的安培环路.由安培环路定理

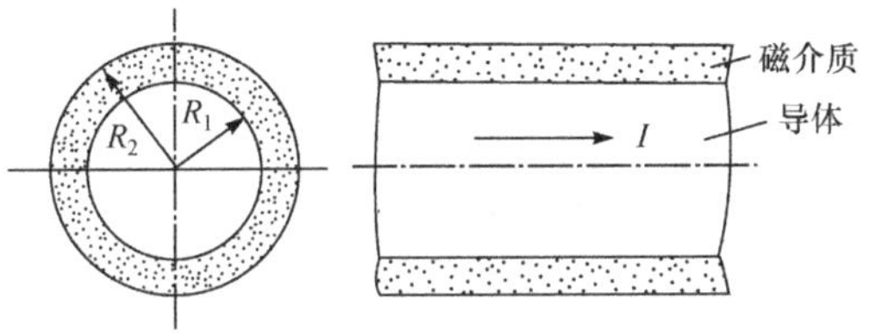


(a)

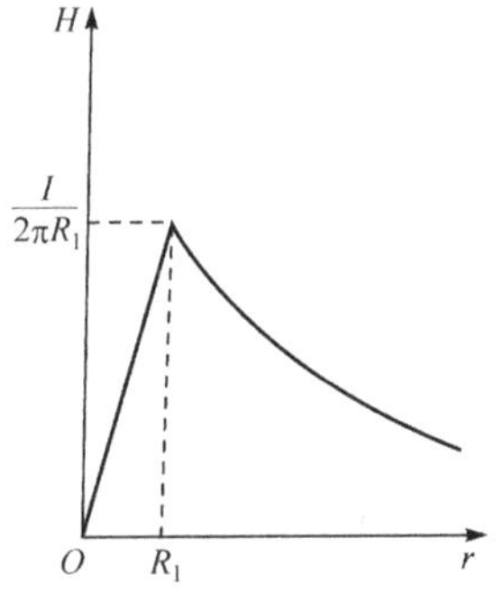


(b) $H$-$r$曲线

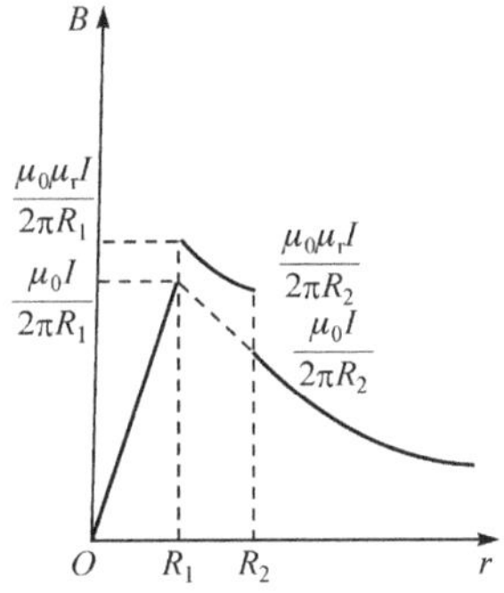


(c) $B$-$r$曲线

图 8.17

$$\oint_C \boldsymbol{H} \cdot \mathrm{d}\boldsymbol{r} = 2\pi r \cdot H = \begin{cases} \dfrac{I}{\pi R_1^2} \cdot \pi r^2 & (r < R_1) \\ I & (r > R_1) \end{cases}$$

得到

$$H = \begin{cases} \dfrac{Ir}{2\pi R_1^2} & (r < R_1) \\ \dfrac{I}{2\pi r} & (r > R_1) \end{cases}$$

根据 $B$ 和 $H$ 的关系式 $B = \mu H$ 得

$$B = \begin{cases} \dfrac{\mu_0 Ir}{2\pi R_1^2} & (r < R_1) \\ \dfrac{\mu_0 \mu_r I}{2\pi r} & (R_1 < r < R_2) \\ \dfrac{\mu_0 I}{2\pi r} & (r > R_2) \end{cases}$$

$H$-$r$ 曲线、$B$-$r$ 如图 8.17(b)、(c).

# 第 9 章 电磁感应

## 【本章要点】

### 一、电磁感应的基本定律

**1. 法拉第定律**

感应电动势 $\mathscr{E}$ 的大小与通过导体回路的磁通量 $\Phi$ 的时间变化率成正比. 其数学表达式为

$$\mathscr{E}=-\frac{\mathrm{d}\Phi}{\mathrm{d}t}$$

若导体回路由 $N$ 匝紧密排列的相同的线圈串联组成，使得每匝线圈内均产生相同的感应电动势，所以总电动势为

$$\mathscr{E}=-N\frac{\mathrm{d}\Phi}{\mathrm{d}t}$$

**2. 楞次定律**

导体回路中感应电流的方向，总是使感应电流所激发的磁场来阻止或补偿引起感应电流的磁通量变化. 法拉第定律的数学表达式中的负号就是用来判断感应电动势的方向的，两者是一致的.

### 二、动生电动势和感生电动势

**1. 动生电动势**

由导线在磁场中运动(移动或转动)使回路的位置或形状发生变化引起回路中磁通量变化所产生的感应电动势. 动生电动势的非静电力是洛伦兹力. 由电动势的定义得到

$$\mathscr{E}=\int_L(\boldsymbol{v}\times\boldsymbol{B})\cdot\mathrm{d}\boldsymbol{l}$$

式中，$\boldsymbol{v}$ 为导线元的运动速度；$L$ 为运动导线的长度.

**2. 感生电动势**

磁场变化引起静止回路中磁通量变化所产生的感应电动势. 感生电动势的非静电场是涡旋电场,由电动势的定义得到

$$\mathscr{E}=\oint_L \boldsymbol{E}\cdot \mathrm{d}\boldsymbol{r}=-\int_S \frac{\partial \boldsymbol{B}}{\partial t}\cdot \mathrm{d}\boldsymbol{S}$$

式中,$\boldsymbol{E}$ 为涡旋电场的场强;$L$ 为导线回路;$S$ 为回路所围面积.

**3. 涡电流**

块状导体在恒定的磁场中运动时,导体中出现动生电动势. 由于导体自身构成回路,若回路中动生电动势总和不为零,则导体中出现感应电流,电流线呈涡旋状,称涡电流. 当块状导体放在变化的磁场中时,导体处于涡旋电场中,也会产生感生电动势,出现涡电流.

## 三、自感和互感

**1. 自感电动势**

线圈中电流变化在自身中产生的感生电动势.

$$\mathscr{E}=-L\frac{\mathrm{d}I}{\mathrm{d}t}$$

式中,$L$ 称为自感系数,它与线圈的尺寸、形状及周围磁介质的磁导率有关. 负号表示自感电动势将反抗线圈中电流的变化.

**2. 互感电动势**

相邻两线圈,其中一线圈中电流变化引起另一线圈中产生的感生电动势.

$$\mathscr{E}_{21}=-M_{21}\frac{\mathrm{d}I_1}{\mathrm{d}t},\qquad \mathscr{E}_{12}=-M_{12}\frac{\mathrm{d}I_2}{\mathrm{d}t}$$

式中,$M_{12}=M_{21}=M$,称为互感系数,它不仅与两个线圈各自的尺寸、形状及周围磁介质的磁导率有关,且与两线圈的相互位置有关.

## 四、磁场的能量

**1. 载流线圈中磁场的能量**

一个载流线圈,在通电的过程中,电源克服线圈上自感电动势做功,因而载流线圈中具有能量.

$$W_{\mathrm{m}} = \frac{1}{2}LI^2$$

**2. 磁能密度**

建立电流的过程,也是建立磁场的过程,实际上能量储存在磁场中,单位体积中的磁场能量(磁能密度)为

$$w_{\mathrm{m}} = \frac{1}{2}\frac{B^2}{\mu} = \frac{1}{2}\mu H^2 = \frac{1}{2}BH$$

**3. 整个磁场的能量**

$$W_{\mathrm{m}} = \int_V w_m \mathrm{d}V = \frac{1}{2}\int_V BH\mathrm{d}V$$

式中,$V$ 为磁场所占的空间体积.

## 五、匀速运动点电荷的磁场

相对惯性系以速度 $\boldsymbol{v}$ 作匀速直线运动的点电荷 $q$ 所产生的磁场为

$$\boldsymbol{B} = \frac{q}{4\pi\varepsilon_0 c^2 r^3} \cdot \frac{\left(1-\dfrac{v^2}{c^2}\right)}{\left(1-\dfrac{v^2}{c^2}\sin^2\theta\right)^{3/2}}(\boldsymbol{v}\times\boldsymbol{r})$$

## 【问题讨论】

**问题 1**　动生电动势是由洛伦兹力做功引起的. 而洛伦兹力永远和运动电荷的运动方向垂直,因而对电荷不做功,两者是否矛盾?

**讨论**　两者并不矛盾. 由于洛伦兹力总是和带电粒子的运动速度相垂直,因而它对电荷不做功. 但在运动导线中的电子除了有随导体运动的速度 $\boldsymbol{v}$ 之外,还有相对导线的定向运动速度 $\boldsymbol{u}$ 如图 9.1 所示(正是由于电子的后一运动构成了动生电动势). 因此电子所受的总的洛伦兹力为

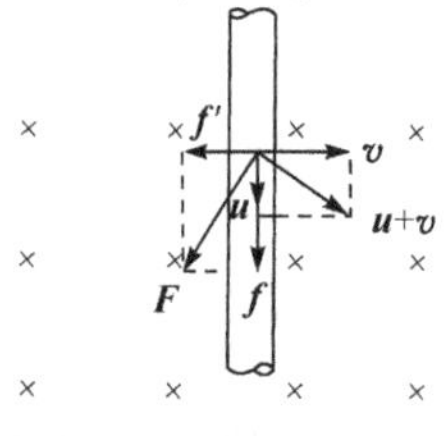

图 9.1

$$\boldsymbol{F} = -e(\boldsymbol{v}+\boldsymbol{u})\times\boldsymbol{B}$$

它与电子的合速度($\boldsymbol{v}+\boldsymbol{u}$)垂直,总的洛伦兹力不对电子做功. 然而 $\boldsymbol{F}$ 的一个分量

$$\boldsymbol{f} = -e(\boldsymbol{v}\times\boldsymbol{B})$$

却对电子做正功,形成动生电动势;而另一分量

$$\boldsymbol{f}' = -e(\boldsymbol{u} \times \boldsymbol{B})$$

它的方向沿$-\boldsymbol{v}$,阻碍导体的运动,从而做负功,总的洛伦兹力做功的功率为

$$\begin{aligned}\boldsymbol{F} \cdot (\boldsymbol{v} + \boldsymbol{u}) &= (\boldsymbol{f} + \boldsymbol{f}') \cdot (\boldsymbol{v} + \boldsymbol{u}) \\ &= \boldsymbol{f} \cdot \boldsymbol{u} + \boldsymbol{f}' \cdot \boldsymbol{v} \\ &= euBu - euBv = 0\end{aligned}$$

即

$$\boldsymbol{f} \cdot \boldsymbol{u} = -\boldsymbol{f}' \cdot \boldsymbol{v}$$

上式说明洛伦兹力的两个分量所做的功的代数和等于零.

总之,安培力$\boldsymbol{f}'$和产生动生电动势的非静电力$\boldsymbol{f}$都是洛伦兹力的分量,它们都能做功,只是二者做功之和等于零. 如果动生电动势做正功,则安培力做负功,外界必须克服安培力做功. 实际上是电能和机械能的相互转换过程,而稳恒磁场在其中起着转换中介的作用.

**问题 2** 涡旋电场与静电场有何区别

**讨论** 静电场是由静电荷产生的,电场线从正电荷出发(或来自无限远处)终止于负电荷(或延伸到无限远处),它遵守高斯定理,即

$$\oint_S \boldsymbol{E}_1 \cdot \mathrm{d}\boldsymbol{S} = \frac{1}{\varepsilon} \sum_i \boldsymbol{Q}_i$$

是有源场.

涡旋电场是由变化磁场产生的,与电荷无关,其电场线是无头无尾的闭合曲线,因而

$$\oint_S \boldsymbol{E}_2 \cdot \mathrm{d}\boldsymbol{S} = 0$$

是无源场.

静电场遵守场强环路定理,即

$$\oint_C \boldsymbol{E}_1 \cdot \mathrm{d}\boldsymbol{r} = 0$$

是无旋场,它说明电场力做功与路径无关,可以引入电势概念.

涡旋电场不遵守场强环路定理,即

$$\oint_C \boldsymbol{E}_2 \cdot \mathrm{d}\boldsymbol{r} \neq 0$$

是有旋场. 电场力做功与路径有关,不能建立电势的概念.

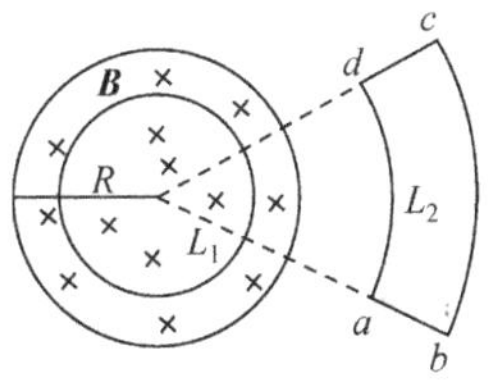

图 9.2

**问题 3** 均匀磁场被限制在半径为$R$的无限长圆柱内,磁场随时间作线性变化,现有两个闭合曲线$L_1$(为一圆形)与$L_2$(为一扇形). 如图 9.2 所示. 讨论:$L_1$与$L_2$上每一

点的 $\mathrm{d}\boldsymbol{B}/\mathrm{d}t$ 是否为零？涡旋电场 $\boldsymbol{E}_{旋}$ 是否为零？$\oint_{L_1}\boldsymbol{E}_{旋}\cdot\mathrm{d}\boldsymbol{l}$ 与 $\oint_{L_2}\boldsymbol{E}_{旋}\cdot\mathrm{d}\boldsymbol{l}$ 是否为零？

**讨论**　$L_1$ 处于磁场区域内，因而 $L_1$ 上各点的 $\mathrm{d}\boldsymbol{B}/\mathrm{d}t$ 不为零，$L_2$ 处于磁场区域外，因而 $L_2$ 上各点 $\mathrm{d}\boldsymbol{B}/\mathrm{d}t$ 等于零.

变化的磁场激发涡旋电场，本题中磁场被限制在半径为 $R$ 的圆柱形区域内. 但此磁场随时间变化产生的涡旋电场 $\boldsymbol{E}_{旋}$ 却不局限于有磁场的区域内，因而 $L_1$ 和 $L_2$ 上各点的涡旋电场 $\boldsymbol{E}_{旋}$ 均不为零.

由 $\oint_C\boldsymbol{E}\cdot\mathrm{d}\boldsymbol{r}=-\int_S\dfrac{\partial\boldsymbol{B}}{\partial t}\cdot\mathrm{d}\boldsymbol{S}$ 可知，穿过以 $L_1$ 闭合曲线为边界的曲面的磁通量不为零，因而 $\oint_{L_1}\boldsymbol{E}_{旋}\cdot\mathrm{d}\boldsymbol{l}\neq0$，而 $L_2$ 闭合曲线在磁场之外，穿过以 $L_2$ 闭合曲线为边界的曲面的磁通量为零，因而 $\oint_{L_2}\boldsymbol{E}_{旋}\cdot\mathrm{d}\boldsymbol{l}=0$.

**问题 4**　把一铜片放在磁场中，如果要把这铜片从磁场中拉出或者把它进一步地推入，就会自动地出现一个阻力，试解释这个阻力的来源.

**讨论**　当块状金属导体处于变化的磁场中或相对磁场运动时，导体中形成一圈圈的闭合电流线，类似流体中的涡旋，称为涡电流. 铜片从磁场中拉出或推入时，自动地出现一个阻力，此阻力就是磁场对涡电流的作用力. 当铜片向右拉出磁场时，铜片中形成涡流，涡流方向为顺时针方向，如图 9.3 所示. 在磁场中的那部分涡流受到一个向左的拉力 $\boldsymbol{F}$，此力阻碍着铜片运动. 同理，将铜片推入时也要受到一个阻力.

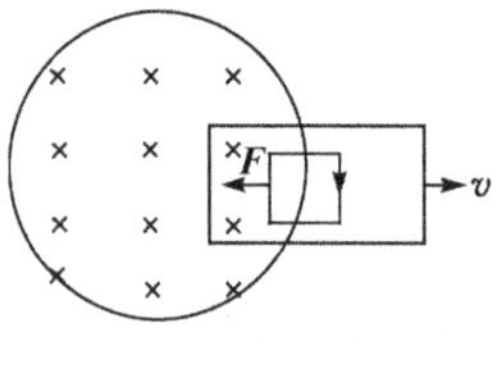


图 9.3

**问题 5**　将尺寸完全相同的铜环和木环适当放置，使通过两环中的磁通量的变化率相等，则在两环中是否产生相同的感应电场和感应电流？

**讨论**　由法拉第定律知，当穿过闭合回路的磁通量发生变化时，回路中将产生感应电动势或感应电流，且感应电动势的大小 $\mathscr{E}=\left|\dfrac{\mathrm{d}\Phi}{\mathrm{d}t}\right|$. 因两环尺寸完全相同，通过两环的磁通量变化率也相同，所以两环所在处产生的感应电场是相同的. 感应电动势的大小也相同. 但由于木环中没有自由电子，所以木环中不会产生感应电流，而铜环中则产生相应的感应电流.

**问题 6**　有人说“因为自感系数 $L=\dfrac{\Phi}{I}$，所以通过线圈中的电流强度越大，自感系数越小”，这种说法对吗？为什么？

**讨论**　这种说法不对. 因为线圈的自感系数与线圈中电流的大小及线圈是否通有电流都无关. 自感系数的大小只与线圈的结构、线圈的匝数及磁介质的分布有关，当这些条件确定后，线圈的自感系数就确定了.

# 【习题解答】

**9.1** 两段导线 $AB=BC=10\text{cm}$，在 $B$ 处连成 $30°$的角，如图 9.4 所示. 若导线在匀强磁场中以速率 $v=1.5\text{m/s}$ 运动，磁感应强度 $B=2.5\times10^{-2}\text{T}$，问 $AC$ 间的电势差是多少？哪一端电势高？

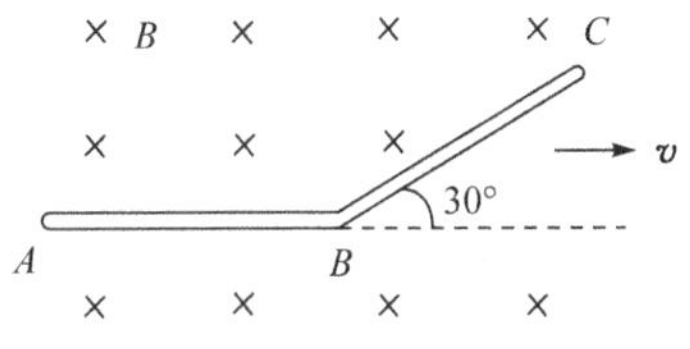


图 9.4

**解** $\mathscr{E}_{AC}=\mathscr{E}_{AB}+\mathscr{E}_{BC}$

$$\mathscr{E}_{AB}=\int(\boldsymbol{v}\times\boldsymbol{B})\cdot\mathrm{d}\boldsymbol{l}=0$$

$$\mathscr{E}_{BC}=\int(\boldsymbol{v}\times\boldsymbol{B})\cdot\mathrm{d}\boldsymbol{l}=\int_0^l vB\mathrm{d}l\cdot\sin\theta$$

$$=vBl\sin\theta=1.5\times2.5\times10^{-2}\times10\times10^{-2}\times\frac{1}{2}=1.9\times10^{-3}(\text{V})$$

$$\mathscr{E}_{AC}=\mathscr{E}_{AB}+\mathscr{E}_{BC}=\mathscr{E}_{BC}=1.9\times10^{-3}\text{V}$$

$$V_{AC}=-\mathscr{E}_{AC}=-1.9\times10^{-3}\text{V}$$

$C$ 点电势高.

**9.2** 长直导线通有电流 $I=5\text{A}$，在其附近有一导线棒 $ab$，$l=20\text{cm}$，离长直导线距离 $d=10\text{cm}$(如图 9.5 所示)当它沿平行于直导线的方向以速度 $v=10\text{m/s}$ 平移时，导线棒中的感应电动势多大？哪端的电势高？

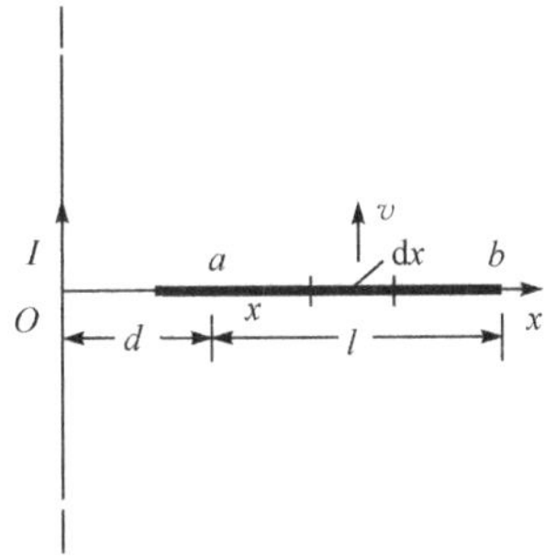


图 9.5

**解** 建立如图坐标系，长直导线产生的磁场在金属棒所在处垂直纸面向内，其大小为

$$B=\frac{\mu_0 I}{2\pi x}$$

在金属棒 $ab$ 上取一线段元 $\mathrm{d}x$，方向与 $x$ 轴一致，它在磁场中运动产生的动生电动势为

$$\mathrm{d}\mathscr{E}=(\boldsymbol{v}\times\boldsymbol{B})\cdot\mathrm{d}\boldsymbol{x}=-Bv\mathrm{d}x=-\frac{\mu_0 I}{2\pi x}v\mathrm{d}x$$

整个金属棒上产生的动生电动势为

$$\mathscr{E}=\int\mathrm{d}\mathscr{E}=-\frac{\mu_0 Iv}{2\pi}\int_d^{d+l}\frac{\mathrm{d}x}{x}$$

$$=-\frac{\mu_0 Iv}{2\pi}\ln\frac{d+l}{d}=-\frac{\mu_0\times5\times10}{2\pi}\ln\frac{10+20}{10}$$

$$=-1.1\times10^{-5}\text{V}$$

$$V_a > V_b$$

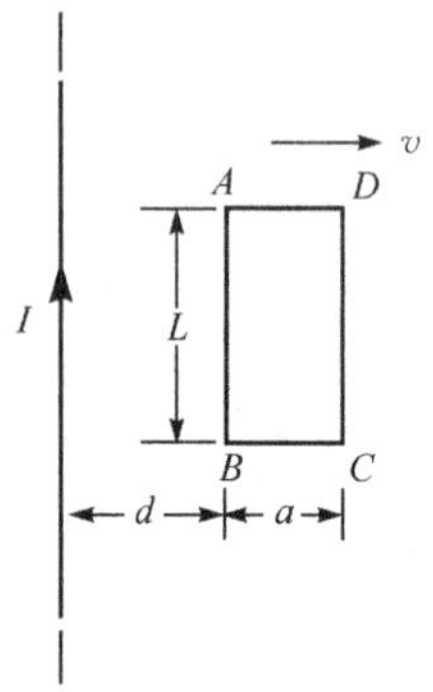


图 9.6

**9.3** 如图 9.6 所示,长直导线中通有电流 $I=5\text{A}$,另一矩形线圈共 1000 匝,宽 $a=10\text{cm}$,长 $L=20\text{cm}$,以 $v=2\text{m/s}$ 的速度向右运动,求当 $d=10\text{cm}$ 时线圈中的感应电动势.

**解** 法 1 线圈运动过程中 $AD$、$BC$ 边不切割磁感应线,因而只在 $AB$、$CD$ 边上产生动生电动势.由于 $AB$ 边在运动过程中始终平行于长直导线,任一时刻 $AB$ 边上各点所在位置的磁感应强度大小相等、方向相同,因而

$$\mathscr{E}_{AB} = \int_{B\to A} (\boldsymbol{v}\times\boldsymbol{B})\cdot \mathrm{d}\boldsymbol{l} = BvL = \frac{\mu_0 IvL}{2\pi d}, \quad \text{方向由 } B \text{ 指向 } A$$

同理 $CD$ 边上产生的动生电动势为

$$\mathscr{E}_{CD} = \frac{\mu_0 ILv}{2\pi(d+a)}, \quad \text{方向由 } C \text{ 指向 } D$$

每匝线圈中的动生电动势为

$$\mathscr{E} = \mathscr{E}_{AB} - \mathscr{E}_{CD} = \frac{\mu_0 IvL}{2\pi}\left(\frac{1}{d} - \frac{1}{d+a}\right)$$

$$= 2\times 10^{-6}\,\text{V}$$

方向沿顺时针方向.

线圈中总的动生电动势为 $\mathscr{E}_N = N\mathscr{E} = 2\times 10^{-3}\,\text{V}$.

法 2 由法拉第定律计算.

线圈处于非均匀磁场中,距直导线垂直距离 $x$ 远处的磁感应强度大小为

$$B = \frac{\mu_0 I}{2\pi x}$$

其方向垂直纸面向内.

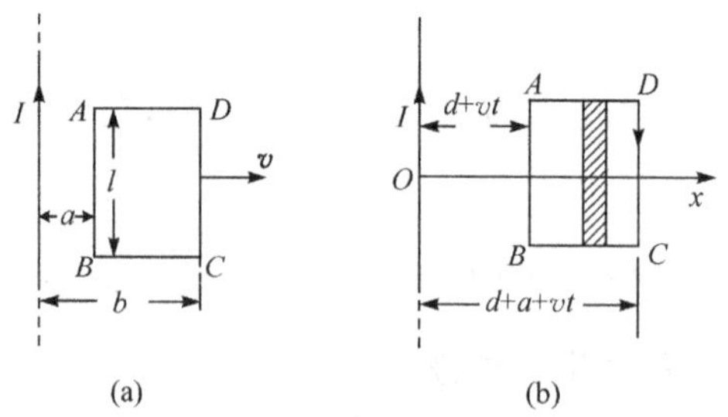


图 9.7

设某时刻线圈处于图 9.7(a)所示位置,过了 $t$ 时间,线圈运动到图 9.7(b)所示位置.

由此磁场分布特点,在线圈中取如图 9.7(b)所示的小面积元 $\mathrm{d}S = L\mathrm{d}x$,距长

直导线距离为 $x$. 线圈正法向垂直纸面向内，与此相应的感生电流的方向为顺时针方向. 由于 $\mathrm{d}x$ 足够小，可以近似认为该面积元内的 $\boldsymbol{B}$ 是均匀的，则该面积元的磁通量为

$$\mathrm{d}\Phi = \boldsymbol{B}\cdot \mathrm{d}\boldsymbol{S} = B\mathrm{d}S = \frac{\mu_0 I}{2\pi x}L\,\mathrm{d}x$$

$t$ 时刻通过线圈中的总磁通量为

$$\Phi = \int \mathrm{d}\Phi = \int_{d+vt}^{d+a+vt} \frac{\mu_0 I}{2\pi x}L\,\mathrm{d}x$$

$$= \frac{\mu_0 LI}{2\pi}\ln\frac{d+a+vt}{d+vt}$$

线圈内的感应电动势为

$$\mathscr{E} = -N\frac{\mathrm{d}\Phi}{\mathrm{d}t} = -\frac{\mu_0 INL}{2\pi}\cdot\frac{d+vt}{a+d+vt}\left[\frac{(d+vt)v-(a+d+vt)v}{(d+vt)^2}\right]$$

$$= \frac{\mu_0 ILNv}{2\pi}\left(\frac{1}{d+vt}-\frac{1}{a+d+vt}\right)$$

当 $d+vt=10\mathrm{cm}$ 时

$$\mathscr{E} = 2\times 10^{-3}\,\mathrm{V}$$

**9.4** 上题中若线圈不动，而长导线中通有交变电流 $I=5\sin 100\pi t(\mathrm{A})$，则线圈内的感应电动势将为多大?

**解** 若线圈不动，导线中电流变化，则穿过线圈的磁通量变化，产生感应电动势.

在图 9.8 所示位置穿过 1 匝线圈的磁通量

$$\Phi = \int \mathrm{d}\Phi = \int \boldsymbol{B}\cdot\mathrm{d}\boldsymbol{S}$$

$$= \frac{\mu_0 IL}{2\pi}\ln\frac{d+a}{d}$$

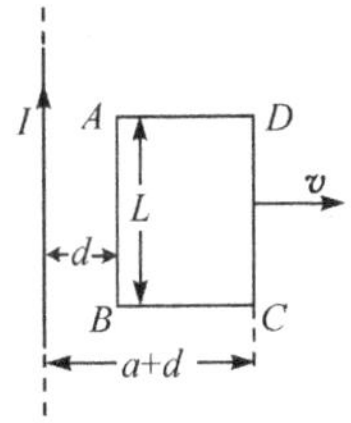

图 9.8

线圈中的总的感应电动势为

$$\mathscr{E} = -N\frac{\mathrm{d}\Phi}{\mathrm{d}t} = -\frac{\mu_0 LN}{2\pi}\ln\frac{d+a}{d}\cdot\frac{\mathrm{d}I}{\mathrm{d}t}$$

$$= -\frac{\mu_0 LN}{2\pi}\ln\frac{d+a}{d}\times 5\times 100\pi\cos 100\pi t$$

$$= -4.35\times 10^{-2}\cos 100\pi t$$

**9.5** 如图 9.9 所示，一长方形平面金属线框置于均匀磁场中，磁场方向与线框平面法线的夹角为 $\alpha=30°$，磁感应强度 $B=1\mathrm{T}$，可滑动部分 $cd$ 的长度为 $L=0.2\mathrm{m}$，以 $v=1\mathrm{m/s}$ 的速度向右运动，求线框中的感应电动势.

**解** 对产生动生电动势起作用的是垂直于速度的磁场分量

$$|\mathscr{E}| = B_{\perp} Lv = BLv\cos\alpha = 0.173\text{V}$$

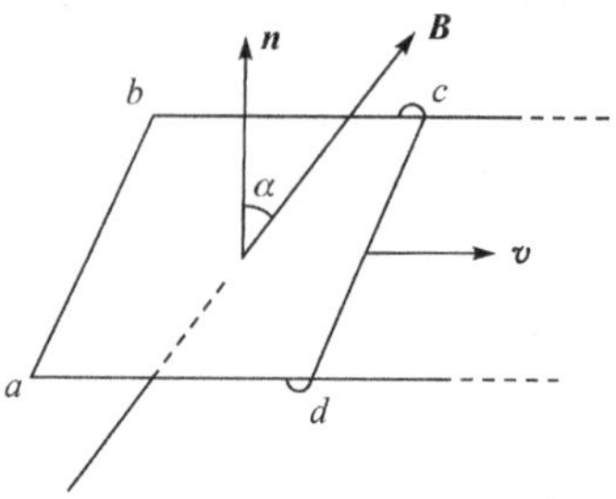


图 9.9

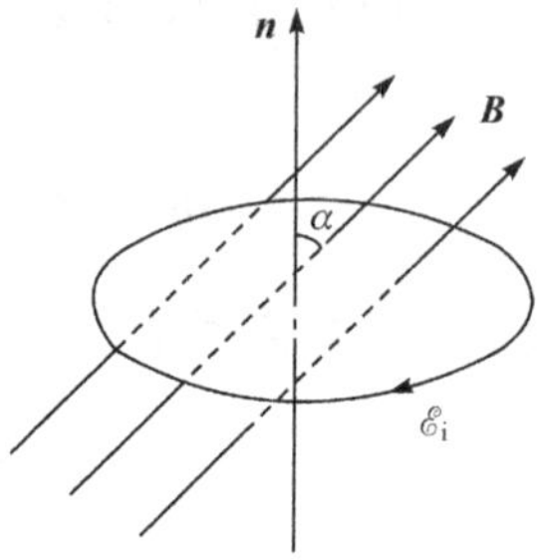


图 9.10

**9.6**　如图 9.10 所示,闭合线圈共 50 匝,半径 $r=4\text{cm}$,线圈法线正向与磁感应强度之间的夹角 $\alpha=60°$,磁感应强度 $B=(2t^2+8t+5)\times10^{-2}$. 求 $t=3\text{s}$ 时感应电动势的大小和方向.

**解**　穿过一匝线圈的磁通量为

$$\Phi = \boldsymbol{B}\cdot\boldsymbol{S} = BS\cos\alpha$$

感应电动势($t=3\text{s}$)

$$\begin{aligned}\mathscr{E} &= -N\frac{\text{d}\Phi}{\text{d}t} = -NS\cos\alpha\cdot\frac{\text{d}B}{\text{d}t}\\ &= -N(\pi r^2)\cos\alpha\cdot\frac{\text{d}}{\text{d}t}[(2t^2+8t+5)\times10^{-2}]\\ &= -N(\pi r^2)\cos\alpha[(4t+8)\times10^{-2}] = -2.51\times10^{-2}\text{V}\end{aligned}$$

负号指出感应电动势方向如图中所示.

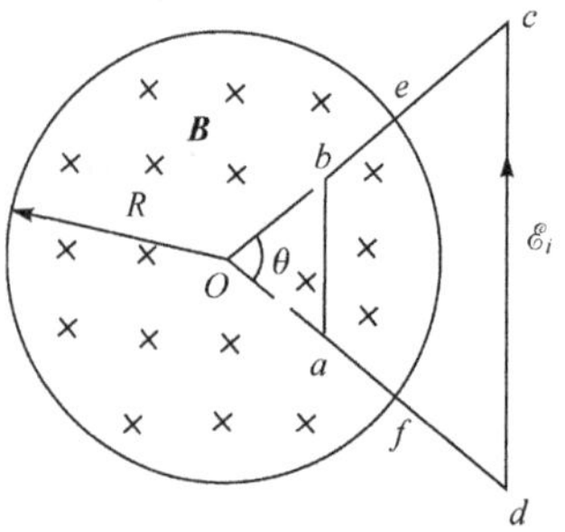


图 9.11

**9.7**　如图 9.11 所示,一均匀磁场被限制在 $R=1\text{m}$ 的圆柱形空间内,磁场以 $\frac{\text{d}B}{\text{d}t}=100\text{T/s}$ 的均匀速率增加,已知 $\theta=\pi/3$, $\overline{oa}=\overline{ob}=0.4\text{m}$,求等腰梯形导线框中的感应电动势,并指出其方向.

**解**　线框 $abcda$ 所围面积中只有 $abefa$ 部分有磁通量,此面积

$$S' = \frac{\pi R^2}{6} - \frac{1}{2}\overline{oa}^2\cos\frac{\pi}{6} = 0.455\text{m}^2$$

感应电动势

$$\mathscr{E} = -\frac{\text{d}\Phi}{\text{d}t} = -S'\frac{\text{d}B}{\text{d}t} = -45.5\text{V}$$

负号表示其方向如图中箭头所示.

**9.8** 图 9.12 所示为随时间变化的均匀磁场，磁感应强度 $B=1.5e^{-t/10}$，在其中放一固定的 U 形导轨，导轨上有一长为 $L=10\text{cm}$ 的导体杆可无摩擦滑动，设 $t=0$ 时可滑动杆与 $ab$ 重合，并开始以 $v=100\text{cm/s}$ 的速度匀速向右运动，求任一瞬时导体杆中的电动势.

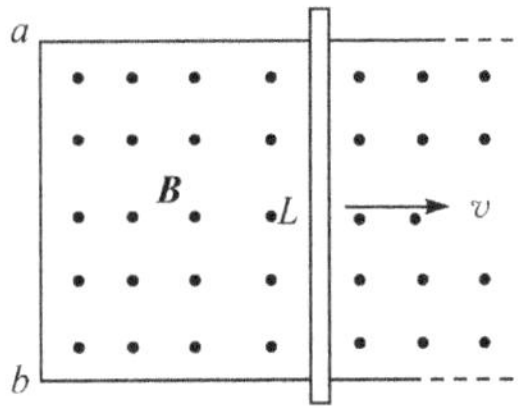

图 9.12

**解**　导线在磁场中运动，同时磁场也随时间变化，此时可用法拉第定律计算感应电动势

$$\begin{aligned}\mathscr{E} &= -\frac{d\Phi}{dt} = -\frac{d(BS)}{dt} \\ &= -\frac{d}{dt}(1.5e^{-t/10}\cdot Lvt) \\ &= -1.5Lv\frac{d}{dt}(e^{-t/10}\cdot t) \\ &= -1.5Lv\left(e^{-t/10} - \frac{t}{10}e^{-t/10}\right) \\ &= -1.5\times 0.1\times 1\times e^{-t/10}\left(1-\frac{t}{10}\right) \\ &= -0.15e^{-t/10}\left(1-\frac{t}{10}\right)\end{aligned}$$

**9.9** 矩形截面螺绕环尺寸如图 9.13，总匝数为 $N$，求此螺绕环的自感系数.

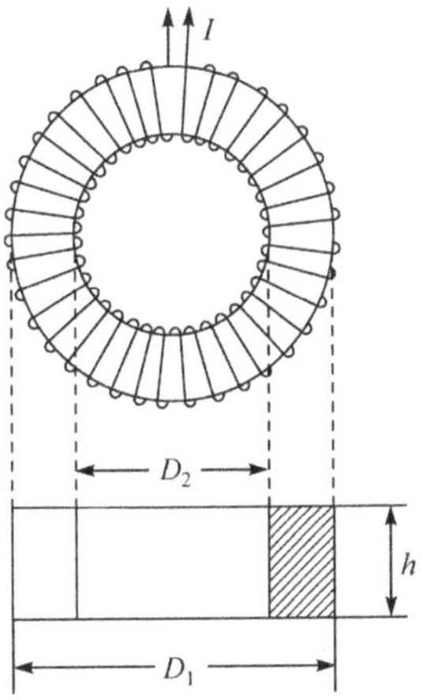

图 9.13

**解**　由习题 8.7 知，穿过螺绕环的磁通链数

$$\Phi = \frac{\mu_0 N^2 hI}{2\pi}\ln\frac{D_1}{D_2}$$

由自感系数的定义有

$$L = \frac{\Phi}{I} = \frac{\mu_0 N^2 h}{2\pi}\ln\frac{D_1}{D_2}$$

**9.10** 半径为 2.0cm 的螺线管，长 30.0cm，上面均匀密绕 1200 匝线圈，线圈内为空气.

(1)求此螺线管的自感系数；

(2)当螺线管中电流以 $3.0\times 10^2\text{A/s}$ 的速率变化时，在线圈中产生的自感电动势多大？

**解**　(1) $L=\mu_0 N^2 s/l=\mu_0 N^2\pi R^2/l$

$=4\pi\times 10^{-7}\times(1.2\times 10^3)^2\times\pi\times(0.02)^2/0.3$

$=7.6\times 10^{-3}(\text{H})$；

(2) $|\mathscr{E}|=L\frac{dI}{dt}=7.6\times 10^{-3}\times 3.0\times 10^2\approx 2.3(\text{V})$.

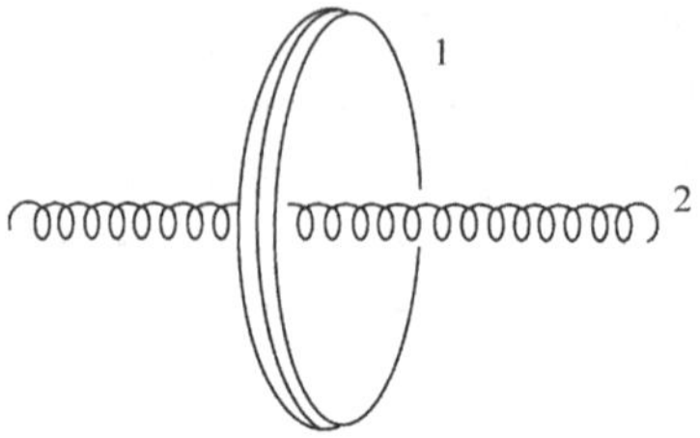


图 9.14

**9.11**　如图 9.14 所示,面积为 $S_1$ 的 $N_1$ 匝线圈 1,套在面积为 $S_2$ 长为 $l$ 的有 $N_2$ 匝线圈的螺线管 2 上,螺线管中通有电流 $I_2$,求:

(1)线圈 1 中的磁通量;

(2)线圈与螺线管的互感.

**解**　螺线管 2 激发的磁场

$$B_2=\mu_0\frac{N_2}{l}I_2$$

通过线圈 1 的磁通量为

$$\Phi_{12}=N_1B_2S=N_1B_2S_2=\frac{\mu_0N_1N_2I_2S_2}{l}$$

它们之间的互感系数

$$M=\frac{\Phi_{12}}{I_2}=\mu_0N_1N_2S_2/l$$

**9.12**　半径 $R$ 的长直导线通有电流 $I$. 求:

(1)在 1m 的导线内部包含有多少磁能?

(2)在导线外部磁场中,与导线内部磁能相等的范围是多大?

**解**　由 $\boldsymbol{H}$ 的安培环路定理可得导线内外的磁场强度分布

$$H=\begin{cases}\dfrac{Ir}{2\pi R^2} & (r\leqslant R)\\[2mm] \dfrac{I}{2\pi r} & (r\geqslant R)\end{cases}$$

在任意半径 $r$ 处的磁能密度为

$$w=\frac{1}{2}\mu_0H^2=\begin{cases}\dfrac{\mu_0I^2r^2}{8\pi^2R^4} & (r\leqslant R)\\[2mm] \dfrac{\mu_0I^2}{8\pi^2r^2} & (r\geqslant R)\end{cases}$$

(1)1m 长导线内部包含磁能

$$W=\int_V w\mathrm{d}V=\frac{\mu_0I^2}{4\pi R^4}\int_0^R r^3\mathrm{d}r=\frac{\mu_0I^2}{16\pi}$$

(2)同样长度下,导线外部半径在 $R\rightarrow r'$ 范围内的磁能

$$W'=\int_{V'}w\mathrm{d}V=\frac{\mu_0I^2}{4\pi}\int_R^{r'}\frac{\mathrm{d}r}{r}=\frac{\mu_0I^2}{4\pi}\ln\frac{r'}{R}$$

令其与内部磁能相等,则

$$\frac{\mu_0I^2}{4\pi}\ln\frac{r'}{R}=\frac{\mu_0I^2}{16\pi}$$

得

$$r'=Re^{1/4}$$

**9.13** 中子星表面的磁场估计为 $10^8$ T,求该处的磁能密度(按质能关系,以 kg/m$^3$ 表示).

**解** $w_m=\dfrac{B^2}{2\mu_0 c^2}=\dfrac{(10^8)^2}{2\times4\pi\times10^{-7}\times(3\times10^8)^2}=4.4\times10^4(\text{kg/m}^3)$

**9.14** 一同轴电缆由中心导体圆柱和外层导体圆筒组成,二者半径分别为 $R_1$ 和 $R_2$,筒和圆柱之间充以磁介质,磁介质和金属的 $\mu_r$ 均可取作 1,求此电缆通过电流 $I$(由中心圆柱流出,由圆筒流回)时,单位长度内储存的磁能,并通过和自感磁能的公式比较求出单位长度电缆的自感系数.

**解** 磁场被限制在电缆内,由安培环路定理可求出磁场强度的大小为

$$H=\begin{cases}\dfrac{Ir}{2\pi R_1^2}, & 0<r<R_1\\[2mm] \dfrac{I}{2\pi r}, & R_1<r<R_2\\[2mm] 0, & r>R_2\end{cases}$$

因而磁场能量也只储存在电缆内.

由磁场分布的特点可知,在距轴线为 $r$ 远处磁场大小相同,因而这些位置的磁能密度相同. 在圆柱体内、外磁场的分布不同,因而磁能密度的表达式不同,我们分别求出长为 $l$ 的电缆中在 $0<r<R_1$ 及 $R_1<r<R_2$ 区域的磁能,两者之和即为长为 $l$ 的电缆中的总磁能.

在圆柱体内取一个长为 $l$,半径为 $r$ 和 $r+\mathrm{d}r$ 的同轴圆柱薄筒作为体积元 $\mathrm{d}V$,此体积元内的磁能密度为

$$w_{m1}=\frac{1}{2}\mu H_1^2=\frac{1}{2}\mu_0\left(\frac{Ir}{2\pi R_1^2}\right)^2=\frac{\mu_0 I^2 r^2}{8\pi^2 R_1^4}$$

该体积元内储存的能量为

$$\mathrm{d}w_{m1}=w_{m1}\mathrm{d}V=\frac{\mu_0 I^2 r^2}{8\pi^2 R_1^4}\cdot 2\pi r\mathrm{d}r$$

$$=\frac{\mu_0 I^2 r^3}{4\pi R_1^4}\mathrm{d}r$$

则在长为 $l$ 的一段电缆中,在 $0<r<R_1$ 的区域内储存的磁场能量为

$$W_{m1}=\int\mathrm{d}w_{m1}=\int_0^{R_1}\frac{\mu_0 I^2 r^3 l}{4\pi R_1^4}\mathrm{d}r$$

$$=\frac{\mu_0 I^2 l}{4\pi R_1^4}\int_0^{R_1}r^3\,\mathrm{d}r=\frac{\mu_0 I^2 l}{16\pi}$$

同理可计算出在 $R_1<r<R_2$ 区域内磁场能量密度为

$$w_{m2}=\frac{1}{2}\mu H_2^2=\frac{1}{2}\mu_0\left(\frac{I}{2\pi r}\right)^2=\frac{\mu_0 I^2}{8\pi^2 r^2}$$

长为 $l$ 的一段电缆中,在 $R_1<r<R_2$ 的区域内储存的磁场能量为

$$W_{m2}=\int w_{m2}\mathrm{d}V=\int_{R_1}^{R_2}\frac{\mu_0 I^2}{8\pi^2 r^2}\cdot 2\pi r l\,\mathrm{d}r$$

$$=\frac{\mu_0 I^2 l}{4\pi}\ln\frac{R_2}{R_1}$$

因此长为 $l$ 的一段电缆中储存的总磁能为

$$W_m=W_{m1}+W_{m2}=\frac{\mu_0 I^2 l}{16\pi}\left(1+4\ln\frac{R_2}{R_1}\right)$$

单位长度内储存的磁场能量为

$$W_{m0}=\frac{W_m}{l}=\frac{\mu_0 I^2}{16\pi}\left(1+4\ln\frac{R_2}{R_1}\right)$$

由自感磁能 $W_m=\frac{1}{2}LI^2$ 得出单位长度电缆的自感系数为

$$L=\frac{\mu_0}{8\pi}\left(1+\ln\frac{R_2}{R_1}\right)$$

# 第 10 章　麦克斯韦方程组　电磁场

## 【本章要点】

### 一、麦克斯韦方程组

**1. 位移电流**

此假说的中心思想是变化着的电场也能激发磁场. 通过某曲面的位移电流强度 $I_D$ 等于该曲面电位移通量的时间变化率，即

$$I_D=\frac{\mathrm{d}\Phi_D}{\mathrm{d}t}=\iint\frac{\partial\boldsymbol{D}}{\partial t}\cdot\mathrm{d}\boldsymbol{S}$$

式中，$\Phi_D$ 表示穿过该曲面的电位移通量，它相当于“位移电荷”，而$\frac{\partial\boldsymbol{D}}{\partial t}$相当于“位移电流密度矢量”.

**2. 全电流安培环路定理**

通过某截面的全电流等于通过该截面的传导电流 $I$ 和位移电流 $I_D$ 的代数和，即

$$I_{全}=I+I_D$$

全电流总是连续的. 于是，在一般情况下安培环路定理推广为

$$\oint_L\boldsymbol{H}\cdot\mathrm{d}\boldsymbol{r}=I_{全}=I+I_D$$

**3. 麦克斯韦方程组**

麦克斯韦在系统总结前人成就的基础上，把电磁场的普遍规律归结为下列一组方程：

$$\oint_S\boldsymbol{D}\cdot\mathrm{d}\boldsymbol{S}=\int_V\rho\mathrm{d}V\tag{1}$$

$$\oint_S\boldsymbol{B}\cdot\mathrm{d}\boldsymbol{S}=0\tag{2}$$

$$\oint_C \boldsymbol{E} \cdot \mathrm{d}\boldsymbol{r} = -\int \frac{\partial \boldsymbol{B}}{\partial t} \cdot \mathrm{d}\boldsymbol{S} \tag{3}$$

$$\oint_C \boldsymbol{H} \cdot \mathrm{d}\boldsymbol{r} = \int_S \left(\boldsymbol{J} + \frac{\partial \boldsymbol{D}}{\partial t}\right) \cdot \mathrm{d}\boldsymbol{S} \tag{4}$$

上述方程组是麦克斯韦方程的积分形式,其物理意义简述如下:方程(1)是说电场是有源场.方程(2)说明磁场是无源的.方程(3)说明变化的磁场也可激发电场.方程(4)说明不仅电流能激发磁场,而且变化电场也能产生磁场.

## 二、电磁波

### 1. 电磁波

变化的电场和变化的磁场相互连续激发,并在空间以波的形式传播称为电磁波.

### 2. 平面电磁波

一维波方程 $\dfrac{\partial^2 E}{\partial x^2} = \varepsilon u \dfrac{\partial^2 E}{\partial t^2}$, $\dfrac{\partial^2 H}{\partial x^2} = \varepsilon \mu \dfrac{\partial^2 H}{\partial t^2}$

波函数 $E = E_0 \cos\omega\left(t - \dfrac{x}{u}\right)$, $H = H_0 \cos\omega\left(t - \dfrac{x}{u}\right)$

由波动方程可知电磁波传播速率 $u = \sqrt{\dfrac{1}{\varepsilon\mu}}$,在真空中的传播速率

$$c = \sqrt{\frac{1}{\varepsilon_0 \mu_0}} = 299792458 \times 10^8 \pm 1.2\mathrm{m/s}$$

### 3. 电磁波的基本性质

(1) 电磁波是横波.$\boldsymbol{E}$ 振动与 $\boldsymbol{H}$ 振动相互垂直,波速 $\boldsymbol{u}$ 沿 $\boldsymbol{E} \times \boldsymbol{H}$ 方向,三者成右旋系统.

(2) 线偏振性.$\boldsymbol{E}$ 和 $\boldsymbol{H}$ 分别在各自确定的平面内振动.

(3) 同步性.$\boldsymbol{E}$ 振动和 $\boldsymbol{H}$ 振动在任意点相位相同,且电场强度与磁场强度振幅之间存在以下关系:

$$\sqrt{\varepsilon} E_0 = \sqrt{\mu} H_0$$

### 4. 电磁波的能量

电磁场具有能量.电磁场能量以电磁波的形式传播出去,称为辐射能.

电磁场能量密度为

$$w = \frac{1}{2}(\varepsilon E^2 + \mu H^2) = \frac{1}{u}EH$$

单位时间通过垂直于传播方向的单位面积的辐射能称为能流密度或辐射强度

$$S = wu = EH$$

辐射强度的矢量形式为

$$\boldsymbol{S} = \boldsymbol{E} \times \boldsymbol{H}$$

在一个周期内的平均值为平均辐射强度

$$S = \frac{1}{2}E_0 H_0 = \frac{1}{2}\sqrt{\frac{\varepsilon}{\mu}}E_0^2$$

上式表明,平均辐射强度和电场强度振幅的平方成正比.

## 三、电磁势

### 1. 4 维矢量

如果对两变量组($X_1, X_2, X_3, X_4$)和($X_1', X_2', X_3', X_4'$),有下述变换关系成立:

$$X_1 = \frac{X'_1 + X'_4 v/c}{\sqrt{1 - v^2/c^2}}, \quad X_2 = X'_2, \quad X_3 = X'_3$$

$$X_4 = \frac{X'_4 + X'_1 v/c}{\sqrt{1 - v^2/c^2}}$$

则这两个变量组称为洛伦兹 **4 维矢量**(简称 4 维矢). 上面的 4 个等式称为洛伦兹变换关系,式中的 $v$ 表示两惯性系的相对速度. 4 维矢常用来表示电磁学或相对论中的物理量.

### 2. 4 维矢量的例子

(1) 4 维能量-动量

$$(p_x, p_y, p_z, E/c) = (\boldsymbol{p}, E/c) \quad \text{(等式右边是简化的记号)}$$

(2) 4 维电磁势 **A** 称为矢势,$\varphi$ 称为标势. 常记作

$$(A_x, A_y, A_z, \varphi/c) = (\boldsymbol{A}, \varphi/c)$$

(3) 4 维坐标和位移

$$(\boldsymbol{r}, ct) \text{和} (\mathrm{d}\boldsymbol{r}, c\mathrm{d}t)$$

(4) 4 维速度

$$\left(\frac{\mathrm{d}\boldsymbol{r}}{\mathrm{d}\tau}, c\frac{\mathrm{d}t}{\mathrm{d}\tau}\right) = \frac{1}{\sqrt{1 - \boldsymbol{v}^2/c^2}}(\boldsymbol{v}, c)$$

(5) 4 维电流

$$(\boldsymbol{j}, c\rho)$$

### 3. 矢势的几个例子

(1) 匀速运动点电荷的矢势. 在 $v \ll c$ 的极限情况下,以匀速 $\boldsymbol{v}$ 运动的点电荷 $q$ 的矢势 $\boldsymbol{A}$ 可以写成

$$\boldsymbol{A} = \frac{\mu_0}{4\pi}\frac{q}{r}\boldsymbol{v}$$

式中,$r=(x^2+y^2+z^2)^{1/2}$,是 $q$ 到场点的距离;其中,$\mu_0 = 1/c^2\varepsilon_0$.

(2) 电流元的矢势. 对电流元 $I\mathrm{d}\boldsymbol{l}$,其矢势为

$$\mathrm{d}\boldsymbol{A} = \frac{\mu_0}{4\pi}\frac{I}{r}\mathrm{d}\boldsymbol{l}$$

上式中 $I\mathrm{d}\boldsymbol{l} = \mathrm{d}q\mathrm{d}\boldsymbol{l}/\mathrm{d}t = \mathrm{d}q\boldsymbol{v}$,$\mathrm{d}q$ 为电路线元 $\mathrm{d}l$ 中载流电荷的电量;$\mathrm{d}\boldsymbol{A}$ 也可以看成以 $\boldsymbol{v}$ 运动的电荷 $\mathrm{d}q$ 所产生的矢势.

(3) 闭合电流的矢势. 对任意一闭合回路,设其中电流为 $I$,则它的矢势为

$$\boldsymbol{A} = \int \mathrm{d}\boldsymbol{A} = \frac{\mu_0 I}{4\pi}\int \frac{\mathrm{d}\boldsymbol{l}}{r}$$

## 【问题讨论】

**问题 1** 变化电场产生的磁场和变化的磁场产生的电场,是否一定随时间变化?

**讨论** 不一定. 这要看电场和磁场是怎样变化的,由

$$\oint_C \boldsymbol{H} \cdot \mathrm{d}\boldsymbol{r} = \int_S \frac{\partial \boldsymbol{D}}{\partial t} \cdot \mathrm{d}\boldsymbol{S}$$

和

$$\oint_C \boldsymbol{E} \cdot \mathrm{d}\boldsymbol{r} = -\int_S \frac{\partial \boldsymbol{B}}{\partial t} \cdot \mathrm{d}\boldsymbol{S}$$

可知:只当电场或磁场随时间均匀变化,即$\frac{\partial \boldsymbol{D}}{\partial t}$和$\frac{\partial \boldsymbol{B}}{\partial t}$不含时间 $t$ 时,$\boldsymbol{H}$ 和 $\boldsymbol{E}$ 不随时间变化.

**问题 2** 位移电流与传导电流有何本质区别

**讨论** 传导电流是自由电荷的宏观定向运动,而位移电流的实质是变化电场. 因此,传导电流只存在于导体中,而位移电流无论是导体、介质或真空中都可以存在.

自由电子在金属导体中作定向移动过程中,与金属离子不断碰撞,电能转化为热运动能量,即传导电流要产生焦耳热. 位移电流不涉及电荷的定向移动问题,一

般不存在热效应. 但在介质中的位移电流，特别是在高频交变电场作用下，分子的极化方向剧烈变化，极化能量转化为无规则的热运动能量，也可以产生显著的热效应，不过它不遵守焦耳-楞次定律.

**问题 3**　对电流元 $I\mathrm{d}\boldsymbol{l}$，讨论其矢势与磁感应强度、以及与毕奥-萨伐尔定律的关系.

**讨论**　由磁感应强度所满足的关系式

$$\nabla\cdot \boldsymbol{B} = 0$$

并由矢量分析的有关数学知识，可知

$$\boldsymbol{B} = \nabla\times \boldsymbol{A}$$

也就是说，无源的磁感应强度 $\boldsymbol{B}$ 必是某一矢量场 $\boldsymbol{A}$ 的旋度. 在电磁学中，由于 $\boldsymbol{B}$ 与 $\boldsymbol{A}$ 都是矢量，且都可来源于电荷的运动，它们必有某种联系；因而可以假定上式中所要求的矢量场 $\boldsymbol{A}$，就是本章所讨论的 4 维电磁势中的矢势. 因为对电流元 $I\mathrm{d}\boldsymbol{l}$，其矢势为

$$\mathrm{d}\boldsymbol{A} = \frac{\mu_0}{4\pi}\frac{I}{r}\mathrm{d}\boldsymbol{l}$$

则此电流元 $I\mathrm{d}\boldsymbol{l}$ 的磁感应强度 $\mathrm{d}\boldsymbol{B}$ 必为

$$\mathrm{d}\boldsymbol{B} = \nabla\times \mathrm{d}\boldsymbol{A} = -\frac{\mu_0}{4\pi}\frac{I}{r^2}\nabla \boldsymbol{r}\times \mathrm{d}\boldsymbol{l}$$

$$= \frac{\mu_0}{4\pi}\frac{I\mathrm{d}\boldsymbol{l}\times \boldsymbol{r}}{r^3}$$

这正是毕奥-萨伐尔定律，它在通常的电磁学理论中是以实验定律的方式引入的；而这里的讨论相当于在电磁势的物理基础上，对毕奥-萨伐尔定律给出了一种证明. 注意到毕奥-萨伐尔定律是恒定磁场的基本规律之一，可见对电磁势的讨论是很有意义的.

**问题 4**　费曼曾提及(见《费曼物理学讲义》II，第 26 章，26-2 节)，全部电磁学规律可由三条假定推出：①假定电磁势是洛伦兹变换下的 4 维矢；②假定电磁势与源电荷加速度无关；③静电场规律. 请讨论费曼的以上的假定.

**讨论**　①假定电磁势是洛伦兹变换下的 4 维矢有着坚实的物理基础. 由相对论，可知 4 维能量-动量为$(p_x, p_y, p_z, E/c)=(\boldsymbol{p}, E/c)$，它满足关系式

$$p^2 - E^2/c^2 = p'^2 - E'^2/c'^2 = -m_0^2c^2$$

上式中的能量 $E$ 可理解成点粒子的任意能量，当然也可以理解成静电场中试探电荷 $q$ 的静电能 $q\varphi$. 由此，可以引入洛伦兹变换下的 4 维电磁势. ②假定电磁势与源电荷加速度无关. 由本章提要，知电流元 $I\mathrm{d}\boldsymbol{l}$ 的矢势为 $\mathrm{d}\boldsymbol{A}=\dfrac{\mu_0}{4\pi}\dfrac{I}{r}\mathrm{d}\boldsymbol{l}$. 而 $I\mathrm{d}\boldsymbol{l}=\mathrm{d}q\mathrm{d}\boldsymbol{l}/\mathrm{d}t=\mathrm{d}q\boldsymbol{v}$，$\mathrm{d}q$ 为电路线元 $\mathrm{d}\boldsymbol{l}$ 中电荷的电量，因而 $\mathrm{d}\boldsymbol{A}$ 也是以 $\boldsymbol{v}$ 运动的电荷 $\mathrm{d}q$ 所产生

的矢势,即

$$\mathrm{d}\boldsymbol{A} = \frac{\mu_0}{4\pi}\frac{\mathrm{d}q}{r}\boldsymbol{v}$$

注意到这里的电流元 $I\mathrm{d}\boldsymbol{l}$ 可以看成任一实际电路中足够小的一段电路,其中的电荷不但以速度 $\boldsymbol{v}$ 漂移,而且由于实际电路可以任意弯曲,这作整体漂移运动的电荷 $\mathrm{d}q$ 必有加速度;但由于 $\mathrm{d}\boldsymbol{A}$ 与实际电路无关,因而与 $\mathrm{d}q$ 的加速度必无关. 由问题3,电磁势 $\mathrm{d}\boldsymbol{A}$ 与毕奥-萨伐尔定律有着必然的联系,可见"电磁势与源电荷加速度无关"的这一推断有着坚实的实验基础. ③静电场规律;由前两条假设,从静电场规律出发就可以得到变化电磁场的规律. 有兴趣的读者可自行验证. 电磁势在量子物理学、电磁波理论和微波波导等理论中非常有用,理工科的学生尤其有必要多学一些.

## 【习题解答】

**10.1**　如图 10.1 所示,一平板电容器,极板是半径 $R$ 的圆形金属片,两极板与一交变电源相接,极板上的电量随时间的变化规律为 $q=q_0\sin\omega t$,忽略边缘效应,求:

(1) 两极板之间位移电流密度的大小;

(2) 两极板间,离中心轴线距离为 $r(r<R)$ 处磁场强度 $H$ 的大小.

**解**　(1)平板电容器两极板间的电位移为

$$D = \sigma = \frac{q}{s} = \frac{q_0\sin\omega t}{\pi R^2}$$

由位移电流密度定义有

$$J_D = \frac{\partial D}{\partial t} = \frac{q_0\omega}{\pi R^2}\cos\omega t$$

(2)两极板间的位移电流相当于均匀分布的柱电流,由对称性分析可知,这将产生具有轴对称的有旋磁场,磁感应线是以二极板中心连线为中心的一系列同心圆.

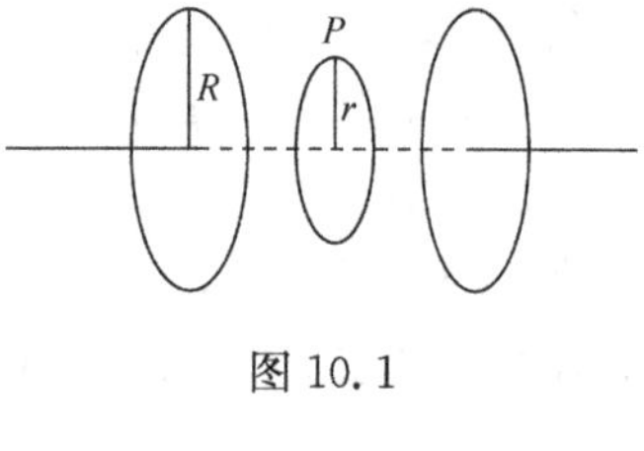


图 10.1

设 $P$ 点为距中心轴线 $r$ 处的一点,过 $P$ 点沿磁感应线取一安培环路,在两极板间不存在传导电流,只有位移电流,根据全电流安培环路定理有

$$\oint \boldsymbol{H} \cdot \mathrm{d}\boldsymbol{l} = I_D = J_D \cdot S' = \frac{q_0 \omega}{\pi R^2} \cos\omega t \pi r^2$$

$$H = \frac{q_0 \omega r}{2\pi R^2} \cos\omega t$$

**10.2**　一平面电磁波的波长为 3.0cm,电场强度的振幅为 30V/m,求:

(1) 电磁波的频率;

(2) 磁场的振幅.

**解**　(1)

$$\nu = \frac{c}{\lambda} = \frac{3.00 \times 10^8}{3.0 \times 10^{-2}} = 1.0 \times 10^{10} (\mathrm{Hz})$$

(2) 由 $\sqrt{\varepsilon_0} E_0 = \sqrt{\mu_0} H_0$ 有

$$H_0 = \sqrt{\frac{\varepsilon_0}{\mu_0}} E_0$$

则

$$\begin{aligned} B_0 &= \mu_0 H_0 = \sqrt{\mu_0 \varepsilon_0} E_0 \\ &= \sqrt{8.85 \times 10^{-12} \times 4\pi \times 10^{-7}} \times 30 = 1.0 \times 10^{-7} (\mathrm{T}) \end{aligned}$$

**10.3**　真空中沿 $z$ 轴负方向传播的平面电磁波,其磁场强度的波的表达式为 $\boldsymbol{H} = -\boldsymbol{i} H_0 \cos\omega\left(t + \frac{z}{c}\right)$,求电场强度的波的表达式.

**解**　由题知磁场强度 $H$ 沿 $x$ 轴振动,电磁波 $z$ 轴负向传播,则电场强度一定沿 $y$ 轴负向振动则

$$\boldsymbol{E} = -\boldsymbol{j} \sqrt{\frac{\mu_0}{\varepsilon_0}} H_0 \cos\omega\left(t + \frac{z}{c}\right)$$

**10.4**　真空中沿 $z$ 轴负方向传播的平面电磁波,其电场强度为 $E_x = 300\cos\left(2\pi\nu t + \frac{\pi}{3}\right)$ V/m,求磁场强度.

**解**　由已知有

$$\begin{aligned} H = H_y &= \sqrt{\frac{\varepsilon_0}{\mu_0}} E_x \\ &= \sqrt{\frac{8.85 \times 10^{-12}}{4\pi \times 10^{-7}}} \times 300\cos\left(2\pi\nu t + \frac{\pi}{3}\right) \\ &= 0.796\cos\left(2\pi\nu t + \frac{\pi}{3}\right) \end{aligned}$$

# 第 11 章　几何光学的基本概念

## 【本章要点】

### 一、基本概念

**1. 什么是几何光学?**

用几何的方法研究光的传播、成像等物理现象.当光的波长、振幅与研究中的其他长度比较可以忽略时,可以用这种方法.

**2. 光学长度**

介质的几何长度(厚度)与其折射率之乘积,称为光学长度或光学厚度.

**3. 光程**

光在折射率为$n$的介质中从$A$点传播到$B$点的真实的距离为$l$,则相应的光程为$L=nl$,如果介质折射率不均匀,则$L=\int_A^B n\mathrm{d}l$.

**4. 费马原理**

$AB$两点之间光线的实际路径(光程)与其他光学长度比,是极小值(某些特殊条件下也会是极大值或恒定值).或者说$AB$两点之间光传播的实际用时间必不多于沿其他路径所耗时间.

**5. 直线传播定律**

光在均匀介质中沿直线传播.

**6. 折射定律和反射定律**

光在两种不同的介质分界面上反射,必满足入射角等于反射角;光在两种不同的介质分界面上折射,则入射角$i_1$、反射角$i_2$和第一种介质的折射率$n_1$、第二种介质的折射率$n_2$的关系满足

$$n_1 \sin i_1 = n_2 \sin i_2$$

**7. 物空间和像空间**

光学成像中物可能达到的空间称为物空间，像可能达到的空间称为像空间.

**8. 薄透镜成像原理**

沿透镜光轴的平行光聚焦在透镜焦点；不沿透镜光轴的平行光聚焦在透镜焦平面，若物空间和像空间折射率相等，则过透镜光心的光线不改变方向. 这束平行光的波阵面到像点所有光线光程相等.

## 【问题讨论】

**问题 1**　光线和电场线、磁场线有什么区别？

**讨论**　电、磁场线上任意处切线（与正向夹角小于 90°）方向是该点场强的方向，疏密程度与附近场强的弱强相关，而对于几何光学中的光线，只是表示光传播的路径，与强弱无关，所以通常不需要考虑光线的密度.

**问题 2**　有人设想用如图 11.1(a)所示的反射圆锥腔使光束的能量集中到极小的面积上. 因为出口可以做得任意小，从而射出的光束的能流密度可以任意大，这种想法可以实现吗？

**讨论**　不可能. 图 11.1(b)中一束平行光，边缘两条光线，根据反射定律到出口处的出射光束极度发散，能流密度反而小了.

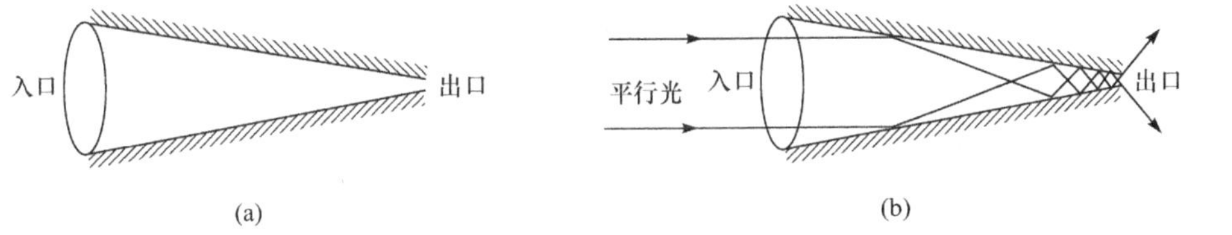


图 11.1

**问题 3**　如图 11.2(a)，一凸透镜将近轴小物清晰成像于屏上. 保持物和屏不动，(1) 将凸透镜向上作微小平移，如图 11.2(b)；(2) 将凸透镜的光轴稍微转动，如图 11.2(c). 讨论屏上像的位置、大小、清晰度的变化.

**讨论**　(1) 像的大小和清晰度不会变化，因为像平面与没变，位置随透镜略上移；

(2) 微小转动，像的大小不会变，但是像平面与物平面间有夹角了会影响位置和清晰度.

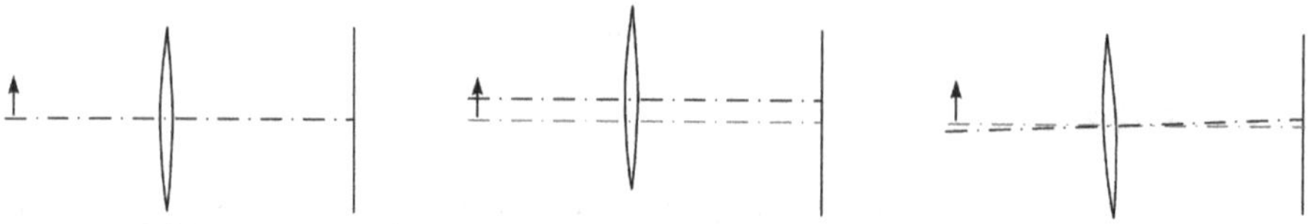

(a)　　(b)　　(c)

图 11.2

## 【习题解答】

**11.1**　空气中橙红色光的波长是 632.8nm,求其频率和在折射率为 1.5 的玻璃中的波长.

**解**　频率

$$\nu=\frac{c}{\lambda}=\frac{3.0\times10^{8}}{632.8\times10^{-9}}\approx4.74\times10^{14}(\text{Hz})$$

在折射率为 1.5 的玻璃中的波长

$$\lambda'=\frac{\lambda}{n}\approx421.9\text{nm}$$

**11.2**　已知放大镜的焦距为 $f'=3\text{cm}$,眼睛靠近放大镜的观察物体,看到物体成像在 25cm 处,求物体与放大镜之间的距离.

**解**　由教材(11.12)式

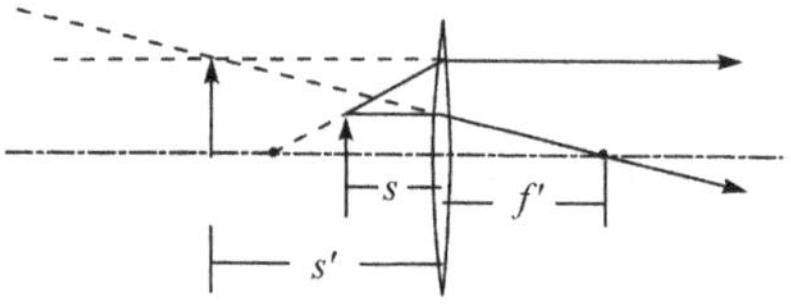


图 11.3

$$\frac{1}{s'}-\frac{1}{s}=\frac{1}{f'}$$

本题放大镜成像见图 11.3 像空间焦点在右侧 $f'=3\text{cm}$;像在左侧 $s'=-25\text{cm}$,则

$$\frac{1}{s}=\frac{1}{s'}-\frac{1}{f'}=-\frac{1}{25}-\frac{1}{3}=-\frac{28}{75}$$

解得

$$s=-2.7\text{cm}$$

**11.3**　如图 11.4 所示,设光导纤维玻璃芯和外套的折射率分别为 $n_1$ 和 $n_2$($n_1>n_2$).垂直端面外侧的介质折射率为 $n_0$.试证明能使光线在纤维内发生全反射的入射光束的最大孔径角 $\theta_0$ 满足公式 $n_0\sin\theta_0=\sqrt{n_1^2-n_2^2}$.

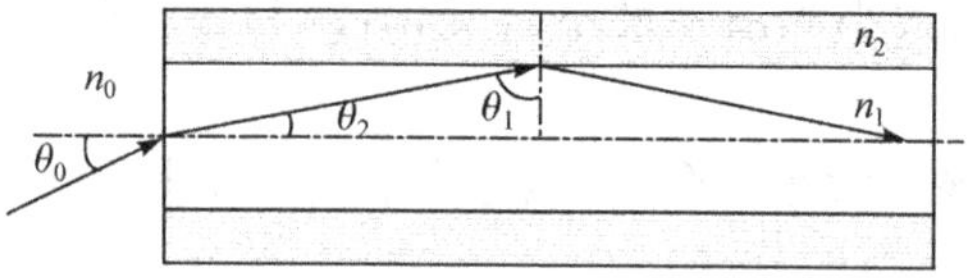


图 11.4

**证**　根据折射定律,第一个界面有

$$n_0\sin\theta_0=n_1\sin\theta_2 \tag{1}$$

第二个界面入射角

$$\theta_1=90°-\theta_2 \tag{2}$$

式(2)代入式(1)得

$$n_0\sin\theta_0=n_1\cos\theta_1$$

在光纤和隔离层界面全反射则有

$$n_1\sin\theta_1=n_2\sin 90°=n_2 \quad \Rightarrow \quad \sin\theta_1=\frac{n_2}{n_1}$$

因为

$$\cos\theta_1=\sqrt{1-\sin^2\theta_1}=\sqrt{1-\frac{n_2^2}{n_1^2}}$$

所以

$$n_1\cos\theta_1=\sqrt{n_1^2-n_2^2}$$

代入式(1)得

$$n_0\sin\theta_0=\sqrt{n_1^2-n_2^2}$$

证毕.

**11.4**　如图 11.5,用作图法求薄透镜 $L$ 的焦点

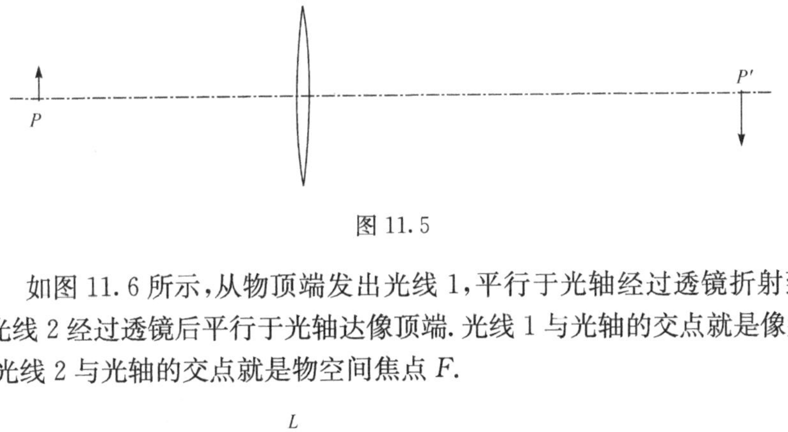


图 11.5

**解**　如图 11.6 所示,从物顶端发出光线 1,平行于光轴经过透镜折射到达像顶端,光线 2 经过透镜后平行于光轴达像顶端. 光线 1 与光轴的交点就是像空间焦点 $F'$,光线 2 与光轴的交点就是物空间焦点 $F$.

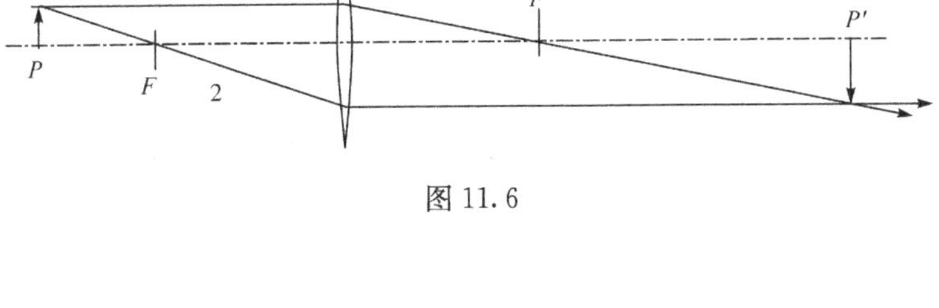


图 11.6

**11.5**　凸透镜 $L$ 的焦距如图 11.7 所示，用作图法分别求物 $P_1$、$P_2$、$P_3$ 的像.

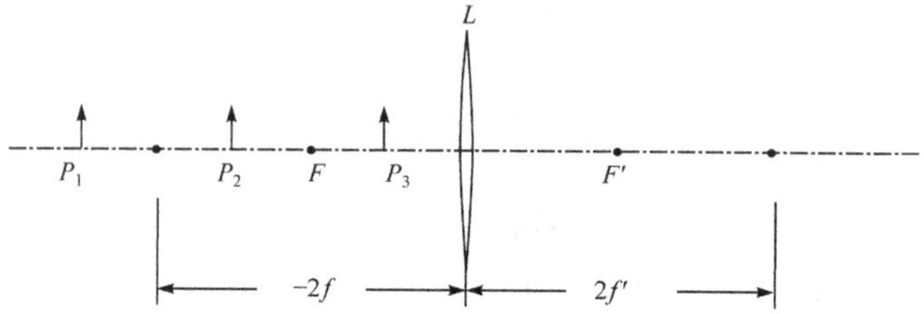


图 11.7

**解**　当物距$|s|>|2f|$，成像为缩小的倒像，如图 11.8(a)所示；当物距$|f|<|s|<|2f|$，成像为放大的倒像，如图 11.8(b)所示；当物距$|s|<|f|$，成像为放大的正像，如图 11.8(c)所示.

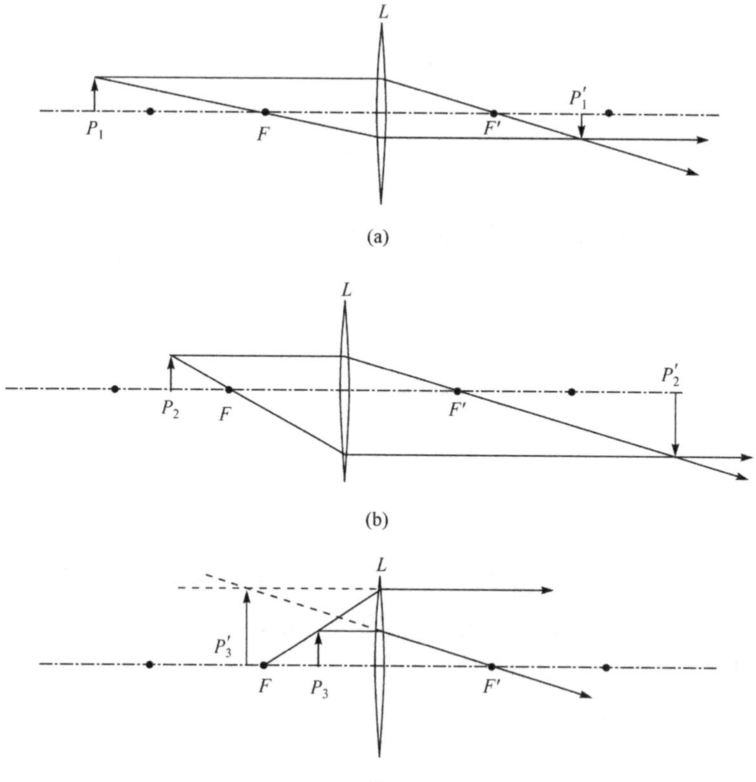


图 11.8

**11.6**　凹透镜 $L$ 的焦距如图 11.9 所示，用作图法分别求物位于 $P_1$、$P_2$ 的像.

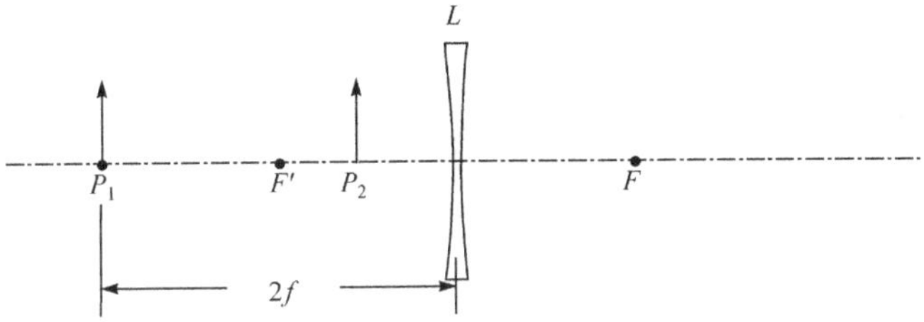


图 11.9

**解**　如图 11.10 所示,注意,凹透镜物空间焦距为正(在透镜右侧),像空间焦距为负(在透镜左侧).

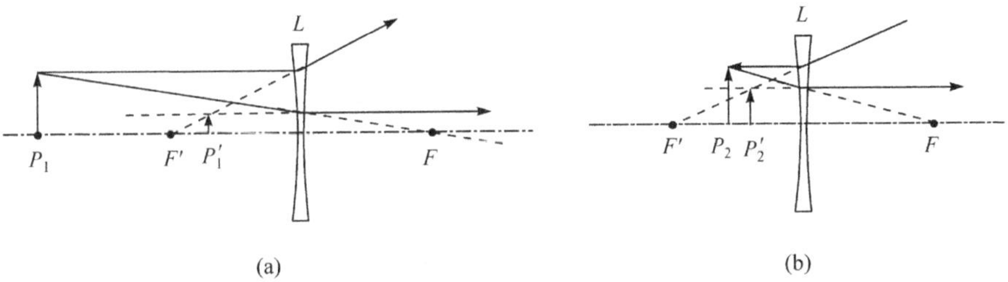


图 11.10

# 第 12 章 光的干涉

## 【本章要点】

### 一、基本概念

**1. 相干光**

可以称为相干光的两束光必须同时满足下列条件：

(1) 频率相同 $\nu_1=\nu_2$；

(2) 相位差恒定 $\varphi_2-\varphi_1=$常量；

(3) 光矢量振动方向相对恒定，并且不相互垂直，即$E_1\widehat{E}_2=\alpha=$常量，且 $\alpha\neq\frac{\pi}{2}$ (如图 12.1).

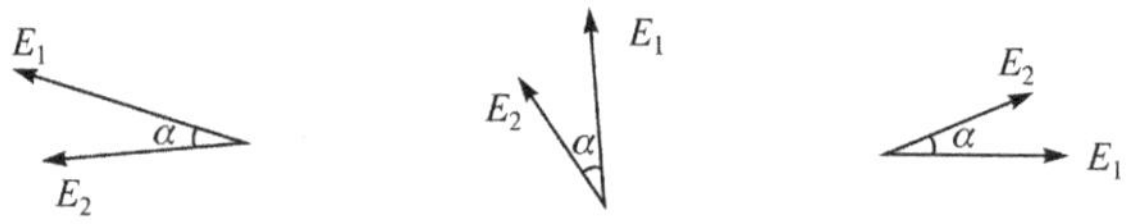


图 12.1 相干光、光矢量的相对取向恒定

**2. 相干长度**

即一个波列的长度. 原子发光前后两列波并不相干，当一列波分为二子波列经不同途径后相遇能发生干涉，若不同途径的光程差超过了波列长度，则相遇的将不是“孪生”子波——不相干，所以把波列长度称为相干长度.

**3. 干涉相长与相消**

两束相干光在相遇点的光程差(包括半波损失)是 $\lambda$ 的整数倍时，该点为明条纹中心，称干涉相长；是 $\lambda/2$ 的奇数倍时，该点为暗条纹中心，称干涉相消.

### 二、分波面干涉

同一波阵面上两点作为次级光源，则频率、相位、振动方向都相同是一对相干光源，可产生干涉.

### 1. 杨氏双缝干涉实验

这是典型的分波阵面干涉例子，干涉条纹为等间隔明暗相间的条纹. 条纹中心间距（或条纹宽度）

$$\Delta x = \frac{D}{d} \cdot \lambda$$

其中，$D$ 为双缝到观察屏的间距；$d$ 为双缝间距；$\lambda$ 为波长.

### 2. 洛埃镜实验

条纹间距与杨氏实验相同. 但由于反射光受镜面长度的限制及半波损失，所以只在部分区域有干涉条纹，且与相应的杨氏双缝实验比较，明、暗条纹中心位置交换.

## 三、分振幅干涉

光在薄膜上表面由于反射与透射而分开为二列波. 透射光在下表面反射后又与上表面的反射光相遇而发生干涉，也称薄膜干涉.

### 1. 等厚干涉条纹

光以确定的入射角入射（通常垂直入射），薄膜厚度相等处干涉情况一样.

空气中的劈尖，干涉条纹是等间距直条纹. 尖端处是 0 级暗条纹（对应 $h=0$），依次为 1 级明条纹、1 级暗条纹、2 级明条纹、2 级暗条纹……第 $k$ 级暗条纹中心所对应膜的厚度为

$$h_k = \frac{k\lambda}{2n}$$

相邻两条纹中心间距为

$$\Delta l = \frac{\lambda}{2n\theta}$$

式中，$n$ 为劈尖介质的折射率，$\theta$ 为劈尖角.

凸透镜与平板玻璃形成的空气楔，干涉条纹是牛顿环. 第 $k$ 级暗环的半径为

$$r_k = \sqrt{Rk\lambda_0}$$

其中，$R$ 为凸透镜的曲率半径；$\lambda_0$ 是入射光在空气中的波长.（若凸透镜与平板玻璃间充满介质，则式中的波长用介质中心的波长代替.）

$$r_k = \sqrt{Rk\frac{\lambda_0}{n}}$$

**2. 等倾干涉条纹**

薄膜厚度均匀，以相同倾角入射的光，干涉情况一样. 当会聚透镜的主光轴与反射光一致，在透镜焦平面上观察到干涉条纹是内疏外密的同心圆环.

## 【问题讨论】

**问题 1**　如图 12.2 所示，能否在屏幕 Σ 上观察到干涉条纹?

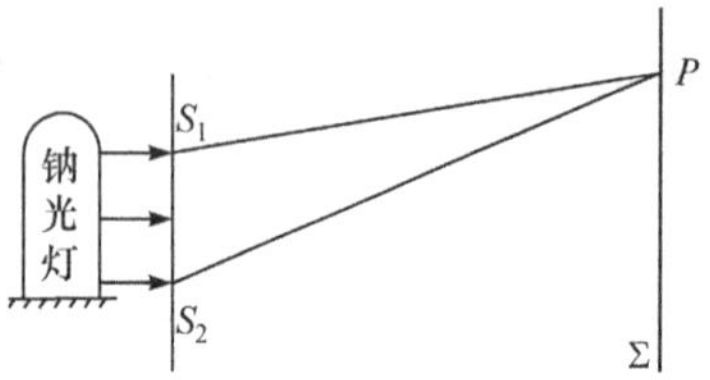


图 12.2

**讨论**　用眼睛"观察"，肯定不能看到. 因为钠光是由一大群钠原子发光. 每个钠原子发出的光尽管频率相同，但初相位是随机的. 同时通过 $S_1$、$S_2$ 的两波列是由两个独立光源所发的光，因此是不相干的，在 Σ 上只看到一片均匀照明.

**问题 2**　两个独立光源发的光是否一定不相干?

**讨论**　能否观察到干涉现象，受两方面条件的限制，一方面是光源的相干性，另一方面是接收器对光的响应时间. 原则上讲，两个独立光源如果频率相同(如问题 1)，振动方向不垂直，是能够干涉的，关键是探测方法.

通常原子发光时间 $\tau \sim 10^{-8}$s，而人眼对光的响应时间 $\Delta t \sim 0.1$s，感光胶片的响应时间 $\Delta t \sim 10^{-3}$s. 也就是说，在 $\Delta t$ 时间内，通过 $S_1$、$S_2$ 的波列有几十万到几千万对，因此 $P$ 点光强是 $\Delta t$ 时间内的平均值.

$$I_P = I_1 + I_2 + \sqrt{I_1 I_2}\ \overline{\cos\Delta\varphi}$$

由于每一波列初相位的随机性，则一对波列到达 $P$ 点的相位差 $\Delta\varphi$ 可以是 $0 \sim 2\pi$间的任意值. 而平均值

$$\overline{\cos\Delta\varphi} = \frac{1}{\Delta t}\int_0^{\Delta t}\cos\Delta\varphi \mathrm{d}t = 0$$

所以 $I_P = I_1 + I_2$ 不相干.

如果用响应时间 $\Delta t < \tau$ 的接收器，可以探测到两个独立光源的干涉条纹. 早在 1963 年，就有人用响应时间 $\Delta t = 10^{-8} \sim 10^{-9}$ s 的开关式像增强管，拍摄了两个独立红宝石激光器的干涉条纹，可以用眼睛分辨的有 23 条.

**问题 3**　杨氏双缝干涉实验条件作如下变化，干涉条纹将怎样变化?

(1) 线光源 $S$ 沿平行于 $S_1$，$S_2$ 连线方向作微小移动;

(2) 略加大双缝间距;

(3) 双缝与观察屏 Σ 间充满折射率 $n>1$ 的介质.

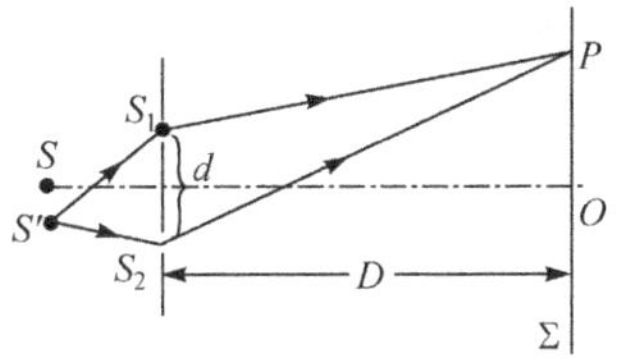

图 12.3

**讨论** (1)设 $S$ 下移到 $S'$,如图 12.3 所示.此时 $S'S_1 \neq S'S_2$,$S_1$、$S_2$ 不再是同相位光源,0 级中央明纹将从屏中央 $O$ 点移开.中央明纹应在 $\delta=0$ 之处,设在 $P$ 点,则

$$\overline{S'S_1}+\overline{S_1P}=S'S_2+S_2P$$

因为

$$\overline{S'S_1}>\overline{S'S_2}$$

所以

$$S_2P>S_1P$$

0 级明纹上移.因为 $S$ 只作微小移动,只改变 $S_1$、$S_2$ 之间的初相位差,条纹的结构并不变化,所以屏上的干涉条纹整体向上平移.

(2) 条纹宽度 $\Delta x=\dfrac{D\lambda}{d}$,$d$ 变大,其他条件不变,则 $\Delta x$ 变小,所以条纹变密向屏中央的 0 级集中.

(3) 充介质后第 $k$ 级明条纹处光程差满足

$$\delta = n(r_2 - r_1) = k\lambda$$

所以

$$r_2-r_1=\frac{dx}{D}=\frac{k\lambda}{n}$$

$$\Delta x = \frac{D\lambda}{dn}$$

因为 $n>1$,所以 $\Delta x$ 变小,条纹变密.

**问题 4** 观察肥皂液膜的干涉时,先看到膜上有彩色条纹,然后条纹随膜的厚度变化而变化.当彩色条纹消失膜面呈黑色时,肥皂膜随即破裂,为什么?

**讨论** 白光在肥皂膜上、下表面的反射光相干,其中干涉相长的成分显色.随着膜厚度变化,干涉相长的频率在变化,因此彩条也在不断变化.当膜厚度趋于 0 时,光程差只剩半波损失引起的 $\lambda/2$,各种频率成分都干涉相消,此时膜呈黑色,也面临着破裂.

**问题 5** 两块平玻璃板构成的劈尖干涉装置发生如下变化,干涉条纹将怎样变化?

(1) 上面的玻璃略向上平移;

(2) 上面的玻璃绕左侧边略微转动,增大劈尖角;

(3) 两玻璃之间注入水;

(4) 下面的玻璃换成上表面有凹坑的玻璃.

**讨论**　(1) 设第 $k$ 级明纹对应膜厚 $e_k$，则有

$$2e_k + \frac{\lambda}{2} = k\lambda$$

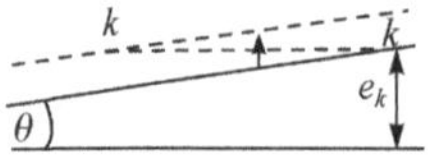

图 12.4

当上面玻璃向上平移，第 $k$ 级明纹所对应的确定厚度的位置就向棱边平移. 由于劈尖角 $\theta$ 不变(见图 12.4)，所以条纹宽度也不变.

(2) 相邻条纹之间膜的厚度差是 $\Delta e=\dfrac{\lambda}{2}$，而条纹间距

$$l = \frac{\Delta e}{\sin\theta} = \frac{\lambda}{2\sin\theta}$$

因此 $\theta$ 角增大，间距变小，条纹向棱密集.

(3) 相邻条纹之间光程差之差是一个真空中的波长，对应的膜的厚度差是膜中的半波长，即

$$\delta_{k+1} - \delta_k = 2\Delta e n = \lambda$$

$$\Delta e = \frac{\lambda}{2n}$$

因此，保持劈尖角不变，向板间注水，条纹间距变小.

(4) 下面玻璃有凹坑时，干涉条纹向劈尖棱方向弯曲，如图 12.5 所示. 因为等厚干涉条纹是膜的等厚线，图中同一条纹上的 $A$、$B$、$C$ 三点下方的空气膜厚度相等. $B$ 点离棱近，若劈尖无缺陷，$B$ 点处的膜厚应该比 $A$、$C$ 点处小，现今这三点处的膜厚相等，说明 $B$ 点处的缺陷是下凹. 如果条纹朝棱的反方向弯曲，表明缺陷是上凸. 这种方法可用来检查光学平面的平整度.

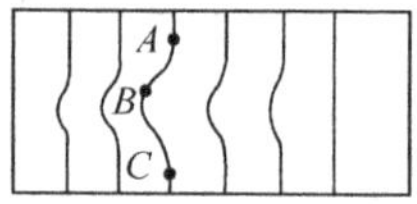

图 12.5

## 【习题解答】

**12.1**　杨氏双缝实验，已知 $\lambda=546\text{nm}$，$d=0.1\text{mm}$，$D=20\text{cm}$，求同侧第 5 级明条纹中心与第 7 级暗条纹中心的间距.

**解**　第 5 级明纹中心位置

$$x_5 = 5\,\frac{D\lambda}{d} = 5.460\text{mm}$$

第 7 级暗纹中心位置

$$x_7' = (2\times 7 - 1)\,\frac{D\lambda}{2d} = 7.098\text{mm}$$

$$\Delta x = x_7' - x_5 = 1.638\text{mm}$$

**12.2**　杨氏双缝实验，已知 $d=0.3\text{mm}$，$D=1.2\text{m}$，测得两个第 5 级暗条纹的间隔

位 22.78mm，求入射单色光的波长，并说明其颜色.

**解** $x_k=k\dfrac{D\lambda}{d}$，相邻条纹间隔 $\Delta x=\dfrac{D\lambda}{d}$，两个 5 级暗条纹间有 9 个 $\Delta x$，即

$$\frac{9D\lambda}{d}=22.78$$

$$\lambda=\frac{22.78d}{9D}=\frac{22.78\times10^6\times3\times10^5}{9\times1.2\times10^9}\approx632.8(\text{nm})(\text{橙红色})$$

**12.3** 洛埃镜长 5cm，观察屏与镜边相距 $l_1=3.0\text{cm}$；线光源 S 离镜面高度为 $h=0.5\text{mm}$，到镜另一边的水平距离 $l_2=2.0\text{cm}$（如图 12.6(a)），光波长 $\lambda=589.3\text{nm}$，

(1) 求屏上干涉条纹的间距；

(2) 问屏上能出现几个明条纹？

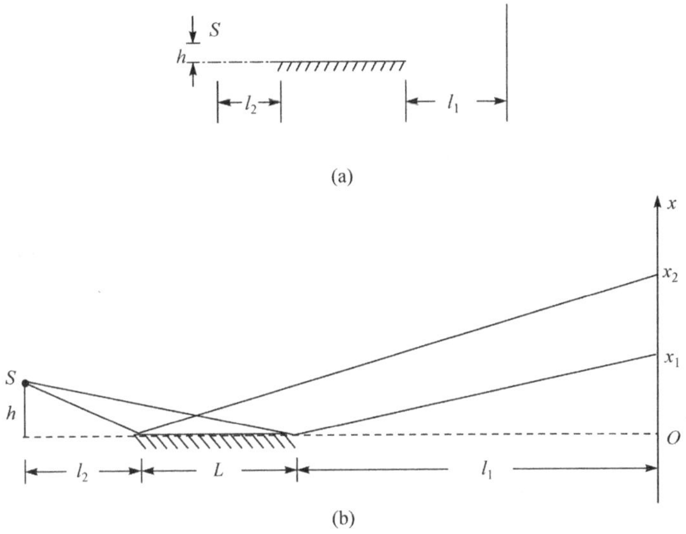


图 12.6

**解** (1) 洛埃镜实验的干涉条纹间距与双缝间距 $d=2h$ 的杨氏双缝干涉实验相同，即

$$\Delta x=\frac{D\lambda}{2h}=\frac{(l_1+l_2+L)\lambda}{2h}=589.3\times10^{-4}\text{mm}=58.93\mu\text{m}$$

(2) 由图 12.6(b)的几何关系可得

$$\frac{x_1}{l_1}=\frac{h}{l_2+L}$$

$$x_1=\frac{hl_1}{l_2+L}=\frac{0.5\times30}{20+50}\approx0.214(\text{mm})$$

$$\frac{x_2}{L+l_1}=\frac{h}{l_2}$$

$$x_2=\frac{h(L+l_1)}{l_2}=\frac{0.5\times(50+30)}{20}=2(\text{mm})$$

洛埃镜实验明条纹中心位置满足

$$x_k=(2k-1)\frac{\lambda}{4h}\qquad(k=1,2,3,\cdots)$$

又可观测到的明条纹必须满足

$$x_1<x_k<x_2$$

解不等式得

$$k>\frac{1}{2}\times\left(\frac{4hx_1}{\lambda}+1\right)=4.13$$

条纹从第 5 级开始显示

$$k<\frac{1}{2}\left(\frac{4hx_2}{\lambda}+1\right)=34.4$$

最高级次是第 34 级,所以共有 30 条条纹.

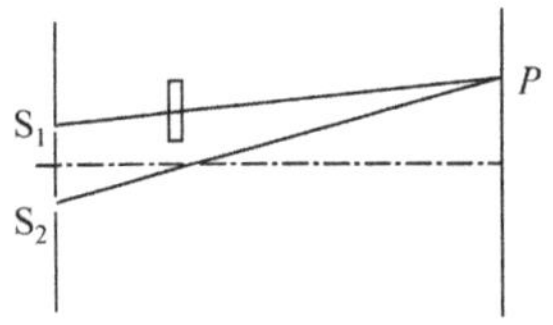

图 12.7

**12.4** 如图 12.7 所示,$P$ 点是杨氏双缝实验中第 5 级明条纹的位置. 现将折射率为 1.65 的玻璃片插入一光路中,则 $P$ 点成为 0 级明条纹. 若光波长为 600nm,求玻璃片厚度.

**解** 由 5 级明条纹中心,变为 0 级明条纹中心,光程差改变了 $5\lambda$,因为下面的光路光程不变,所以,上面光路的光程增加了 $5\lambda$.

设玻璃片厚度为 $h$,则

$$h(n-1)=5\lambda$$

$$h=\frac{5\lambda}{n-1}=\frac{5\times600}{1.65-1}\approx4615(\text{nm})=4.615(\mu\text{m})$$

**12.5** 空气中一 600nm 厚的油膜,折射率为 1.5,用白光垂直照射,哪些波长的反射光最强?

**解** 考虑到油膜上表面存在半波损失,所以反射光干涉相长满足

$$2hn=(2k-1)\frac{\lambda}{2}\qquad(k=1,2,3,\cdots)$$

$$\lambda=\frac{4hn}{2k-1}=\frac{4\times600\times1.5}{2k-1}$$

在可见光范围内有

$k=3$，$\lambda=720\text{nm}$，红色；

$k=4$，$\lambda=514\text{nm}$，蓝绿色；

$k=5$，$\lambda=400\text{nm}$，紫色.

**12.6**　折射率为1.5的玻璃片上，镀一层折射率为1.38的薄膜，为了使波长为520nm的光反射减到最小，求膜的最小厚度.

**解**　由于顺着光到达的介质的先后，折射率由小到大顺序排列，所以光程差不必考虑半波损失，则反射最小满足

$$2hn=(2k-1)\frac{\lambda}{2}\qquad(k=1,2,3,\cdots)$$

厚度至少为 $k=1$

$$h_{\min}=\frac{\lambda}{4n}=\frac{520}{4\times1.38}\approx9.42\text{nm}$$

**12.7**　一厚度为340nm、折射率为1.33的薄膜，放在白光下，问：在视线与膜的法线成60°的方向观察反射光，该处膜呈什么颜色？

**解**　这属于等倾干涉问题，而且必须考虑半波损失，光程差

$$\delta=2h\sqrt{n_2^2-n_1^2\sin^2 i_1}+\frac{\lambda}{2}$$

反射光干涉相长满足

$$\delta=k\lambda\qquad(k=1,2,3,\cdots)$$

即

$$2h\sqrt{n_2^2-n_1^2\sin^2 i_1}=(2k-1)\frac{\lambda}{2}$$

$$\lambda=\frac{4h\sqrt{n_2^2-n_1^2\sin^2 i_1}}{2k-1}$$

由题意

$$h=340\text{nm},\quad n_2=1.33,\quad n_1=1,\quad i=60^\circ$$

算得只有 $k=2$ 对应波长在可见光波段

$$\lambda=457.6\text{nm}$$

为蓝色.

**12.8**　如图12.8瑞利干涉仪可以用来测量气体的折射率.单色线光源($\lambda=589.3\text{nm}$)置于透镜 $L_1$ 的焦点处，在透镜 $L_2$ 的焦平面上观察干涉现象.$T_1$、$T_2$ 是一对长度为20cm，完全相同的玻璃管，$T_2$ 充有气体，$T_1$ 真空.实验开始，慢慢往 $T_1$ 充同样的气体并观察 $O$ 点的明暗变

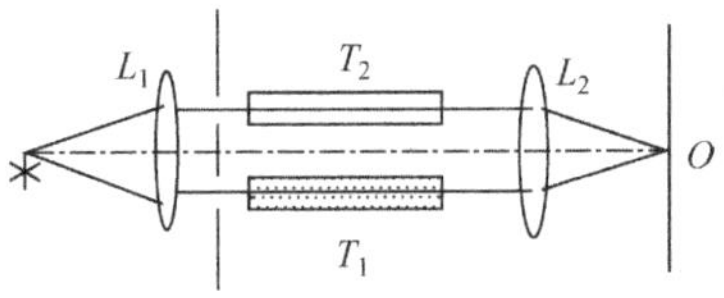


图12.8

化，当 $T_1$、$T_2$ 压强相同时 $O$ 点明亮反复出现了 98 次. 计算气体的折射率.

**解**　设气体折射率为 $n$，$O$ 点经历 98 次明暗变化表明初始时两光路的光程差为 $98\lambda$，则

$$20(n-1)=98\lambda$$

$$n=4.9\times589.3\times10^{-7}+1=1.00029$$

**12.9**　牛顿环装置由不同折射率的材料组成(如图 12.9(a)所示)$n_1=1.52$、$n_2=1.62$、$n_3=1.75$.

(1) 试分析反射光干涉图样；

(2) 设透镜的曲率半径 $R=0.6\text{m}$，用波长为 589.3nm 的单色光照射时，求 3 级明条纹的半径.

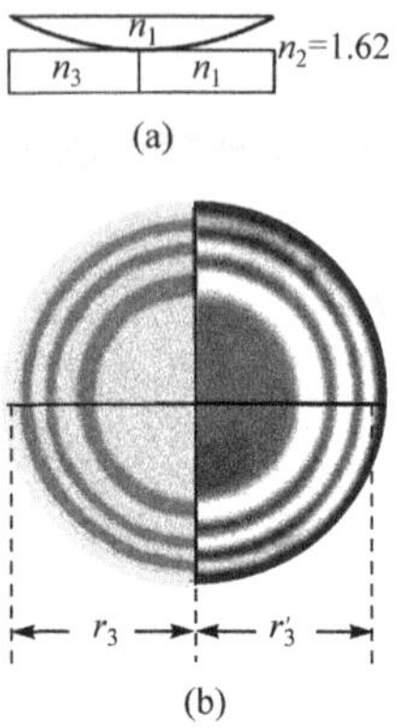

图 12.9

**解**　(1) 分析：牛顿环的半径 $r$ 与空气隙的折射率 $n_2$ 有关. 明暗情况要考虑是否有半波损失，所以反射光的干涉图样如图 12.9(b)所示.

(2) 左半边无需考虑半波损失，第 $m$ 级明环半径

$$r_m=\sqrt{\frac{mR\lambda}{n_2}}\qquad(m=0,1,2,\cdots)$$

$$r_3=\sqrt{\frac{3\times600\times589.3\times10^{-6}}{1.62}}\approx0.81(\text{mm})$$

右半边明环半径

$$r'_k=\sqrt{\frac{(2k-1)R\lambda}{2n_2}}$$

$$r'_3=\sqrt{\frac{5\times600\times589.3\times10^{-6}}{2\times1.62}}\approx0.74(\text{mm})$$

**12.10**　波长为 $\lambda=600\text{nm}$ 的单色光，垂直入射到放在空气中的平行薄膜上，已知膜的折射率 $n_1=1.54$，求：

(1) 反射光最强时膜的最小厚度；

(2) 透射光最强时膜的最小厚度.

**解**　(1) 反射光最强满足

$$2hn_1=(2m-1)\frac{\lambda}{2}\qquad(m=1,2,3,\cdots)$$

最小厚度对应 $m=1$

$$h_{\min}=\frac{\lambda}{4n_1}=\frac{600}{4\times1.54}=97.4(\text{nm})$$

(2) 透射光最强即反射光最弱，则

$$2hn_1=m\lambda\qquad(m=1,2,3,\cdots)$$

最小厚度对应 $m=1$

$$h_{\min}=\frac{\lambda}{2n_1}=\frac{600}{2\times1.54}\approx194.8(\text{nm})$$

**12.11** 用平行单色光垂直照射图 12.10 中所示的装置，观察柱面凹透镜和平玻璃之间的空气薄膜上的等厚干涉条纹. 试画出相应的干涉暗条纹(表示条纹的形状、数目和疏密分布).

**解** 分析 由对称性知，干涉条纹是沿柱面轴向两直纹(等厚干涉)考虑到半波损失，反射光在边缘处为 0 级暗条纹，往中心处依次为 1 级明纹、1 级暗纹；2 级明纹，2 级暗纹……

考虑中心处明暗状况，光程差

$$\delta=2\times\frac{7}{4}\lambda+\frac{\lambda}{2}=4\lambda$$

所以，中心处是 4 级明纹. 中心级次与分布如图 12.10 所示.

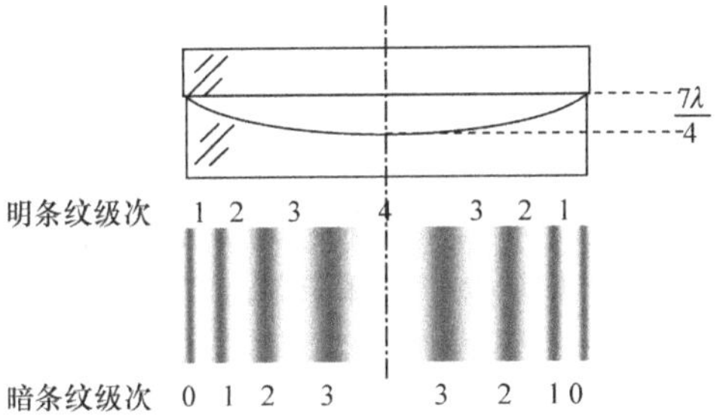


图 12.10

# 第 13 章　光的衍射

## 【本章要点】

### 一、惠更斯-菲涅耳原理

光传播过程中波阵面上每一点都可以作为子波源，其后空间各点的波强度是所有子波的相干叠加.

### 二、衍射分类

**1. 菲涅耳衍射与夫琅禾费衍射**

设从光源到衍射屏的距离为 $r$，从衍射屏到观察屏的距离为 $R$，若 $r$ 与 $R$ 都是无限大，则称夫琅禾费衍射，否则称菲涅耳衍射.

**2. 单缝夫琅禾费衍射**

平行单色光垂直衍射屏入射，观察屏与会聚透镜的焦平面重合，则衍射暗条纹的中心位置满足

$$a\sin\theta = \pm k\lambda \qquad (k = 1,2,3,\cdots)$$

式中，$a$ 为缝宽；$\theta$ 为衍射角；$\lambda$ 为单色光波长. 第 $k$ 级暗条纹离焦点距离为

$$x_k = k\frac{D\lambda}{a}$$

两个 1 级暗条纹的所夹空间亦称中央明条纹，中央明条纹的中心在焦点处，其宽度是其他各级明条纹宽度的 2 倍，为

$$\Delta x_0 = \frac{2f\lambda}{a} = 2\Delta x_k$$

### 三、光栅衍射

**1. 光栅**

波长为 $\lambda$ 的单色平行光，以 $\theta_0$ 的角度入射光栅（如图 13.1 所示），焦平面上明

条纹的衍射角 $\theta$ 满足

$$d(\sin\theta \pm \sin\theta_0) = k\lambda \qquad (k = 0, \pm 1, \pm 2, \cdots)$$

式中，$d$ 为光栅常数. 当 $\theta_0=0$ 时，有

$$d\sin\theta = k\lambda \qquad (k = 0, \pm 1, \pm 2, \cdots)$$

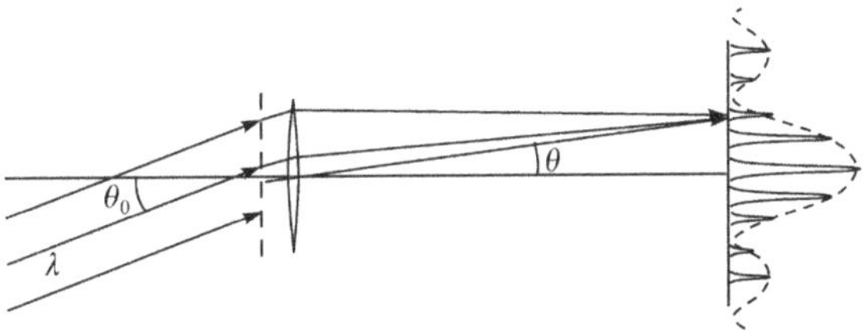


图 13.1

**2. 光栅衍射谱线的缺级现象**

由于单缝衍射的调制作用，当光栅常数 $d$ 与通光缝宽 $a$ 为整数比，即当

$$\frac{d}{a} = \frac{m}{m'}$$

时，$\pm m, \pm 2m, \pm 3m, \cdots$级明条纹将不出现，这就是所谓缺级现象.

**3. 光栅的分辨本领**

$$R = mN$$

式中，$m$ 为谱线级次，$N$ 为光栅的总刻痕数.

## 四、伦琴射线衍射

主极大满足布拉格条件

$$2d\sin\varphi = k\lambda \qquad (k = 1,2,3,\cdots)$$

式中，$d$ 为晶格常数；$\varphi$ 为掠射角(如图 13.2 所示).

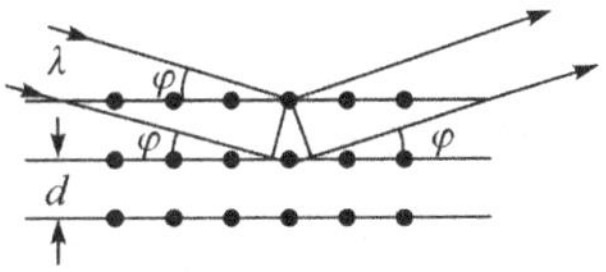


图 13.2

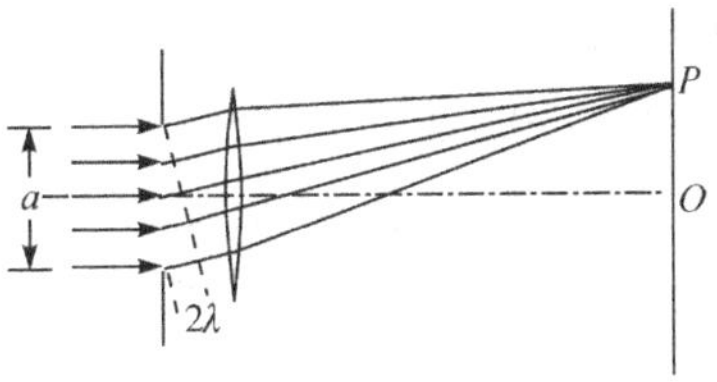


图 13.3

## 【问题讨论】

**问题 1**　如图 13.3 所示，相应 $P$ 点，狭缝面恰好可分成四个半波带. 光线 1 和光线 3 的光程差为$\lambda$，光线 2 和光线 4 的光程差也是$\lambda$，为什么 $P$ 点的光强是极小，而不是极大?

**讨论**　按照半波带的分割法,每一条半波带上任意一点与相邻半波带上同样位置的点到达 $P$ 点的光程差为 $\lambda/2$. 因此,这两列波干涉相消,所以相邻两半波带对 $P$ 点的作用完全抵消了. 如果缝面对应某衍射角正好可分偶数个半波带,则由于两两抵消,$P$ 点为暗点. 即

$$\frac{a\sin\theta}{\frac{\lambda}{2}} = 2k \qquad (k = \pm 1, \pm 2, \pm 3, \cdots)$$

得

$$a\sin\theta = k\lambda \qquad (k = \pm 1, \pm 2, \pm 3)$$

衍射暗条纹公式正是这样推出的.

**问题 2**　单缝夫琅禾费衍射实验如图 13.4 所示. 做以下操作,讨论衍射条纹的变化. (1) 狭缝 $S'$ 变窄;(2) 光源 $S$ 的波长 $\lambda$ 增大;(3) 狭缝 $S'$ 往上作微小移动;(4) 光源 $S$ 往上作微小移动;(5) 透镜 $L_1$ 往上作微小移动;(6) 透镜 $L_2$ 往上作微小移动.

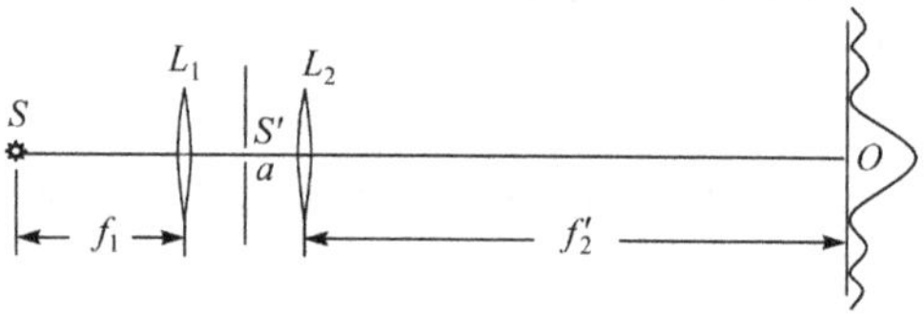


图 13.4

**讨论**　(1) 因为单缝夫琅禾费衍射条纹宽度

中央明条纹　　$$\Delta x_0 = \frac{2f_2'\lambda}{a} \tag{1}$$

其他明条纹　　$$\Delta x_k = \frac{f_2'\lambda}{a} \tag{2}$$

所以在保持其他条件不变时,$a$ 缩小将导致所有的条纹都展宽,同时由于光通量减小而造成明条纹亮度降低——条纹对比度降低.

(2) 由式(1)、式(2)可见,$\lambda$ 增大也会造成条纹展宽.

(3) 首先可以肯定,$S'$的移动不会影响条纹的宽度和亮度. 然后,我们再来看中央明条纹的中心位置是否移动. 因为形成中央明纹中心的是一组平行于 $L_2$ 主光轴的光波(各波列到达会聚点的光程差为零),当 $S'$往上移动,这组光波仍会聚在透镜的焦点——中央明条纹位置不变,如图 13.5 所示. 所以结论是,$S'$略上移对衍射条纹无任何影响.

(4) 光源 $S$ 往上移动后经 $L_1$ 的光是一组与主光轴成 $\theta_0$ 夹角的平行光. 因此狭缝与入射光的波阵面不重合——作为子波源,缝上各点的初相位不一致,因此平

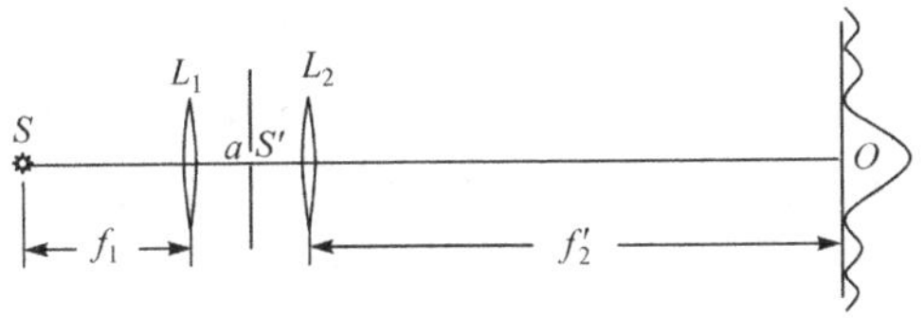


图 13.5

行于主光轴的一组光会聚到 $O$ 点并不同相，而会聚到衍射角为 $\theta_0$ 的 $O'$ 点的诸光波在会聚点是同相，所以 $O'$ 点为衍射中央明条纹的中心(见图 13.6). $S'$ 上移 $h$ 则 $O'$ 离主光轴距离 $H=\frac{f_2'}{f_1}h$. 即衍射条纹共同平移 $H$.

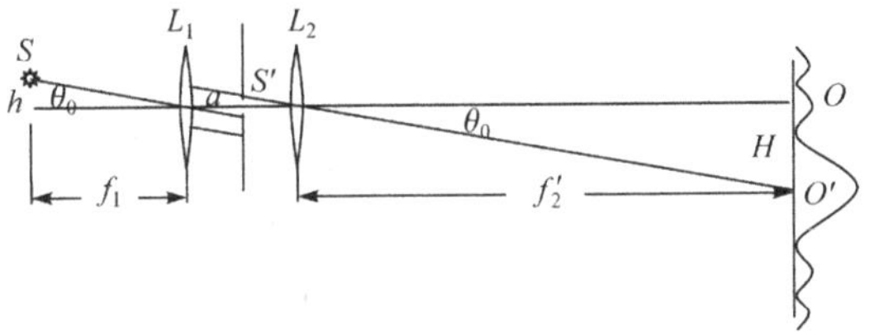


图 13.6

(5) 透镜 $L_1$，往上移，则入射狭缝 $S'$ 的光成为向上斜入射的平行光，于是焦平面上的条纹都往上平移. [参看(4).]

(6) 透镜 $L_2$ 往上略微移动，则 $L_2$ 的焦点往上移，则衍射条纹也往上平移. [原因可参考(3).]

**问题 3** 用白光进行单缝夫琅禾费衍射. 可以观察到什么现象？为什么？

**讨论** 由单缝衍射条纹宽

$$\Delta x_0=\frac{2f'_2}{a}\lambda \tag{1}$$

$$\Delta x_k=\frac{f'_2}{a}\lambda \tag{2}$$

可见保持其他条件不变，条纹宽度与波长 $\lambda$ 成正比. 随着 $\lambda$ 的增大，各亮纹、各暗纹的中心位置都向远离中央的方向移动. 用白光做实验，则屏上的条纹是各种不同波长光各自产生的一套套衍射条纹的非相干叠加. 由于各套衍射条纹除了中央明纹中心位置重合，其他各级明纹，暗纹位置、宽度都不同. 因此可以观察到中央亮纹中心是白色的，边缘是彩色的，紫色的短波靠中心，红色靠外缘.

**问题 4** (1)光栅衍射主极大位置如何随入射光波长 $\lambda$ 而变化的？白光入射时，衍射图样是怎样的？设白光波长范围为 390～760nm，问能观察到几级不重叠的完整光谱？(2)光栅衍射图像又如何随光栅常数 $d$、缝宽 $a$ 的改变而变化的？

**讨论** (1)由光栅方程 $d\sin\theta_k=\pm k\lambda(k=0,1,2,\cdots)$可知,确定级次的主极大(谱线)的衍射角 $\theta_k$ 随 $\lambda$ 增大而增大,而且相邻两主极大的间距也随 $\lambda$ 增大而变化.与单缝衍射类似,不同波长的单色光各自产生一套谱线,总的光谱是各套谱线的非相干叠加.0 级条纹在同一位置,显白色,其他各级主极大因位置不同而错开.由于光栅谱线是一些细亮的条纹,所以低级次的谱线互相没有影响.

由光栅方程

$$d\sin\theta_k=\pm k\lambda \qquad (k=0,1,2,\cdots)$$

可以算得,对于白光($\lambda_m=390\text{nm}$, $\lambda_M=760\text{nm}$)

$$\sin\theta_{1M}=\frac{\lambda_M}{d}<\sin\theta_{2m}=\frac{2\lambda_m}{d}$$

$$\sin\theta_{2M}=\frac{2\lambda_M}{d}>\sin\theta_{3m}=\frac{3\lambda_m}{d}$$

即 1 级谱线是不重叠的,2 级谱线与 3 级谱线重叠,级次越高重叠越严重.

(2) 光栅衍射谱线的光强分布曲线是单缝衍射轮廓线调制下的多光束干涉光强曲线,通常把处于单缝轮廓线中央明纹范围内的各级主极大称为显见谱线(因为这些主极大相对其他主极大亮得多).直接影响单缝衍射轮廓线中央明纹宽度的是光栅的通光缝宽 $a$.而确定各级主极大位置的是光栅常数 $d$.所以当 $a$ 不变,$d$ 减小时,单缝衍射轮廓线不变、主极大条纹间距变大,造成轮廓线中央极大内的显见条纹数减少;$a$ 不变,$d$ 增大时,条纹间距变小,显见条纹数增加.$d$ 不变,$a$ 减小时,条纹间距不变,单缝衍射光强轮廓线中央明纹展宽变平坦,包含的显见谱线数增多,各谱线亮度有所减弱.$d$ 不变,$a$ 增大时,显见谱线数减小,各谱线亮度有所增加.

**问题 5** 光栅衍射实验,波长为 $\lambda$ 的准单色平行光,垂直光栅面入射光栅常数为 $d$ 的光栅,如果观察屏上只有 0、±1、±2 级 5 条谱线,欲观测到 3 级谱线,可以采用哪些方法?为什么?

**讨论** 可以采用的方法:

(1) 增大光栅常数 $d$;

(2) 减小入射光波长;

(3) 斜入射.

因为当光垂直光栅面入射时,各主极大衍射角 $\theta$ 满足光栅公式

$$d\sin\theta=\pm k\lambda \qquad (k=0,1,2,\cdots)$$

能在屏上出现,必须 $|\sin\theta|<1$,即

$$\frac{k\lambda}{d}<1$$

$$k<\frac{d}{\lambda}$$

可能出现在屏幕上的谱线的最高级次为 $k_M=\dfrac{d}{\lambda}$(取整).

增加 $d$,或减小 $\lambda$,使$\dfrac{d}{\lambda}>3$,只要$\dfrac{d}{a}\neq 3$,$\dfrac{d}{a}\neq\dfrac{3}{2}$,就可观测到 3 级谱线.

若实验条件不允许更换光栅改变 $d$,也不允许更换光源,可以采用斜入射的方法.设入射的平行光与光栅法线夹角为 $\theta_0$,则光栅公式为

$$d(\sin\theta+\sin\theta_0)=k\lambda$$

因为

$$|\sin\theta|=\left|\frac{k\lambda}{d}-\sin\theta_0\right|<1$$

所以

$$-1+\sin\theta_0<\frac{k\lambda}{d}<1+\sin\theta_0$$

可现谱线的级次范围为

$$\frac{(-1+\sin\theta_0)d}{\lambda}<k<\frac{(1+\sin\theta_0)d}{\lambda}$$

原来$\dfrac{d}{\lambda}<3$,最高只能是 $k=2$,而斜入射使只要 $\theta_0$ 足够大时,$\dfrac{(1+\sin\theta_0)d}{\lambda}$总有可能大于 3,使得 3 级谱线出现,当然此时反方向上的 2 级谱线就不再出现,如图13.7 所示.

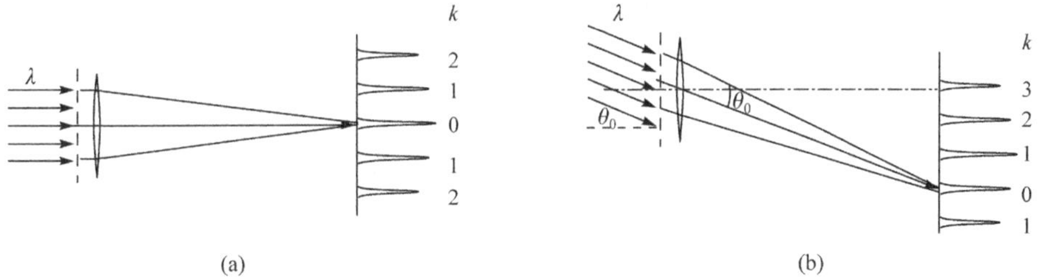


图 13.7

**问题 6** 光栅方程 $d\sin\theta=\pm k\lambda$ 是对应普通的一维光栅衍射谱线,布拉格公式 $2d\sin\varphi=k\lambda$ 是对应以晶体作光栅衍射谱线的,两者有什么区别?

**讨论** 两者主要差别如下:

(1) 对于一维光栅,入射光方向确定后,主极大的位置(衍射角)也确定了.对晶体则不然,晶体中离子的线度相当于光栅的狭缝宽度,晶面间距(晶格常数)相当于光栅常数.因为一块晶体往往有多个晶面族,它们的取向和间隔均不相同(如

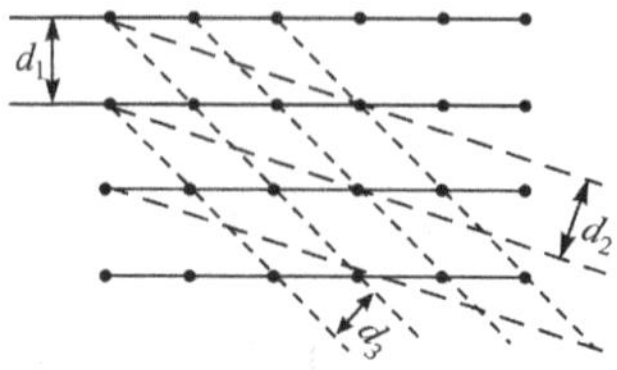

图 13.8

图 13.8 所示 3 个晶面族，晶格常数分别为 $d_1$、$d_2$、$d_3$)，所以一束确定方向的入射光，相对不同的晶面族有不同的掠射角，因而有多个布拉格条件.

$$2d_1\sin\varphi_1 = k_1\lambda$$
$$2d_2\sin\varphi_2 = k_2\lambda$$
$$2d_3\sin\varphi_3 = k_3\lambda$$

(2) 在一维光栅方程中的衍射角 $\theta$，对于任何确定的波长，总会有一些衍射角满足方程的. 而在布拉格公式中，$\varphi$ 是掠射角. 当入射光方向和晶体取向确定之后，它相对于各晶面族的掠射角也已限定. 如果入射光是复色光，则只有满足布拉格条件的那些波长才会出现相应的主极大. 如果入射光是单色光，则可能刚巧满足一个或几个晶面族的布拉格条件，那么在相应的方向上会出现主极大；也可能一个晶面族的布拉格条件也不满足，这就不会有主极大出现了.

**问题 7** 一光栅，每条透光缝宽都一样，但缝间距却有大有小，随机分布. 问：单色光垂直光栅面入射，其衍射图样会是什么样的？

**讨论** 光栅衍射图样受单缝衍射与多缝干涉的影响. 缝间距大小的随机性使缝间干涉因子具有空间均匀性，结果得到的是 $N$ 个相同的单缝衍射的非相干叠加.

## 【习题解答】

**13.1** 单缝夫琅禾费衍射第 1 级暗纹的衍射角 $\theta_1=20°$，入射光波长 $\lambda=500\text{nm}$，求缝宽.

**解** 单缝衍射第 $m$ 级暗条纹满足

$$a\sin\theta_m = m\lambda \qquad (m = 1,2,3,\cdots)$$

$$a = \frac{m\lambda}{\sin\theta_m} = \frac{500}{\sin 20°} = 1460(\text{nm}) = 1.46(\mu\text{m})$$

**13.2** $\lambda=560\text{nm}$ 的平行单色光束，射到宽度 $a=0.4\text{mm}$ 的狭缝上，缝后透镜的焦距 $f=40\text{cm}$，观测屏放在透镜的焦平面处，求中央明条纹的宽.

**解** $\Delta x_0=\dfrac{2f\lambda}{a}=\dfrac{2\times400\times560\times10^{-6}}{0.4}=1.12(\text{mm})$

**13.3** 单缝夫琅禾费衍射图样中两个 1 级暗纹中心的间距为 0.35mm，缝后透镜的焦距 $f=40\text{cm}$，设入射单色光波长为 550nm，求狭缝宽度.

**解** $a=\dfrac{2f\lambda}{\Delta x_0}=\dfrac{2\times400\times550\times10^{-6}}{0.35}\approx1.26(\text{mm})$

**13.4** 已知双缝中心间距 $d=0.1\text{mm}$，缝宽 $a=0.02\text{mm}$，入射单色光 $\lambda=480\text{nm}$，

缝后透镜的焦距 $f=50\text{cm}$,观测屏放在透镜的焦平面处,求:

(1) 双缝干涉条纹宽度;

(2) 单缝衍射中央明纹宽度;

(3) 实际可测得单缝衍射中央明纹包络区内有多少谱线?

**解** (1) 双缝干涉条纹宽

$$\Delta x_{双} = \frac{D\lambda}{d} = \frac{f\lambda}{d} = \frac{50 \times 480 \times 10^{-7}}{0.1 \times 10^{-1}} = 0.24(\text{cm})$$

(2) 单缝衍射中央亮纹宽度

$$\Delta x_0 = \frac{2f\lambda}{a} = \frac{2 \times 50 \times 480 \times 10^{-7}}{0.02 \times 10^{-1}} = 2.4(\text{cm})$$

(3) 单缝衍射中央亮纹包络区中干涉条纹满足

$$x_{k双} = k\frac{f\lambda}{d} < \frac{\Delta x_0}{2} = \frac{f\lambda}{a}$$

$$k < \frac{d}{a} = \frac{0.1}{0.02} = 5$$

即 $k=0,\pm1,\pm2,\pm3,\pm4$,共 9 条谱线.

**13.5** 一星体发出 $\lambda=550\text{nm}$ 的单色光,人眼的瞳孔直径约 7.0mm,夜间人看到星体是一个小亮斑.设瞳孔到视网膜的距离为 23mm,

(1)问视网膜上的像斑直径是多少?

(2)一般视网膜上的感光柱状细胞为 $1.5\times10^5$ 个/$\text{mm}^2$,问像斑能覆盖多少个细胞?

**解** (1)视网膜上艾里斑角半径为

$$\theta_0 = \frac{1.22\lambda}{D_e}$$

艾里斑半径

$$R_0 = f\theta_0 = \frac{23 \times 1.22 \times 550 \times 10^{-6}}{7} = 2.2 \times 10^{-3}(\text{mm})$$

直径

$$D_0 = 2R_0 = 4.4 \times 10^{-3}\,\text{mm}$$

(2)艾里斑面积

$$S = \pi R_0^2 = 15.2 \times 10^{-6}\,\text{mm}^2$$

可覆盖的感光细胞数

$$N = 1.5 \times 10^5 S = 2.3\ 个$$

**13.6** 天文台的反射式望远镜的通光孔径为 2.5m,设星体发射 $\lambda=550\text{nm}$ 的准单色光,求望远镜所能分辨的双星的最小夹角.

**解** 最小可分辨角

$$\delta\theta = \frac{1.22\lambda}{D} = \frac{1.22 \times 550 \times 10^{-9}}{2.5} = 2.684 \times 10^{-7}(\text{rad})$$

**13.7** 波长为 500nm 的单色光以 30°的倾角入射到光栅上,已知光栅常数 $d=2.10\mu\text{m}$、透光缝宽 $a=0.7\mu\text{m}$,求所有能看到的谱线级次.

**解** 由光栅方程

$$d(\sin\theta - \sin\theta_0) = k\lambda$$

满足不等式

$$|\sin\theta| = \left|\frac{k\lambda}{d} + \sin\theta_0\right| < 1$$

的谱线才可能出现在屏幕上.

解不等式

(1)
$$\frac{k\lambda}{d} + 0.5 < 1$$

$$k_+ < \frac{(1-0.5)d}{\lambda} = \frac{0.5 \times 2.10}{0.500} = 2.10$$

$$k_M = 2$$

(2)
$$\frac{k-\lambda}{d} + 0.5 > -1$$

$$k_- > \frac{(-1-0.5)d}{\lambda} = \frac{-1.5 \times 2.10}{0.500} = -6.3$$

$$k_m = -6$$

(3)缺级问题,由

$$\frac{d}{a} = \frac{2.10}{0.7} = 3$$

±3,±6 缺级.所以,能看到的谱线级次为 1,2,0,−1,−2,−4,−5,共 7 条.

**13.8** 图 13.9 复色光由波长为 $\lambda_1=600\text{nm}$ 与 $\lambda_2=400\text{nm}$ 的单色光组成,垂直入射到光栅上,测得屏幕上距离中央明纹中心 5cm 处 $\lambda_1$ 的 $m$ 级谱线与 $\lambda_2$ 的 $m+1$ 谱线重合,若会聚透镜的焦距 $f=50\text{cm}$,求:

(1) $m$ 的值;

(2) 光栅常数 $d$.

**解** 由光栅方程 $d\sin\theta=m\lambda$,对应两谱线重合的衍射角满足

$$\sin\alpha \approx \tan\theta = \frac{x}{f} = \frac{5}{50} = 0.1$$

依题意

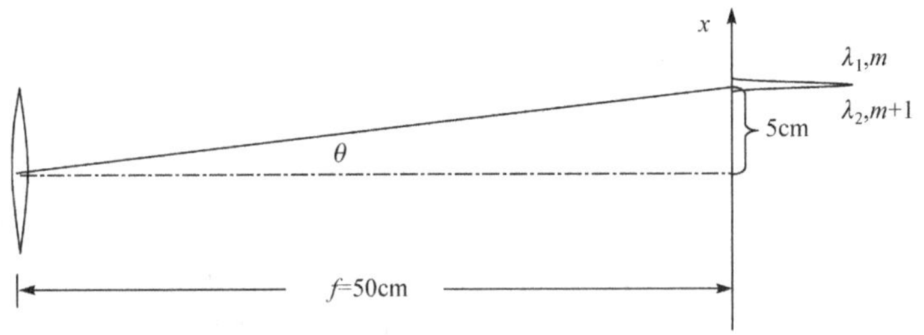


图 13.9

$$\begin{cases}0.1d = m\lambda_1\\ 0.1d = (m+1)\lambda_2\end{cases}$$

即

$$\begin{cases}m = \dfrac{0.1d}{\lambda_1} & (1)\\ m+1 = \dfrac{0.1d}{\lambda_2} & (2)\end{cases}$$

式(2)－式(1)得

$$\frac{0.1d}{\lambda_2}-\frac{0.1d}{\lambda_1}=1$$

$$d=\frac{\lambda_1\lambda_2}{0.1(\lambda_1-\lambda_2)}=\frac{400\times600}{0.1\times(600-400)}=12000(\text{nm})=12(\mu\text{m})$$

代入式(1)得

$$m=2$$

**13.9** 光栅实验，已知光栅常数 $d=0.42\text{mm}$，照射光正入射，测得单缝衍射中央明条纹包络范围内有 7 个主极大如图 13.10. 求透光缝宽 $a$ 的取值范围.

**解** 由图可知观测到 7 个主极大，即光栅公式 $d\sin\theta_k=k\lambda$ 中 $k=0,\pm1,\pm2,\pm3$,

从第 4 级开始超出中央明条纹包络范围，由

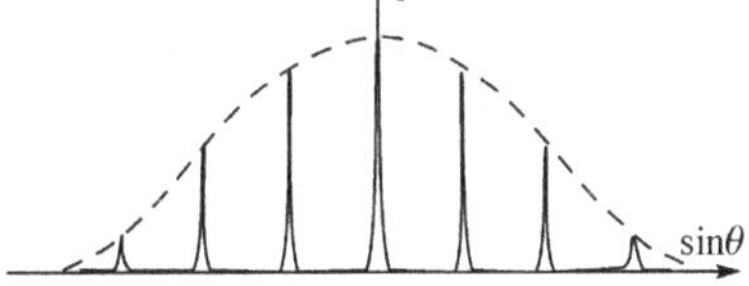


图 13.10

$$d\sin\theta_3=3\lambda,\qquad d\sin\theta_4=4\lambda$$

单缝衍射一级暗纹

$$a\sin\theta_1'=\lambda$$

依题意 $\theta_3<\theta_1'\leqslant\theta_4$，即

$$\sin\theta_3<\sin\theta_1'\leqslant\sin\theta_4$$

则有

$$\frac{3}{d}<\frac{1}{a}\leqslant\frac{4}{d} \quad \Rightarrow \quad \frac{d}{4}\leqslant a<\frac{d}{3}$$

解得

$$0.105\text{mm}\leqslant a<0.14\text{mm}$$

**13.10** 由波长 $\lambda_1=400\text{nm}$ 的紫色光与波长 $\lambda_2=700\text{nm}$ 的红色光的组成的复色光垂直入射到光栅上，用焦距 $f=2\text{m}$ 透镜聚焦在屏幕上，设光栅常数 $d=10\mu\text{m}$，求同一侧红光的 1 级谱线与紫光的 2 级谱线的间距.

**解** 由光栅方程 $d\sin\theta_k=k\lambda_1$

$$\sin\theta_k\approx\tan\theta_k=\frac{x_k}{f}=\frac{k\lambda_1}{d}$$

即波长为 $\lambda_1$ 的光波. 第 $k$ 级谱线位置为

$$x_k=k\frac{f\lambda_1}{d}$$

同理，波长为 $\lambda_2$ 的光波的第 $m$ 级谱线位置为

$$x_m=m\frac{f\lambda_2}{d}$$

依题意

$$k=2,\quad \lambda_1=400\text{nm};\quad m=1,\quad \lambda_2=700\text{nm}$$

两条谱线的间距

$$\Delta x=x_m-x_k=\frac{f}{d}(2\lambda_1-\lambda_2)$$
$$=\frac{2\times10^3\times(2\times400-700)\times10^{-6}}{10\times10^{-3}}=20(\text{mm})$$

**13.11** 一块光栅，每毫米有 400 条刻痕，用白光(波长范围为 400～750nm)垂直照射，可以测到多少级不重叠的完整光谱?

**解** 白光中最长波长 $\lambda_M=750\text{nm}$，最短波长 $\lambda_m=400\text{nm}$.

由光栅方程

$$d\sin\theta_m=m\lambda_M$$
$$d\sin\theta'_{m+1}=(m+1)\lambda_m$$

题中“不重叠”即满足 $\theta_m<\theta'_{m+1}$，则有

$$m\lambda_M<(m+1)\lambda_m$$
$$m(\lambda_M-\lambda_m)<\lambda_m$$
$$m<\frac{\lambda_m}{\lambda_M-\lambda_m}=\frac{400}{750-400}=1.14$$

只有第 1 级谱线是不重叠的完整的光谱.

**13.12** $\lambda=0.11\text{nm}$ 的 X 射线射向岩盐晶面，测得第 1 级亮纹的掠射角为 $11.5°$，求：

(1) 岩盐晶体这一方向上的晶格常数 $d$；

(2) 当换另一束 X 射线时，测得第 1 级亮纹出现在掠射角为 $17.5°$的方向上，求该射线的波长.

**解** (1) X 射线衍射主极大满足布拉格公式

$$2d\sin\varphi = k\lambda$$

$$d=\frac{k\lambda}{2d}=\frac{0.11}{2\sin 11.5°}=0.276(\text{nm})$$

(2) $\lambda=\dfrac{2d\sin\varphi}{k}=\dfrac{2\times0.276\times\sin17.5°}{1}=0.166(\text{nm})$.

**13.13** 用晶格常数 $d=0.275\text{nm}$ 的晶体，作 X 射线衍射实验，若射线 $0.095\sim0.130\text{nm}$ 波带中的各种波长，

(1)当掠射角 $\varphi=15°$，问是否可测得衍射极大？

(2)$\varphi=45°$呢？如果可测得，请算出相应的级次和 X 射线的波长.

**解** (1)由布拉格公式 $2d\sin\varphi=k\lambda$，在 $\varphi$ 方向为衍射极大的 X 射线波长为

$$\lambda=\frac{2d\sin\varphi}{k}$$

依题意

$$\lambda=\frac{2\times0.275\times\sin15°}{k}$$

当

$$k=1,\quad \lambda=0.142\ \text{nm}$$

$$k=2,\quad \lambda=0.071\ \text{nm}$$

都不在 $0.095\sim0.130\text{nm}$ 范围内，$k$ 为其他值，也不会有在此范围内的波长了，所以在 $\varphi=15°$方向上无极大值.

(2)

$$\lambda=\frac{2\times0.275\times\sin45°}{k}=\frac{2\times0.275\times\frac{\sqrt{2}}{2}}{k}=\frac{0.3889}{k}$$

当

$$k=3,\quad \lambda=0.1296\ \text{nm}$$

$$k=4,\quad \lambda=0.097\ \text{nm}$$

在所定范围内.

# 第 14 章 光的偏振

## 【本章要点】

### 一、基本概念

**1. 光的偏振**

光(电磁波)是横波. 把电场矢量 $\boldsymbol{E}$ 定为光矢量, $\boldsymbol{E}$ 总是和光传播方向垂直.

光的偏振状态分为三大类:自然光(非偏振光)、偏振光和部分偏振光.

**2. 自然光**

在垂直于光传播方向的平面内,沿各个方向振动的光矢量都有,而且振幅都相同,平均讲来,分布各向均匀. 所以,自然光通过一片无吸收的偏振片后,光强减弱为原来的一半.

**3. 偏振光**

(1) 线偏振光:在垂直于光传播方向的平面内光矢量只沿一个固定方向振动——光矢量的端点的轨迹是一直线.

(2) 椭圆(圆)偏振光:在垂直于光传播方向的平面内,光矢量端点的轨迹是一椭圆(圆). 迎着光看,光矢量逆时针旋转,称左旋椭圆(圆)偏振光;顺时针旋转则称右旋椭圆(圆)偏振光.

**4. 部分偏振光**

一束光,既有自然光的成分,又有偏振光的成分,则称之为部分偏振光. 衡量部分偏振光中偏振光成分多少的物理量为偏振度 $P$ 可表示为

$$P = \frac{I_{\mathrm{p}}}{I_{\mathrm{n}} + I_{\mathrm{p}}}$$

式中, $I_{\mathrm{p}}$ 为偏振光的光强; $I_{\mathrm{n}}$ 为自然光的光强.

## 二、马吕斯定律

光强为 $I_0$ 的线偏振光通过一块偏振片，若光矢量与偏振片的起偏方向夹角为 $\alpha$，不考虑吸收，则出射光光强为

$$I = I_0\cos^2\alpha$$

## 三、布儒斯特定律

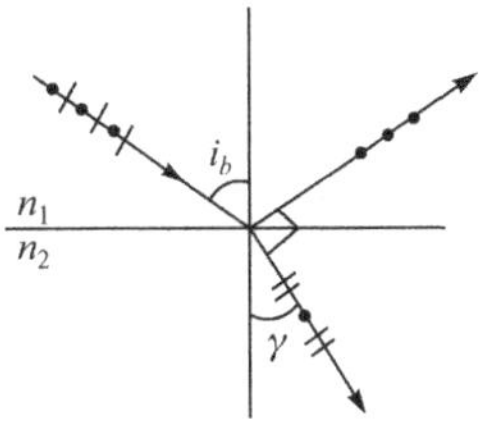

图 14.1

光向两种介质的界面上入射，当入射角为布儒斯特角 $i_b$ 时，反射光为垂直入射面振动的线偏振光，如图 14.1 所示. 其中 $i_b$ 满足

$$\tan i_b = \frac{n_2}{n_1}$$

还可以推出折射光的方向与反射光方向垂直，即

$$i_b + \gamma = 90^\circ$$

## 四、双折射

### 1. 双折射现象

一束自然光射入各向异性晶体分为两束光线，遵从折射定律的那束光线称 o 光，不遵从折射定律的那束光线称 e 光. o 光和 e 光都是线偏振光.

### 2. 光轴

在各向异性晶体内有一确定的方向，光沿这个方向传播时不发生双折射，这个方向称为晶体的光轴. 只有一个光轴的晶体称单轴晶体.

### 3. 光线的主平面

晶体内由一条光线和晶体光轴确定的平面叫这条光线的主平面. o 光的振动垂直于 o 光的主平面，e 光的振动在 e 光的主平面内. 入射面含有光轴时，两个主平面重合，o 光振动与 e 光振动相互垂直. 光轴与入射面不平行时，两个主平面不重合，e 光一般不在入射面内，此时 o 光振动和 e 光振动也不垂直.

## 五、波晶片

### 1. 波晶片

从单轴晶体上切割下来的平行平面薄片，光轴与晶体表面平行(图 14.2).

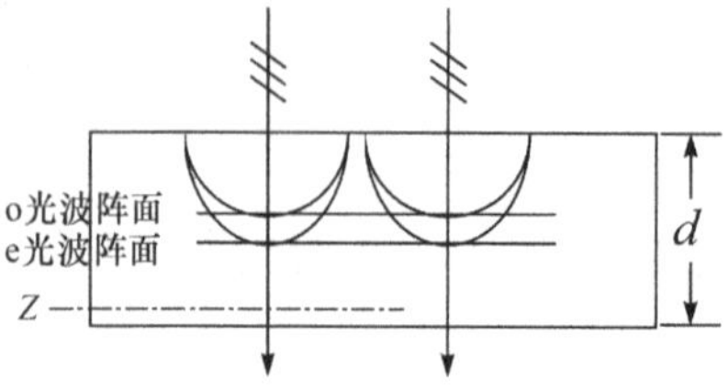

图 14.2

线偏振光垂直入射晶片表面，在晶体内分成 o 光和 e 光，它们传播方向相同(都沿入射光方向)、振动方向相互垂直，传播速度不同(因而折射率不同). 通过厚度为 $d$ 的晶片后 o 光和 e 光之间产生光程差

$$\delta=(n_o-n_e)d$$

能使光程差 $\delta=k\lambda+\frac{\lambda}{2}(k=0,1,2,\cdots)$ 的叫二分之一波片. 能使光程差为

$$\delta=\frac{k\lambda}{2}+\frac{\lambda}{4}\qquad(k=0,1,2,3,\cdots)$$

的波晶片叫四分之一波片. $\lambda/2$ 片、$\lambda/4$ 片都是相对某一确定波长而言的.

**2. 波晶片的作用**

(1) 用四分之一波片把线偏振光变成椭圆(或圆)偏振光. 如图 14.3 所示，$\alpha=45°$时，出射光为圆偏振光；$\alpha=0°$时，波片不起作用；$\alpha$ 为其他值，出射椭圆偏振光. 反之，也可利用四分之一波片把椭圆(或圆)偏振光变为线偏振光.

(2) 用二分之一波片改变线偏振光的振动方向. 如图 14.4 所示，线偏振光经过二分之一波片后，光矢量跨光轴改变 $2\alpha$ 角度.

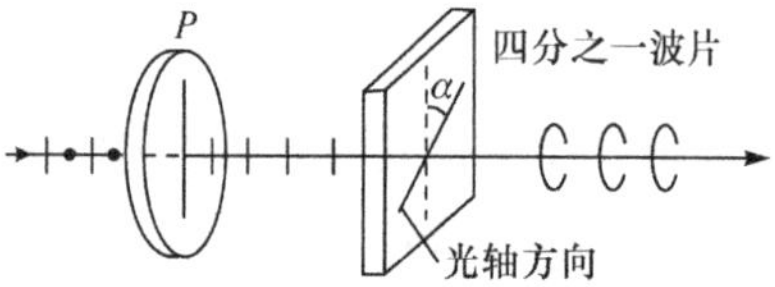

图 14.3

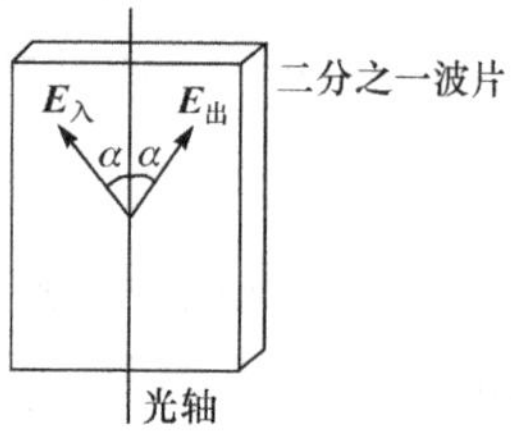

图 14.4

## 六、旋光现象

线偏振光在旋光介质中通过 $l$ 距离，光矢量旋转了一个角度 $\psi$，实验发现

$$\psi=l\alpha$$

这种现象称为旋光现象，$\alpha$ 称为介质的旋光率.

如果介质是溶液，则旋转角度与浓度 $C$ 成正比

$$\psi=lC\alpha$$

## 【问题讨论】

**问题1** 如何辨别一束光的偏振状态?

**讨论** 解决这个问题需要用偏振片和四分之一波片.

第一步:让待测光垂直通过偏振片,以光传播方向为轴旋转偏振片,并观察其后的光强变化(见图14.5).

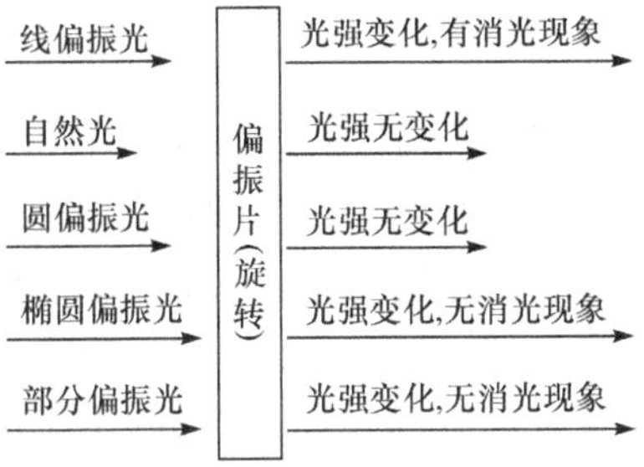


图14.5

第二步:区分自然光和圆偏振光.如图14.6所示,在偏振片前面加一块四分之一波片.圆偏振光通过四分之一波片后成为线偏振光;自然光通过四分之一波片后仍然是自然光.因此再用偏振片就检验出来了.

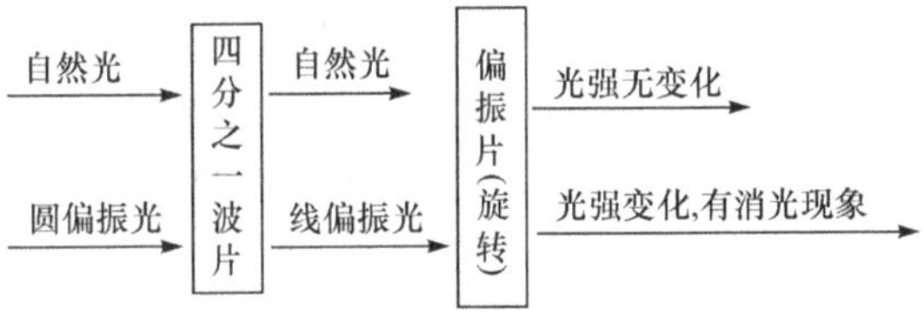


图14.6

第三步:区分部分线偏振光和椭圆偏振光.如图14.7所示,先用偏振片确定部分偏振光中偏振光的振动方向或椭圆偏振光长轴方向(出射光最强时偏振片的偏振化方向),在偏振片前加四分之一波片.波片的光轴方向沿着椭圆长轴方向,则椭圆偏振光通过波片后成为线偏振光;波片的光轴与线偏振光光矢量一致时,对光的

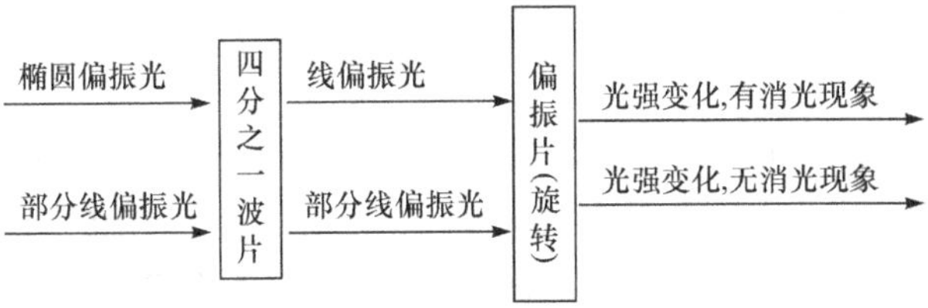


图14.7

偏振状态无影响,所以,部分偏振光通过四分之一波片后仍是部分偏振光. 再用偏振片可区别两者.

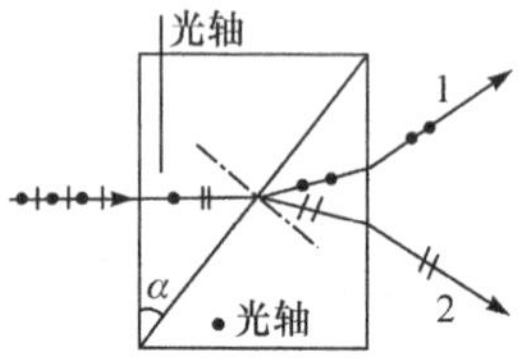

图 14.8

**问题 2** 用方解石做成渥拉斯顿棱镜,自然光入射(如图 14.8)有人说:"在前半块棱镜中没有 o 光、e 光,在后半块棱镜才分出往上偏折的一束为 e 光,往下偏折的一束为 o 光. 所以也可以说垂直纸面振动的光线 1 是 e 光,在纸面内振动的光线 2 是 o 光."你如何评价这种说法?

**讨论** 这段说法有两处错误:

(1) 在前半块棱镜中,光垂直于光轴传播,是有双折射的(只有沿光轴传播才无双折射)只不过 o 光、e 光的传播方向一致,但是速度不同,折射率也不同. 垂直纸面——主平面——振动的 o 光速度较慢(方解石是负晶体),平行纸面——主平面——振动的 e 光速度较快.

(2) 所谓 o 光、e 光是对应确定的晶体而言的,出了晶体就无所谓 o 光、e 光,只能说是某种线偏振光. 而且在一块晶体中是 o 光,进了另一块晶体也许是 e 光了,也许又分成 o 光和 e 光. 比如本题,在前半块晶体中,平行纸面振动的称为 e 光,可是这束光进了后半块晶体就称为 o 光了,出了晶体的光线 2 只是线偏振光.

**问题 3** 有人说他做了个实验,让一束太阳光通过一偏振片得到线偏振光,然后再通过一片四分之一波片,得到了圆偏振光. 可能吗?

**讨论** 第一步可能. 太阳光是自然光,通过偏振片后成为线偏振光,若不考虑吸收,光强减弱一半. 第二步不可能. 因为太阳光是复色光,四分之一波片是对确定波长的单色光而言. 所以找不到一块对应"太阳光"的四分之一波片,也不会得到白色的圆偏振光.

**问题 4** 声波是否也有偏振现象? 能否利用两片声波偏振片制作消音装置? 为什么?

**讨论** 偏振是横波特有的现象. 声波是纵波,不会有偏振现象,所以也没有所谓的"声波偏振片". 通常的消音是靠吸收实现的.

**问题 5** 如图 14.9 所示,A 是一块有小圆孔 S 的金属挡板,B 是一块方解石,其光轴方向在纸面内,P 是一块偏振片,Σ 是屏幕,一束平行的自然光穿过小孔 S 后,垂直入射到方解石的端面上,当以入射光线为轴,转动方解石时,在屏幕 Σ 上能看到什么现象?

**讨论** 如图 14.10 所示,光轴在入射面内,所以自然光进入晶体后分为 o 光、e 光,二者的主平面重合(方解石未转动时就是纸面). 二光的偏振、折射方向如图 14.10 所示(负晶体中 e 光偏离光轴角度更大一些). 如果没有偏振片,屏幕上出现上、下两个亮斑. 由于偏振片的作用,光线 1 不能通过. Σ 上只有上面一个亮斑

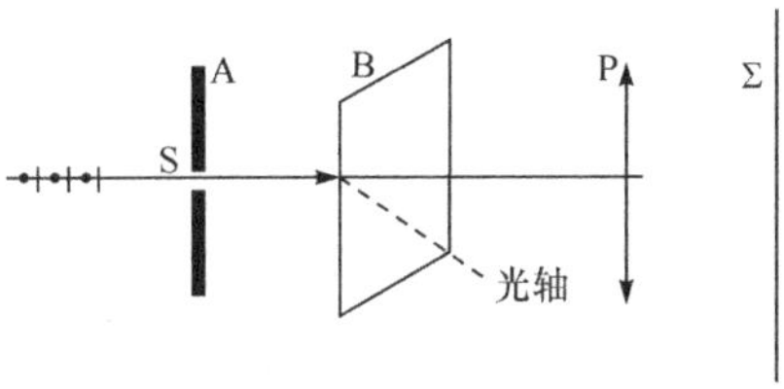


图 14.9

[如图 14.11(a)]. 方解石转动,o 光、e 光振动方向一起转动. e 光传播方向随方解石转动,而 o 光的传播方向不变. 随着 1、2 两束光振动方向相对 P 的偏振方向的夹角改变,光线 1 的像 1′渐渐变亮,光线 2 的像 2′渐渐变暗[如图 14.11(b)]. 当方解石旋转 90°,光线 2 振动方向垂直于 P 的偏振化方向——不能通过,而光线 1 的亮斑 1′达到最亮. 继续旋转 1′又渐渐变暗,2′一边绕 1′转动一边渐渐变亮,当转到 1′正下方时 2′又达最亮,而 1′又一次消失了,如此循环.

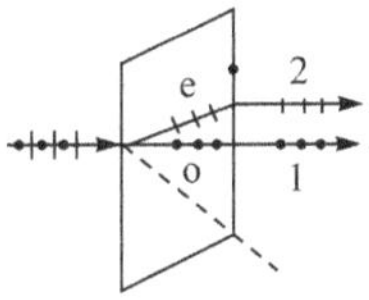


图 14.10

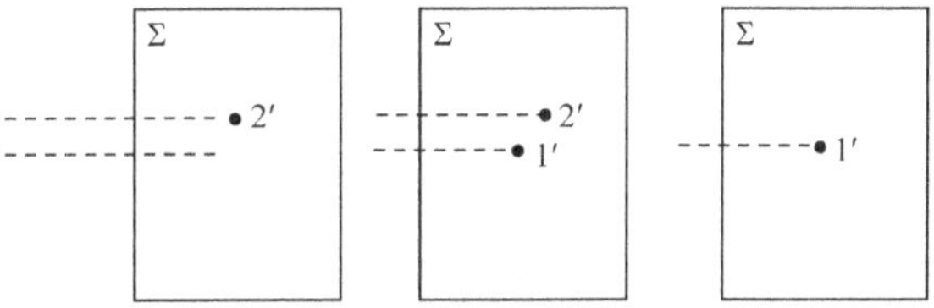


图 14.11

## 【习题解答】

**14.1** 平行放置的偏振片 $P_1$、$P_2$ 的偏振化方向相互垂直,中间插入另一偏振片 $P_3$. 光强为 $I_0$ 的自然光从 $P_1$ 入射这组偏振片,分别求:当 $P_1$、$P_3$ 的偏振化方向夹角为 30°、45°时,出射光强.

分析:自然光通过 $P_1$ 后成为光强为 $\frac{I_0}{2}$ 的线偏振光,通过 $P_3$、$P_2$ 后的光强依次根据马吕斯定律计算,如图 14.12(b),可见

$$I_2 = I_1 \cos^2\theta$$

$$I = I_2 \cos^2(90° - \theta)$$

据题意可解得.

**解** (1) $\theta = 30°$

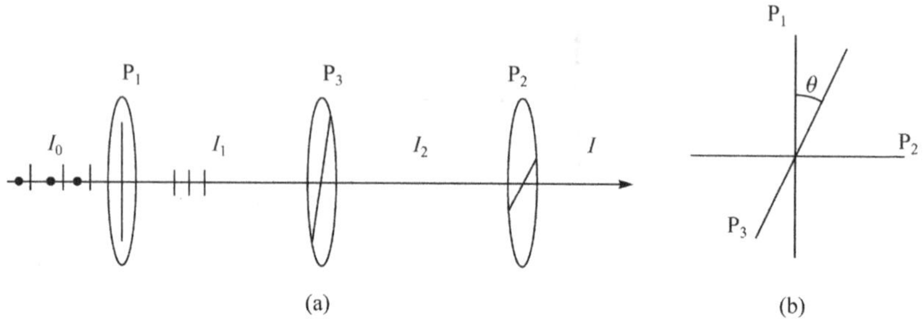


图 14.12

$$I_1=\frac{I_0}{2}$$

$$I_2=I_1\cos^2 30°$$

$$I=I_2\cos^2 60°=\frac{I_0}{2}\cos^2 30°\cos^2 60°=\frac{3I_0}{32}$$

(2)
$$\theta=45°$$

$$I=\frac{I_0}{2}\cos^4 45°=\frac{I_0}{8}$$

**14.2** 偏振片 $P_1$、$P_2$、$P_3$ 如图 14.13 放置,光强为 $I_0$ 的自然光从 $P_1$ 入射.

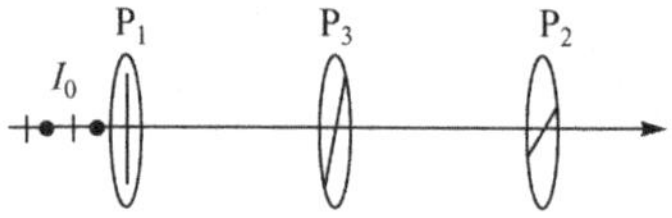


图 14.13

(1) 如果测得出射 $P_3$ 的光强为 $I_0/8$,求 $P_1$ 与 $P_3$ 偏振化方向之间的夹角;

(2) 保持 $P_1$、$P_2$ 不动,欲使出射光强为零,$P_3$ 应如何放置? 能否为 $P_3$ 找到一个合适的方位,使出射光强为 $I_0/2$?

**解** (1) 同上题

$$I=\frac{I_0}{2}\cos^2\theta\cos^2(90-\theta)=\frac{I_0}{2}\cos^2\theta\sin^2\theta=\frac{I_0}{8}\sin^2 2\theta$$

由已知,出射光强为$\frac{I_0}{8}$,即

$$\sin^2 2\theta=1$$

得 $\theta=45°$($P_1$ 与 $P_3$ 偏振化方向之夹角).

(2) $I=0$,即 $\sin 2\theta=0$

$$\theta=0 \text{ 或 } 90°$$

(3) 考察是否存在一个 $\theta$ 角,使$\frac{I_0}{8}\sin^2 2\theta=\frac{I_0}{2}$成立.

由式可见 $\sin^2 2\theta=4$,即不存在这样一个 $\theta$ 角,所以不可能.

**14.3** 部分线偏振光垂直通过偏振片，测得透射光强的最大值与最小值之比为5，求偏振度.

**解** 设部分线偏振光光强 $I=I_p+I_n$（$I_p$ 为线偏振光光强，$I_n$ 为自然光强），通过偏振片后最大光强

$$I_M=I_p+\frac{I_n}{2}$$

最小光强

$$I_m=\frac{I_n}{2}$$

已知$\frac{I_M}{I_m}=5$，即

$$\frac{I_p+\frac{I_n}{2}}{\frac{I_n}{2}}=5$$

整理得

$$I_p=2I_n$$

由偏振度的定义

$$P=\frac{I_p}{I_p+I_n}=\frac{I_p}{I_p+\frac{I_p}{2}}=\frac{2}{3}$$

**14.4** 光在两种介质的界面上的全反射临界角为45°，求同一侧的布儒斯特角.

**解** 全反射临界角 $i_0$ 满足

$$n_1\sin i_0=n_2$$

$$\sin i_0=\frac{n_2}{n_1}$$

由已知

$$\frac{n_2}{n_1}=\frac{1}{\sqrt{2}}$$

根据布儒斯特定理

$$\tan i_b=\frac{n_2}{n_1}$$

得

$$i_b=35.3^\circ$$

**14.5** 自然光以布儒斯特角从空气入射到水中，又从水中的玻璃表面反射，若这反射光是线偏振光，求玻璃表面与水平面的夹角.（$n_{水}=1.333$，$n_{玻璃}=1.51$.）

**解** 光从空气射入水的布儒斯特角为

$$i_{b_1} = \arctan n_k = \arctan 1.33 = 53.06°$$

光从水射向玻璃的布儒斯特角为

$$i_{b_2} = \arctan \frac{n_{玻}}{n_{水}} = \arctan \frac{1.51}{1.33} = 48.63°$$

由图 14.14 中几何关系可知玻璃与水平面的夹角

$$\begin{aligned}\theta &= \pi - (\frac{\pi}{2} + r) - (\frac{\pi}{2} - i_{b_2}) \\ &= i_{b_2} - r \\ &= i_{b_2} - \left(\frac{\pi}{2} - i_{b_1}\right) \\ &= i_{b_1} + i_{b_2} - \frac{\pi}{2} = 11.69°\end{aligned}$$

**14.6** 水的折射率为 1.33,如图 14.15 所示太阳射在一池静水上,测得反射光是线偏振光,求太阳的仰角.

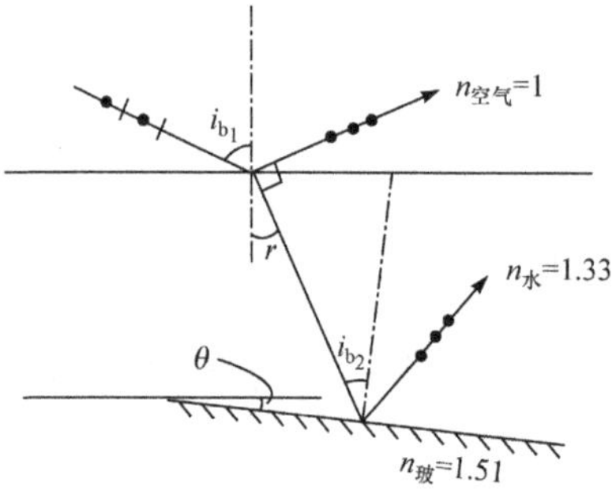


图 14.14

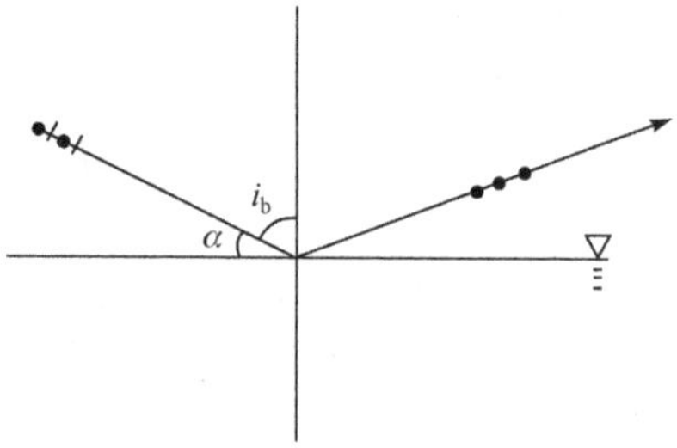


图 14.15

**解** 根据布儒斯特定律

$$\tan i_b = \frac{n_1}{n_2} = \frac{1}{1.33}$$

$$i_b = 53.06°$$

仰角

$$\alpha = 90° - i_b = 36.9°$$

**14.7** 一束线偏振光垂直入射到方解石晶体上,如果光矢量的方向与晶体的主截面成 30°角,求晶体中 o 光、e 光的光强比值.如果是自然光入射呢?

**解**　如图14.16所示线偏振光进入晶体后光矢量分解成沿光轴振动的e光和垂直光轴振动的o光，即

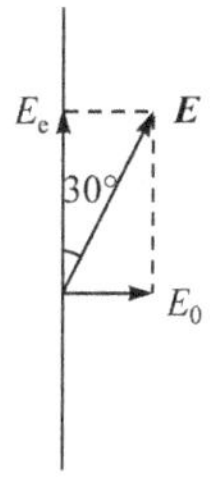

图14.16

$$E_o = E\sin 30^\circ$$
$$E_e = E\cos 30^\circ$$

由于光强 $I \propto \overline{E}^2$，所以

$$\frac{I_o}{I_e} = \tan^2 30^\circ = \frac{1}{3}$$

如果是自然光入射，则$\frac{I_o}{I_e}=1$.

**14.8**　光强为 $I_0$ 的圆偏振光垂直通过四分之一波片后又经过一块透光方向与波片光轴夹角为15°的偏振片，不考虑吸收，求最后的透射光强.

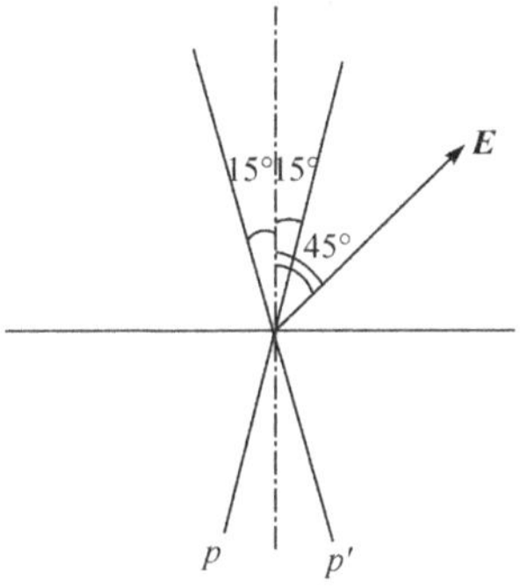

图14.17

**解**　圆偏振光通过四分之一波片后成为线偏振光.光矢量与晶片光轴成45°角，光强不变，再经偏振片，光强遵守马吕斯定律由图14.17可见

$$I = I_0\cos^2(45^\circ - 15^\circ) = 0.75I_0$$

或

$$I = I_0\cos^2(45^\circ + 15^\circ) = 0.25I_0$$

**14.9**　如图14.18所示，$P_1$、$P_2$ 是两个平行放置的正交偏振片，C是相对入射光的四分之一波片，其光轴与 $P_1$ 的透光方向的夹角为60°，光强为 $I_0$ 的自然光从 $P_1$ 入射.

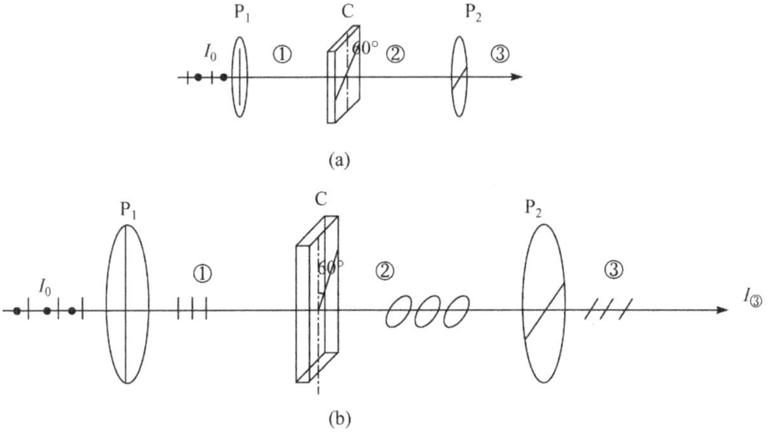

图14.18

(1) 讨论各区域光的偏振状态,用符号在图中表示;

(2) 计算各区域的光强.

**解** (1)①线偏振光,振动方向沿 $P_1$ 的偏振化方向;

②椭圆偏振光,椭圆的短轴沿 C 的光轴方向;

③线偏振光,振动方向沿 $P_2$ 的偏振化方向.

(2) $I_{①}=\dfrac{I_0}{2}$(不考虑吸收,自然光通过一偏振片后,光强降为二分之一)

$I_{②}=\dfrac{I_0}{2}$(不考虑吸收,四分之一波片不影响光强)

四分之一波片 $C_1$ 将线偏振光分为沿光轴振动的 e 光和垂直光轴振动的 o 光.在②区的光有以下特点.

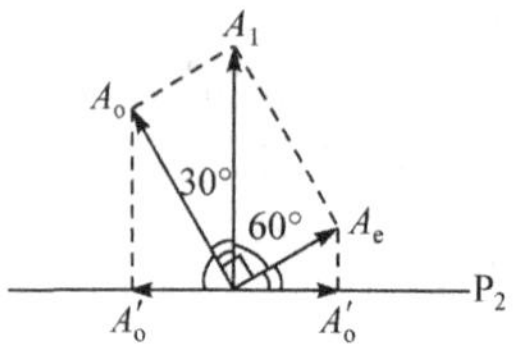

图 14.19

如图 14.19 所示,这一束光实际包含两个模式,两者频率相同,振动方向相互垂直,振幅分别为 $A_o=A_1\cos30°, A_e=A_1\cos60°$;相位差 $\Delta\varphi=\dfrac{\pi}{2}$.

通过偏振片 $P_2$ 后,两者沿 $P_2$ 偏振化方向振动分量成为同频率、同方向振动、相位差恒定的相干光.两光的振幅分别为

$$A'_o=A_1\cos30°\cos60°,\quad A'_e=A_1\cos60°\cos30°$$

光强

$$I'_o=I'_e=\frac{1}{2}A'^2_o=\frac{3}{32}A_1^2=\frac{3}{16}I_1$$

相位差

$$\Delta\varphi'=\frac{\pi}{2}+\pi=\frac{3\pi}{2}$$

所以③区相干光强

$$I=I'_o+I'_e+2\sqrt{I'_oI'_e}\cos\Delta\varphi'$$

$$=I'_o+I'_e=\frac{3}{8}I_1=\frac{3}{16}I_0$$

# 第 15 章　光与物质相互作用

## 【本章要点】

### 一、物质分子的电偶极子模型

组成物质的带电粒子在外来电磁波的作用下，形成受迫振荡的电偶极子. 偶极子的感生电偶极矩 $p$，可表示为

$$p = \alpha\varepsilon_0 E = \alpha\varepsilon_0 E_0 \cos\omega t$$

式中，$\alpha$ 为物质的分子极化率，$\varepsilon_0$ 为真空中介电常量，$E=E_0\cos\omega t$ 是作用在分子上的策动电场场强.

### 二、散射

光通过光学性质不均匀的介质时，一部分光波改变了传播方向，使人们可以从侧面看到光的现象.

**1. 瑞利散射**

不均匀的线度远小于光波长. 散射光强

$$I \propto \frac{1}{\lambda^4}$$

**2. 非选择性散射**

不均匀的线度与波长等介，或更大. 则散射光强与波长无关.

**3. 拉曼散射**

若分子的固有频率为 $\nu_0$，$\nu_0'$，$\nu''_0$，入射光频率为 $\nu$，则散射光的频率除了 $\nu$，还有 $\nu+\nu_0$，$\nu+\nu_0'$，$\nu+\nu''_0$，$\nu-\nu_0$，$\nu-\nu_0'$，$\nu-\nu''_0$. 前三个称紫伴线，后三个称为红伴线.

## 三、介质对光的吸收

**1. 光强遵守朗伯定律**

$$I=I_0 e^{-\beta x}$$

$\beta$ 称为吸收系数，$I_0$ 称为入射光强，$I$ 为传播了 $x$ 距离的光强.

**2. $\boldsymbol{\beta=\beta_a+\beta_s}$**

即吸收包括真吸收和散射两部分，故

$$I=I_0 e^{-(\beta_a+\beta_s)x}$$

## 四、光的色散

介质的折射率随入射光的频率而变化的现象.

**1. 正常色散**

折射率 $n$ 随波长 $\lambda$ 增加而单调下降.

**2. 反常色散**

吸收带两侧，靠长波一侧的折射率大于短波一侧的折射率.

# 【问题讨论】

**问题 1**　为什么说瑞利散射理论只适能用于稀薄气体?

**讨论**　因为瑞利散射理论研究散射光强时认为作用在分子上的光波的电场就是入射光波的电场 $E=E_0\cos\omega t$. 这种情况只有在单位体积中散射光的数目很少时才能成立. 否则周围其他分子的散射光也参与了策动电场，作用在某一分子上的有效电场就不仅是入射光波，后面的结果就偏离了瑞利理论的结果.

**问题 2**　为什么从点燃的香烟上冒出的烟是淡蓝色的，而吸烟者呼出的烟却是白色的?

**讨论**　点燃香烟上冒出的烟可以看作是小颗粒稀薄气体，其散射属瑞利散射. 由于瑞利散射光强中短波成分比长波多得多，所以散射光(即我们所看到烟的颜色)是淡蓝的. 吸烟者呼出的烟是经过口腔、气管、肺等器官，烟中带了大量的水汽，此时的散射颗粒较大，属非选择性散射，故看起来呈白色.

**问题 3**　在没有大气层的太空看到的天空是什么颜色? 为什么?

**讨论**　我们在地球上看到天空是蓝色的，原因是大气层的瑞利散射. 没有大气层的散射、人们无法从侧面看到光所以太空见到的天空是黑色的.

## 【习题解答】

**15.1**　设强度相同、波长分别为 253.6nm 和 546.1nm 的两束光沿同一方向入射到同一介质中，求瑞利散射光强之比.

**解**　瑞利散射光强 $I_S \propto I_0\omega^4(\cos^2\Psi+1)$，其中 $I_0$ 为入射光强，$\omega$ 为入射光角频率，$\Psi$ 为散射角.

根据本题条件

$$\frac{I_{S1}}{I_{S2}}=\left(\frac{\omega_1}{\omega_2}\right)^4=\left(\frac{\lambda_2}{\lambda_1}\right)^4=\left(\frac{546.1}{253.6}\right)^4=21.5$$

**15.2**　太阳光从一小孔射入暗室，室内的人分别在垂直于光传播方向和与光传播方向成 45°方向处测量散射光强，假如散射是瑞利散射，两次测量值的比值是多少？

**解**　同上题 $I_S \propto I_0\omega^4(\cos\Psi+1)$. 由题意

$$\frac{I_S(\Psi=90^\circ)}{I_S(\Psi=45^\circ)}=\frac{1}{(\cos^2 45^\circ+1)}=\frac{2}{3}$$

**15.3**　一束光通过介质，用偏振片和光强计进行测量. 迎着光测量，偏振片的起偏方向竖直时光强最大，偏振片的起偏方向水平时光强为 0. 再从侧面测量散射光，偏振片的起偏方向竖直时的光强与偏振片的起偏方向水平时的光强的比值为 20∶1. 试计算散射光的退偏振度.

**解**　设入射光的偏振度为 $I$. 散射光的偏振度

$$P=\frac{I_M-I_m}{I_M+I_m}=\frac{20-1}{20+1}=\frac{19}{21}$$

由定义，退偏振度

$$\Delta=1-P=\frac{2}{21}\approx 9.52\%$$

**15.4**　苯($C_6H_6$)的拉曼散射中测得一组谱线与入射光的波数$\left(\frac{1}{\lambda}\right)$差为 $607\text{cm}^{-1}$、$1178\text{cm}^{-1}$若入射光是氩离子激光($\lambda=488.0$nm)，计算各斯托克斯线与反斯托克斯线的波长.

**解**　设拉曼散射光的波长为 $\lambda'$，则入射光与散射光的波数差 $\Delta$ 为

$$\Delta=\pm\left(\frac{1}{\lambda}-\frac{1}{\lambda'}\right)$$

$$\lambda' = \frac{1}{\frac{1}{\lambda} \mp \Delta}$$

式中,“－”号相应于斯托克斯线(红伴线),“＋”号相应于反斯托克斯线(紫伴线).

当 $\Delta_1 = 607\text{cm}^{-1}$ 时

红伴线波长 $\lambda_1' = \dfrac{10^7}{\dfrac{10^7}{488} - 607} = 502.9(\text{nm})$

紫伴线波长 $\lambda''_1 = \dfrac{10^7}{\dfrac{10^7}{488} + 607} = 474.0(\text{nm})$

同理,当 $\Delta_2 = 1178\text{cm}^{-1}$ 时

红伴线波长 $\lambda_2' = \dfrac{10^7}{\dfrac{10^7}{488} - 1178} = 517.8(\text{nm})$

紫伴线波长 $\lambda''_2 = \dfrac{10^7}{\dfrac{10^7}{488} + 1178} = 461.5(\text{nm})$

**15.5** 一玻璃管长 3.50m,内贮标准大气压下的某种气体.若在此条件下气体的吸收系数 $\beta = 0.1650\text{m}^{-1}$,求透射光强与入射光强之比.

**解** 根据朗伯定律 $I = I_0 e^{-\beta l}$,则

$$\frac{I}{I_0} = e^{-\beta l} = e^{-0.165\times3.5} = 0.561 = 56.1\%$$

**15.6** 介质对某种准单色光的真吸收系数 $\beta_a = 0.32\text{cm}^{-1}$,两次测得透射光强分别是入射光强的 10%、50%,求相应介质的厚度.

**解** 根据朗伯定律得

$$\frac{I}{I_0} = e^{-\beta_a x}$$

$$x = -\frac{\ln\frac{I}{I_0}}{\beta_a}$$

当 $\dfrac{I}{I_0} = 0.1, x = -\dfrac{\ln 0.1}{0.32} \approx 7.2(\text{cm})$;当 $\dfrac{I}{I_0} = 0.5, x = -\dfrac{\ln 0.5}{0.32} \approx 2.17(\text{cm})$

**15.7** 一个长为 30cm 的管子中有含烟气体时能透过 60%的光,将烟除净后能透过 92%的光.假设烟粒对光只散射不吸收,求烟的散射系数和气体的吸收系数.

**解** 设散射造成的光强衰减也遵守朗伯定律,则可把有烟时的总吸收系数 $\beta$

分解成真吸收系数 $\beta_\alpha$ 和散射系数 $\beta_s$，即

$$\beta = \beta_\alpha + \beta_s$$

根据题意

$$\frac{I_1}{I_0} = e^{-0.30\beta} = 0.6 \tag{1}$$

$$\frac{I_2}{I_0} = e^{-0.30\beta_\alpha} = 0.92 \tag{2}$$

由式(2)解得气体的吸收系数

$$\beta_\alpha = -\frac{\ln 0.92}{0.30} \approx 0.278(\mathrm{m}^{-1})$$

由式(1)解得

$$\beta = 1.703\mathrm{m}^{-1}$$

故烟的散射系数

$$\beta_s = \beta - \beta_\alpha = 1.703 - 0.278 = 1.425(\mathrm{m}^{-1})$$

# 第 16 章　气体动理论

## 【本章要点】

### 一、基本概念

**1. 物质聚集态，宏观量与微观量**

物质聚集态：大量分子、原子或其他粒子，在一定条件（温度和压强）下，聚集为一种稳定的结构时，称为物质的聚集态.

宏观量：描述系统宏观态的物理量.

微观量：描述一个微观粒子运动状态的物理量.

**2. 温度**

决定一个系统能否与其他系统处于热平衡的宏观性质. 处于热平衡的各系统温度相等.

**3. 热平衡**

由导热板隔开（或直接接触）的两个系统达到一个共同的平衡态时，这两个系统达到热平衡.

**4. 平衡态**

在不受外界影响的条件下，一个系统的宏观性质不随时间改变的状态.

**5. 物质的微观模型**

(1) 宏观物体是由大量分子组成的，分子间存在间隙.

(2) 分子都在不停地作无规则运动. 运动的剧烈程度与物体的温度有关.

(3) 分子之间有相互作用.

**6. 理想气体的微观模型**

(1) 分子本身大小与它们之间的平均距离相比可忽略不计.

(2) 除碰撞外,分子间的相互作用力可以忽略不计. 在两次碰撞之间,分子作匀速直线运动.

## 二、热力学第零定律和理想气体温标

如果系统 $A$ 和系统 $B$ 分别都与系统 $C$ 的同一状态处于热平衡,那么当 $A$ 和 $B$ 接触时,它们也必处于热平衡. 此定律所概括的实验事实,是引入温度概念的基础.

$$pV \propto T, \quad T_3 = 273.15\text{K} \quad (\text{和热力学温标一致})$$

## 三、气体运动的统计规律

### 1. 麦克斯韦速率分布律

(1) 速率分布函数.

$$f(v) = \frac{\mathrm{d}N}{N\mathrm{d}v}$$

表示在速率 $v$ 附近单位速率区间内的平均分子数占总分子数的百分比;对一个分子而言,表示其速率出现在 $v$ 附近单位速率区间的概率. 式

$$f(v)\mathrm{d}v = \frac{\mathrm{d}N}{N}$$

表示速率在 $v \sim v+\mathrm{d}v$ 区间内的分子数占总分子数的百分比;对一个分子,表示其速率出现在 $v \sim v+\mathrm{d}v$ 区间内的概率.

(2) 麦克斯韦速率分布律.

理想气体处于温度为 $T$ 的平衡态时,其速率分布函数为

$$f(v) = \frac{\mathrm{d}N}{N\mathrm{d}v} = \left(\frac{m}{2\pi kT}\right)^{3/2} \mathrm{e}^{-\frac{mv^2}{2kT}} \cdot 4\pi v^2$$

式中,$m$ 为分子质量;$k$ 为玻尔兹曼常量.

(3) 三种速率.

最概然速率:速率分布函数取极大值时所对应的速率.

$$v_p = \sqrt{\frac{2kT}{m}} \approx 1.41\sqrt{\frac{RT}{\mu}}$$

其中,$\mu = N_A m$,即摩尔质量.

平均速率:气体分子速率的统计平均值

$$\bar{v} = \int_0^\infty vf(v)\mathrm{d}v = \sqrt{\frac{8kT}{\pi m}} \approx 1.60\sqrt{\frac{RT}{\mu}}$$

方均根速率

$$\sqrt{\overline{v^2}}=\left[\int_0^{\infty} v^2 f(v)\mathrm{d}v\right]^{1/2}=\sqrt{\frac{3kT}{m}}\approx 1.73\sqrt{\frac{RT}{\mu}}$$

**2. 理想气体压强公式**

$$p=nkT=\frac{2}{3}n\left(\frac{3}{2}kT\right)=\frac{2}{3}n\bar{\varepsilon}_t$$

**3. 温度的统计意义**

$$\frac{3}{2}kT=\frac{1}{2}m\overline{v^2}$$

上式说明,温度是气体分子平均平动动能的量度,这就是温度的统计意义.

**4. 玻尔兹曼分布律**

(1) 处于平衡态的理想气体分子状态在 $\Omega$ 附近 $\mathrm{d}\Omega$ 区间内的平均分子数为

$$\mathrm{d}N\propto \mathrm{e}^{-\frac{\varepsilon}{kT}}\mathrm{d}\Omega$$

式中,$\varepsilon$ 为处于这种状态的分子能量;$\mathrm{e}^{-\frac{\varepsilon}{kT}}$称为玻尔兹曼因子.

(2) 重力场中粒子数按高度的分布

$$n=n_0\mathrm{e}^{-\frac{mgh}{kT}}$$

式中,$n_0$ 为 $h=0$ 处的分子数密度.

## 四、能量均分定理

**1. 自由度**

确定一个力学系统的位置所需要的独立坐标的数目.

分子的自由度:单原子分子 $i=3$;刚性双原子分子 $i=5$;刚性多原子分子$i=6$.

**2. 能量均分定理**

处于平衡态的理想气体,分子的动能对于每一个自由度的平均值等于$\frac{1}{2}kT$,分子内部原子的每一个振动自由度对应的平均势能也是$\frac{1}{2}kT$.

**3. 理想气体的内能**

1mol 理想气体的内能为

$$u = N_A\bar{\varepsilon} = \frac{1}{2}(t + r + 2s)RT$$

式中，$t$ 为平动自由度；$r$ 为转动自由度；$s$ 为振动自由度. 常温下气体分子的振动可以不考虑；即把气体分子视为刚性分子. 此时分子的自由度 $i=t+r$，所以理想气体的内能可表示为

$$u=\frac{i}{2}RT=\frac{1}{2}(t+r)RT \qquad (i=t+r)$$

## 五、范德瓦耳斯方程

1 mol 实际气体的状态方程可写成

$$\left(p + \frac{a}{V_{\mathrm{mol}}^2}\right)(V_{\mathrm{mol}} - b) = RT$$

式中，$a$，$b$ 是与气体种类有关的常数；$V_{\mathrm{mol}}$为 1mol 实际气体的体积.

对质量为 $M$ 的气体应写成

$$\left(p + \frac{M^2}{\mu^2}\frac{a}{V^2}\right)\left(V - \frac{M}{\mu}b\right) = \frac{M}{\mu}RT$$

## 六、平均碰撞频率和平均自由程

### 1. 平均碰撞频率

一个分子每秒钟与别的分子平均碰撞次数

$$\bar{Z} = \sqrt{2}\pi d^2 n\bar{v}$$

式中，$d$ 为分子的有效直径；$n$ 为分子数密度；$\bar{v}$ 为分子的平均速率.

### 2. 平均自由程

分子在连续两次碰撞之间飞行的平均距离.

$$\bar{\lambda}=\frac{\bar{v}}{\bar{Z}}=\frac{1}{\sqrt{2}\pi d^2 n}=\frac{kT}{\sqrt{2}\pi d^2 p}$$

# 【问题与讨论】

**问题 1**　让金属棒的一端插入冰水混合的容器内，另一端与沸水接触，待一段时间后，棒上各处的温度不随时间变化，这时金属棒是否处于平衡态？为什么？

**讨论**　此时金属棒不处于平衡态. 因为平衡态是指孤立系统经过相当长的时

间后,其各种宏观性质不再发生变化的状态.此时金属棒处于稳定状态是在外界维持下(即冰水混合容器和沸水),使热传导不断进行的情况下实现的.因此金属棒不是孤立系,此时棒上各处温度不变,但金属棒并没有统一的温度,热力学把这种状态称为定态,它不是热平衡态.

**问题 2** 对理想气体加热时,第一次得到压强和绝对温度的关系曲线如图 16.1,第二次得到体积与绝对温度的关系曲线如图 16.2 所示.分析第一种情况下气体体积如何变化?分析第二种情况下气体压强如何变化?

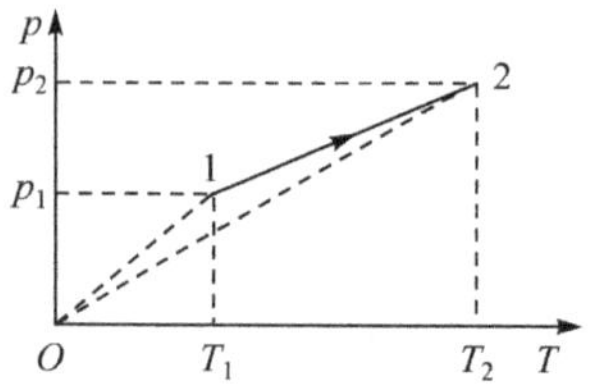


图 16.1

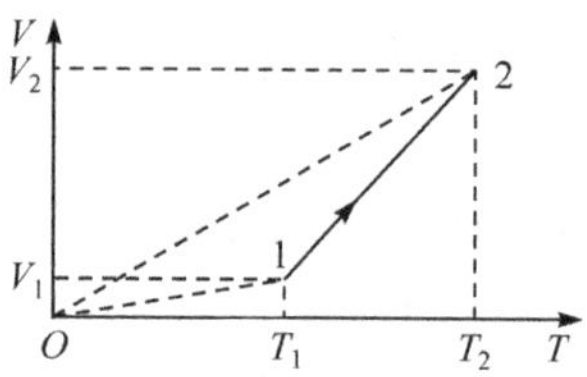


图 16.2

**讨论** 连接图 16.1 中的 $O1$ 及 $O2$ 两线,由图可知这两条直线的斜率有如下关系:

因为

$$\frac{p_1}{T_1} > \frac{p_2}{T_2}$$

又因为

$$\frac{p_1 V_1}{T_1} = \frac{p_2 V_2}{T_2}$$

所以

$$V_1 < V_2 \quad (\text{即气体体积增大})$$

连接图 16.2 中 $O1$ 及 $O2$ 直线,比较两直线的斜率有

$$\frac{V_1}{T_1} < \frac{V_2}{T_2}$$

所以,$p_1 > p_2$(即气体压强减小).

**问题 3** 有人说 $\int_{v_1}^{v_2} vf(v)\mathrm{d}v$ 表示在 $v_1 \sim v_2$ 区间分子的平均速率,这种说法正确吗?

**讨论** 这种说法是不正确的.

从平均速率计算公式出发

$$\bar{v}_{v_1 \sim v_2} = \int_{v_1}^{v_2} v\mathrm{d}P'$$

$\mathrm{d}P'$代表分子在 $v_1 \sim v_2$ 区间内分布在 $v \sim v+\mathrm{d}v$ 范围内的概率，即 $\mathrm{d}P' = \dfrac{\mathrm{d}N}{N'}$，$N'$代表在 $v_1 \sim v_2$ 区间内的分子总数. 故

$$\bar{v}_{v_1 \sim v_2} = \int_{v_1}^{v_2} v \frac{\mathrm{d}N}{N'} = \int_{v_1}^{v_2} v \frac{\frac{\mathrm{d}N}{N}}{\frac{N'}{N}} = \frac{\int_{v_1}^{v_2} v \frac{\mathrm{d}N}{N}}{\frac{N'}{N}}$$

$N$ 代表在 $0 \sim \infty$区间内分子总数，$\dfrac{\mathrm{d}N}{N} = f(v)\mathrm{d}v$，$\dfrac{N'}{N}$代表分子分布在 $v_1 \sim v_2$ 内的概率，$\dfrac{N'}{N} = \int_{v_1}^{v_2} f(v)\mathrm{d}v$，即

$$\bar{v}_{v_1 \sim v_2} = \frac{\int_{v_1}^{v_2} v f(v)\mathrm{d}v}{\int_{v_2}^{v_2} f(v)\mathrm{d}v}$$

有人从分子平均速率的公式

$$\bar{v} = \int_0^{\infty} v f(v)\mathrm{d}v$$

就想当然地推出 $\int_{v_1}^{v_2} v f(v)\mathrm{d}v$ 表示 $v_1 \sim v_2$ 区间分子的平均速率，这是错误的.

**问题 4**　是否可以说“具有某一速率的分子有多少个？速率刚好为最概然速率的分子数与总分子数之比是多少”？

**讨论**　不可以. 因为气体分子是以各种可能速率运动着的，我们只能按速率区间将分子分类来统计，比如说，在 $v \sim v+\mathrm{d}v$ 区间的平均分子数为 $Nf(v)\mathrm{d}v$，这是一类分子，我们认为这类分子近似的具有相同的速率. 而谈论具有某一确定速率的分子有多少个是根本没有意义的. 另外，从速率分布函数的曲线所代表的物理意义也可以看出，图中任一区间 $v \sim v+\mathrm{d}v$ 内曲线下的窄条面积表示速率分布在这区间内分子数占总分子数的比率，而某一确定速率对应的是一条直线. 因此，我们不能说具有某一确定速率的分子有多少个. 同样，我们也不能说“速率刚好为最概然速率的分子数与总分子数之比是多少”.

**问题 5**　最概然速率是否就是分子速率分布中最大速率值？

**讨论**　否. 最概然速率不是分子速率分布中的最大速率值. “最概然”的意思是发生的可能性最大. 如果把整个速率范围分成许多相等的小区间，则分布在最概然速率所在区间的分子比率最大. 而分子速率分布中最大速率应是无穷大.

**问题 6**　判断下述论断是否正确“最概然速率相同的两种不同气体，它们的速率分布曲线一定相同.”

**讨论**　正确. 麦克斯韦速率分布函数

$$f(v)=4\pi\left(\frac{m}{2\pi kT}\right)^{3/2}e^{-\frac{mv^2}{2kT}}v^2$$

$$v_p=\sqrt{\frac{2kT}{m}}$$

将分布函数 $f(v)$变形,用 $v_p$ 表示为

$$f(v)=\frac{4}{\sqrt{\pi}}v_p^{-3}e^{-\left(\frac{v}{v_p}\right)^2}v^2$$

从上式可知,只要 $v_p$ 相同,$f(v)$就一定相同,与气体种类无关. 所以本题的论断是正确的.

**问题 7** 能量均分定理中,每一个振动自由度对应的平均能量是多少? 为什么?

**讨论** 与每一个振动自由度对应的平均能量包括平均振动动能和平均势能. 由振动学可知,谐振动在一个周期内的平均动能和平均势能是相等的. 由于分子内原子的振动可以近似看作简谐振动,所以对于每一个振动自由度,分子除了具有$\frac{1}{2}kT$平均动能外,还具有$\frac{1}{2}kT$ 平均势能. 因此,每一个振动自由度对应的平均能量应是 $kT$.

分子之间的作用力是一种保守力,与这种保守力有关的势能就是分子间的相互作用势能. 对于理想气体,由于忽略了分子力作用,分子间相互作用势能为零,但分子内部原子之间的相互作用却不能忽略. 如果忽略这种力,那么分子就要解体了. 分子的振动就是在分子内部原子之间的相互作用的支配下原子之间的相对运动,因此,理想气体忽略了分子之间的相互作用势能,却必须考虑分子内部原子之间的相互作用势能,即分子振动势能.

**问题 8** 如果把盛有气体的密封绝热容器放在汽车上,而汽车作匀速直线运动,则此时气体的温度与汽车静止时是否一样? 如果汽车突然刹车,容器内的温度是否会变化?

**讨论** 从微观角度看,温度是分子热运动平均平动动能的量度,与定向运动无关. 容器随汽车作定向运动时,容器内的分子热运动并无变化,和容器静止时比较,气体温度不会升高.

当容器随汽车突然停止时,气体分子作定向运动的动能通过气体分子与器壁以及分子之间的碰撞而转化为分子热运动动能,这样气体分子的平均动能就增加了,气体的温度将升高. 又由于容器的体积不变,因而气体的压强也将增大.

**问题 9** 试说明气体分子模型在气体分子动理学中讨论如下问题时,有何不同? (1) 内能公式;(2) 分子平均碰撞频率;(3) 范德瓦耳斯方程.

**讨论** (1) 在讨论气体分子内能时,除单原子分子外,一般分子的运动并不限于平动,还有转动和分子内部原子间的振动. 为了确定分子各种形式运动的能量,

要考虑分子的组成，因此分子的微观模型是由原子组成的，按每个分子所含原子数的多少分为单原子分子气体，双原子分子气体和多原子分子气体.

(2) 在研究分子碰撞时，由于分子间的碰撞实质是在分子力作用下分子相互间的散射过程. 这时，把分子看成具有一定体积的球.

(3) 克劳修斯和范德瓦耳斯考虑了分子自身体积以及分子间的相互作用力，把气体分子看做有相互吸引作用的刚球，将理想气体的压强加以修正，导出了范德瓦耳斯方程.

上面的几个例子说明，对于同种气体，应根据所研究的问题角度不同，建立相应的理想模型.

**问题 10**　范德瓦耳斯方程中$\left(p+\frac{a}{V_{mol}^2}\right)$和$(V_{mol}-b)$两项各有什么物理意义？其中 $p$ 表示的是理想气体压强，还是真实气体的压强？

**讨论**　范德瓦耳斯方程是在考虑了分子自身体积和分子间的引力对理想气体状态方程进行了两项修正后得出来的. 这两项修正分别是压强修正和体积修正.

1mol 理想气体状态方程

$$p'V'_{mol}=RT$$

$V'_{mol}$表示气体分子自由活动的空间，若不考虑分子自身的体积，它等于容器的容积 $V_{mol}$，当考虑气体分子的体积后，分子自由活动的空间减小为 $V_{mol}-b$，其中 $b$ 是与分子大小有关的一个常数.

$$V'_{mol}=V_{mol}-b$$

方程中 $p'$是不考虑分子间作用力情况下分子对器壁的压强，考虑分子间引力作用后气体对器壁的压强 $p$ 减小为 $p'-p_i$，其中 $p_i$ 为减小量，称为内压强.

$$p=p'-p_i\text{，所以 }p'=p+p_i$$

因此，在考虑了气体分子的自身体积和分子间的相互作用后，理想气体的状态方程中的 $p'$、$V'_{mol}$就应由$(p+p_i)$、$(V_{mol}-b)$来代替，即

$$(p+p_i)(V_{mol}-b)=RT$$

其中内压强 $p_i=\frac{a}{V_{mol}^2}$，$a$ 是反映分子间相互作用力的常数.

上面的讨论可以看出，范德瓦耳斯方程中的$\left(p+\frac{a}{V_{mol}^2}\right)$及$(V_{mol}-b)$表示考虑了分子间相互作用力及分子自身体积后折合成为理想气体的压强和体积，式中 $p$、$V_{mol}$分别表示实际气体的压强和体积.

**问题 11**　推导压强公式时，为什么可以不考虑气体分子间的碰撞？

**讨论**　分子在向器壁运动的过程中，可能有与其他分子碰撞而被折回的情形，但这种情形的存在并不影响讨论的结果. 因为就大量分子的统计效果来讲，当速度

为 $\boldsymbol{v}_i$ 的分子因碰撞而速度发生改变时，必然有其他分子因碰撞而具有 $\boldsymbol{v}_i$ 的速度，也就是说只要气体处于平衡态，单位时间内具有多少分子因碰撞而改变运动方向，也必然有多少分子来补充，使速率分布不随时间变化.

**问题 12** 恒压下加热理想气体，则气体分子的平均自由程和平均碰撞频率将如何随温度的变化而变化？怎样理解？

**讨论** 对于理想气体，$p=nkT$，其中 $n$ 为分子的数密度，分子的平均自由程

$$\bar{\lambda}=\frac{kT}{\sqrt{2}\pi d^2 p}\propto\frac{T}{p}$$

$$\bar{z}=\sqrt{2}\pi d^2 n\bar{v}=\sqrt{2}\pi d^2\frac{p}{kT}\sqrt{\frac{8kT}{\pi m}}\propto\frac{p}{\sqrt{T}}$$

若 $p$ 不变，则

$$\bar{\lambda}\propto T$$

$$\bar{z}\propto\frac{1}{\sqrt{T}}$$

即，恒压下，加热理想气体，分子的平均自由程随温度升高而增大，平均碰撞频率随温度升高而减小.

可以这样理解，因为 $p=nkT$，在恒压下，温度升高一方面使分子的数密度减小$\left(n\propto\frac{1}{T}\right)$，另一方面由于分子的平均速率增大($\bar{v}\propto\sqrt{T}$)，又使分子的碰撞频率增加，但分子数减小的速度要比平均速率增大的速度快，所以最终导致平均碰撞频率减小. 由于分子数密度 $n$ 减小，气体变得稀薄，因而平均自由程增大.

## 【习题解答】

**16.1** 定体气体温度计的测温气泡放入水的三相点管的槽内时，气体的压强为$6.65\times10^3$ Pa.

(1) 用此温度计测量 373.15K 的温度时，气体的压强是多大？

(2) 当气体压强为 $2.20\times10^3$ Pa 时，待测温度是多少 K？多少℃？

**解** (1) 对定体气体温度计，由于体积不变，气体的压强与温度成正比，即

$$T_1/T_3=p_1/p_3$$

由此

$$p_1=p_3T_1/T_3=6.65\times10^3\times373.15/273.16\approx9.08\times10^3\ (\text{Pa})$$

(2) 同理

$$T_2=T_3p_2/p_3=273.16\times2.20\times10^3/(6.65\times10^3)$$
$$=90.4(\text{K})$$

$$=-182.8(℃)$$

**16.2** 一个大热气球的容积为 $2.1\times10^4\text{m}^3$，气球本身和负载质量共 $4.5\times10^3\text{kg}$，若其外部空气温度为20℃，要想使气球上升，其内部空气最低要加热到多少度？

**解** 以 $\rho_0$ 表示标准状况下空气的密度，$\rho_0=1.29\text{kg/m}^3$. 以 $\rho_1$ 和 $\rho_2$ 分别表示热气球外内空气的密度，则由于热气球外内压强相等(均取1atm)，所以有

$$\rho_1=\rho_0T_0/T_1,\rho_2=\rho_0T_0/T_2$$

由热气球所受浮力与负载重量平衡可得

$$(\rho_1-\rho_2)Vg=mg$$

即

$$\rho_0T_0\left(\frac{1}{T_1}-\frac{1}{T_2}\right)V=m$$

由此得内部空气所需的最低温度

$$\begin{aligned}T_2&=\frac{V\rho_0T_0T_1}{V\rho_0T_0-mT_1}\\&=\frac{2.1\times10^4\times1.29\times2.73\times293}{2.1\times10^4\times1.29\times273-4.5\times10^3\times293}\\&=357(\text{K})\\&=84(℃)\end{aligned}$$

**16.3** 某柴油机的气缸充满空气，压缩前，其中空气的温度为47℃，压强为 $8.61\times10^4\text{Pa}$. 当活塞急剧上升时，可把空气压缩到原体积的1/17，则压强增大到 $4.25\times10^6\text{Pa}$，求这时空气的温度(分别以K和℃表示).

**解** 压缩过程中气体质量不变，所以有

$$\frac{p_1V_1}{T_1}=\frac{p_2V_2}{T_2}$$

由此得

$$T_2=\frac{p_2V_2T_1}{p_1V_1}=\frac{4.25\times10^6\times V_1\times320}{8.61\times10^4\times V_1\times17}=929(\text{K})=656(℃)$$

**16.4** 一次化学实验中，在压强为 $8.0\times10^4\text{Pa}$，温度为27℃时，收集到氧气 $1\times10^{-3}\text{m}^3$. 问在标准状态下这些氧气占有多大体积？

**解** 把氧气看作理想气体，则因

$$p_1=8.0\times10^4\text{Pa},\quad T_1=300.15\text{K},\quad V_1=1\times10^{-3}\text{m}^3$$

$$p_2=1.013\times10^5\text{Pa},\quad T_2=273.15\text{K}$$

故有

$$\begin{aligned}V_2&=\frac{p_1V_1}{T_1}\times\frac{T_2}{p_2}\\&=\frac{8.0\times10^4\times1\times10^{-3}}{300.15}\times\frac{273.15}{1.013\times10^5}\end{aligned}$$

$$=7.19\times10^{-4}(\mathrm{m}^3)$$

**16.5** 温度为 27℃时，1mol 氦气、氢气和氧气各有多少内能？1g 的气体各有多少内能？

**解** He：1mol　$E_m=\frac{3}{2}RT=1.5\times8.31\times300=3.74\times10^3(\mathrm{J})$

1g　$E=U/4=9.35\times10^2\mathrm{J}$

$H_2$：1mol　$E_m=\frac{5}{2}RT=2.5\times8.31\times300=6.23\times10^3(\mathrm{J})$

1g　$E=U/2=3.12\times10^3\mathrm{J}$

$O_2$：1mol　$E_m=\frac{5}{2}RT=6.23\times10^3\mathrm{J}$

1g　$E=U/32=1.95\times10^2\mathrm{J}$

**16.6** 一篮球充气后，其中有氮气 8.5g，温度为 17℃，在空中以 65km/h 高速飞行. 求：

(1) 一个氮分子(设为刚性分子)的热运动平均平动动能、平均转动动能和平均总动能；

(2) 球内氮气的内能；

(3) 球内氮气的轨道动能.

**解** (1) $\bar{\varepsilon}_t=\frac{t}{2}kT=\frac{3}{2}\times1.38\times10^{-23}\times(273+17)=6.00\times10^{-21}(\mathrm{J})$

$$\bar{\varepsilon}_r=\frac{r}{2}kT=\frac{2}{2}\times1.38\times10^{-23}\times(273+17)=4.00\times10^{-21}(\mathrm{J})$$

$$\bar{\varepsilon}_k=\frac{i}{2}kT=\frac{5}{2}\times1.38\times10^{-23}\times(273+17)=10.00\times10^{-21}(\mathrm{J})$$

(2)　$E=\frac{i}{2}\nu RT=\frac{5}{2}\times\frac{8.5}{28}\times8.31\times290=1.83\times10^3(\mathrm{J})$

(3)　$E_k=\frac{1}{2}mv^2=\frac{1}{2}\times8.5\times10^{-3}\times\left(\frac{65\times10^3}{3600}\right)^2=1.39(\mathrm{J})$

**16.7** 在一个具有活塞的容器中盛有一定量的气体，如果压缩气体并对它加热，使它的温度由 27℃升到 127℃，体积减少一半，问

(1) 气体压强变化多少？

(2) 这时气体分子的平均平动动能变化多少？

(3) 分子的方均根速率变化多少？

**解** (1) 法 1　由 $p=nkT$ 且总分子数不变，则

$$p_1=\frac{N}{V_1}kT_1,\quad p_2=\frac{N}{V_2}kT_2$$

其中 $T_1=27+273=300(\mathrm{K})$，$T_2=400\mathrm{K}$，$V_2=\dfrac{V_1}{2}$，则

$$\frac{p_2}{p_1}=\frac{T_2V_1}{T_1V_2}=\frac{2T_2}{T_1}=\frac{2\times400}{300}=2.67$$

法2　由 $pV=\dfrac{M}{\mu}RT$ 且一定量的气体，$\dfrac{M}{\mu}$不变，则

$$p_1V_1=\frac{M}{\mu}RT_1;\ p_2V_2=\frac{M}{\mu}RT_2$$

由题 $T_1=300\mathrm{K}$，$T_2=400\mathrm{K}$，$V_2=\dfrac{V_1}{2}$，则

$$\frac{p_2}{p_1}=\frac{\dfrac{T_2}{T_1}}{\dfrac{V_2}{V_1}}=\frac{\dfrac{4}{3}}{\dfrac{1}{2}}=\frac{8}{3}=2.67$$

(2) $\bar{\varepsilon}_t=\dfrac{3}{2}kT$，则

$$\frac{\bar{\varepsilon}_{t2}}{\bar{\varepsilon}_{t1}}=\frac{T_2}{T_1}=\frac{400}{300}=\frac{4}{3}=1.33$$

(3) $\sqrt{\overline{v_2}}=\sqrt{\dfrac{3RT}{\mu}}$，则

$$\frac{\sqrt{\overline{v_2^2}}}{\sqrt{\overline{v_1^2}}}=\sqrt{\frac{T_2}{T_1}}=\sqrt{\frac{4}{3}}=1.15$$

**16.8**　储有氧气的容器以速率 $v=100\mathrm{m/s}$ 运动. 假设该容器突然停止，全部定向运动的动能都变为气体分子热运动的动能，问容器中氧气的温度将会上升多少？

**解**　容器内氧气分子的全部定向运动的动能为

$$E_k=\frac{1}{2}Mv^2$$

而容器内氧分子因为容器突然停止而获得的内能

$$\Delta E=\frac{i}{2}\nu R\Delta T=\frac{5}{2}\frac{M}{\mu}R\Delta T$$

由题 $E_k=\Delta E$，得

$$\Delta T=\frac{\mu v^2}{5R}=\frac{32\times10^{-3}\times(100)^2}{5\times8.31}=7.7(\mathrm{K})$$

**16.9**　(1) 气体分子速率与最概然速率之差不超过1%的分子占全部分子的百分之几？

(2) 设氢气的温度为300K，求速率在 $3000\mathrm{m}\cdot\mathrm{s}^{-1}$ 到 $3010\mathrm{m}\cdot\mathrm{s}^{-1}$ 之间的分子

数 $n_1$ 与速率在 1500m · $s^{-1}$到 1510m · $s^{-1}$之间的分子数 $n_2$ 之比.

**解** 速率在 $v_1 \sim v_2$ 之间的分子数占总分子数的百分比

$$\frac{\Delta N}{N} = \int_{v_1}^{v_2} f(v)\,\mathrm{d}v$$

这里

$$f(v) = 4\pi\left(\frac{m}{2\pi kT}\right)^{3/2} v^2 \mathrm{e}^{-mv^2/(2kT)}$$

$$= \frac{4}{\sqrt{\pi}}\frac{v^2}{v_p^3}\mathrm{e}^{-v^2/v_p^2}$$

(1) 由题 $v=v_p$ 附近,且之差不超过 1%的分子数占总分子的百分比为

$$\frac{\Delta N}{N} = 2\cdot\int_{v_p}^{1.01v_p} f(v)\,\mathrm{d}v = 2\times f(v)\times 0.01v_p$$

$$= 0.02\times\frac{4}{\sqrt{\pi}}\left(\frac{v}{v_p}\right)^2 \mathrm{e}^{-\left(\frac{v}{v_p}\right)^2}$$

$$= 0.02\times\frac{4}{\sqrt{\pi}}\times \mathrm{e}^{-1} = 1.66\%$$

(2)
$$\frac{\Delta N}{N} \doteq f(v)\cdot\Delta v$$

$$= 4\pi\left(\frac{\mu}{2\pi RT}\right)^{3/2} v^2 \mathrm{e}^{-\mu v^2}/(2RT)\cdot\Delta v$$

由题

$$n_1 = 4\pi\left(\frac{\mu}{2\pi RT}\right)^{3/2} \mathrm{e}^{-\frac{\mu}{2RT}\cdot v_1^2}\cdot v_1^2\cdot\Delta v$$

$$n_2 = 4\pi\left(\frac{\mu}{2\pi RT}\right)^{3/2} \mathrm{e}^{-\frac{\mu}{2RT}\cdot v_2^2}\cdot v_2^2\cdot\Delta v$$

这里

$$v_1 = 3000\mathrm{m/s},\quad v_2 = 1500\mathrm{m/s},\quad \Delta v = 10\mathrm{m/s}$$

则

$$\frac{n_1}{n_2} = \left(\mathrm{e}^{-\frac{\mu}{2RT}\cdot v_1^2}\Big/\mathrm{e}^{-\frac{\mu}{2RT}\cdot v_2^2}\right)\cdot\left(\frac{v_1}{v_2}\right)^2$$

$$= \mathrm{e}^{-\frac{\mu}{2RT}(v_1^2-v_2^2)}\cdot\left(\frac{v_1}{v_2}\right)^2$$

$$= \mathrm{e}^{-\frac{0.002}{2\times 8.31\times 300}(3000^2-1500^2)}\times\left(\frac{3000}{1500}\right)^2$$

$$= 0.27$$

**16.10**　有 $N$ 个粒子,其速率分布函数为

$$\begin{cases} f(v)=\dfrac{dN}{Ndv}=C & (0\leqslant v\leqslant v_0) \\ f(v)=0 & (v>v_0) \end{cases}$$

(1) 作速率分布曲线;

(2) 由 $N$ 及 $v_0$ 求常数 $C$;

(3) 求粒子平均速率.

**解**　(1) 速率分布曲线如图 16.3 所示.

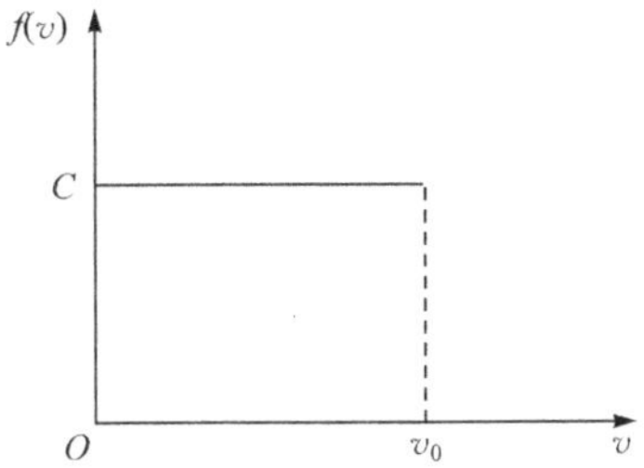

图 16.3

(2) 由归一化条件

$$\int_0^\infty f(v)dv=\int_0^{v_0}Cdv=Cv_0=1$$

所以

$$C=\frac{1}{v_0}$$

(3)
$$\bar{v}=\int_0^\infty f(v)vdv=\int_0^{v_0}\frac{1}{v_0}vdv=\frac{v_0}{2}$$

**16.11**　有 $N$ 个粒子,其速率分布函数为

$$\begin{cases} f(v)=av/v_0 & (0\leqslant v\leqslant v_0) \\ f(v)=a & (v_0\leqslant v\leqslant 2v_0) \\ f(v)=0 & (v>2v_0) \end{cases}$$

(1) 作速率分布曲线并求常数 $a$;

(2) 分别求速率大于 $v_0$ 和小于 $v_0$ 的粒子数;

(3) 求粒子的平均速率.

**解**　(1) 速率分布曲线如图 16.4 所示. 由归一化条件

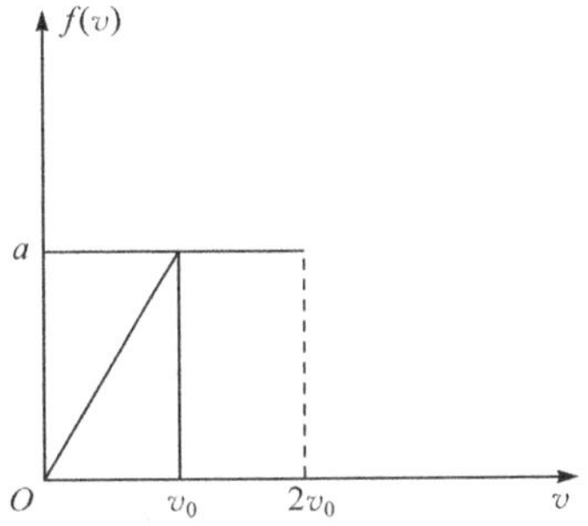

图 16.4

$$\int_0^\infty f(v)dv=\int_0^{v_0}\frac{av}{v_0}dv+\int_{v_0}^{2v_0}adv$$

$$=\frac{a}{2v_0}\cdot v_0^2+av_0=\frac{3}{2}av_0=1$$

可得

$$a=\frac{2}{3v_0}$$

(2) $v>v_0$ 的分子数为

$$\Delta N_1=\int_{v_0}^\infty dN=\int_{v_0}^\infty Nf(v)dv=\int_{v_0}^{2v_0}N\cdot adv=\frac{2}{3}N$$

$v<v_0$ 的分子数为

$$\Delta N_2 = N - \Delta N_1 = N - \frac{2}{3}N = \frac{1}{3}N$$

(3)
$$\bar{v} = \int_0^{\infty} vf(v)\mathrm{d}v = \int_0^{v_0} v\frac{av}{v_0}\mathrm{d}v + \int_{v_0}^{2v_0} va\,\mathrm{d}v = \frac{11}{9}v_0$$

**16.12** 在 300K 时,空气中速率在(1) $v_p$ 附近;(2) $10v_p$ 附近,单位速率区间($\Delta v=1\mathrm{m/s}$)的分子数占总分子数的百分比各是多少?平均来讲,$10^5$ mol 的空气中这区间的分子数又各是多少?(空气的摩尔质量按 29g/mol 计算.)

**解** 麦克斯韦速率分布为

$$\frac{\Delta N}{N} = 4\pi\left(\frac{m}{2\pi kT}\right)^{3/2} \mathrm{e}^{-\frac{mv^2}{2kT}} \cdot v^2 \cdot \Delta v$$

$$= \frac{4}{\sqrt{\pi}}\frac{v^2}{v_p^3}\mathrm{e}^{-\frac{v^2}{v_p^2}} \cdot \Delta v$$

当 $T=300\mathrm{K}$ 时,空气的最概然速率为

$$v_p = \sqrt{\frac{2kT}{m}} = \sqrt{\frac{2RT}{\mu}} = \sqrt{\frac{2\times 8.31\times 300}{29\times 10^{-3}}} \approx 415(\mathrm{m/s})$$

对 $\Delta v=1\mathrm{m/s}$,

(1) 在 $v=v_p$ 附近

$$\left(\frac{\Delta N}{N}\right)_1 = \frac{4}{\sqrt{\pi}}\frac{v_p^2}{v_p^3}\mathrm{e}^{-\frac{v_p^2}{v_p^2}} \cdot \Delta v = \frac{4}{\sqrt{\pi}}\times\frac{1}{415}\mathrm{e}^{-1}\times 1 = 0.002 = 0.2\%$$

(2) 在 $v=10v_p$ 附近

$$\left(\frac{\Delta N}{N}\right)_2 = \frac{4}{\sqrt{\pi}}\frac{(10v_p)^2}{v_p^3}\mathrm{e}^{-\left(\frac{10v_p}{v_p}\right)^2} \cdot \Delta v$$

$$= \frac{4}{\sqrt{\pi}}\times\frac{100}{415}\times\mathrm{e}^{-100}\times 1 = 2.0\times 10^{-44} = 2.0\times 10^{-42}\%$$

在 $10^5$ mol 的空气中,在 $v_p$ 附近,$\Delta v=1\mathrm{m/s}$ 区间的分子数为 $N\times\left(\frac{\Delta N}{N}\right)_1 = 10^5\times 6.02\times 10^{23}\times 0.2\% = 1.2\times 10^{26}$(个);在 $10v_p$ 附近,$\Delta v=1\mathrm{m/s}$ 区间的分子数为

$$N\times\left(\frac{\Delta N}{N}\right)_2 = 10^5\times 6.02\times 10^{23}\times 2\times 10^{-42}\% = 1.2\times 10^{-15} = 0(\text{个})$$

**16.13** 设地球大气是等温的,温度 $t=5℃$. 海平面上的气压 $p_0=1.0\times 10^5\mathrm{Pa}$. 今测得某山顶的气压为 $p=0.78\times 10^5\mathrm{Pa}$,求山高. 空气的摩尔质量按 29g/mol 计.

**解** 由气体的压强公式

$$p = p_0\mathrm{e}^{-\frac{\mu gh}{RT}}$$

可得

$$h=\frac{RT}{\mu g}\ln\frac{p_0}{p}=\frac{8.31\times(273+5)}{29\times10^{-3}\times9.8}\ln\frac{1}{0.78}=2.02\times10^3(\text{m})$$

**16.14**　容器容积为 20L，其中装有 1.1kg 的 $CO_2$ 气体，温度为 13℃，试用范德瓦耳斯方程求气体的压强并与理想气体物态方程求出的结果作比较. 这时 $CO_2$ 气体的内压强多大(取 $a=3.64\times10^5\text{Pa}\cdot\text{L}^2/\text{mol}^2$，$b=0.04271\text{L/mol}$)？

**解**　由范德瓦耳斯定理

$$p_{范}=\frac{mRT}{\mu V-mb}-\frac{m^2a}{\mu^2V^2}$$

$$=\frac{1.1\times8.31\times(273+13)}{44\times10^{-3}\times20\times10^{-3}-1.1\times0.0427\times10^{-3}}-\frac{1.1^2\times3.64\times10^5\times10^{-6}}{44^2\times10^{-6}\times20^2\times10^{-6}}$$

$$=2.57\times10^6(\text{Pa})$$

由理想气体状态方程

$$p_{理}=\frac{mRT}{\mu V}=\frac{1.1\times8.31\times286}{44\times10^{-3}\times20\times10^{-3}}\approx2.97\times10^6(\text{Pa})$$

内压强为

$$p_{内}=\frac{m^2a}{\mu^2V^2}=\frac{1.1^2\times3.64\times10^5\times10^{-6}}{44^2\times10^{-6}\times20^2\times10^{-6}}\approx5.69\times10^5(\text{Pa})$$

**16.15**　氮分子的有效直径为 $3.8\times10^{-10}$m. 求它在标准状态下的平均自由程和连续两次碰撞间的平均时间间隔.

**解**　平均自由程

$$\bar{\lambda}=\frac{kT}{\sqrt{2}\pi d^2p}=\frac{1.38\times10^{-23}\times273}{\sqrt{2}\pi(3.8\times10^{-10})^2\times1.01\times10^5}\approx5.8\times10^{-8}(\text{m})$$

连续两次碰撞间的平均时间间隔为

$$\bar{\tau}=\frac{\bar{\lambda}}{\bar{v}}=\bar{\lambda}\times\sqrt{\frac{\mu\pi}{8RT}}=5.8\times10^{-8}\times\sqrt{\frac{28\times10^{-3}\times\pi}{8\times8.31\times273}}\approx1.28\times10^{-10}(\text{s})$$

**16.16**　真空管的线度为 $10^{-2}$m，其中真空度为 $1.33\times10^{-3}$Pa，设空气分子的有效直径为 $3\times10^{-10}$m，求 27℃时单位体积内的空气分子数、平均自由程和平均碰撞频率.

**解**　由 $P=nkT$，$n=\frac{p}{kT}=\frac{1.33\times10^{-3}}{1.38\times10^{-23}\times300}\approx3.21\times10^{17}(\text{m}^{-3})$

$$\bar{\lambda}=\frac{1}{\sqrt{2}\pi d^2n}=\frac{1}{\sqrt{2}\pi\times(3\times10^{-10})^2\times3.21\times10^{17}}\approx7.8(\text{m})$$

因 $\bar{\lambda} \gg 10^{-2}$m(真空管线度),气体分子间很难发生碰撞,考虑分子与器壁间碰撞,取 $\bar{\lambda}'=0.01$m,则平均碰撞频率为

$$\bar{Z}' = \frac{\bar{v}}{\bar{\lambda}'} = 1.60\sqrt{\frac{RT}{\mu}}\Big/\bar{\lambda}' = 1.6\times\sqrt{\frac{8.31\times 300}{28.9\times 10^{-3}}}\Big/10^{-2}$$
$$\approx 4.7\times 10^{4}(\mathrm{s}^{-1})$$

**16.17** 在气体放电管中,电子不断与气体分子碰撞.因电子的速率远大于气体分子的平均速率,所以气体分子可以认为是不动的.设电子的"有效直径"比起气体分子的有效直径 $d$ 来可以忽略不计.求:

(1) 电子与气体分子的碰撞截面;

(2) 电子与气体分子碰撞的平均自由程(以 $n$ 表示气体分子数密度).

**解** (1) 因把电子视为质点,故碰撞截面直径就是分子直径,即碰撞截面

$$S = \pi\left(\frac{d}{2}\right)^2 = \frac{1}{4}\pi d^2$$

(2) 气体分子不动,电子与气体分子碰撞的平均碰撞频率

$$\bar{Z} = n\bar{v}S = n\bar{v}\,\frac{1}{4}\pi d^2$$

则电子平均自由程

$$\bar{\lambda} = \frac{\bar{v}}{\bar{Z}} = \frac{4}{n\pi d^2}$$

式中,$\bar{v}$ 表示电子的平均速率,$n$ 为电子的数密度.

**16.18** 一氢(分子直径为 $1.0\times10^{-10}$m)从炉中($T=4000K$)逸出进入冷的氩气室中.室内氩气密度为 $4.0\times10^{25}/\mathrm{m}^3$(氩原子直径为 $3\times10^{-10}$m),试问:

(1) 氢分子的平均速率为多大?

(2) 把氩分子与氢分子都看成球体,则在相互碰撞时它们中心之间靠得最近的距离为多少?

(3) 最初阶段,氢分子每秒内受到的碰撞次数为多少?

**解** (1) 由 $\sqrt{\overline{v^2}}=\sqrt{\dfrac{3RT}{\mu}}$,这里 $T=4000\mathrm{K}$,$\mu=2\times10^{-3}$kg/mol 则

$$\bar{v}=\sqrt{\frac{3\times 8.31\times 4000}{2\times 10^{-3}}}\approx 7061(\mathrm{m/s})$$

(2) 由题 $d_{\mathrm{H_2}}=1.0\times10^{-10}$m,$d_{\mathrm{Ar}}=3.0\times10^{-10}$m,则两分子中心之间靠得最近的距离为

$$d = \frac{1}{2}(d_{\mathrm{H_2}}+d_{\mathrm{Ar}}) = \frac{1}{2}(1.0+3.0)\times 10^{-10} = 2.0\times 10^{-10}(\mathrm{m})$$

(3) 最初阶段,取氢分子的平均速率即为刚从炉中送出而进入氩气室中的方均根速率 $\bar{v}=7000\mathrm{m/s}$,而有效直径取为上(2)问中的最近距离 $d=2.0\times 10^{-10}\mathrm{m}$.

由 $\bar{Z}=\sqrt{2}\pi d^2 n\bar{v}$,得

$$\bar{Z}=\sqrt{2}\times 3.14\times(2.0\times 10^{-10})^2\times 4.0\times 10^{25}\times 7000\approx 5.0\times 10^{10}(\mathrm{s}^{-1})$$

# 第 17 章 热力学第一定律

## 【本章要点】

### 一、基本概念

**1. 准静态过程**

一个热力学过程，若所经历的每一个状态都是平衡态，则称为静态过程(这是一个理想过程). 实际过程中，若过程进行相对无限缓慢，系统的每一个状态都近似为平衡态. 则称为准静态过程. 准静态过程系统对外做功

$$dA = pdV, \qquad A = \int_{V_1}^{V_2} pdV$$

**2. 热量**

系统间由于温度不同而交换的热运动能量. 热量是“过程量”，即与过程如何进行有关.

**3. 内能**

系统在一定状态下所具有的能量. 从微观结构来看，内能应包括所有分子无规则热运动的动能(平动、转动及振动动能)，分子间相互作用的势能，分子原子内的能量，原子核内的能量等. 此外，当有电磁场与系统相互作用时，还应包括相应的电磁能量. 对于理想气体，内能只是温度的单值函数.

**4. 摩尔热容量**

1mol 物质温度升高(或降低)1K. 所吸收(或放出)的热量. 由于热量是“过程量”，故摩尔热容量也是“过程量”. 通常的应用有：

定压摩尔热容量 $C_p = \left[\dfrac{dQ}{dT}\right]_P$

定容摩尔热容量 $C_V = \left[\dfrac{dQ}{dT}\right]_V$

## 二、基本定律与公式

### 1. 热力学第一定律

系统吸收的热量一部分对外做功，一部分增加自身的内能，即

$$đQ = \mathrm{d}E + đA, \quad Q = (E_2 - E_1) + A$$

### 2. 迈耶公式

理想气体的摩尔热容量之差的表示式，即

$$C_p - C_V = \frac{i+2}{2}R - \frac{i}{2}R = R$$

式中，$R$ 为理想气体普适常量，在国际单位制中 $R=8.31\mathrm{J/K}$.

### 3. 理想气体定压摩尔热容量和定容摩尔热容量之比

$$r = \frac{C_p}{C_V} = \frac{i+2}{i}$$

## 三、理想气体的几个典型过程

### 1. 等容过程

系统的体积保持不变，对外界不做功，吸收的热量等于其内能的增量. 即

$$Q_V = E_2 - E_1 = \nu C_V (T_2 - T_1)$$

### 2. 等压过程

系统的压强保持不变，吸收的热量一部分用来对外做功，另一部分使其内能增加. 即

$$Q_p = \nu C_V (T_2 - T_1) + p(V_2 - V_1) = \nu C_p (T_2 - T_1)$$

### 3. 等温过程

系统的温度保持不变. 因为理想气体的内能仅为温度的函数，与体积或压强无关. 所以，等温过程中，理想气体的内能不改变，吸收的热量等于对外界做的功. 即

$$Q_T = A = \nu RT \ln \frac{V_2}{V_1} = \nu RT \ln \frac{p_1}{p_2}$$

### 4. 绝热过程

系统与外界无热量交换，对外界做的功等于其内能的减量. 即

$$A_S = E_1 - E_2 = \nu C_V(T_1 - T_2) = \frac{p_1V_1 - p_2V_2}{\gamma - 1}$$

绝热过程中,各态参量的变化有如下关系:

$$pV^{\gamma}=常量,\quad TV^{\gamma-1}=常量,\quad p^{\gamma-1}T^{-\gamma}=常量$$

## 四、循环过程与热机效率

### 1. 循环过程

系统从某状态出发,经历一系列变化过程后回到原状态.因其内能不变,对外所做的功等于从外界吸收的净热,即

$$A = Q = Q_1 - Q_2$$

式中,$Q_1$ 表示在循环过程中从高温热源中吸收的热量;$Q_2$ 表示在循环过程中向低温热源放出的热量.

### 2. 热机效率

系统作正循环(也叫热循环).一个循环中系统对外所做的功 $A$ 与从高温热源吸收的热量 $Q_1$ 之比,称为热机效率.即

$$\eta = \frac{A}{Q_1} = 1 - \frac{Q_2}{Q_1}$$

### 3. 制冷系数

系统作逆循环.一个循环中系统从低温热源吸收的热量 $Q_2$ 与外界对系统做的功 $A$ 之比,即

$$\omega = \frac{Q_2}{A} = \frac{Q_2}{Q_1 - Q_2}$$

### 4. 热泵工作系数

系统作逆循环.一个循环中系统向高温热源放出的热量 $Q_1$ 与外界对系统做的功 $A$ 之比,即

$$\omega = \frac{Q_1}{A}$$

### 5. 卡诺循环

(1) 卡诺循环:由两个等温过程和两个绝热过程所组成的理想循环.

(2) 卡诺热机效率为

$$\eta = 1 - \frac{T_2}{T_1}$$

式中，$T_1$ 为高温热源的温度；$T_2$ 为低温热源的温度.

(3) 卡诺制冷机的工作系数为

$$\omega = \frac{T_2}{T_1 - T_2}$$

(4) 卡诺热泵的工作系数为

$$\omega = \frac{T_1}{T_1 - T_2}$$

## 【问题讨论】

**问题 1**　怎样区别内能和热量？下列两种说法是否正确？

(1) 物体温度愈高，含有热量愈多.

(2) 物体温度愈高，其内能愈大.

**讨论**　当物体与外界相互作用时，在状态变化过程中发生能量传递，不能以宏观功计算的传递的能量就叫热量. 热量大小决定于物体的状态变化过程，它是"过程量".

热量不是状态参量的函数，所以"物体含有热量"这句话是没有意义的. 只能说，在某个过程中物体吸收或放出多少热量. 因此，第(1)种说法不正确.

内能可视为静止物体所具有的能量，它包括分子热运动动能和分子间相互作用势能. 内能是"状态量".

内能的大小由物体的状态所决定. 如果其他参量相同，物体的温度愈高，由于分子运动动能增大，内能就愈大. 所以第(2)种说法是正确的.

**问题 2**　在等容过程中，内能的增量计算式

$$\Delta E = \nu C_V (T_2 - T_1)$$

中，$C_V$ 是定容摩尔热容量. 对于理想气体，为什么在其他过程(包括等压，绝热过程)中内能变化仍然用这个式子？

**讨论**　理想气体的内能仅是温度的函数，与体积无关. 温度相同、体积不同的各状态，其内能都相同.

设气体由$(T_1, V_1)$态，变到$(T_2, V_2)$态，其内能增量

$$\Delta E = E(T_2, V_2) - E(T_1, V_1)$$

上式也可写成

$$\Delta E = E(T_2, V_1) - E(T_1, V_1)$$

两式相等，后者即定容过程的内能增量，所以

$$\begin{aligned} E(T_2, V_2) - E(T_1, V_1) &= E(T_2, V_1) - E(T_1, V_1) \\ &= \nu C_V (T_2 - T_1) \end{aligned}$$

**问题 3**　(1) 理想气体的自由膨胀过程是绝热过程，此过程能否运用 $pV^\gamma = C$ 公式

计算?

(2) 设绝热容器中理想气体膨胀前的体积为容器体积的一半,另一半是真空,抽去隔板后,求气体重新达到平衡时,气体的压强 $p$ 与初态压强 $p_0$ 的比值.

**讨论** (1) 理想气体自由膨胀过程是不可逆绝热过程,是非静态过程,而不是准静态绝热过程,不能用 $pV^\gamma=C$ 公式计算,因为 $pV^\gamma=C$ 只适用于准静态绝热过程.

(2) 初态状态方程 $p_0\dfrac{V}{2}=\nu RT$,末态状态方程 $pV=\nu RT$,故

$$p=\frac{p_0}{2}$$

**问题 4** (1) 在同一张 $p$-$V$ 图上,表示绝热线的一条曲线与表示等温过程的另一条曲线能不能有两个交点? 为什么?

(2) 在同一张 $p$-$V$ 图上,两条等温线能否相交? 能否相切? 两绝热线能否相交? 能否相切? 分别说明各结论的物理意义.

**讨论** (1) 不可能,否则将意味着从某一初状态出发,经过绝热膨胀过程能达到另一状态而温度不变. 理想气体,即不吸热,又不减少内能,而对外做功,这是违背热力学第一定律的. 从数学上说:等温曲线($pV=$常量)与绝热曲线($pV^\gamma=$常量)也只有一个交点.

(2) 设有两条等温线 $pV=C_1$ 和 $pV=C_2$,因 $T_1\neq T_2$,故 $C_1\neq C_2$,在 $p$-$V$ 图上不可能相切或相交,否则在切点或相交点上,$C_1=C_2$ 或 $T_1=T_2$ 与假设相矛盾.

同样两条绝热线也不可能相交或相切,因为两条绝热线 $pV^\gamma=C_1$ 与 $pV^\gamma=C_2$,$C_1\neq C$. 如果它们在一点相交或相切,则 $C_1=C_2$,两条线应重合,不再是两条相交的绝热线.

**问题 5** 分子自由度数不同的两种理想气体,从相同的初态开始,作准静态的绝热膨胀过程,它们以后能否再有相同的状态?

**讨论** 不可能. 从相同状态($p_1$,$V_1$)出发的代表自由度数 $i$ 不等的两种理想气体的绝热方程分别为 $pV^{\gamma_1}=p_1V_1^{\gamma_1}$,$pV^{\gamma_2}=p_1V_1^{\gamma_2}$,且 $\gamma_1\neq\gamma_2$. 若再有相同的状态($p_2$,$V_2$),则必然得 $\gamma_1=\gamma_2$,与假设相矛盾.

**问题 6** 为什么说卡诺循环是最简单的可逆循环?

**讨论** 系统作卡诺循环时,只与两个热源有热交换. 与热源接触时,是等温可逆过程,其他过程则是绝热可逆过程.

系统作其他可逆循环时,在每一局部过程中,都可能与外界有热量交换. 如图 17.1 所示,可以把这循环用许多个微小卡诺循环代替. 微小卡诺循环的数目越多,就越接近原来的循环. 这就是说,任意可逆循环,可以看成是由若干个或无限多

个微小卡诺循环所组成的. 每一个卡诺循环需要和两个热源进行热交换. 任意可逆循环即是由多个微小卡诺循环组成，它就需要和许多不同温度的热源进行热交换. 微小卡诺循环的数目如为无限，则所需热源也是无限. 在这种意义上，可以说卡诺循环是最简单的循环过程.

**问题 7**　一理想气体系统经历如图 17.2 所示的各过程，试指出 Ⅰ→Ⅱ、Ⅰ′→Ⅱ 和 Ⅰ″→Ⅱ 是吸热过程还是放热过程？

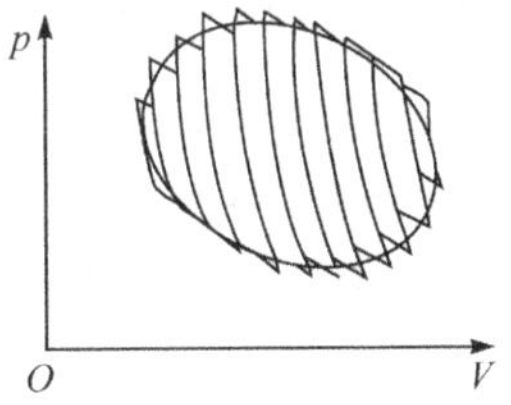


图 17.1

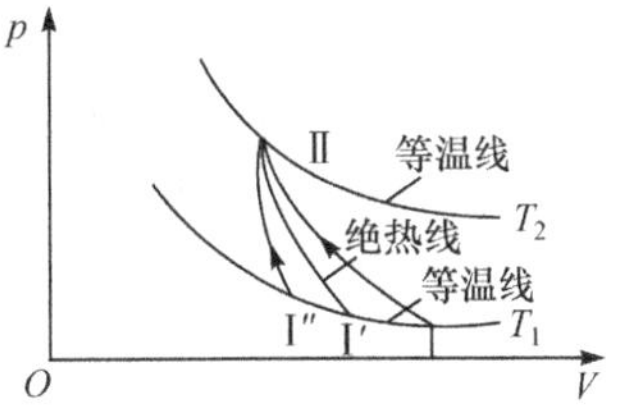


图 17.2

**讨论**　根据热力学第一定律及等温、绝热过程的特性，判断系统吸热或放热.

过程 Ⅰ→Ⅱ，Ⅰ′→Ⅱ，Ⅰ″→Ⅱ，温度升高相同，故三个过程内级的增量相同.

$$\Delta E_1 = \Delta E_2 = \Delta E_3$$

第二个过程（Ⅰ′→Ⅱ）是绝热过程，$\Delta E_2$ 等于外界做的功，即

$$\Delta E_2 = A'_2$$

因在 $p$-$V$ 图上，外界做的功在数值上等于过程曲线下曲边梯形的面积，所以

$$A'_1 > A'_2 > A'_3$$

第一个过程（Ⅰ→Ⅱ）中系统吸收的热量为

$$Q_1 = \Delta E_1 - A'_1 = A'_2 - A'_1 < 0$$

故为放热过程.

第三个过程（Ⅰ″→Ⅱ）中系统吸收热量为

$$Q_3 = \Delta E_3 - A'_3 = A'_2 - A'_3 > 0$$

故为吸热过程.

**问题 8**　如图 17.3 所示，$bca$ 为理想气体绝热过程，$b1a$ 和 $b2a$ 是任意过程，分析上述两过程中气体做功是正还是负，过程是吸热还是放热？

**讨论**　法 1　因 $bca$ 过程是绝热压缩过程，根据热力学第一定律有

$$E_a - E_b = -A = A' > 0$$

式中，$A$ 表示气体对外做功：$A'$表示外界对气体做功，可知外界做正功，气体内能增加，其数值如图 17.3 所示等于曲边梯形 $bcade$ 的面积.

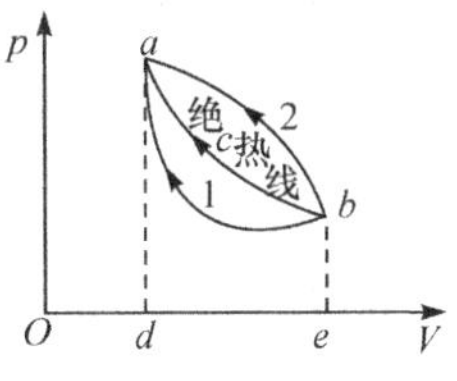


图 17.3

对 $b1a$ 过程应用热力学第一定律有

$$Q_1 = E_a - E_b + A_1 = A' - A'_1$$

$A'_1$表示 $b1a$ 过程外界做的功,$A'_1>0$,它等于曲边梯形 $b1ade$ 的面积. 因 $A'>A'_1$,$Q_1>0$ 故此过程吸热,气体做负功.

对 $b2a$ 过程应用热力学第一定律有

$$Q_2 = E_a - E_b + A_2 = A' - A'_2$$

$A'_2$表示该过程中外界做的功,其数值等于曲边梯形 $b2ade$ 的面积. 因 $A'_2>A'$,$Q_2<0$,故此过程放热,气体做负功.

法 2　把 $acb1a$ 看做一部热机的正循环过程. 整个循环过程与外界的热交换 $Q=A>0$,$acd$ 为绝热过程,只有 $b1a$ 过程与外界有热交换,所以 $b1a$ 为吸热过程. 根据$A=\int p\mathrm{d}V$,此过程体积减小 $\mathrm{d}V<0$,故 $A<0$,做负功.

把 $acb2a$ 看做一部制冷机的逆循环过程. 对全过程有 $Q=A<0$,而 $acb$ 为绝热过程,只有 $b2a$ 过程与外界有热交换,故 $Q<0$,表示 $b2a$ 过程放热. 同理,$b2a$ 过程对外做负功.

## 【习题解答】

**17.1**　一系统由图 17.4 中的 $a$ 态沿 $abc$ 到达 $c$ 态时,吸收了 350J 的热量,同时对外做 126J 的功.

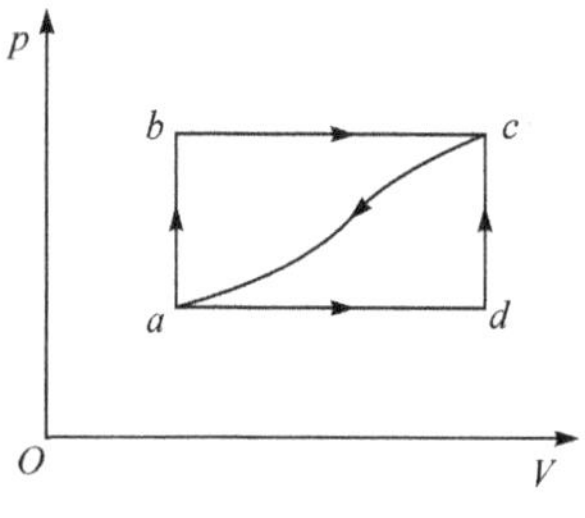


图 17.4

(1) 如果沿 $abc$ 进行,则系统做功为 42J,问这时系统吸收了多少热量?

(2) 当系统由 $c$ 态沿曲线 $ca$ 返回 $a$ 态时,如果是外界对系统做功 84J,问这时系统是吸热还是放热? 热量传递是多少?

**解**　(1) 对于 $abc$ 过程

$$E_c - E_a = Q_{abc} - A_{abc} = 350 - 126 = 224(\mathrm{J})$$

对于 $adc$ 过程

$$Q_{adc} = (E_c - E_a) + A_{adc} = 224 + 42 = 266(\mathrm{J})$$

(2) 对于 $ca$ 过程

$$Q = (E_a - E_c) + A_{ca} = -224 - 84 = -308(\mathrm{J})$$

负号表示系统放热.

**17.2**　将 400J 的热量传给标准状态下的 2mol 氢气,

(1) 若温度不变,氢的压强、体积各变为多少?

(2) 若压强不变,氢的温度、体积各变为多少?

(3) 若体积不变,氢的温度、压强各变为多少?

哪一过程中它做功最多?为什么?哪一过程中内能增加最多?为什么?

**解**　(1) 在等温过程中,气体吸收热量 $Q_T$ 全部对外做功

$$Q_T = A = \frac{M}{\mu}RT\ln V_2/V_1$$

$$\ln\frac{V_2}{V_1} = \frac{Q_T}{\frac{M}{\mu}RT} = \frac{400}{2\times 8.31\times 273} = 0.088$$

1mol 理想气体在标准状态下具有体积 $V_0$,2mol 氢气在标准状态下具有体积为 $V_1$

$$V_1 = \frac{M}{\mu}V_0 = 2\times 22.4\times 10^{-3} = 44.8\times 10^{-3}(\mathrm{m}^3)$$

$$V_2 = V_1 e^{0.088} = 44.8\times 10^{-3}\times 1.092 = 48.9\times 10^{-3}(\mathrm{m}^3)$$

$$p_2 = \frac{V_1}{V_2}p_1 = \frac{1}{1.092} = 0.916(\mathrm{atm})$$

(2) 设氢气的定压摩尔热容量为 $C_p$. 在等压过程中吸收热量

$$Q_P = \frac{M}{\mu}C_P\Delta T$$

$$\Delta T = \frac{Q_P}{\frac{M}{\mu}C_P} = \frac{400}{2\times\frac{7}{2}\times 8.31} = 6.88(\mathrm{K})$$

初始温度

$$T_0 = 273.15\mathrm{K}$$

终态温度

$$T_1 = T_0 + \Delta T = 273.15 + 6.88 = 280.03(\mathrm{K})$$

$$V_2 = \frac{T_2}{T_1}V_1 = \frac{280.03}{273.15}\times 44.8\times 10^{-3} \approx 45.9\times 10^{-3}(\mathrm{m}^3)$$

(3) 设氢气的定容摩尔热容量为 $C_V$. 在等容过程中吸收的热量

$$Q_V = \frac{M}{\mu}C_V\Delta T$$

$$\Delta T = \frac{Q_V}{\frac{M}{\mu}C_V} = \frac{400}{2\times\frac{5}{2}\times 8.31} = 9.63(\mathrm{K})$$

初始温度

$$T_0 = 273.15\mathrm{K}$$

终态温度

$$T_2 = T_0 + \Delta T = 273.15 + 9.63 = 282.78(\mathrm{K})$$

$$p_2 = \frac{T_2}{T_1} p_1 = \frac{282.78}{273.15} \times 1 \approx 1.04(\mathrm{atm})$$

等温过程中内能不变,吸收热量全部用于对外做功,故做功最多;等容过程气体对外不做功,吸收热量全部用于增加气体内能,故内能增加最多;至于等压过程,吸收的热量部分用于增加气体内能,部分用于对外做功,故在吸收热量一定的情况下,做功小于等温过程,内能增加小于等容过程.

**17.3** 有 1mol 氢气,在压强 $1.013\times10^5$ Pa,温度 20℃时,其体积为 $V_0$,今使其经以下两种过程达同一状态,如图 17.5 所示:

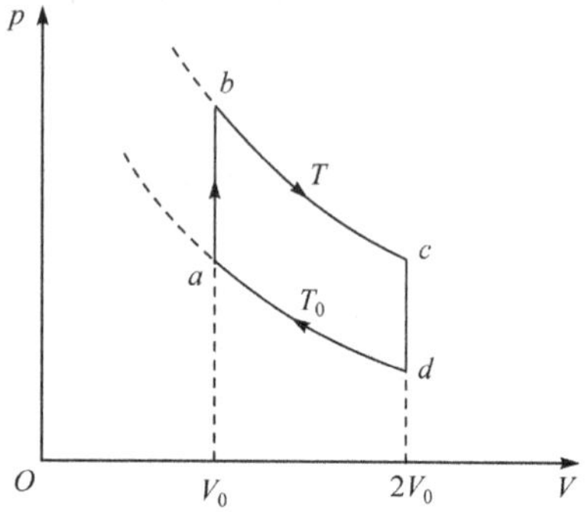


图 17.5

(1) 先保持体积不变,加热,使其温度升高到 80℃,然后令其作等温膨胀,体积变为原体积的 2 倍;

(2) 先使其等温膨胀至原体积的 2 倍,然后保持体积不变,加热到 80℃.

试分别计算上述两种过程中气体吸收的热量、气体对外所做的功和气体内能的增量,并作出 $p$-$V$ 图.

**解** (1) 氢气的定压摩尔热容量为 $C_V=\frac{5}{2}R$. 在 $a\to b$ 等容过程中气体不做功,内能增量 $\Delta E_1$

$$\Delta E_1 = C_V \Delta T = \frac{5}{2} \times 8.31 \times 60 = 1.25 \times 10^3(\mathrm{J})$$

在 $b\to c$ 等温过程中,内能不变,氢气体积从 $V_0$ 增加到 $V$,氢气对外做功 $A_1$

$$A_1 = RT\ln\frac{V}{V_0} = 8.31 \times 353 \times \ln 2 \approx 2.03 \times 10^3(\mathrm{J})$$

在 $abc$ 过程中,氢气吸收热量 $Q_{abc}$

$$Q_{abc} = \Delta E_1 + A_1 = 1.24 \times 10^3 + 2.03 \times 10^3 = 3.27 \times 10^3(\mathrm{J})$$

(2) 在 $a\to d$ 等温过程中,内能不变,气体对外做功为 $A_2$

$$A_2 = RT_0\ln\frac{V}{V_0} = 8.31 \times 293 \times \ln 2 \approx 1.69 \times 10^3(\mathrm{J})$$

在 $d\to c$ 等容吸热过程中,气体不做功,内能增量为 $\Delta E_2$

$$\Delta E_2 = C_V \Delta T = \frac{5}{2} \times 8.31 \times 60 \approx 1.25 \times 10^3(\mathrm{J})$$

在 $adc$ 过程中,气体吸收热量 $Q_{adc}$

$$Q_{adc}=A_2+\Delta E_2=1.69\times10^3+1.25\times10^3=2.94\times10^3(\text{J})$$

**17.4**　1mol 氧，温度为 300K 时，体积为 $2\times10^{-3}\text{m}^3$. 试计算下列两过程中氧所做的功，如图 17.6 所示：

(1) 绝热膨胀至体积为 $20\times10^{-3}\text{m}^3$；

(2) 等温膨胀至体积为 $20\times10^{-3}\text{m}^3$，然后再等容冷却，直到温度等于绝热膨胀后所达到的温度为止；

(3) 将上述两过程在 $p$-$V$ 图上图示出来. 怎样说明这两过程中功的数值的差别？

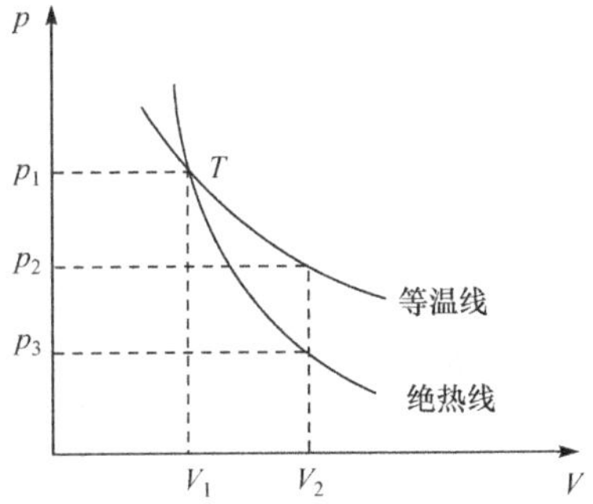


图 17.6

**解**　(1) 绝热过程中，氧气的定容摩尔热容量 $C_V=\frac{5}{2}R$，比热容比 $\gamma=1.40$，由绝热过程方程

$$T_1V_1^{\gamma-1}=T_2V_2^{\gamma-1}$$

得

$$T_2=T_1\left(\frac{V_1}{V_2}\right)^{\gamma-1}$$

$$Q=0$$

$$A_1=-\Delta E=C_V(T_1-T_2)=C_VT_1\left[1-\left(\frac{V_1}{V_2}\right)^{\gamma-1}\right]$$

$$=\frac{5}{2}\times8.31\times300\times\left[1-\left(\frac{2\times10^{-3}}{20\times10^{-3}}\right)^{1.40-1}\right]$$

$$=3.75\times10^3(\text{J})$$

(2) 等温过程中氧气体积由 $V_1$ 膨胀到 $V_2$ 时所做的功

$$A_2=RT_1\ln\frac{V_2}{V_1}=8.31\times300\ln\frac{20\times10^{-3}}{2\times10^{-3}}=5.73\times10^3(\text{J})$$

在等温过程中，因温度不变，压强下降不如绝热过程快，所以从同一初态膨胀了相同的体积时，等温过程做较多的功.

**17.5**　理想气体的绝热过程既遵守过程方程 $pV^\gamma=C$，又遵守状态方程 $pV=\frac{M}{\mu}RT$，有无矛盾？为什么？

**解**　两者无矛盾，因为过程方程 $pV^\gamma=C$ 表示绝热变化过程中 $p$ 和 $V$ 的关系，而在过程中任一状态的 $p$、$V$、$T$ 间又满足状态方程

$$pV=\frac{M}{\mu}RT$$

**17.6** 如图 17.7 中所示是一定量理想气体所经历的循环过程，其中 $AB$ 和 $CD$ 是等压过程，$BC$ 和 $DA$ 为绝热过程. 已知 $B$ 点和 $C$ 点的温度分别为 $T_2$ 和 $T_3$，求循环效率. 这循环是卡诺循环吗？

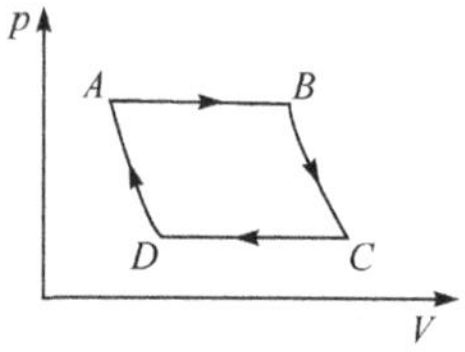


图 17.7

**解** 设等压膨胀过程 $AB$，吸热 $Q_1$

$$Q_1=\frac{M}{\mu}C_P(T_B-T_A)$$

等压压缩过程 $CD$，放热 $Q_2'$

$$Q_2'=\frac{M}{\mu}C_P(T_C-T_D)$$

循环效率为

$$\eta=1-\frac{Q_2'}{Q_1}=1-\frac{\frac{M}{\mu}C_P(T_C-T_D)}{\frac{M}{\mu}C_P(T_B-T_A)}=1-\frac{T_C-T_D}{T_B-T_A}$$

$AB$、$CD$ 等压过程有

$$\frac{V_A}{V_B}=\frac{T_A}{T_B} \tag{1}$$

$$\frac{V_D}{V_C}=\frac{T_D}{T_C} \tag{2}$$

$BC$、$DA$ 绝热过程有

$$V_D^{\gamma-1}T_D=V_A^{\gamma-1}T_A \tag{3}$$

$$V_C^{\gamma-1}T_C=V_B^{\gamma-1}T_B \tag{4}$$

由式(1)、(2)、(3)(4)，得

$$\frac{T_D}{T_C}=\frac{T_A}{T_B} \text{ 或 } T_D=\frac{T_A}{T_B}T_C$$

$$\eta=1-\frac{T_C-\frac{T_A}{T_B}T_C}{T_B-T_C}=1-\frac{\frac{T_C}{T_B}(T_B-T_A)}{T_B-T_A}=1-\frac{T_C}{T_B}$$

$$=1-\frac{T_3}{T_2}$$

这循环不是卡诺循环.

**17.7** 图 17.8 所示是一定量理想气体的一个循环过程，由它的 $T$-$V$ 图给出. 其中 $CA$ 为绝热过程，状态 $A(T_1,V_1)$、状态 $B(T_1,V_2)$为已知.

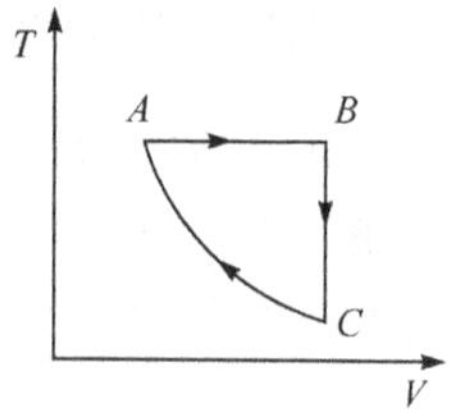


图 17.8

(1) 在 $AB$、$BC$ 两过程中，工作物质是吸热还是放热？

(2) 求状态 $C$ 的 $p$、$V$、$T$ 量值(设气体的 $\gamma$ 和摩尔数

已知).

(3) 这个循环是不是卡诺循环？在 $T$-$V$ 图上卡诺循环应如何表示？

(4) 求这个循环的效率.

**解**　(1) 过程 $AB$ 为等温膨胀过程，$T=$常量，$\Delta E=0$，

$$A=\frac{M}{\mu}RT\ln V_2/V_1$$

因 $V_2>V_1$，故 $A>0$

$$Q=\Delta E+A=A>0$$

所以 $AB$ 过程工作物质放热.

过程 $BC$ 为等容冷却过程，做功 $A=0$；$T_C<T_B$，内能变化 $\Delta E<0$；传递热量 $Q=\Delta E+A=\Delta E<0$. 所以，$BC$ 过程工作物质放热.

(2) 已知气体的 $\gamma$ 值和摩尔数 $\frac{M}{\mu}$，$V_C=V_2$，则在 $CA$ 绝热压缩过程中，由绝热方程

$$T_1V_1^{\gamma-1}=T_CV_2^{\gamma-1}$$

得

$$T_C=T_1\left(\frac{V_1}{V_2}\right)^{\gamma-1}$$

$$P_C=\frac{M}{\mu}\frac{RT_C}{V_2}=\frac{M}{\mu}RT_1\frac{V_1^{\gamma-1}}{V_2^{\gamma}}$$

(3) 这个循环不是卡诺循环，因卡诺循环由两个等温过程、两个绝热过程组成，它在两个温度恒定的热源之间工作. 在本题中循环过程是由绝热过程($CA$)、等温过程($AB$)、等容过程($BC$)组成.

卡诺循环在 $T$-$V$ 图上表示，如图 17.9，图中 $BC$、$DA$ 为绝热过程.

(4) 循环效率

$$\eta=\frac{A}{Q_1}=1-\frac{Q_2'}{Q_1}$$

因为

$$Q_1=Q_{AB}=A=\frac{M}{\mu}RT_1\ln\frac{V_2}{V_1}$$

$$Q_2'=|Q_{BC}|=\frac{M}{\mu}C_V(T_1-T_C)$$

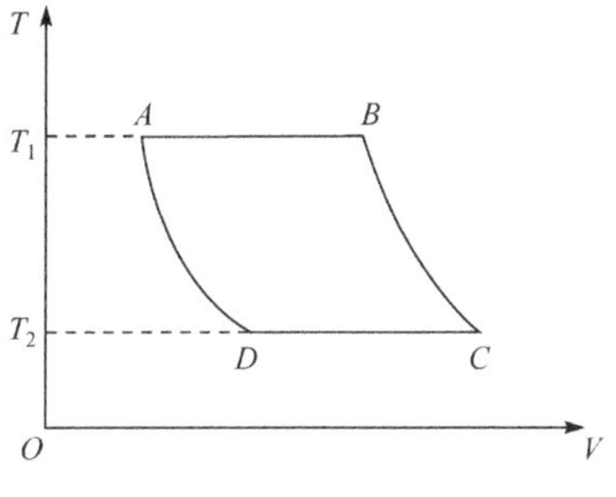

图 17.9

所以

$$\eta=1-\frac{C_V(T_1-T_C)}{RT_1\ln\dfrac{V_2}{V_1}}$$

$$=1-\frac{C_V}{C_P-C_V}\cdot\frac{\left(1-\dfrac{T_C}{T_1}\right)}{\ln\dfrac{V_2}{V_1}}=1-\frac{1}{\gamma-1}\cdot\frac{1-\dfrac{T_2}{T_1}}{\ln V_2/V_1}$$

**17.8**　以理想气体为工作物的某热机,它的循环过程如下:从初状态 1 经等容加热到状态 2,由状态 2 经绝热膨胀到状态 3,由状态 3 经等压压缩返回初状态,试证其效率为

$$\eta=1-\gamma\frac{\dfrac{V_3}{V_1}-1}{\left(\dfrac{V_3}{V_1}\right)^{\gamma}-1}$$

式中,$V_3$、$V_1$ 分别为气体在状态 3、1 的体积,$\gamma$ 为气体定压摩尔热容与定容摩尔热容之比.

**解**　参看图 17.10.

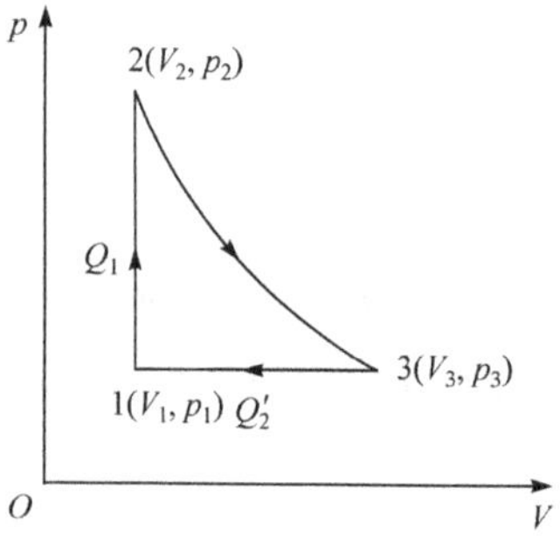


图 17.10

1→2 等容升温过程,吸收热量

$$Q_1=\frac{M}{\mu}C_V(T_2-T_1)$$

3→1 等压压缩过程,放出热量

$$|Q'_2|=\frac{M}{\mu}C_P(T_3-T_1)$$

2→3 绝热过程

循环效率

$$\eta=\frac{A}{Q_1}=1-\frac{Q'_2}{Q_1}=1-\frac{C_P(T_3-T_1)}{C_V(T_2-T_1)}$$

$$=1-\gamma\frac{\dfrac{T_3}{T_1}-1}{\dfrac{T_2}{T_1}-1}$$

因为

$$\frac{T_3}{T_1}=\frac{V_3}{V_1}\qquad(\text{等压})$$

$$\frac{T_2}{T_1}=\frac{P_2}{P_1}\qquad(\text{等容})$$

而

$$\frac{P_2}{P_3}=\left(\frac{V_3}{V_2}\right)^\gamma \qquad \text{(绝热)}$$

因为

$$P_3=P_1, V_2=V_1$$

则

$$\frac{P_2}{P_1}=\left(\frac{V_3}{V_1}\right)^\gamma$$

得

$$\frac{T_2}{T_1}=\left(\frac{V_3}{V_1}\right)^\gamma$$

故

$$\eta=1-\gamma\frac{\frac{V_3}{V_1}-1}{\left(\frac{V_3}{V_1}\right)^\gamma-1}$$

**17.9** (1) 气体比热的数值可以有无穷多个，为什么？在什么情况下，气体的比热是零？什么情况下气体的比热是无穷大？什么情况下是正值，什么情况下是负值？

(2) 气缸中储有 10mol 的单原子理想气体，在压缩过程中，外力做功 209J，气体温度升高 1K，试计算气体内能的增量和所吸收的热量，在这过程中，气体的摩尔热容是多少？

**解** (1) 比热的定义 $C=\frac{1}{M}\cdot\frac{dQ}{dT}$，对于一定量的气体从状态 1 变化到状态 2，温度变化 $\Delta T=T_2-T_1$ 有确定的值，但是从状态 1 过渡到状态 2 的变化过程可以有无穷多个，每个过程吸热都不同，$Q$ 是与过程有关的量. 所以，$C=\frac{1}{M}\frac{dQ}{dT}$对应有无穷多个数值.

$$\text{对绝热过程 } dQ=0, dT\neq 0,\ \text{故 } C_{\text{绝热}}=0$$
$$\text{对等温过程 } dQ\neq 0, dT=0,\ \text{故 } C_{\text{等温}}=\pm\infty$$

若体系的温度增加 $dT>0$，并且是吸热过程 $dQ>0$，或体系的温度降低 $dT<0$，并且是放热过程 $dQ<0$，这种情况 $C>0$. 若体系的温度增加 $dT>0$，并且放热 $dQ<0$，或体系的温度降低 $dT<0$，并且吸热 $dQ>0$，以上情况 $C<0$.

(2) 已知$\frac{M}{\mu}=10$，$A=-209\text{J}$，$\Delta T=1\text{K}$. 对于单原子气体定容摩尔热容量

$$C_V = \frac{3}{2}R = \frac{3}{2} \times 8.31 \approx 12.5(\text{J} \cdot \text{mol}^{-1} \cdot \text{K}^{-1})$$

$$\Delta E = \frac{M}{\mu} C_V \Delta T = 10 \times 12.5 \times 1 = 125(\text{J})$$

$$Q = \Delta E + A = 125 - 209 = -84(\text{J})$$

气体摩尔热容

$$C = \frac{\mu}{M} \frac{Q}{\Delta T} = -\frac{84}{10 \times 1} = -8.4(\text{J} \cdot \text{mol}^{-1} \cdot \text{K}^{-1})$$

**17.10** (1) 用一卡诺循环的制冷机从 7℃的热源中提取 1000J 的热传向 27℃的热源,需要做多少功? 从−173℃向 27℃呢? 从−223℃到 27℃呢?

(2) 一可逆的卡诺机,作热机使用时,如果工作的两热源的温度差愈大,则对于做功就越有利. 当作制冷机使用时,如果两热源的温度差愈大,对于制冷是否也越有利? 为什么?

**解** (1) 第一种情况下, $t_1 = 27℃$, $T_1 = 300\text{K}$

$t_2 = 7℃$, $T_2 = 280\text{K}$, $Q_2 = 1000\text{J}$

制冷系数

$$\omega_1 = Q_2/A = \frac{T_2}{T_1 - T_2} = \frac{280}{300 - 280} = 14$$

需要做功

$$A_1 = \frac{Q_2}{\omega} = \frac{1000}{14} \approx 71.4(\text{J})$$

第二种情况下,$t_1$ 不变,$T_1 = 300\text{K}$;$T_2$ 变为

$$t'_2 = -173℃, \quad T'_2 = 100\text{K}$$

制冷系数

$$\omega_2 = \frac{Q_2}{A_2} = \frac{T'_2}{T_1 - T'_2} = \frac{100}{300 - 100} = 0.5$$

需要做功

$$A_2 = \frac{Q_2}{\omega_2} = \frac{1000}{0.5} = 2000(\text{J})$$

第三种情况下,$t_1$ 不变,$T_1 = 300\text{K}$;$T_2$ 变为

$$t''_2 = -223℃, \quad T''_2 = 50\text{K}$$

制冷系数

$$\omega_3 = Q_2/A_3 = \frac{T''_2}{T_1 - T''_2} = \frac{50}{300 - 50} = 0.2$$

需要做功

$$A_3 = \frac{Q_2}{\omega_3} = \frac{1000}{0.2} = 5000(\mathrm{J})$$

（2）制冷机的功效用制冷系数 $\omega=\dfrac{Q_2}{A}$ 来衡量，$Q_2$ 表示从低温热源中吸收的热量，$A$ 是外界对系统所做的功. $\omega$ 越大，制冷机功效越高. 对卡诺机有 $\omega=\dfrac{T_2}{T_1-T_2}$，在高温热源温度 $T_1$ 一定时，当高温热源的温度 $T_1$ 与低温热源的温度 $T_2$ 差别越小，制冷系数 $\omega$ 越大，制冷功效越高；反之温差愈大，功效就越低，即将一定量的热量从低温热源转移到高温热源中去时，外界需做功越多.

# 第 18 章　热力学第二定律

## 【本章要点】

**1. 不可逆过程**

宏观的各种自发过程都是不可逆的，它们彼此依存. 三个实例：热功转换、热传导、气体扩散.

**2. 热力学第二定律**

克劳修斯表述：热量不能自动地从低温物体传向高温物体.

开尔文表述：不可能只从单一热源吸取热量，使之完全变为有用功而不产生其他影响.

微观意义　自然过程的变化方向总使分子运动更加无序.

**3. 热力学概率($\Omega$)**

任意宏观态所对应的微观状态数. 自然过程总是沿着 $\Omega$ 增大的方向进行. 平衡态相应于一定宏观条件下 $\Omega$ 最大的状态.

**4. 玻尔兹曼熵公式 $S=k\ln\Omega$**

熵的微观意义是系统内分子热运动无序性的一种量度.

**5. 熵增加原理**

在孤立系中所进行的自然过程总是沿着熵增大方向进行，它是不可逆的. 平衡态相应于熵最大的状态.

$$\Delta S > 0 \qquad \text{（孤立系统，自然过程）}$$

**6. 可逆过程**

外界条件改变无穷小量时，能反向进行的过程(其结果是系统和外界能同时回到初态). 无摩擦的与外界进行等温传导的准静态过程是可逆过程.

**7. 卡诺定理**

(1) 利用相同的高温热源和低温热源来工作的所有卡诺机,不论用什么工作物质,其效率均相等.

(2) 利用相同的高温热源和低温热源来工作的热机,其效率不可能高于卡诺机的效率.

**8. 克劳修斯熵公式**

$$\mathrm{d}S=\frac{\mathrm{d}Q}{T}\quad(\text{可逆过程})$$

$$S_2-S_1=\int_1^2\frac{\mathrm{d}Q}{T}\quad(\text{可逆过程})$$

**9. 能量的退降**

不可逆过程总是使一定的能量 $E_\mathrm{d}$ 从能做功的形式转变为不能做功的形式,称 $E_\mathrm{d}$ 为退降的能量. $E_\mathrm{d}$ 与不可逆过程的熵增加成正比,因此可以认为熵增加是能量退降的量度.

## 【问题讨论】

**问题 1**　为什么要引入可逆过程的概念?准静态过程是否一定是可逆过程?可逆过程是否一定是准静态过程?

有人说:"凡是有热接触的物体,它们之间进行热交换的过程都是不可逆过程."这种说法对不对?为什么?

**讨论**　可逆过程是一种理想过程,它是宏观热力学理论表述中所需要的一个基本概念.

准静态过程不一定是可逆过程,如有摩擦的准静态过程是不可逆过程,无耗散的准静态过程才是可逆过程.

可逆过程一定是准静态过程,因为非准静态过程一定是不可逆过程.

温度不相等的两物体接触时的热交换过程是不可逆过程;温度相等的两物体接触时的热交换过程可以是可逆过程.

**问题 2**　"功可以全部转化为热量,但热量不能全部转化为功","热量能从高温物体传递到低温物体,但不能从低温物体传递到高温物体."用热力学第二定律判断上述说法是否正确?

**讨论**　第一种说法是不对的. 热量是可以全部转化为功的. 例如,理想气体作等温膨胀的准静态过程时，系统内能不变，而吸收的热量全部转化为对外界做功.这并不违反热力学第二定律.热力学第二定律并不是说“热量不能全部转化为功”，而是说“在不引起其他变化的条件下热量不能全部变为功”.理想气体作等温膨胀，不仅仅是热量全部转化为功，还引起了气体体积的变化.

第二个说法也是不对的.作逆向循环的卡诺机，可以把热量从低温热源传递到高温热源，这并不违反热力学第二定律.热力学第二定律是说“在不引起其他变化的条件下，热量不能从低温物体传递到高温物体.”作逆向循环的卡诺机不仅是把热量从低温热源传递到高温热源，而且引起外界的变化，即外界做了功.

**问题 3**　为什么说卡诺循环是最简单的可逆循环?

**讨论**　系统作卡诺循环时，只与两个热源有热交换.与热源接触时，是等温可逆过程，其他过程则是绝热可逆过程.

系统作其他可逆循环时，在每一局部过程中，都可能与外界有热量交换.如图 18.1 所示，可以把这循环用许多个微小卡诺循环代替.微小卡诺循环的数目越多，就越接近原来的循环.这就是说，任意可逆循环，可以看成是由若干个或无限个微小卡诺循环所组成的.每一个卡诺循环需要和两个热源进行热交换.任意可逆循环既是由多个微小卡诺循环组成，它就需要和许多不同温度的热源进行热交换.微小卡诺循环的数目如为无限，则所需热源也是无限.在这种意义上，可以说卡诺循环是最简单的循环过程.

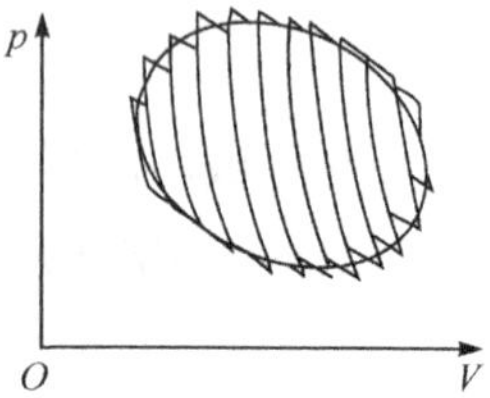


图 18.1

**问题 4**　关于一个系统熵的变化，以下说法是否正确?为什么?

(1)任一绝热过程熵变 $\Delta S=0$;

(2)任一可逆过程熵变 $\Delta S=0$.

**讨论**　(1)不对.可逆绝热过程熵不变.不可逆绝热过程熵增加.

(2)不对.绝热系统(包括孤立系统)的可逆过程熵不变;完成任一可逆循环回到初始状态时，熵也不变.一般情况下，系统经历可逆过程从外界吸热，熵增加，$\Delta S>0$;系统向外界放热，熵减小，$\Delta S<0$.

**问题 5**　一杯热水放在空气中，最终杯中水的温度与空气相同，结果杯中的水的熵减少，这是否与熵增加原理相矛盾?

**讨论**　不矛盾.熵增加原理是对绝热系统成立的.孤立系统必是绝热系统，其中一切不可逆过程都是熵增过程.单就杯中的水来说，它既不孤立也不绝热，如果把杯中的水和周围空气作为一个大系统，则可看作一个绝热系统，当它们趋向平衡时，大系统的总熵是增加的.

**问题 6**　判断下列说法是否正确:若一系统从某一初态分别沿可逆过程和不可逆过程到达同一终态，则此系统在不可逆过程中的熵变大于可逆过程中的熵变.

**讨论**　这种说法是错误的. 因为熵是状态函数，只要系统初、末状态一定，则系统的熵增量就一定，而不管经历的是可逆过程还是不可逆过程.

当然，如果把系统与环境看成一个大系统，则系统与环境的总熵变对两种过程是不同的. 对这一大系统，不可逆过程的总熵变大于可逆过程的总熵变. 当然，此时这大系统经历两种不同过程的初、末状态不会相同.

## 【习题解答】

**18.1**　用热力学第二定律证明两条绝热线不能相交.

**证**　如图 18.2 所示，假设两条绝热线 1、2 相交于 $A$ 点，则可用一条等温线 3 与 1、2 分别相交于 $B$、$C$ 点. 于是可形成一循环过程 $A \xrightarrow{1} B \xrightarrow{3} C \xrightarrow{2} A$.
在此循环中，系统只从单一热源吸热并对外做功. 而不引起其他任何变化. 这是违反热力学第二定律(开尔文表述)的，故两条绝热线不可能相交。

**18.2**　$\nu$mol 的理想气体经绝热自由膨胀后体积从 $V$ 变到 $2V$，求熵变.

**解**　绝热自由膨胀即

$$đQ = 0, \quad đA = 0$$

由热力学第一定律有 $\mathrm{d}V=0$.

对于理想气体 $\mathrm{d}T=0$.

理想气体绝热自由膨胀是非准静态过程，不可在 $p$-$V$ 图上用曲线表示. 但是初始和终了的两个平衡态，是 $p$-$V$ 图上同一等温线上的两个点(如图 18.3 所示).

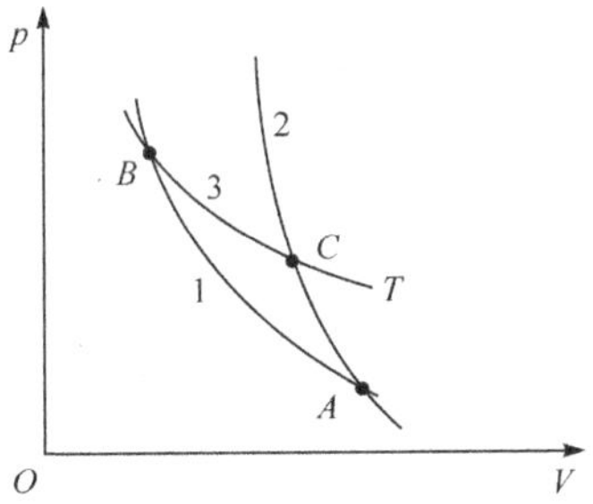


图 18.2

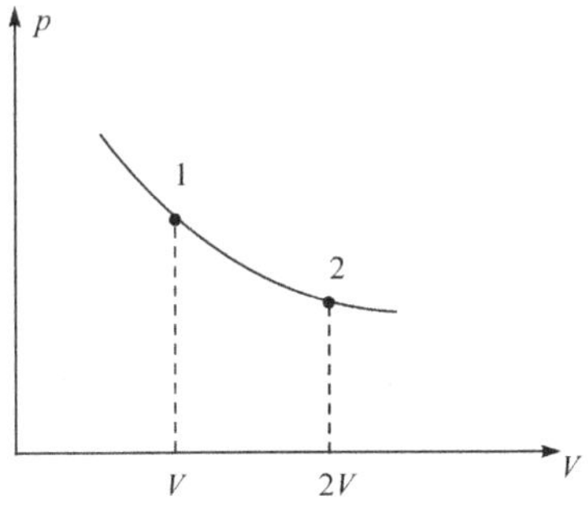


图 18.3

设计等温过程求熵变：因 $\mathrm{d}V=0$，故

$$\mathrm{d}S = \frac{đQ}{T} = \frac{p\mathrm{d}V}{T} = \frac{\nu R\,\mathrm{d}V}{V}$$

$$\Delta S = \int_{v}^{2v} \frac{\gamma R\,\mathrm{d}V}{V} = \nu R \ln 2$$

**18.3** 把 1kg,20℃的水放到 500℃的炉子上加热,最后达到 100℃,已知水的比热是 $4.18\times10^3$J/(kg·K),分别求水和炉子的熵变 $\Delta S_1$、$\Delta S_2$.

**解** 水在炉子上加热是不可逆过程.

现设计一可逆过程:把水依次与一系列温度逐渐升高 d$T$ 的恒温热源接触,每接触一个热源吸收 $\text{đ}Q$ 热量,温度升高 d$T$——与该热源达到平衡态.

一次接触,水熵增量

$$\mathrm{d}S=\frac{\text{đ}Q}{T}$$

整个过程,水熵增量

$$\Delta S_{水}=\int_1^2\frac{\text{đ}Q}{T}=\int_{T_1}^{T_2}\frac{mc\,\mathrm{d}T}{T}=mc\ln\frac{T_2}{T_1}$$

由题意

$$m=1\text{kg},\quad c=4.18\times10^3\text{J/kg}\cdot\text{K}$$

$$T_2=373\text{K},\quad T_1=293\text{K}$$

$$\Delta S_{水}\approx1.01\times10^3\text{J/K}$$

炉子为等温放热过程,整个过程放给水的热量

$$\Delta Q=mc\Delta T=1\times4.18\times10^3\times80=3.344\times10^5(\text{J})$$

$$\Delta S_{炉}=\frac{-\Delta Q}{T}=\frac{-3.344\times10^5}{773}\approx-432.6(\text{J/K})$$

系统总熵增加

$$\Delta S=\Delta S_{水}+\Delta S_{炉}=577.4\text{J/K}$$

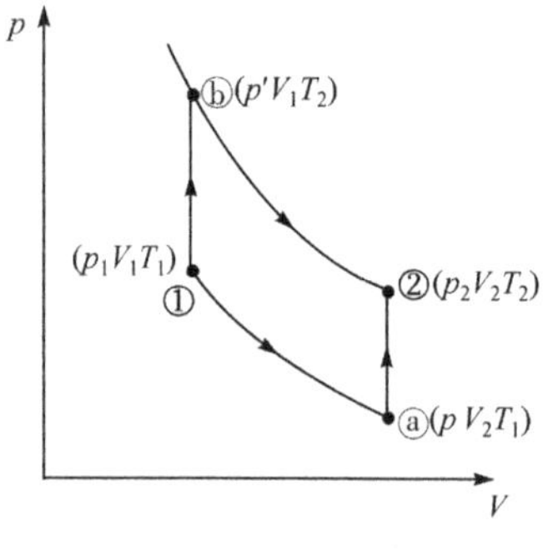


图 18.4

**18.4** 1mol 理想气体由初态($T_1$,$V_1$)经某一过程到达末态($T_2$,$V_2$),求熵变.(设气体的定体摩尔热容量为常量 $c_V$.)

**解** 设计准静态过程求熵变.

法 1 $①\xrightarrow{\text{等温过程}[T_1]}ⓐ\xrightarrow{\text{等体积过程}[V_1]}②$

$$\mathrm{d}S=\frac{\mathrm{d}Q}{T}=\frac{\mathrm{d}V+p\mathrm{d}V}{T}$$

①→ⓐ d$V$=0

$$\mathrm{d}S=\frac{p\mathrm{d}V}{T}=\frac{R\mathrm{d}V}{V}$$

$$\Delta S_1=\int_{V_1}^{V_2}\frac{R\mathrm{d}V}{V}=R\ln\frac{V_2}{V_1}$$

ⓐ→② d$V$=0

$$dS = \frac{dV}{T} = \frac{c_V dT}{T}$$

$$\Delta S_2 = \int_{T_1}^{T_2} \frac{c_V dT}{T} = c_V \ln \frac{T_2}{T_1}$$

总熵变

$$\Delta S = \Delta S_1 + \Delta S_2 = R\ln \frac{V_2}{V_1} + c_V \ln \frac{T_2}{T_1}$$

法 2　$① \xrightarrow{\text{等体积过程}[V_1]} ⓑ \xrightarrow{\text{等温过程}[T_2]} ②$

①→ⓑ　$dV=0$

$$dS = \frac{dV}{T} = \frac{c_V dT}{T}$$

$$\Delta S'_1 = \int_{T_1}^{T_2} \frac{c_V dT}{T} = c_V \ln \frac{T_2}{T_1}$$

ⓑ → ②　$dV = 0$

$$dS = \frac{p dV}{V} = \frac{R dV}{V}$$

$$dS'_2 = \int_{V_1}^{V_2} \frac{R dV}{V} = R\ln \frac{V_2}{V_1}$$

总熵变

$$\Delta S = \Delta S'_1 + \Delta S'_2 = c_V \ln \frac{T_2}{T_1} + R\ln \frac{V_2}{V_1}$$

**18.5**　已知核电厂生产 540MW 的电能，核反应堆释放 1590MW 的热量，使水蒸气达到 556K 的温度推动透平机做功，然后进入温度 313K 的冷凝器放热，冷凝器用河水冷却，河水通过水泵以 $q_m = 2.27 \times 10^4$ kg/s 的流量流过冷凝器，试计算

(1) 电厂的理想效率；

(2) 电厂的实际效率；

(3) 在此过程中冷却用河水温度升高多少？

**解**　(1) 理想效率即工作在 $T_1 = 556$K 与 $T_2 = 313$K 恒温热源之间卡诺热机的效率

$$\eta_0 = 1 - \frac{T_2}{T_2} = 1 - \frac{313}{556} \approx 43.7\%$$

(2) 实际效率

$$\eta = \frac{W}{Q} = \frac{540}{1590} \approx 34.0\%$$

(3) 实际河水每秒钟吸取的用于增加内能的热量

$$\Delta Q = 1590 - 540 = 1050\text{MJ}$$

由已知河水流量

$$q_m = 2.27\times10^4\text{kg/s}$$

水比热容

$$c = 4.18\times10^3\text{K/kgJ}$$

即

$$\Delta Q = cq_m\Delta T$$

$$\Delta T = \frac{\Delta Q}{cq_m} = \frac{1050\times10^6}{4.18\times10^3\times2.27\times10^4}\approx 11(\text{K})$$

**18.6** 设一容器体积为 $V_2$,用隔板分为 $A$、$B$ 两部分,$A$ 室装有 $\nu$mol 理想气体,初温为 $T$,体积为 $V_1$,$B$ 室为真空,如图 18.5 所示.迅速抽去隔板,使气体向真空自由膨胀,计算气体的熵变.

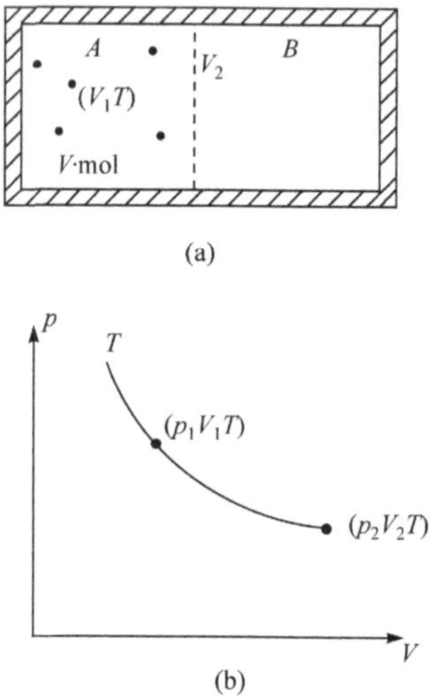


图 18.5

**解** 因抽去隔板后,气体迅速膨胀达到新的平衡态,时间很短气体来不及与容器壁有很多的热交换,所以整个过程可看作绝热自由膨胀,即.

$$đQ = 0,\quad đA = 0$$

根据热力学第一定律

$$đQ = \mathrm{d}U + đA$$

则有

$$\mathrm{d}U = 0$$

对于理想气体

$$\mathrm{d}U = c_V\mathrm{d}T$$

即

$$\mathrm{d}T = 0$$

当系统达到新的平衡态温度保持不变.

理想气体绝热自由膨胀是非准静态过程,$p$-$V$ 图上无对应的曲线,但前后两个平衡态所对应的点,在同一条等温线上.

设计一等温过程,求熵变

$$\mathrm{d}S = \frac{đQ}{T} = \frac{p\mathrm{d}V}{T} = \frac{\nu R\mathrm{d}V}{V}$$

$$\Delta S = \int_{V_1}^{V_2}\frac{\nu R\mathrm{d}V}{V} = \nu R\ln\frac{V_2}{V_1}$$

因 $V_2 > V_1$,故 $\Delta S > 0$,熵增大.

**18.7**　设有 $A$、$B$ 两室，容积相同，外壁绝热，两室中间隔一导热板，板上有一阀门，初时关闭，$A$ 室装有单原子理想气体，温度为 $T_1$，压力与上方自由放置的活塞相平衡；$B$ 室为真空，如图 18.6 所示. 若将 $A$、$B$ 间阀门微微打开，则气体逐渐进入 $B$ 室，$A$ 室活塞随之下降，最后达到一平衡态，计算气体在这一过程中的熵变.

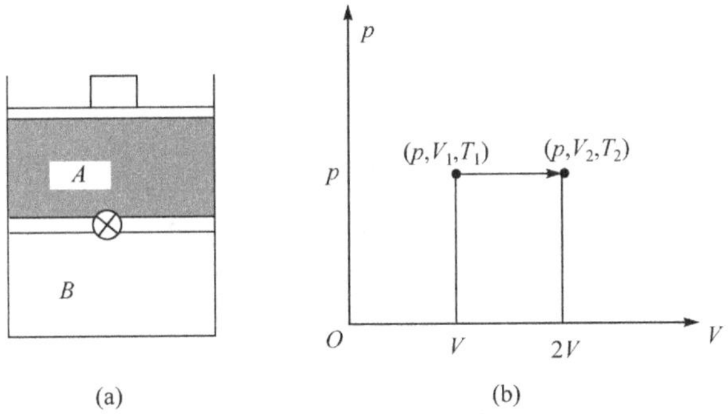


图 18.6

**解**　整个过程为一等压增容过程，等压过程有

$$dQ=c_p dT$$

由理想气体状态方程

$$pV=\nu RT$$

得

$$T=\frac{pV}{\nu R}$$

$$dT=\frac{p dV}{\nu R}$$

$$dS=\frac{đQ}{T}=\frac{c_p dV}{V}$$

$$\Delta S=\int_V^{2V}\frac{c_p dV}{V}=c_p\ln 2$$

单原子理想气体 $c_p=\frac{5}{2}R$.

$$\Delta S=\frac{5}{2}R\ln 2=1.73R=1.44\text{J/K}$$

**18.8**　1mol 理想气体从初态($p_0$，$V_0$，$T_0$)变化到任一末态($p$，$V$，$T$)时的熵变.

**解**　设计可逆过程：因熵是状态参量两状态间的熵变与过程无关.

法 1　设计可逆过程

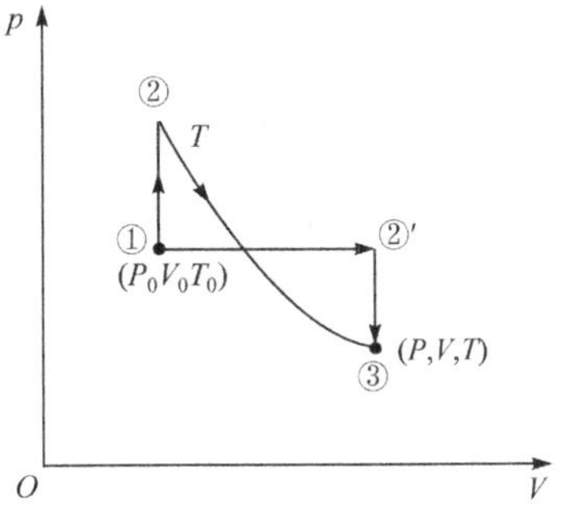


图 18.7

$$①\xrightarrow{\text{等体积过程}}②\xrightarrow{\text{等温过程(温度 }T\text{)}}③$$

①→②　$đA=0$

$$dS=\frac{dV}{T}=\frac{c_V dT}{T}$$

$$\Delta S_{1-2}=\int_{T_0}^{T}\frac{c_V dT}{T}=c_V\ln\frac{T}{T_0}$$

②→③得

$$dV=0$$

$$dS=\frac{p dV}{T}=\frac{RT dV}{V\cdot T}=R\frac{dV}{V}$$

$$\Delta S_{2-3}=R\int_{V_0}^{V}\frac{dV}{V}=R\ln\frac{V}{V_0}$$

$$\Delta S=\Delta S_{1-2}+\Delta S_{2-3}=c_V\ln\frac{T}{T_0}+R\ln\frac{V}{V_0}$$

法 2　设计可逆过程

$$①\xrightarrow{\text{等压过程(压强 }p_0\text{)}}②'\xrightarrow{\text{等体积过程}}③$$

①→②′

$$dS=\frac{đQ}{T}=\frac{c_p dT}{T}=\frac{c_p\cdot\frac{P}{R}dV}{PV/R}=\frac{c_p dV}{V}$$

$$\Delta S_{1-2'}=\int_{V_0}^{V}\frac{c_p dV}{V}=c_p\ln\frac{V}{V_0}$$

②′→③　$dA=0$

$$dS=\frac{dV}{T}=\frac{c_V dT}{T}=\frac{c_V dp}{p}$$

$$\Delta S_{2'-3}=\int_{p_0}^{p}\frac{c_V dp}{p}=c_V\ln\frac{p}{p_0}$$

$$\Delta S=\Delta S_{1-2'}+\Delta S_{2'-3}=c_p\ln\frac{V}{V_0}+c_V\ln\frac{p}{p_0}$$

**18.9**　设一卡诺机工作于高、低温热源(温度分别为 $T_1$ 和 $T_2$)之间. 求每次循环中,两热源和机器工作物质这个总系统的熵变.

**解**　经一循环,工作物质回到原来状态,而熵是状态参量,所以工作物质 $\Delta S_0=0$.

高温热源在一循环中输出热量,等于工作物质吸收的热量,低温热源吸入的热量,等于工作物质放出的热量.

高温热源

$$\Delta S_1 = \int_1^2 \frac{-đQ}{T}$$

负号表示与工作物质热交换行为相反.进而

$$\Delta S'_1 = -\int_1^2 \frac{p\mathrm{d}V}{T_1} = -\int_{V_1}^{V_2} \frac{\nu R\,\mathrm{d}V}{V} = -\nu R\ln\frac{V_2}{V_1}$$

$$= \nu R\ln\frac{V_1}{V_2}$$

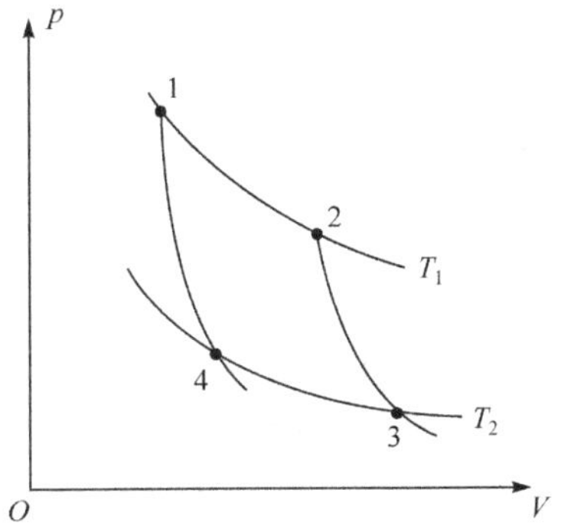

图 18.8

因 $V_2 > V_1$,故高温热源熵减少.

低温热源

$$\Delta S_2 = \int_3^4 \frac{-đQ}{T_2} = -\int_{V_3}^{V_4} \frac{\nu R\,\mathrm{d}V}{V} = -\nu R\ln\frac{V_4}{V_3} = \nu R\ln\frac{V_3}{V_4}$$

因 $V_4 < V_3$,故低温热源熵增加.

由 2→3,$đQ=0$ 得

$$T_1V_2^{\gamma-1} = T_2V_3^{\gamma-1}$$

4→1d,$Q=0$ 得

$$T_1V_1^{\gamma-1} = T_2V_4^{\gamma-1}$$

得

$$\frac{V_2}{V_1} = \frac{V_3}{V_4}$$

所以 $\Delta S_1 = -\Delta S_2$.总熵变

$$\Delta S = \Delta S_0 + \Delta S_1 + \Delta S_2 = 0$$

**18.10** 一绝热密闭容器用隔板分成相等的两部分,左边盛有一定量的理想气体,热容比为 $\gamma$,压强为 $p_0$,右边为真空.将隔板抽去,气体作自由膨胀,求达到平衡时气体的压强.

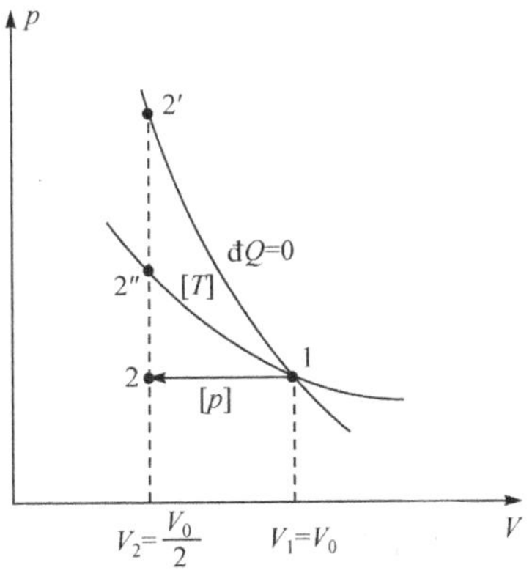

图 18.9

**解** 绝热自由膨胀,$đQ=0$, $đA=0$.由热力学第一定律,$\mathrm{d}V=0$.

对于理想气体,$\mathrm{d}T=0$,由理想气体状态方程

$$p_1V_1 = \nu RT$$

$$p_2V_2 = p_2 \cdot 2V_1 = \nu RT$$

得 $p_1=2p_2$. 由题意

$$p_1=p_0$$

则 $p_2=\frac{p_0}{2}$.

**18.11** 用下列三种方法将 1mol 双原子理想气体的体积 $V_0$ 压缩到体积为 $V_0/2$：

(1) 等压压缩；

(2) 绝热压缩；

(3) 等温压缩.

分别计算三种过程中熵的变化.

**解**

$$\mathrm{d}S=\frac{\text{đ}Q}{T}=\frac{\mathrm{d}U+p\mathrm{d}V}{T}$$

(1) 1→2 等压过程

$$\text{đ}Q=c_p\mathrm{d}T$$

双原子理想气体 $c_p=\frac{7}{2}R$

$$\Delta S=\int_1^2\frac{c_p\mathrm{d}T}{T}$$

$$=\int_{V_0}^{\frac{V_0}{2}}\frac{c_p\mathrm{d}V}{V}=c_p\ln\frac{1}{2}$$

$$=-\frac{7}{2}R\ln 2$$

(2) 1→2′绝热过程

$$\text{đ}Q=0$$

$$\mathrm{d}S=\frac{\text{đ}Q}{T}=0$$

$$\Delta S'=0$$

(3) 1→2″等温过程

$$\mathrm{d}U=0$$

$$\text{đ}Q=p\mathrm{d}V$$

$$\mathrm{d}S=\frac{p\mathrm{d}V}{T}=\frac{R\mathrm{d}V}{V}$$

$$\Delta S''=\int_{V_0}^{\frac{V_0}{2}}\frac{R\mathrm{d}V}{V}=R\ln\frac{1}{2}=-R\ln 2$$

**18.12** 一容器被一铜片分成两部分，一边是 80℃的水，另一边是 20℃的水，经过一段时间后，从热的一边向冷的一边传递了 4196J 的热量. 问在这个过程中熵变是多少？假定水足够多，传递热量后的温度没有明显变化.

**解**　$\Delta S_1=\dfrac{-\Delta Q}{T_1}$　（负号表示热量输出）

$$=\frac{-4196}{273+80}\approx -11.89(\text{J/K})$$

$$\Delta S_2=\frac{\Delta Q}{T_2}=\frac{4196}{273+20}\approx 14.32(\text{J/K})$$

$$\Delta S=\Delta S_1+\Delta S_2=2.43\text{J/K}$$

# 第 19 章　量子物理实验基础与基本原理

## 【本章要点】

### 一、黑体辐射

普朗克量子化假设:谐振子能量为

$$\varepsilon = nh\nu,\quad n = 1,2,3\cdots$$

普朗克热辐射公式:黑体的单色辐射出射度

$$M_\nu = \frac{2\pi h}{c^2}\frac{\nu^3}{e^{h\nu/kT}-1}$$

斯特藩-玻尔兹曼定律:黑体的总辐射出射度

$$M = \int_0^\infty M_\nu \mathrm{d}\nu = \sigma T^4$$

其中

$$\sigma = 5.67051\times 10^{-8}\,\mathrm{W/(m^2\cdot K^4)}$$

维恩位移定律:单色辐射出射度最大的光的波长为 $\lambda_m$,有

$$\lambda_m T = b$$

其中

$$b = 2.898\times 10^{-3}\,\mathrm{m\cdot K}$$

### 二、固体比热

爱因斯坦的固体理论:爱因斯坦将经典物理学中一个振动自由度上的能量平均值 $kT$,换成单一频率的普朗克振子平均能量公式

$$\langle E\rangle = \frac{h\nu}{\exp(h\nu/kT)-1}$$

因而在理论上预言热容量与系统的温度有关,后为实验所证实.

### 三、光电效应

光子:光(一般地指电磁波)是由光子组成的.

光子的能量

$$E=h\nu$$

光子的动量

$$p=h\nu/c=h/\lambda$$

光电效应方程

$$h\nu=E_k+A=\frac{1}{2}mv^2+A$$

光电效应的红限频率

$$\nu_0=\frac{U_0}{K}=\frac{A}{h}$$

## 四、玻尔的原子理论

里兹公式

$$\nu=Rc\left(\frac{1}{n^2}-\frac{1}{m^2}\right)$$

式中，$n$ 与 $m$ 都是正整数，且 $m>n$，$c$ 是光速常数，系数 $R$ 称为里德伯常量. 当 $n$ 相同而 $m$ 不同时，各不同的 $m$ 所对应的谱线就构成了一个谱系，用 $n$ 值可以区分不同的谱系.

定态概念：定态是指满足一定条件的原子状态，此时原子的能量是稳定的. 处于定态的原子不发射电磁辐射. 各定态对应稳定的能量值 $E_n$，称为能级.

频率条件

$$\nu=(E_m-E_n)/h$$

式中，$E_m$ 和 $E_n$ 是用 $m$ 和 $n$ 标志的能级，前者高时原子发出电磁辐射，反之则吸收电磁辐射.

## 五、康普顿散射(康普顿效应)

用光子与电子的碰撞解释.

康普顿公式

$$\Delta\lambda=2\lambda_c\sin^2\frac{\varphi}{2}$$

电子的康普顿波长

$$\lambda_c=2.43\times10^{-3}\,\text{nm}$$

## 六、粒子的波动性

德布罗意公式:一个粒子的能量 $E$ 和动量 $p$ 也可以描述一个与这粒子相联系的波,并与这波的频率和波长有下述关系.

$$E = h\nu, \quad p = \frac{h}{\lambda}$$

这种与粒子相联系的波称为德布罗意波,式中的波长 $\lambda$ 称为德布罗意波长.

## 七、概率波与概率幅

德布罗意波是概率波,它描述粒子在各处被发现的概率.

微观粒子状态用概率幅(简称波函数)描写,波函数可定义为一个复函数 $\Psi(x,y,z,t)$,即在给定的时间、空间范围内,一组给定的时空坐标$(x,y,z,t)$总对应一个复数值.粒子概率幅模的平方$|\Psi|^2$,表示该粒子在 $t$ 时刻出现于点$(x,y,z)$的概率密度.

波函数满足叠加原理,即描述粒子的两个波函数 $\Psi_1$ 和 $\Psi_2$ 求和之后,仍旧是描述该粒子的波函数,即 $\Psi=\Psi_1+\Psi_2$ 成立.概率幅叠加可表现粒子的相干性.

## 八、不确定关系

位置动量不确定关系

$$\Delta x \Delta p_x \geqslant \frac{\hbar}{2}$$

能量时间不确定关系

$$\Delta E \Delta t \geqslant \frac{\hbar}{2}$$

# 【问题讨论】

**问题 1** 人体也向外发出热辐射,为什么在黑暗中还是看不见人呢?

**讨论** 在常温下人体表面的温度大约 300K,如果近似看作黑体,根据维恩位移定律,单色辐射射出射度最大的光的波长为

$$\lambda_m T = b$$

因而有

$$\lambda_m = 2.898\times10^{-3}/300 = 9.66\times10^{-6}(\text{m})$$

可见,此时人体的热辐射集中在 $9.66\mu\text{m}$ 波长附近,其波长远大于可见光的波长范

围(真空中可见光的波长为 0.35～0.77$\mu$m).

**问题 2**　分析光电效应和康普顿效应的异同;这两种效应在对光的粒子性的认识方面,有何不同的意义?

**讨论**　光电效应与康普顿效应都含有光子与某种导体中电子相互作用的过程,它们都表明:即使在微观过程中,能量守恒定律仍然成立,这是相同之处.

在光电效应中,材料表面内一薄层中的电子吸收了光子的能量后,经过与表面物质复杂的相互作用,脱离材料表面而逸出.光子在逸出的过程中,必损失一部分能量,这就是爱因斯坦光电效应方程中逸出功 $A$ 存在的物理机制.光电子在逸出材料表面时,在损失能量的同时,也伴随着动量的损失.可见,在光电效应中,不能揭示微观世界中的动量守恒规律;由于材料的逸出功 $A$ 的存在,对能量守恒的验证也较为间接.光电效应在对光子粒子性的认识上,第一次指明关系式 $E=h\nu$ 对单个光子成立.

康普顿假设与光子碰撞的电子是晶体中的自由电子(这些电子离开固体所需的能量仅有几个电子伏特,而 X 射线光子能量的数量级可在 $10^3\sim10^6$eV,因而晶体中电子所受到的束缚作用可略),并认为这自由电子是静止的(这些电子的热运动能量比 X 射线光子的能量小得多,可略).从能量动量守恒出发,可以直接计算出散射光的波长 $\lambda$ 与散射角度 $\varphi$,而 $\lambda$ 与 $\varphi$ 是在实验中可以直接测量的量.因此,可以认为康普顿效应不但第一次在实验上验证了微观粒子动量与其德布罗意波长的关系,即 $p=h/\lambda$,表明在微观过程中动量守恒定律也成立;而且,它对微观世界中的能量守恒定律的验证也更为直接.

注:在光与物质的相互作用中能量动量守恒定律不但统计上成立,而且在单个光子与电子的相互作用的**全过程**中也成立.已经知道,康普顿散射可以看成是电子先吸收光子又放出、或者是先放出光子又吸收的两个分过程.在这两个分过程中的任何一个,能量可以不守恒.其实,一个微观的相互作用过程存在的时间越短,其偏离能量守恒的程度可以越大(见不确定度关系).

**问题 3**　微观粒子的粒子性与波动性同经典物理中粒子、波动概念有何异同?

**讨论**　在量子物理学的基本物理图像中,同一微观客体可以表现出"粒子性",也可以表现出"波动性".但是,这种粒子性与波动性同经典粒子、经典波有着本质的区别.微观粒子的粒子性仍具有定域性特点,例如,现有实验证明夸克与轻子的半径都小于 $10^{-20}$m,而核子的半径约为 $10^{-15}$m;但轨道的概念对微观粒子却完全失效,而且,某一坐标与其相应的动量等所谓"共轭物理量"不可能同时具有精确值,要受不确定度关系的限制.微观粒子的波动性仍具有非定域性,具有干涉和衍射的特征;但物理量空间分布的连续性却常常受到限制,例如,辐射场的能量子、光子的动量等等.总之,人们在宏观世界里生活所建立起来的经验和概念体系,推广到微观世界时要受到极大的限制.微观粒子不同于经典粒子,也不同于经典波.因此,费曼曾说过"波粒二不象性"比"波粒二象性"更为准确.

**问题 4** 在量子物理中,概率幅与算符这两个概念哪一个更为基本一些?

**讨论** 量子力学的算符(operator 数学称为算子)是定义在波函数上的,也就是说一个算符作用在波函数上,仍旧得到一个描述该量子系统的波函数. 例如,对波函数乘以某一个因子(叫乘子算符),或对波函数进行微分、积分,这些对波函数的运算(或者说"操作")就是算符. 量子物理学中的动力学变量都用算符表示,但不是所有的算符都对应动力学变量. 如坐标、动量和能量等都对应于相应的算符;说时间不是动力学变量,等价地可以理解为它没有所对应的算符.

至于算符与力学量的联系,可以说波函数描述量子态与算符描述力学量是同一事物的两个侧面,如果一定要问它们之间哪一个更根本些,回答是波函数更为基本. 有人做过一个很好的比喻:说这二者的关系有点像蛋与鸡、舞台与演员的关系. 从 DNA 的角度来说,蛋早于鸡;从广义的舞台来说,没有演员,舞台也存在,但若没有舞台,就不会有演员. 从这个意义上进,波函数就是量子物理学的舞台,面算符就是这舞台上的演员.

## 【习题解答】

**19.1** 假定太阳表面可视为黑体,现测得太阳光谱的 $\lambda_m = 510\text{nm}$,求太阳表面的温度和单位面积上的辐射功率.

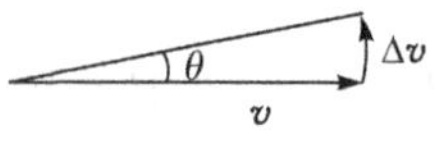

图 19.1

**解** 根据维恩位移定律

$$T\lambda_m = b$$

得

$$T = \frac{b}{\lambda_m} = \frac{2.898 \times 10^{-3}}{510 \times 10^{-9}} \approx 5682(\text{K})$$

由斯特藩-玻尔兹曼定律单位面积辐射功率

$$E_0 = \sigma T^4 = 5.67051 \times 10^{-8} \times 5682^4 \approx 5.91 \times 10^7 (\text{W/m}^2)$$

**19.2** 加热黑体,其最大单色辐射出射度所对应的波长由 $0.96\mu\text{m}$ 变化到 $0.05\mu\text{m}$. 求总辐射本领增加到几倍.

**解** 由维恩定律和斯特藩-玻尔兹曼定律知

$$\frac{T_2}{T_1} = \frac{\lambda_{m1}}{\lambda_{m2}}$$

$$\frac{E_{02}}{E_{01}} = \left(\frac{T_2}{T_1}\right)^4 = \left(\frac{\lambda_{m1}}{\lambda_{m2}}\right)^4 = \left(\frac{0.69}{0.50}\right)^4 \approx 3.6 \text{ 倍}$$

**19.3** 银的光电效应红限为 $1.145 \times 10^{15}\text{Hz}$,求银的逸出功. 如果用 200nm 的光照射,其遏止电压是多少?

**解**　由红限的定义知银的逸出功

$$A = h\nu_0 = 6.63\times10^{-34}\times1.145\times10^{15}$$
$$\approx 7.59\times10^{-19}(\mathrm{J}) = 4.74(\mathrm{eV})$$

对应

$$\lambda = 200\mathrm{nm},\quad \nu = \frac{c}{\lambda} = 1.5\times10^{15}\,\mathrm{Hz}$$

由爱因斯坦方程

$$h\nu = \frac{1}{2}m_e v_M^2 + A$$

得

$$eU_a = \frac{1}{2}m_e v_M^2 = h\nu - A = h(\nu - \nu_0)$$

遏止电压

$$U_a = \frac{h}{e}(\nu - \nu_0) = \frac{6.63\times10^{-34}\times(1.5-1.145)\times10^{15}}{1.6\times10^{-19}} = 1.47(\mathrm{V})$$

**19.4**　人眼的视网膜对波长为 589.3nm 的黄光，至少要有 $1.71\times10^{-18}$W 的功率才有视觉反应，试问这种黄光每秒有多少个光子到达视网膜上？

**解**
$$N\cdot h\nu = 1.71\times10^{-18}$$
$$N = \frac{1.71\times10^{-18}\times589.3\times10^{-9}}{6.63\times10^{-34}\times3\times10^{8}} \approx 5.07 \approx 5(\mathrm{s}^{-1})$$

**19.5**　银河系宇宙空间内星光的能量密度为 $10^{-15}\mathrm{J/m^3}$，相应的光子数密度多大？假定光子平均波长为 500nm.

**解**
$$n = \frac{w}{h\nu} = \frac{w\bar{\lambda}}{hc} = \frac{10^{-15}\times5\times10^{-7}}{6.63\times10^{-34}\times3\times10^{8}} \approx 2.5\times10^{3}(\mathrm{m}^{-3})$$

**19.6**　康普顿散射中，入射光子波长为 0.003nm，测得反冲电子 0.6$c$，求散射光子的方向及波长.

**解**　散射前后光子、电子系统能量守恒，有

$$h\nu_0 + m_0c^2 = h\nu + mc^2$$

因

$$\nu_0 = \frac{c}{\lambda_0},\quad \nu = \frac{c}{\lambda},\quad m = \frac{m_0}{\sqrt{1-\frac{v^2}{c^2}}}$$

故

$$\frac{1}{\lambda} = \frac{1}{\lambda_0} + \frac{m_0c}{h}\left(1 - \frac{1}{\sqrt{1-\frac{v^2}{c^2}}}\right)$$

$$\lambda=\frac{1}{\frac{1}{\lambda_0}+\frac{m_0c}{h}\left(1-\frac{1}{\sqrt{1-\frac{v^2}{c^2}}}\right)}$$

$$=4.35\times10^{-12}\,\mathrm{m}=4.35\times10^{-3}\,\mathrm{nm}$$

根据康普顿散射公式

$$\lambda-\lambda_0=\frac{h}{m_0c}(1-\cos\varphi)$$

$$\cos\varphi=1-\frac{(\lambda-\lambda_0)m_0c}{h}$$

$$=1-\frac{(4.35-3)\times10^{-12}\times9.11\times10^{-31}\times3\times10^8}{6.63\times10^{-34}}$$

$$=0.448$$

$$\varphi=63.4^\circ$$

**19.7** 光子与处于静止状态的自由电子碰撞,碰撞后电子获得的最大动能为60keV,求入射光子的波长.

**解** 当电子获得最大动能时,散射光子的能量最小,即波长最长.由康普顿散射公式

$$\lambda-\lambda_0=\frac{h}{m_0c}(1-\cos\varphi)$$

可见,这时散射角 $\varphi=\pi$,故

$$\lambda-\lambda_0=\frac{2h}{m_0c}$$

令

$$a=\frac{2h}{m_0c}=4.85\times10^{-12}\,\mathrm{m}$$

有

$$\lambda=\lambda_0+a$$

由于碰撞前后能量守恒,即

$$h\nu_0+m_0c^2=h\nu+mc^2$$

电子动能

$$E_k=mc^2-m_0c^2=h\nu_0-h\nu$$

$$=hc\left(\frac{1}{\lambda_0}-\frac{1}{\lambda}\right)=\frac{hc(\lambda-\lambda_0)}{\lambda_0\lambda}$$

$$=\frac{hca}{\lambda_0(\lambda_0+a)}$$

$$\lambda_0^2 + a\lambda_0 - \frac{hca}{E_k} = 0$$

$$\lambda_0 = \frac{-a + \sqrt{a^2 + \frac{4hca}{E_k}}}{2} = 7.89 \times 10^{-3}\text{nm}$$

**19.8**　一束带电粒子经过 200V 的电势差加速后测得其德布罗意波长为 0.002nm,已知这种粒子的电荷电量与电子相等,求粒子的质量.

**解**　加速后粒子的总能量 $E=E_k+E_0$,又因

$$E^2 - E_0^2 = p^2c^2$$

$$p = \frac{h}{\lambda}$$

得

$$E^2 - E_0^2 = \frac{h^2c^2}{\lambda^2}$$

$$\lambda^2 = \frac{h^2c^2}{(E-E_0)(E+E_0)} = \frac{h^2c^2}{E_k(E+E_0)}$$

将 $E=mc^2 E_0=m_0c^2$ 代入上式,得

$$\lambda^2 = \frac{h^2}{E_k(m+m_0)}$$

$$m+m_0 = \frac{h^2}{E_k\lambda^2}$$

已知 $E_k=eU=200\times1.6\times10^{-19}\text{J}$;$\lambda=2\times10^{-12}\text{m}$;$h=6.626\times10^{-34}\text{J}\cdot\text{s}$ 代入上式,并估算得 $m\approx m_0$,所以解得

$$m = 1.71\times10^{-27}\text{kg}$$

**19.9**　反应堆中热中子的动能 $E_k=6.12\times10^{-12}\text{eV}$,计算热中子的德布罗意波长.

**解**　同上题

$$\lambda^2 = \frac{h^2c^2}{E_k(E+E_0)}$$

$$E_0 = m_nc^2$$

其中,$m_n=1.67\times10^{-27}\text{kg}$ 为中子静止质量,算得 $E_0=2.4\times10^9(\text{eV})\ll E_k$,故 $E+E_0\approx E_k$.

$$\lambda = \frac{hc}{E_k} = 2.03\times10^{-19}\text{m} = 2.03\times10^{-10}\text{nm}$$

**19.10**　电视机显像管中电子的加速电压为 9kV,电子枪枪口直径取 0.50mm,枪口离荧光屏的距离为 0.30m. 求荧光屏上一个电子亮斑形成的直径. 这样大小的亮斑影响电视的清晰度吗?

**解** 电子离枪口的速度 $v$ 满足.

$$\frac{1}{2}mv^2=eV$$

$$v=\sqrt{\frac{2eV}{m}}=\sqrt{\frac{2\times1.6\times10^{-19}\times9000}{9.11\times10^{-31}}}=5.6\times10^7(\text{m/s})$$

根据不确定度关系

$$\Delta p\cdot\Delta x\geqslant\frac{\hbar}{2}$$

$$\Delta p=m\Delta v$$

$$\Delta v=\frac{\hbar}{2m\Delta x}=\frac{6.63\times10^{-34}}{4\pi\times9.11\times10^{-31}\times5\times10^{-4}}\approx0.116(\text{m/s})$$

亮斑线度

$$\begin{aligned}\Delta l&=2\times(0.3\tan\theta)\\&=\frac{2\times0.3\times\Delta v}{v}\\&=\frac{0.6\times0.116}{5.6\times10^7}\\&\approx1.2\times10^{-9}(\text{m})=1.2(\text{nm})\end{aligned}$$

不会影响图像清晰度.

# 第 20 章　薛定谔方程

## 【本章要点】

### 一、薛定谔方程

**1. 薛定谔方程**

$$\mathrm{i}\hbar \frac{\partial}{\partial t}\Psi_{\mathrm{p}}(x,y,z,t)=-\frac{\hbar^2\nabla^2}{2m}\Psi_{\mathrm{p}}(x,y,z,t)+U\Psi_{\mathrm{p}}(x,y,z,t)$$

**2. 定态薛定谔方程(一维)**

$$-\frac{\hbar^2}{2m}\frac{\partial^2\Psi}{\partial x^2}+U\Psi=E\Psi$$

波函数

$$\Psi(x,t)=\psi(x)\exp\left(-\mathrm{i}\frac{E}{\hbar}t\right)$$

上两式中 $\psi(x)$为定态波函数. 以上微分方程是线性的,这表明 $\Psi(x,y)$和 $\psi(x)$都满足叠加原理.

**3. 波函数必须满足标准物理条件:单值,有限,连续.**

### 二、双态系统

**1. 氨分子的薛定谔方程**

氨分子的两个可能构型对应的量子态记为 $\psi_1$ 和 $\psi_2$,如图 20.1. 其线性叠加也是真实氨分子可能的量子态

$$\psi=C_1\psi_1+C_2\psi_2$$

等价地写成

$$|\psi\rangle=C_1|1\rangle+C_2|2\rangle$$

氨分子的薛定谔方程为

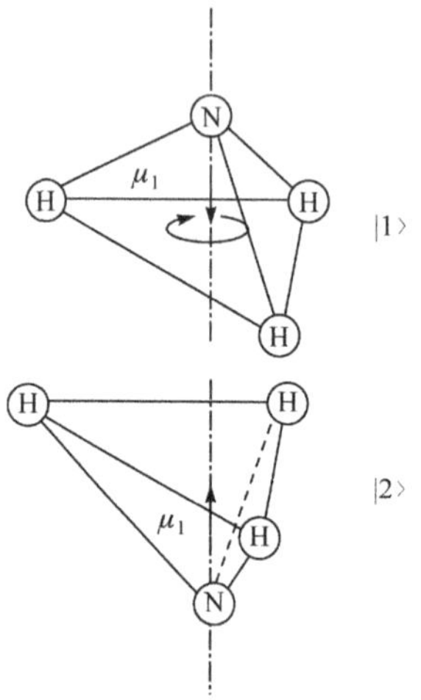


图 20.1　氨分子的两种量子态

$$\mathrm{i}\hbar\frac{\partial}{\partial t}\begin{pmatrix}C_1\\C_2\end{pmatrix}=\begin{pmatrix}H_{11}&H_{12}\\H_{21}&H_{22}\end{pmatrix}\begin{pmatrix}C_1\\C_2\end{pmatrix}$$

**2. 氨分子薛定谔方程的解**

$$C_1(t)=\mathrm{e}^{-\mathrm{i}E_0t/\hbar}\cos\frac{At}{\hbar},\quad C_2(t)=\mathrm{i}\mathrm{e}^{-\mathrm{i}E_0t/\hbar}\sin\frac{At}{\hbar}$$

其定态解为

$$C_{\pm}=\frac{1}{\sqrt{2}}(C_1\pm C_2)$$

即

$$C_{\pm}(t)=C_{\pm}(0)\exp(-\mathrm{i}(E_0\mp A)t/\hbar)$$

其能量本征值分别为 $E_0-A$ 和 $E_0+A$，即氨分子的概率幅 $C_{\pm}(t)$ 的模量不随时间变化，而其相位是随时间变化的；同时其能级的裂距为 $2A$.

## 三、一维定态问题

**1. 一维无限深势阱**

对一维无限深势阱中的粒子，其能量是量子化的

$$E_n=\frac{\pi^2\hbar^2}{2ma^2}n^2,\qquad n=1,2,3,\cdots$$

其概率分布不均匀.

德布罗意波长为

$$\lambda_n=\frac{h}{p_n}=\frac{2a}{n}=\frac{2\pi}{k}$$

可见，德布罗意波与经典物理中两端固定的弦上的驻波相类似.

**2. 势垒穿透**

由微观粒子的波动性，当粒子进入不同的能量区域时，会以一定的概率发生透射和反射. 与经典物理图像极为不同的是，粒子可以进入势能大于其总能量的区域，在势垒有限的情况下，粒子可以穿过势垒到达另一侧，这种现象称为量子隧穿效应.

**3. 谐振子**

能量量子化

$$E_n=\left(n+\frac{1}{2}\right)\hbar\omega,\qquad n=0,1,2,\cdots$$

零点能

$$E_n=\frac{1}{2}\hbar\omega$$

**4. 氢原子**

(1) 由薛定谔方程得到 3 个量子数：

主量子数：$n=1,2,3,\cdots$

轨道量子数：$l=0,1,2,\cdots,n-1$

磁量子数：$m_l=-l,-(l-1),0,\cdots,1,2,\cdots,l$

(2) 氢原子能级

$$E_n=-\frac{m_e e^4}{2(4\pi\varepsilon_0)^2\hbar^2}\frac{1}{n^2}=-\frac{e^2}{2(4\pi\varepsilon_0)a_0}\frac{1}{n^2}=-13.6\frac{1}{n^2}$$

(3) 轨道角动量

$$L=\sqrt{l(l+1)}\hbar$$

轨道角动量沿某特定方向(如磁场方向)的分量

$$L_z=m_l\hbar$$

(4) 径向概率密度 $P(r)$：电子在半径为 $r$ 和 $r+\mathrm{d}r$ 的两球面之间出现的概率. 对氢原子基态，电子在这两球面间出现的概率密度为

$$P_{1,0,0}(r)=\frac{4}{a_0^3}r^2\mathrm{e}^{-2r/a_0}$$

## 四、多电子原子中的电子分布

**1. 电子的自旋角动量**

电子自旋角动量是量子化的，其自旋量子数为 1/2，大小为

$$S=\sqrt{s(s+1)}\hbar=\sqrt{3/4}\hbar$$

电子自旋角动量在空间某一方向上的投影也是量子化的

$$S_z=m_s\hbar$$

$m_s$ 叫电子自旋磁量子数，它的取值只能是 1/2(常称为向上)和 −1/2(常称为向下)这两个值.

**2. 电子的总角动量**

电子的总角动量是其轨道角动量与自旋角动量的和

$$J = L + S$$

总角动量的大小为

$$J = \sqrt{j(j+1)}\hbar$$

当 $l=0$ 时，总角动量量子数 $j$ 为 $j=s=1/2$，其他情况下有 $j=l\pm 1/2$. 对于式中的正号，称为自旋角动量与轨道角动量平行，而负号则称为自旋角动量与轨道角动量反平行.

**3. 电子的自旋磁矩**

电子的自旋磁矩与其自旋角动量方向相反，大小成正比

$$\boldsymbol{\mu}_s = -\frac{e}{m_e}\boldsymbol{S}$$

在 $Z$ 方向上的投影为

$$\mu_{s,z} = \mp \frac{e\hbar}{2m_e} = \mp \mu_B$$

玻尔磁子 $\mu_B = 9.27\times 10^{-24}\,\mathrm{J/T}$.

电子的自旋磁矩在磁场中的能量为

$$E_s = -\boldsymbol{\mu}_s \cdot \boldsymbol{B} = -\mu_{sz}B = \mp \mu_B B$$

当 $\mu_z$ 取正值时，$E_s$ 为负.

自旋轨道耦合使能级分裂，产生光谱的精细结构.

**4. 核外电子的分布**

基态原子中电子排布的两个规律：

(1) 能量最低原理，即电子尽可能处于能量最低的能级.

(2) 泡利不相容原理，即在同一原子系统中，不可能有两个电子它们的四个量子数($n, l, m_l, m_s$)是完全相同的.

## 【问题讨论】

**问题 1** 其他等价双态系统举例，包括可能的应用.

**讨论** 如果两个等价量子态的叠加能够恢复量子系统的某种对称性，如 $H_2^+$ 离子(左右对称性)或苯环(反演对称性)，一般会构成等价的量子双态.

一般说来，由于某种物理上的原因，比如量子双态间的互相影响、不同自旋磁

矩间的相互作用，造成了量子系统能级的分裂，而这分裂能级的能量间隔又比其他能级间隔小得多，都可以视为量子双态.

量子双态间的跃迁所涉及的电磁辐射在量子频标和天文观测等领域有重要的应用.

**问题 2**　量子数 $n$ 与 $l$ 分别对应原子的壳层或次壳层，问相应的壳层或次壳层可容纳多少电子？什么叫能级的简并？

**讨论**　$n$ 相同的量子态组成一壳层，可容纳 $2n^2$ 个电子，$l$ 相同的状态组成一次壳层，可容纳 $2(2l+1)$ 个电子. 对这一结论说明如下：

对任一给定的 $n$，$l$ 可取 0 到 $n-1$ 共 $n$ 个值，$m_l$ 可取 $-l,\cdots,0,1,\cdots,l-1,l$ 共 $2l+1$ 个值，而 $s$ 恒可取两个值. 可见，对应给定的 $n$，也就是给定的能级 $E_n$，角量子数与磁量子数共有 $n^2$ 个可能的取值. 即

$$\sum_{l=0}^{n-1}(2l+1)=n^2$$

再考虑到自旋量子数的两个可能取值，每一能级所对应的量子态总数为 $2n^2$.

同理，次壳层由 $l$ 相同而 $m_l$ 不同的量子态组成，这些量子态的总数为 $2l+1$，再考虑到电子的自旋可取两个值，因而次壳层中有 $2(2l+1)$ 个不同的量子态，所以次壳层中最多可容纳 $2(2l+1)$ 个电子.

像这样一个能级对应 $g(g>1)$ 个量子态的情况，称该能级是简并的，$g$ 称为简并度. 如果一个能级只对应一个量子态，则称此能级是非简并的.

**问题 3**　元素周期表中前三个元素的电离能 $E_I$ 如下：

| 原子序数 $Z$ | 元素 | 电离能 $E_I$ |
|---|---|---|
| 1 | H | 13.6eV |
| 2 | He | 24.6eV |
| 3 | Li | 5.4eV |

试定性解释从 H，He 到 Li 电离能 $E_I$ 的变化.

**讨论**　从表中可以看出 He 的电离能比 H 原子大得多，这主要是核电荷增大的结果，因 He 原子中电子的势能更低了，所以电离变得更困难. 而 Li 的电离能小的原因在于内壳层电子对核的屏蔽效应，对最外层电子而言，有效核电荷减小，势能增大，所以电离能减小.

## 【习题解答】

**20.1**　设一维运动粒子的波函数为

$$\psi(x)=\begin{cases}Axe^{-\alpha x}, & \text{当 } x\geqslant 0\\ 0, & \text{当 } x<0\end{cases}$$

其中 $a$ 为大于零的常数. 求：

(1) 归一化因子 $A$；

(2) 粒子坐标的平均值.

**解**　(1) 由归一化条件

$$\int_{-\infty}^{+\infty} |\psi(x)|^2 \mathrm{d}x = |A|^2 \int_0^{\infty} x^2 \mathrm{e}^{-2ax} \mathrm{d}x = 1$$

因积分

$$\int_0^{\infty} x^2 \mathrm{e}^{-2ax} \mathrm{d}x = \frac{1}{4a^3}$$

故有

$$|A|^2 \cdot \frac{1}{4a^3} = 1$$

解得

$$A = 2a^{\frac{3}{2}}$$

(2) 归一化波函数模的平方 $|\psi(x)|^2$ 即粒子在 $x$ 处被发现的概率密度. 所以平均值

$$\begin{aligned}\bar{x} &= \int_{-\infty}^{+\infty} x |\psi(x)|^2 \mathrm{d}x \\ &= 4a^3 \int_0^{\infty} x^3 \mathrm{e}^{-2ax} \mathrm{d}x \\ &= \frac{3}{2a}\end{aligned}$$

**20.2**　有一粒子沿 $x$ 轴方向运动，其波函数为

$$\psi(x) = \frac{A}{1+ix}$$

(1) 将此波函数归一化；

(2) 求粒子按坐标的概率分布函数；

(3) 问在何处找到粒子的概率最大？

**解**　(1) $\int_{-\infty}^{+\infty} |\psi(x)|^2 \mathrm{d}x = \int_{-\infty}^{+\infty} \frac{|A|^2}{1+x^2} \mathrm{d}x = |A|^2 \int_{-\infty}^{+\infty} \frac{\mathrm{d}x}{1+x^2} = 1$

因为

$$\int_{-\infty}^{+\infty} \frac{\mathrm{d}x}{1+x^2} = \int_{-\frac{\pi}{2}}^{\frac{\pi}{2}} \frac{\mathrm{d}(\tan\theta)}{1+(\tan\theta)^2} = \int_{-\frac{\pi}{2}}^{\frac{\pi}{2}} \mathrm{d}\theta = \pi$$

所以

$$A = \frac{1}{\sqrt{\pi}}$$

得归一化，波函数

$$\psi(x)=\frac{1}{\sqrt{\pi}}\frac{1}{1+\mathrm{i}x}$$

(2) 粒子按坐标的概率分布函数为

$$w(x)=|\psi(x)|^2=\frac{1}{\pi}\frac{1}{1+x^2}$$

(3) 由(2)的结果可见：当 $x=0$ 时，$w$ 最大

$$w(0)=\frac{1}{\pi}$$

**20.3** 一个电子被束缚在宽为 $a=10^{-10}$ m 的一维无限方势阱中，试计算$n=1$, 3, 100 的各能态电子的能量.

**解** 一维无限深方势阱中电子的能量为

$$E_n=\frac{n^2\hbar^2\pi^2}{2ma^2}\qquad(n=1,2,3,\cdots)$$

代入常数值，解得

$$E_1=\frac{(1.055\times10^{-34})^2\pi^2}{2\times9.11\times10^{-31}\times10^{-20}}=6.03\times10^{-18}(\mathrm{J})=37.7(\mathrm{eV})$$

$$E_3=9E_1=339.3\mathrm{eV}$$

$$E_{100}=3.77\times10^5\mathrm{eV}$$

**20.4** 一个细胞的线度为 $10^{-5}$m，其中一粒子质量为 $10^{-14}$g. 按一维无限深势阱计算，求这个粒子量子数为 $n_1=100$ 和 $n_2=101$ 的两个能级，并计算能级差.

**解**　$$E_{100}=\frac{100^2\hbar^2\pi^2}{2ma^2}=\frac{10^4\times(1.055\times10^{-34})^2\pi^2}{2\times10^{-17}\times10^{-10}}=5.4\times10^{-37}(\mathrm{J})$$

$$E_{101}=\frac{101^2\hbar^2\pi^2}{2ma^2}=\frac{101^2\times(1.055\times10^{-34})^2\pi^2}{2\times10^{-17}\times10^{-10}}=5.5\times10^{-37}(\mathrm{J})$$

$$\Delta E=E_{101}-E_{100}=10^{-38}\mathrm{J}$$

**20.5** 一维无限深势阱中运动粒子处于基态. 从势阱一端到离此端 1/4 阱宽处，求此区域内粒子出现的概率.

**解** 设势阱宽度范围为 $0\sim a$，一维深势阱中基态波函数

$$\psi_1(x)=\sqrt{\frac{2}{a}}\sin\left(\frac{\pi}{a}x\right)$$

在 $x=0$ 到 $x=\frac{a}{4}$范围内发现粒子的概率为

$$p=\int_0^{\frac{a}{4}}|\psi_1(x)|^2\mathrm{d}x=\frac{2}{a}\int_0^{\frac{a}{4}}\sin^2\left(\frac{\pi}{a}x\right)\mathrm{d}x$$

$$=\frac{1}{4}-\frac{1}{2\pi}=9.1\%$$

**20.6** 一粒子处于正立方盒子中,盒边长为 $a$. 试利用驻波概念导出粒子的能量

$$E=\frac{\pi^2\hbar^2}{2ma^2}(n_x^2+n_y^2+n_z^2)$$

其中 $n_x$, $n_y$, $n_z$ 为相互独立的正整数.

**解** 在盒壁处粒子的波函数为零,所以可以认为粒子的波函数是三维驻波. 对每一状态三个坐标轴方向均有驻波形式. 即满足

$$\lambda_x=\frac{2a}{n_x},\quad \lambda_y=\frac{2a}{n_y},\quad \lambda_z=\frac{2a}{n_z}$$

粒子动量各分量为

$$p_x=\frac{h}{\lambda_x}=\frac{h}{2a}n_x=\frac{\pi\hbar}{a}n_x$$

$$p_y=\frac{\pi\hbar}{a}n_y$$

$$p_z=\frac{\pi\hbar}{a}n_z$$

能量

$$E=\frac{p^2}{2m}=\frac{p_x^2+p_y^2+p_z^2}{2m}=\frac{\pi^2\hbar^2}{2ma^2}(n_x^2+n_y^2+n_z^2)$$

**20.7** 谐振子的基态波函数为 $\psi=Ae^{-ax^2}$,其中 $A$ 和 $a$ 为常量. 将此式代入谐振子的薛定谔方程,要求此方程在 $x$ 为任何值时均成立,由此导出谐振子的零点能.

**解** 谐振子的薛定谔方程[如教材中(20.5.8)式]

$$\frac{d^2\psi}{dt^2}+\frac{2m}{\hbar^2}\left(E-\frac{1}{2}mw^2x^2\right)\psi=0$$

对于基态 $\psi_0=Ae^{-ax^2}$, 则有

$$\left(4a^2-\frac{m^2}{\hbar^2}w^2\right)x^2=2\left(a-\frac{m}{\hbar^2}E_0\right)$$

欲使等式在 $\lambda$ 为任何值时成立,则必须

$$4a^2-\frac{m^2}{\hbar^2}w^2=0 \tag{1}$$

且

$$a-\frac{m}{\hbar^2}E_0=0 \tag{2}$$

由(1)式得 $a=\frac{mw}{2\hbar}$,代入(2)式得

$$E_0 = \frac{a\hbar^2}{m} = \frac{\hbar\omega}{2} = \frac{h\nu}{2}$$

即零点能量.

**20.8**　氦离子 $He^+$ 和氢原子相似，核外只有一个电子，求它的能级和光谱线的频率公式.

**解**　核原子核的电量为 $2e$，核外电子在电量为 $2e$ 的点电荷电场中运动，其势能函数为

$$V = -\frac{2e^2}{4\pi\varepsilon_0\gamma}$$

类似推导氢原子能级，可得到氦离子($He^+$)的能级公式

$$E_n = \frac{4me^4}{32\pi^2\varepsilon_0^2\hbar^2n^2}$$

$$= -\frac{4Rhc}{n^2} \qquad (n = 1, 2, 3, \cdots)$$

式中，$R = \frac{me^4}{8\varepsilon_0^2h^3c} = 1.097373 \times 10^7 m^{-1}$ 称里德伯常量；$h = 6.63 \times 10^{-34} J \cdot s$ 为普朗克常量；$c = 2.99792 \times 10^8 m/s$ 为真空中的光速.

离子中的电子从高能态跃迁到低能态时，发光频率 $\nu$ 满足

$$h\nu = E_n - E_k \qquad (n > k)$$

$$\nu = \frac{E_n - E_k}{h} = 4RC\left(\frac{1}{k^2} - \frac{1}{n^2}\right)$$

**20.9**　处于基态的氢原子吸收了具有能量 15eV 的光子，试通过计算说明此电子将如何运动?

**解**　氢原子的能量为

$$E_n = -Rhc \cdot \frac{1}{n^2} \qquad (n = 1, 2, 3, \cdots)$$

基态能量

$$E_1 = -Rhc = -13.6 eV$$

当 $n \to \infty, E_n \to 0$ 氢原子将电离为质子与电子. 所以本题中氢原子吸收了 15eV 的能量后，电子将脱离原子核的束缚成为自由电子，并具有动能

$$\frac{1}{2}mv^2 = 15 - 13.6 = 1.4(eV)$$

运动速度

$$v = \sqrt{\frac{2 \times 1.4 \times 1.6 \times 10^{-19}}{9.11 \times 10^{-31}}} = 7 \times 10^5 (m/s)$$

# 第21章 量子物理的应用

## 【本章要点】

### 一、多粒子系统的描述

**1. 多粒子系统**

所有微观粒子(包括已发现的60种基本粒子和它们所组成的复合粒子)都可以分成两类,一类遵守泡利不相容原理,自旋量子数 $s$ 为半整数,统称费米子(fermion);另一类不遵守泡利不相容原理,$s$ 为整数,统称玻色子(boson).

**2. 能级简并度**

一个能级对应 $g(g>1)$ 个量子态时,称该能级是简并的,$g$ 称为简并度.如果一个能级只对应一个量子态,则称此能级是非简并的.

### 二、量子统计

**1. 麦克斯韦-玻尔兹曼分布**

$$f_{MB}(\boldsymbol{r},\boldsymbol{v})=n_B(\boldsymbol{r})f_M(\boldsymbol{v})=n_0\left(\frac{m}{2\pi kT}\right)^{3/2}\mathrm{e}^{-\varepsilon/kT}$$

**2. 量子理论中的麦-玻分布**

$$n_a=C\mathrm{e}^{-\varepsilon_a/kT}=\mathrm{e}^{\mu-\varepsilon_a/kT}$$

**3. 玻色-爱因斯坦和费米-狄拉克分布**

$$\left.\begin{cases} n_a=\dfrac{1}{\mathrm{e}^{\beta(\varepsilon_a-\mu)}-1}\text{(玻色子)}\\[2ex] n_a=\dfrac{1}{\mathrm{e}^{\beta(\varepsilon_a-\mu)}+1}\text{(费米子)}\end{cases}\right\}\xrightarrow[\text{经典极限}]{n^a\ll 1,\ \mathrm{e}^{\beta\mu}\ll 1}\begin{matrix}\text{麦-玻分布}\\ n_a=\mathrm{e}^{\mu-\varepsilon_a/kT}\end{matrix}$$

## 三、激光

激光由原子的受激辐射产生，这需要在发光材料中造成粒子数布居反转状态.

方向性好：激光器两端反射镜严格与管轴垂直，使激光具有极好的方向性.

单色性好：激光器两端反射镜之间的距离决定了其间驻波的波长，因而激光具有很高的单色性.

高亮度：激光是完全相干的，光强与发光物质的原子数的平方成正比；又因激光的方向性好，这提高了激光的亮度(单位面积光源向某一方向单位立体角内所发射的光的功率为光源在这一方向上的亮度).

相干性好：激光束中光子的频率、偏振和传播方向完全相同，相位差稳定，有很好的相干性.

## 四、半导体

### 1. 能带

当原子组成晶体时，在一个原子大小的空间内聚集了 $N$ 个原子，这些原子的一部分电子形成了"共有化". 为了满足自然法则——泡利不相容原理——相应的原来孤立原子的能级分裂成 $N$ 个能级差极小的能级，形成能带.

孤立原子基态满壳层的能级，分裂后称为满带；价电子的能级，分裂后称为价带；空能级，分裂后称为空带，有些材料价带是空带. 能带之间的区间不对应任何能量状态，称为禁带.

### 2. 导体、绝缘体和半导体的能带结构

金属导体的能带结构是价带中有电子，但是未被填满. 而绝缘体、半导体的能带结构都是价带为空带. 两者的区别是绝缘体的满带和价带(相邻的空带)之间的禁带比半导体大.

### 3. 半导体器件

pn 结：p 型半导体和 n 型半导体分界面处的薄层内，由于电子和空穴向对方扩散而形成一阻挡层，层内有一从 n 侧指向 p 侧的电场，此电场使载流子穿过 pn 结的难易程度具有方向性，是 pn 结单向导电性机制的基础.

半导体器体：分为分立元件和集成电路. 分立元件如发光二极管、光电池、三极管等，集成块包含大量的元件，在现代科学技术中应用广泛.

## 五、基本粒子与四种力

### 1. 基本粒子

轻子有 12 种,即电子、电子中微子,$\mu$ 子、$\mu$ 子中微子,$\tau$ 子和 $\tau$ 子中微子以及它们的反粒子. 夸克有 6"味",即上夸克 u, 下夸克 d,粲夸克 c, 奇夸克 s, 顶夸克 t 和底夸克 b. 每一味夸克有红绿蓝 3 种"色",共 18 种. 每一种夸克都有反粒子,因而共有 36 种夸克.

这 12 种轻子加上 36 种夸克,共 48 种粒子,叫做实物粒子. 传递电弱相互作用的 4 种粒子——包括光子、$W^+$、$W^-$ 和 $Z^0$,与 8 种胶子一起称为规范粒子. 还有一种未被实验证实的规范粒子——引力子,一共 61 种基本粒子.

### 2. 基本自然力

是支配宇宙的基本相互作用.

自然界只存在 4 种基本自然力,即引力、电磁力、弱力和强力.

## 【问题讨论】

**问题 1** 自发辐射与受激辐射有何区别?

**讨论** 处于激发态的原子是不稳定的,会在极短的时间返回基态并发出电磁辐射,这就是自发辐射. 自发辐射具有随机性和间断性(辐射时间约 10～13s),因此辐射的电磁波(光子)的相位、偏振状态、传播方向甚至频率都互不相同. 大量自发辐射的波列(光子)就是自然光.

受激辐射是处于激发态的原子受到外来光子(电磁波)的刺激,从高能态跃迁到低能态(不一定是基态),同时辐射出与外来光子(波列)完全相同的光子(波列). 同一系统受激辐射的光子(电磁波)是全同光子.

**问题 2** 激光谐振腔在产生激光的过程中有哪些主要作用?

**讨论** 谐振腔有三个主要作用:①进行光放大;②使激光有好的方向性;③提高激光的单色性.

因为谐振腔两端的反射镜严格垂直于谐振腔的轴线,所以,只有沿轴线方向传播的光才能通过多次反射形成光振荡;而每次往复,都会使高能态的原子发生受激辐射,产生更多同频率、同相位、同偏振态、同传播方向的光. 这就是光放大.

偏离轴线传播的光,经谐振腔有限次反射将逸出腔外,即只有沿轴线的光才会经历足够的光放大过程. 这是方向性好的机制.

谐振腔里的稳定的光振荡实际是一种驻波. 只有满足一定条件(选模条件)才能形成驻波,不满足条件的光将会很快衰减,因而不能在腔内存在. 可以说实际存在的驻波的频率就是由选模条件筛选出来的. 由于谐振腔的选模作用,再辅以其他激光技术,激光的频率宽度可以很窄,即单色性好.

**问题 3**　从能带理论上看,绝缘体、导体和半导体有什么区别?

**讨论**　一般地说,绝缘体满带与空带之间的禁带宽度比较大(如金刚石的这一禁带宽度约为 6eV). 满带虽然填满电子,但这些电子对导电性没有贡献. 在常温下,满带中的电子激发到上面的空带的概率很小,对导电性贡献甚微. 因此,通常状态下的绝缘体几乎不导电,其电阻率约为 $10^8 \sim 10^{20}\,\Omega\cdot\text{m}$.

导体具有电子未填满的能带,如 Li;或满带和空带交叠也形成一个等价的未满带,如 Mg;或者,有未满带与空带交叠,如 K;这三种情况都能形成典型的导带. 在外电场的作用下,能态处于导带中的电子很容易在该能带中从低能级跃迁到高能级,从而形成电流并导电. 金属导体的电阻率约为 $10^{-8} \sim 10^{-6}\,\Omega\cdot\text{m}$.

半导体的禁带宽度较窄,如硅为 1.14eV,锗为 0.67eV; 在常温下,满带电子受激跃迁到上面空带的概率比较大,因而使原来的空带变为实际的导带;在外电场的作用下,"空带"中的电子和"满带"中的空穴均可形成电流. 但其导电性仍介于导体和绝缘体之间.

**问题 4**　本征半导体与杂质半导体在导电性上有何区别?

**讨论**　由于本征半导体是纯净半导体,导带中的电子与原满带中的空穴是成对地同时产生的,故正负载流子的数目相同,总电流是电子流与空穴流的代数和.

典型的 n 型半导体是在 4 价原子形成的晶体中掺入 5 价的元素,这掺杂原子价电子的能级距离空带底部比较近,因而这电子容易跃入空带进而形成导带. 可见,n 型半导体中载流子以电子为主. 同理,如果掺入 3 价杂质原子,且杂质价电子的能级在满带上面并距满带顶较近,则满带中的电子就较容易跃入杂质能级,因而在原满带中形成空穴. 可见在这样形成的 p 型半导体中,载流子以空穴为主. 一般说来,杂质的掺入使得原本征半导体中的禁带中产生了杂质能级,因而杂质半导体中的满带电子更容易跃入导带. 所以,少量的杂质就会显著地影响导带中的电子数和满带中的空穴数. 因而会显著影响半导体的导电性.

**问题 5**　量子统计的适用条件是什么?

**讨论**　对微观粒子,波动性是其基本性质. 可以推想,当粒子的德布罗意波长 $\lambda$ 和系统中粒子的平均间距 $d$ 可比或 $\lambda$ 更大时,不同粒子的波函数将相互严重地重叠,因而量子效应将显著地表现出来. 因此,在 $\lambda \geqslant d$ 时,对粒子系统必须用量子统计.

因为 $\lambda = h/p = h/\sqrt{2mE}$(非相对论情况),而在温度为 $T$ 时,粒子的能量为

$E=3kT/2$,因而有

$$\lambda=\frac{h}{\sqrt{3mkT}}$$

以 $n$ 表示粒子的数密度,则粒子的平均间距为 $d\approx n^{-1/3}$. 因此,条件 $\lambda\geqslant d$ 可具体表示为

$$\frac{hn^{1/3}}{\sqrt{3mkT}}\geqslant 1$$

这就是量子统计所适用的条件.

由上述所建立的条件,可知粒子系统在给定的温度下,粒子越密集越需用量子统计. 例如,中子星中的中子极密,要用量子统计加以研究. 极低温时的液氦也要用量子统计.

## 【习题解答】

**21.1** 已知 Ne 原子的某一激发态和基态的能量差 $E_2-E_1=16.7\text{eV}$,试计算当 $T=300\text{K}$ 时,在热平衡态条件下,处于 $E_1$ 及 $E_2$ 两能级的原子数之比.

**解** 根据玻尔兹曼分布律,处于 $E_i$ 能级的原子数为 $n_i$,满足

$$n_i=A\mathrm{e}^{-\frac{E_i}{kT}}$$

所以

$$\frac{n_2}{n_1}=\mathrm{e}^{-\frac{(E_2-E_1)}{kT}}=\mathrm{e}^{-645}$$

**21.2** He-Ne 激光器所发激光的波长为 632.8nm 频率 $\Delta\nu=5\text{kHz}$,试估计该激光波列的长度.

**解** 波列长度等于相干长度 $L$,即

$$L=\frac{\lambda^2}{\Delta\lambda}$$

由 $\lambda\nu=c$ 得

$$\lambda=\frac{c}{\nu},\left|\frac{\lambda}{\Delta\lambda}\right|=\left|\frac{\nu}{\Delta\nu}\right|$$

所以

$$L=\frac{\nu}{\Delta\nu}\cdot\frac{c}{\nu}=\frac{c}{\Delta\nu}=\frac{3\times10^8}{5\times10^3}=6\times10^4(\text{m})$$

**21.3** 设某 He-Ne 激光器的谐振腔的长度为 1m,气体介质的折射率可认为等于 1,试计算相邻谐振频率的间隔;若该激光器的谱线宽度 $\Delta\nu=1.3\times10^9\text{Hz}$,问所输出的谐振频率共有几个?

**解**　谐振频率

$$\nu_k = k\frac{c}{2L}$$

相邻谐振频率的间隔为

$$\Delta\nu_k = \frac{c}{2L} = \frac{3\times 10^8}{2\times 1} = 1.5\times 10^8(\text{Hz})$$

该激光器所输出的谐振频率

$$N = \frac{\Delta\nu}{\Delta\nu_k} = \frac{1300\times 10^6}{1.5\times 10^8} \approx 8.67 \approx 8(\text{个})$$

**21.4**　本征半导体Si的禁带宽度$E_g=1.11\text{eV}$，电导率$r\propto e^{-E_g/2KT}$. 当温度从0℃升高到10℃时，试问它的电导率升高几倍?

**解**　设温度为$T_1=273\text{K}$时Si的电导率为$r_1$，温度为$T_2=283\text{K}$时，Si的电导率为$r_2$，则

$$\frac{r_2}{r_1} = e^{-\frac{E_g}{2k}\left(\frac{1}{T_1}-\frac{1}{T_2}\right)}$$

$$= e^{-\frac{1.11\times 1.6\times 10^{-19}}{2\times 1.38\times 10^{-23}}\left(\frac{1}{273}-\frac{1}{283}\right)} = 2.30$$

电导率升高了1.3倍.

**21.5**　p型半导体锗(Ge)中掺硼(B)在计算受主电离能时，作为初步近似，可认为$B^-$束缚一个空穴，组成类氢原子模型，浸在无限大的Ge电介质中. 已知Ge的相对介电常量$\varepsilon_r=16.3$，若空穴的质量$m_n=m_e$(自由电子质量). 求这半导体的受主电离能$E_1=$?

**解**　按氢原子能级公式近似估算，此半导体受主电离能

$$E_1 = \frac{me^4}{8(\varepsilon_0\varepsilon_r)^2h^2} = \frac{13.6}{\varepsilon_r^2} = 0.051\text{eV}$$

**21.6**　已知单晶硅和非单晶硅的禁带宽度分别为1.11eV和1.65eV，试计算它们的本征光电导的吸收限?

**解**　若光子能量$h\nu$超过禁带宽度$E_g$，就能实现光电导即$h\nu\geqslant E_g$. 故吸收限

$$\lambda \leqslant \frac{hc}{E_g}$$

对单晶硅

$$\lambda \leqslant \frac{6.63\times 10^{-34}\times 3\times 10^8}{1.11\times 1.6\times 10^{-19}} \approx 1.12\times 10^{-6}(\text{m}) = 1.12(\mu\text{m})$$

对非单晶硅

$$\lambda \leqslant 7.53\times 10^{-7}\text{m} \approx 0.75\mu\text{m}$$

**21.7**　$^{14}_{6}C$ 核包含多少质子？多少中子？

**解**　$^{14}_{6}C$ 核包含 6 个质子,8 个中子.

**21.8**　计算$^{239}_{94}Pu$ 的平均结合能.已知$^{239}_{94}Pu$ 原子质量 $M_{Pu}=239.05216u$,质子质量 $m_p=1.00783u$,中子$^{239}_{94}Pu=1.00866u$.

**解**　$^{239}_{94}Pu$ 结合能

$$\Delta E=\Delta Mc^2=\{[94m_p+(239-94)m_n]-(M_{Pu}-239m_e)\}c^2$$

代入已知条件 $M_{Pu}=239.05216u$, $m_p=1.00783u$, $m_n=1.00866u$,电子质量忽略可得

$$\Delta M=1.93956u=1.93956\times 931.5MeV/c^2$$

$$\Delta E=1806.700147MeV$$

平均结合能

$$\overline{\Delta E}=\frac{\Delta E}{239}=7.56MeV$$

**21.9**　自由中子衰变如下：

$$n^0\rightarrow p^+ + e^- + \nu_e$$

设中子与质子的质量差是 $8.30\times 10^{-4}u$,求电子的最大能量.

**解**　注意到 $1u=931.5MeV/c^2$,则

最大能量

$$Q\approx(m_n-m_p)c^2=8.30\times 10^{-4}\times 931.5\approx 0.773(MeV)$$

# 模拟试题及参考答案

## 【模拟试题(一)】

### 一、填空题(每空 2 分,共 30 分)

1. 一质点在平面上运动,其运动函数为 $\boldsymbol{r}=2t\boldsymbol{i}+3t^3\boldsymbol{j}$(SI),则任意 $t$ 时刻该质点的速度为__________.

2. 实验室测得静止质量为 $m_0$ 的粒子的总能量是 $5m_0c^2$,则实验室测得该粒子的动能为__________.

3. 一力学系统由两个质点组成,它们之间只有万有引力作用. 若两质点所受外力的矢量和为零,则此系统的机械能__________守恒.(可能/一定)

4. 若质点系的总动量为零,那么总角动量__________为零.(可能/一定)

5. 一平面简谐波为横波,在弹性介质中传播. 某一时刻,介质中某一质元正处于最大位移处,此时该质元中的势能__________.(最大/为零)

6. 谐振子的振动固有圆频率与其振动的初始条件__________.(无关/有关)

7. 两个频率很接近的音叉同时振动时,测得拍的周期为 0.5s,已知其中一个频率较小音叉的频率为 260Hz,则另一个音叉的频率为__________.

8. 图 T1.1 为 $t=0$ 时一平面简谐波的波形曲线,则该时刻平衡位置在 $x=0$m 处质元的振动的相位为__________.

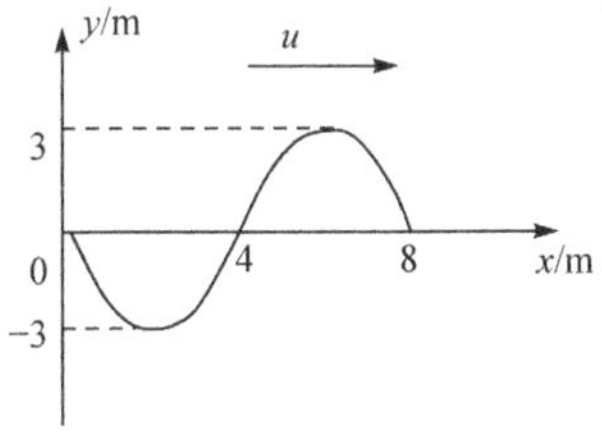


图 T1.1

9. 频率为 $\nu_S$ 的声源 $S$ 所发出的声波在介质中传播速度为 $u$,若声源不动,而接收器 $R$ 相对于介质以速度 $V$ 向声源运动,则接收器 $R$ 接收到的频率 $\nu_R$ __________ $\nu_S$.(>/</=)

10. 恒定电流的电流线一定是__________的.(闭合/不闭合)

11. 一匀质正方形带电薄板,静止时边长为 $a$,电量 $Q$ 均匀分布在薄板上. 则在相对薄板沿一边长以接近光速的速率 $v$ 运动的惯性系中,测得薄板的电荷面密度为__________.

12. 两半径相同、均匀带电的圆环共轴放置(如图 T1.2),电荷线密度分别为 $\pm\lambda$,现在该电场中把试验电荷 $+q$ 从 $OO'$ 的中点沿轴线移到无穷远,则电场力做

的功为__________.(设无限远为电势零点)

13. 如图 T1.3 所示，真空中有一边长为 $a$ 的正方形平面，在其中垂线上距中心 $a/2$ 处的 $P$ 点，有一电量为 $+Q$ 的点电荷，则通过该平面的电场强度通量的大小为__________.

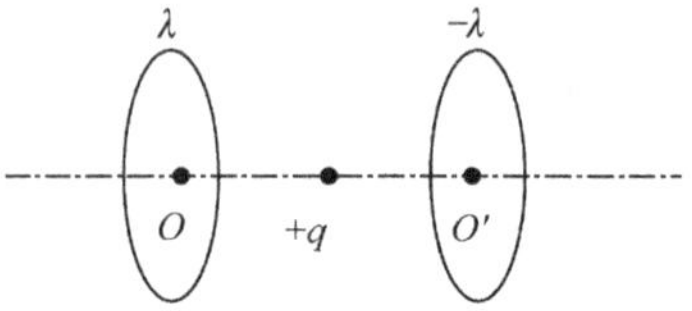


图 T1.2

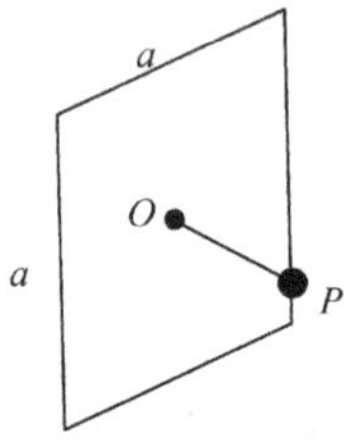


图 T1.3

14. 已知地球半径为 $R$，质量为 $M$，万有引力常量为 $G$. 现有一质量为 $m$ 的物体，在离地面高度为 $R$ 处. 以地球和物体为系统，取地面为势能零点，则系统的引力势能为__________.

15. $K$ 系与 $K'$ 系是坐标轴相互平行的两个惯性系，$K'$ 系相对 $K$ 系沿 $Ox$ 轴正方向以接近光速的速度匀速运动. 一根刚性尺静止在 $K'$ 系中，与 $O'x'$ 轴成 30°角，则在 $K$ 系中测量该尺与 $Ox$ 轴的夹角 $\theta$ __________ 30°. (>/</=)

## 二、计算题(共 50 分)

1. (9 分)一波长为 $\lambda$ 的平面简谐波沿 $x$ 轴负方向传播，已知 $x=\lambda/4$ 处质点的振动函数为 $y=A\cos\left(\omega t+\frac{\pi}{6}\right)$(SI)，求：

(1) 该波的波函数；

(2) 如果该波在 $x=0$ 处反射，反射点固定，且能量不损失，写出反射波的波函数.

2. (6 分)质点作简谐振动，运动函数为 $x=8\cos(200\pi t+0.3\pi)$，某时刻质点在 $x=4\sqrt{2}$cm 处，且向 $x$ 轴的正方向运动，求它重新回到该位置所需的最短的时间.

3. (7 分)一固有长度为 $l_0$ 的车厢以速度 $u$ 相对地面 $S$ 作匀速直线运动. 在车厢中，从后壁以匀速 $u_0$ 向前水平抛出一个小球，(忽略重力的影响)求：

(1) 车厢上的观察者测得小球从后壁运动到前壁所经历的时间；

(2) 地面上的观察者测得小球从后壁运动到前壁所经历的时间.

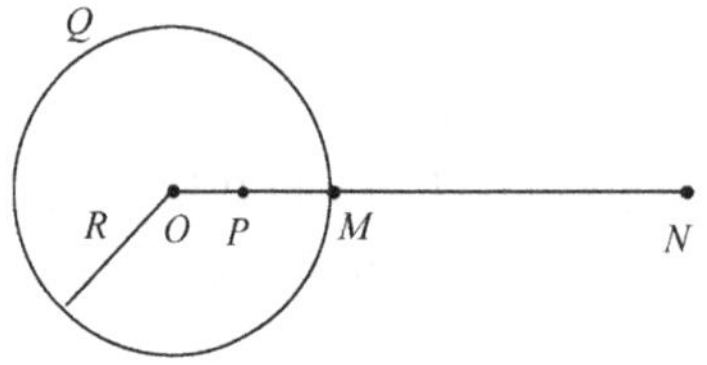


图 T1.4

4. (8 分)如图 T1.4 所示，一均匀带电的球面，半径为 $R$、带电量为 $+Q$. 现考察球面电荷 $Q$ 的电场力在下列两种情况下，对一点电荷 $+q$ 所做的功(假设点电荷 $+q$ 的存在及其运动均不影响球面上电荷的分布).

(1) 将点电荷$+q$从球面上的$M$点沿径向移到$N$点(已知$N$点到球心的距离为$3R$);

(2) 将点电荷$+q$从球面内的$P$点沿直线移到球心$O$点(已知$P$点到球心的距离为$R/2$).

5. (10分)对中心轴转动惯量为$J$的圆盘,从静止开始在恒定动力矩$M$作用下加速转动,设轴上的摩擦阻力矩的大小为$M_f=k\omega$($k$为常数). 求:

(1) 圆盘转动过程对应的动力学方程;

(2) 圆盘能获得的最大角速度$\omega_{\max}$;

(3) 圆盘的角速度达到某定值$\omega_0$($\omega_0<\omega_{\max}$)所需要的时间.

6. (10分)同轴电缆由两薄圆筒形导体组成,如图T1.5,其内外半径分别为$R_1$和$R_2$,单位长度带电量分别为$+\lambda$和$-\lambda$,内外导体间充满介电常量为$\varepsilon$的均匀电介质,垂直于轴线的某一截面如图所示. 请计算:

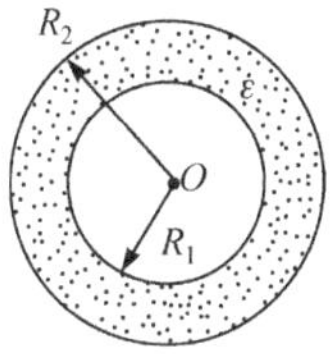

图 T1.5

(1) 介质中的电位移矢量的大小;

(2) 介质中电场强度矢量的大小;

(3) 单位长度电缆中储存的电场能量.

## 三、简答题(共20分)

1. (5分)如图T1.6所示,半径为$R$、转动惯量为$J$的水平转台,可绕通过中心的光滑垂直轴转动,一人站在静止转台边缘. 问:

(1) 当她相对转台以匀速率$v$沿边缘行走时,转台将向与人行走的反方向转动,请定性解释其原因;

(2) 如果她相对转台行走的速率增加,转台的转动角速度会怎样变化?

2. (5分)如图T1.7所示,现有三个惯性系$S$、$S'$、$S''$,其中$S'$系相对$S$系沿$y$轴正方向以$u=0.6c$的速度匀速运动,$S''$系相对$S$系沿$x$轴正方向以$v=0.8c$的速度匀速运动. 如在$S$系中观测沿$x$轴方向三个不同地点$A$、$B$、$C$同时发生三事件$a$、$b$、$c$,请按照相对论理论分别指出在$S'$和$S''$系中测量,这三个事件是否同时发生? 如果不是同时发生,说明哪个事件先发生.

图 T1.6

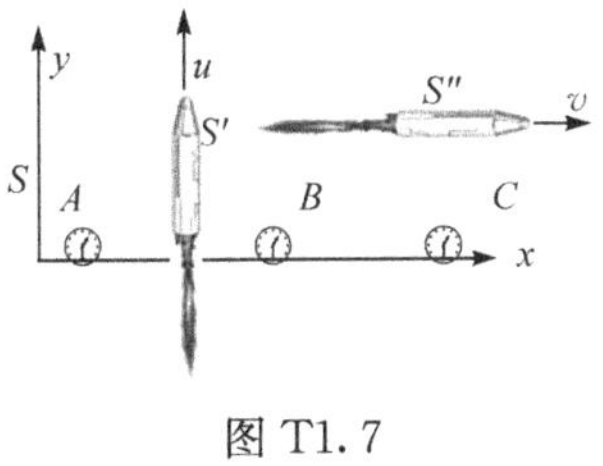

图 T1.7

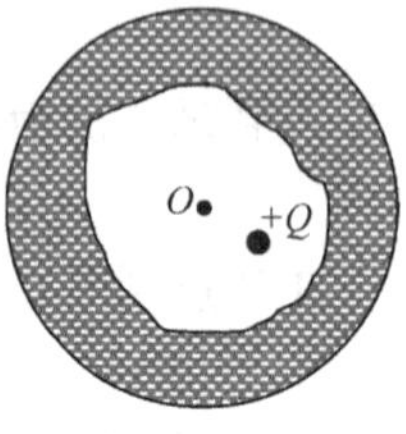


图 T1.8

3. (5 分)真空中有一空腔导体壳,外表面是半径为 $R$ 的球面,内表面形状不规则. 在空腔内有一点电荷 $+Q$ 如图 T1.8 放置.

(1) 请指出导体壳内、外表面感应电荷的电量及分布是否均匀;

(2) 当点电荷 $+Q$ 在空腔内移动(不与内表面接触)时,导体壳外空间电势是否变化?(设无穷远为电势零点)

4. (5 分)图 T1.9 为一驻波在 $t$ 时刻的波形曲线,已知该时刻各质元振移达到最大.

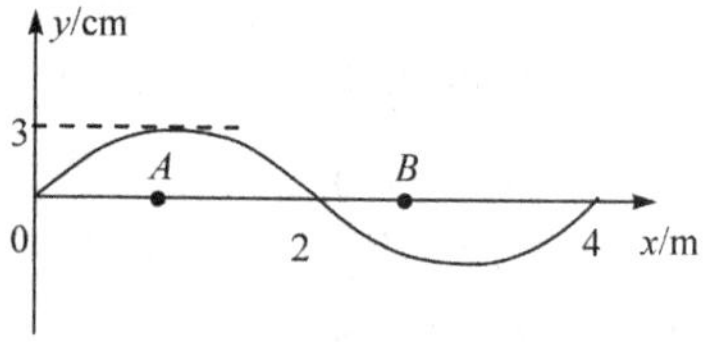


图 T1.9

(1) 写出平衡位置在图中 $A$、$B$ 两点的质元的相位差;

(2) 写出驻波所对应的行波波长;

(3) 在图中画出 $t+\dfrac{T}{2}$ 时刻的波形曲线.

# 【参考答案】

## 一、填空题

1. $\boldsymbol{v}=2\boldsymbol{i}+9t^2\boldsymbol{j}$(SI)； 2. $4m_0c^2$； 3. 可能； 4. 可能； 5. 为零； 6. 无关； 7. 262Hz； 8. $-\pi/2$,或 $3\pi/2$； 9. $>$； 10. 闭合； 11. $Q/[a^2\sqrt{1-(v/c)^2}]$； 12. 0； 13. $Q/6\varepsilon_0$； 14. $GMm/2R$； 15. $>$

## 二、计算题

1. (1) $y(x,t)=y\left(x_0,t+\dfrac{x-x_0}{u}\right)=A\cos\left[\omega\left(t+\dfrac{x-x_0}{u}\right)+\dfrac{\pi}{6}\right]$

$x_0=\lambda/4, u=\dfrac{\omega\lambda}{2\pi}$代入上式

$y(x,t)=A\cos\left(\omega t+\dfrac{2\pi x}{\lambda}-\dfrac{\pi}{3}\right)$为所求波函数.

(2) 入射波在 $x=0$ 处引起的振动为 $y(0,t)=A\cos\left(\omega t-\dfrac{\pi}{3}\right)$；反射点固定，则反射波在反射点有半波损失. 因此反射波在 $x=0$ 处引起的振动为

$$y'(0,t)=A\cos\left(\omega t-\frac{\pi}{3}+\pi\right)=A\cos\left(\omega t+\frac{2\pi}{3}\right)$$

则反射波的波函数为

$$y(x,t)=A\cos\left(\omega t-\frac{2\pi x}{\lambda}+\frac{2\pi}{3}\right)$$

2. 由旋转矢量图可见

$$\tan\varphi=\frac{x}{A}=\frac{4\sqrt{2}}{8}=0.707\Rightarrow\varphi=\pm\frac{\pi}{4}$$

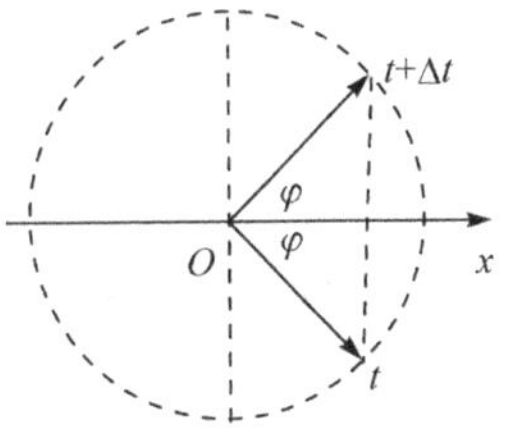


已知 $t$ 时刻向 $x$ 轴的正方向运动，则取 $\varphi=-\pi/4$.
第一次回到该位置时的相位 $\varphi=\pi/4$；所需时间为 $T/4$；
该振动对应的周期为

$$T=\frac{2\pi}{\omega}=\frac{1}{100}\text{s}\quad \Delta t=\frac{T}{4}=\frac{1}{400}\text{s}$$

3. (1) 事件发生在车厢内，车厢中观测者测得小球从后壁运动到前壁所经历的时间为

$$\Delta t'=l_0/u_0$$

(2) 由洛伦兹变换,可以得到地面观测者测得的时间为

$$\Delta t=\frac{\Delta t'+\frac{u}{c^2}\Delta x'}{\sqrt{1-\frac{u^2}{c^2}}}=\frac{\frac{l_0}{u_0}+\frac{u}{c^2}l_0}{\sqrt{1-\frac{u^2}{c^2}}}$$

4. (1) 球面上的 $M$ 点电势

$$U_M=\frac{Q}{4\pi\varepsilon_0 R}$$

球面外的 $N$ 点电势

$$U_N=\frac{Q}{4\pi\varepsilon_0(3R)}=\frac{Q}{12\pi\varepsilon_0 R}$$

电荷 $+q$ 从球面上的 $M$ 点移到 $N$ 点电场力做功

$$A=q(U_M-U_N)=\frac{qQ}{6\pi\varepsilon_0 R}$$

(2) 球面内为等电势,所以将 $q$ 从球面内的 $P$ 点移到球心 $O$ 点时电场力做功为零.

5. (1) $M-M_f=J\,\frac{d\omega}{dt}\Rightarrow\left(M-k\omega=J\,\frac{d\omega}{dt},\text{或 }M-k\omega=J\alpha\right)$;

(2) 当 $M=k\omega$ 时,圆盘获得最大角速度 $\omega_{ma}=M/k$;

(3) $M-M_f=J\,\frac{d\omega}{dt}$

$$dt=\frac{J\,d\omega}{M-k\omega}\int_0^t dt=\int_0^{\omega_0}\frac{J\,d\omega}{M-k\omega}\quad\Rightarrow\quad t=\int_0^{\omega_0}\frac{J\,d\omega}{M-k\omega}=-\frac{J}{k}\ln\frac{M-k\omega_0}{M}$$

6. (1) 在介质中取一长为 $L$、半径为 $r$ 的同轴柱面为高斯面,由介质中的高斯定理 $\oint \boldsymbol{D}\cdot d\boldsymbol{s}=Q$ 得

$$\oint \boldsymbol{D}\cdot d\boldsymbol{s}=2\pi rLD=\lambda L\quad\Rightarrow\quad D=\frac{\lambda}{2\pi r}$$

(2) 由 $D=\varepsilon E$ 得 $E=\frac{\lambda}{2\pi\varepsilon r}$;

(3) 电场能量密度 $w_e=\frac{1}{2}\varepsilon E^2=\frac{\lambda^2}{4\pi^2\varepsilon r^2}$,在介质中取一长为 $L$、半径为 $r$、厚度为 $dr$ 的同轴圆柱壳,圆柱壳中的能量为

$$dW_e=w_e dV==\frac{\lambda^2 L dr}{2\pi\varepsilon r}$$

则单位长度电缆中的电场能量为

$$W_e = \frac{\lambda^2}{2\pi\varepsilon}\int_{R_1}^{R_2}\frac{dr}{r} = \frac{\lambda^2}{2\pi\varepsilon}\ln\frac{R_2}{R_1}$$

## 三、简答题

1. (1) 人与转台系统对中心轴的力矩为零，所以系统角动量守恒. 如人开始行走，转台一定向反方向转动，才能保证角动量守恒.

(2) 如果人相对转台行走的速率增加，则人对轴的角动量大小增加，为保证角动量守恒，转台对轴的角动量大小($J\omega$)也会相应地增加. 而转台对轴的转动惯量不变，所以转动角速度会增加.

2. 在 $S'$系中测量，三个事件同时发生；在 $S''$系中测量，这三个事件不是同时发生，$c$ 事件先发生.

3. (1) 导体壳内、外表面感应电荷的电量分别为$-Q$ 和$+Q$；在外表面均匀分布，内表面非均匀分布.

(2) 导体壳外空间电势不变化.

4. (1) $\Delta\varphi=\pi$；(2) $\lambda=4\text{m}$；(3) 图中虚的波形曲线为所求.

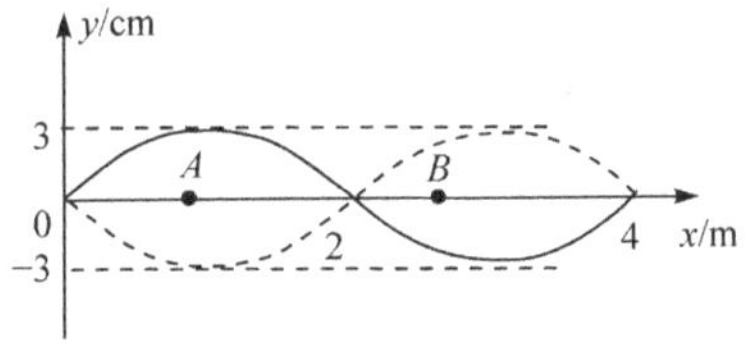

# 【模拟试题(二)】

## 一、填空题(共 38 分)

1. (2 分)如图 T2.1 所示,两电流元大小均为 $Idl$,分别处于边长为 $L$ 的正方形 $abcd$ 的顶点 $a$、$c$ 处,则顶点 $b$ 处的磁感应强度 $d\boldsymbol{B}$=__________.

2. (2 分) 如图 T2.2 所示,根据安培环路定理,真空中沿有向回路 $L$ 的磁感应强度环流 $\oint_L \boldsymbol{B}\cdot d\boldsymbol{l}=$ __________.

3. (2 分)真空中平面电磁波,磁场强度表达式 $\boldsymbol{H}=\boldsymbol{i}H_0\cos\omega\left(t+\frac{y}{c}\right)$,则该电磁波必__________方向传播,电场强度必__________方向振动.

4. (2 分)如图 T2.3 所示,一个半径为 $r$,通电流强度为 $I$ 的刚性平面线圈,放在 $xOy$ 平面内,则线圈的磁矩 $\boldsymbol{m}$=__________.

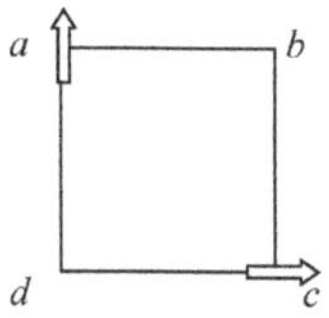

图 T2.1

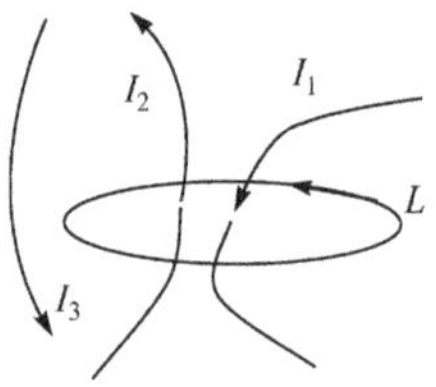

图 T2.2

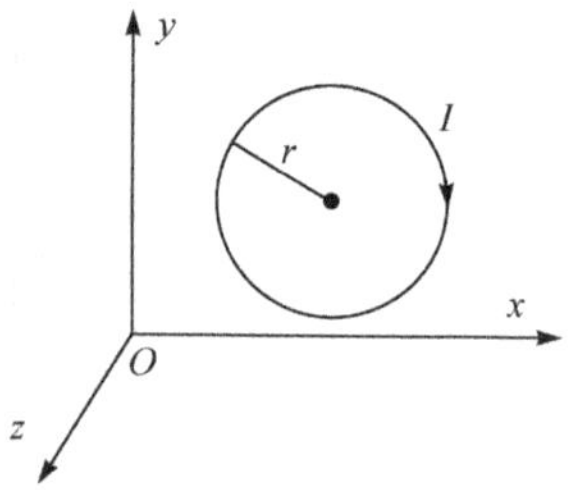

图 T2.3

5. (2 分)两次杨氏双缝干涉实验,先后仅更换了不同的双缝屏 A、B,得到的光强分布曲线如图 T2.4 所示,A 曲线暗条纹中心光强不为 0. 请判断,造成此现象的原因是 A 屏双缝__________.

(位置不对称/宽度不一致/中心间距 $d$ 比 B 屏大/中心间距 $d$ 比 B 屏小)

6. (2 分)图 T2.5 是金属钠光电效应实验曲线,$E_{kM}$ 表示最大初动能. 图中 $P$ 点的横坐标读数表示__________.

7. (2 分)瑞利判据指出,当两个艾里斑的中心张角等于艾里斑的角半径,光学仪器对两个物点恰好能分辨. 这个判据需要附加一个重要条件,即两个物点的光强必须__________.

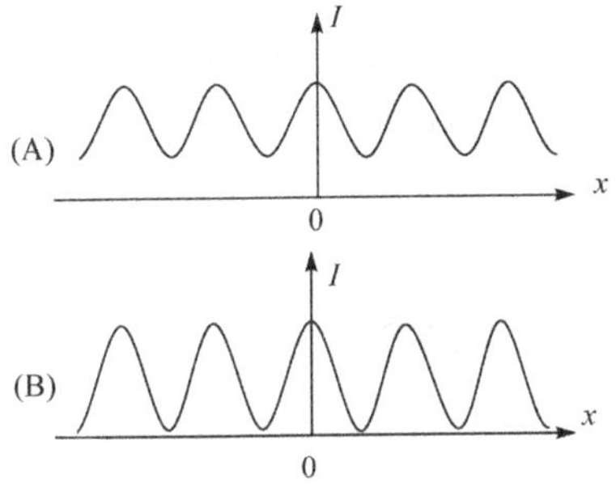


图 T2.4

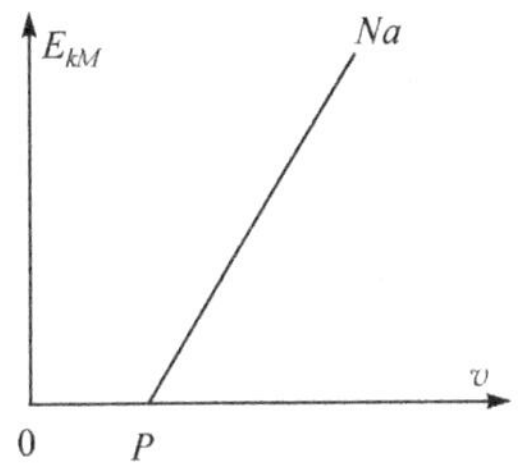


图 T2.5

8. (2 分)量子力学指出,对于微观粒子的力学量在测量以前处于叠加态的意思是__________.

9. (2 分) 一束射线沿 $x$ 方向传播,坐标系如图 T2.6 所示,要判断射线是电磁波还是带电粒子流,可采用加__________方向的磁场. 如果射线__________则射线是电磁波.

10. (2 分)在本征半导体能级图(图 T2.7)中画出 p 型半导体杂质能级的位置并注明载流子的电性.

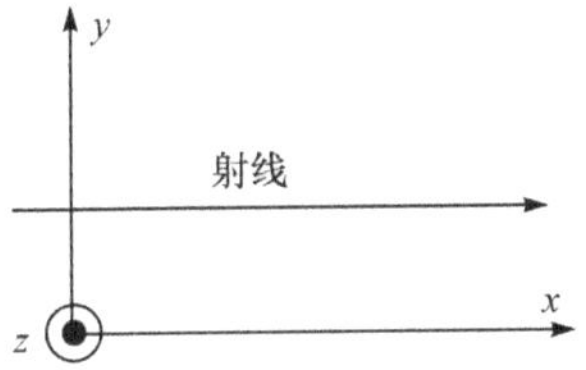


图 T2.6

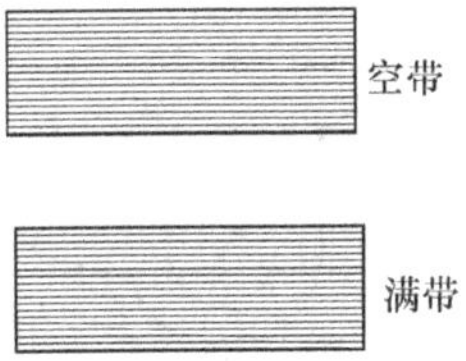


图 T2.7

11. (3 分)不确定度关系 $\Delta x \cdot \Delta p_x \geqslant h$ 的意思是:不可能__________测得微观粒子的 $x$ 位置坐标和__________.

12. (3 分)如图 T2.8 所示,牛顿环装置从 A 状态逐渐变化到 B 状态(凸透镜上移) 过程中,可以观测到牛顿环变化:所有干涉环__________,中心级次__________.

图 T2.8

13. (3 分)用标准光学平面玻璃 M 检查玻璃 N 表面的平整程度，两块构成空气劈尖，用波长为 $\lambda$ 的单色平行光束垂直往下照射，观察反射光的等厚干涉图样，测得暗条纹如图 T2.9 所示. 请判断玻璃 N 的瑕疵是__________(凹坑/凸起)，最深或最厚处约为__________.

14. (3 分)如图 T2.10，入射光的偏振状态是__________；当以布儒斯特角入射到不同介质的界面上，反射光是__________的线偏振光.

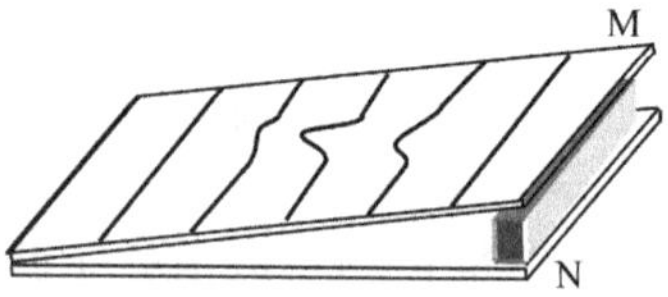


图 T2.9

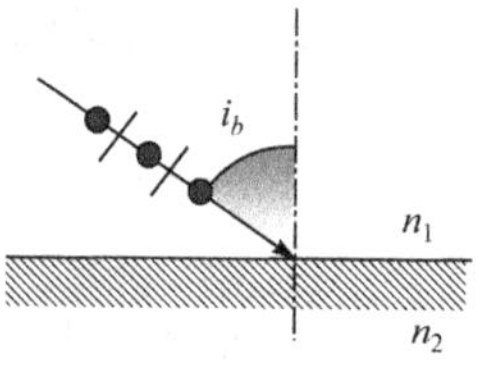


图 T2.10

15. (3 分)一束平行自然光射入单轴正晶体($n_o < n_e$)，发生双折射. 晶体的光轴、光的波阵面、折射光线均如图 T2.11 所示. 请在图中分别标明各折射光的偏振状态，并标明哪个是 o 光，哪个是 e 光.

16. (3 分)图 T2.12 为某工作物质产生激光过程中原子数大致分布状况，则可能产生的激光频率为__________.

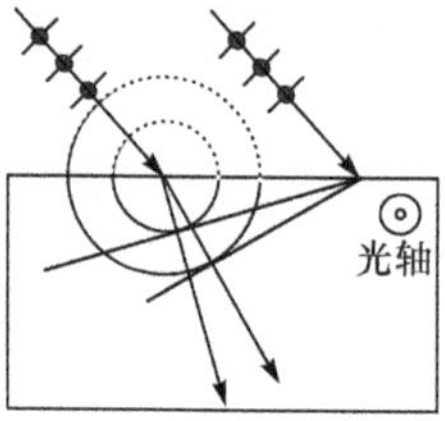


图 T2.11

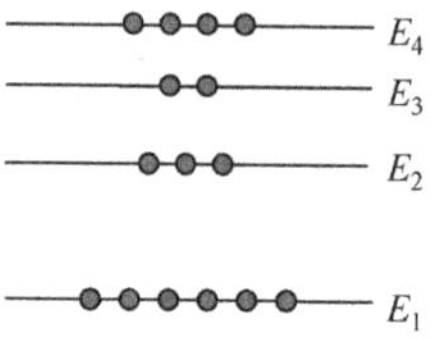


图 T2.12

## 二、计算题(共 56 分)

1. ( 5 分)点电荷电量为 $q$，某时刻速度 $v$ 沿 $x$ 方向，如图 T2.13 所示，所处位置的电场强度大小为 $E_0$，方向沿 $z$ 轴正向，磁感应强度大小为 $B_0$ 沿 $y$ 轴正向，求：该时刻点电荷所受之力 $\boldsymbol{F}$.

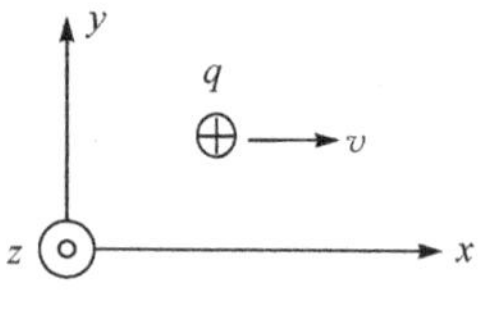


图 T2.13

2. (8 分)如图 T2.14 所示，均匀密绕螺线环中充满相对磁导率为 $\mu_r$ 磁介质，中心半径为 $R$，通电流 $I_1$，总匝数 $N$，处于 $xz$ 平面；无限长载流直导线通电流 $I_2$，沿 $z$ 轴正向. 已知螺线环和直导线共面. 求图中 $P$ 点的磁感应强度.

3. (6 分)均匀磁场 $\boldsymbol{B}=1.5\boldsymbol{i}$,放置一通电流为 $I=2\text{A}$ 的刚性载流导线,求图 T2.15 中此段载流导线受的磁力.

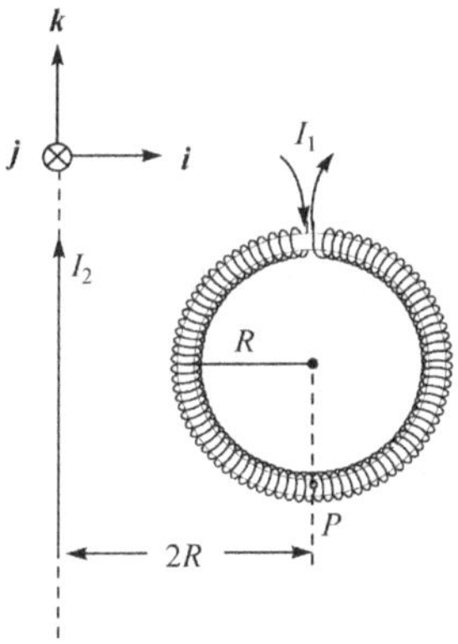


图 T2.14

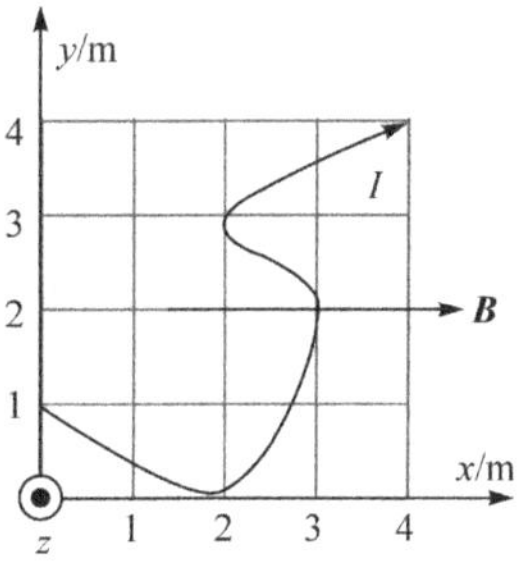


图 T2.15

4. (5 分)如图 T2.16 所示,均匀磁场被限制在半径为 $r=1.2\text{m}$ 的圆柱形空间内,磁场以 $\dfrac{\mathrm{d}B}{\mathrm{d}t}=3.0\text{T}\cdot\text{s}^{-1}$ 的均匀速率增加.求:

(1) 半径为 0.5m 的同心圆环 $L_1$ 中感应电动势的方向;

(2) 半径为 1.5m 的同心圆环 $L_2$ 中的感应电流,设环中电阻 $R=1.4\Omega$;

(3) 写出 $L_1$ 和 $L_2$ 间连线 $ab$ 间的感应电动势 $\mathscr{E}_{ab}$.

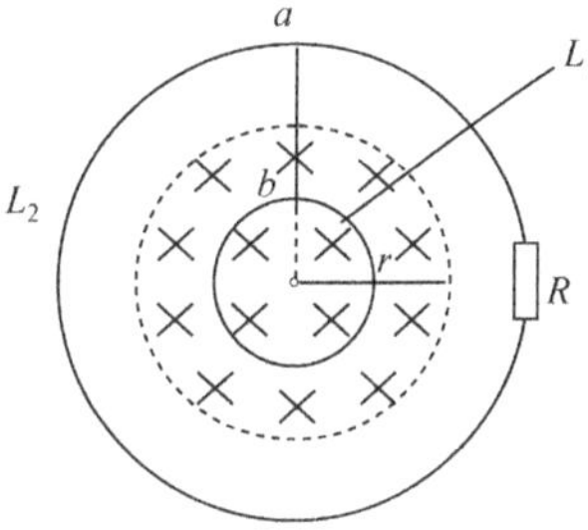


图 T2.16

5. (6 分)平行单色光通过宽度 $a=0.4\text{mm}$ 的狭缝,缝后透镜的焦距 $f=40\text{cm}$,在焦平面上观测到中央明条纹的宽度为 1.12mm,求入射光波长 $\lambda$.

6. (10 分)光栅实验,已知光栅常数 $d=0.42\text{mm}$,照射光正入射,测得单缝衍射中央明条纹包络范围内有 7 个主极大,如图 T2.17 所示.求透光缝宽 $a$ 的取值范围.

7. (6 分)图 T2.18 为康普顿散射实验曲线,求:

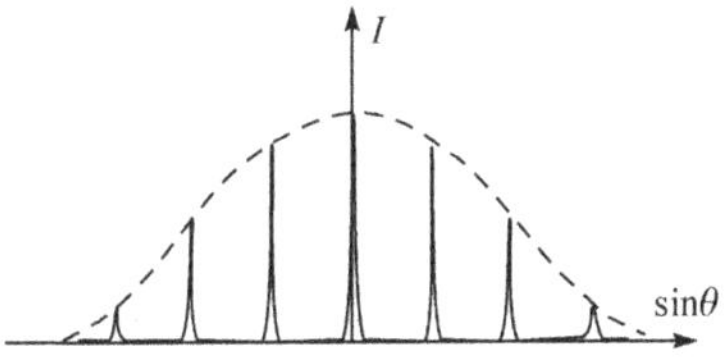


图 T2.17

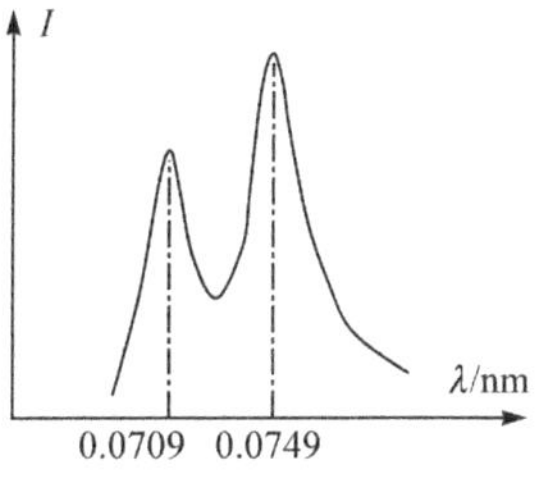


图 T2.18

(1) 写出康普顿散射光的波长 $\lambda'$；

(2) 电子获得的能量 $\Delta E$.

8. (10 分)已知电子的动能 2 倍于其静止能量,求电子的德布罗意波长 $\lambda$. (1) 先用字母推算;(2) 算出数值结果.

## 三、简答题(共 6 分)

1. (4 分)如图 T2.19 所示,①如果这是经典理论中的电偶极子,负电荷以正电荷为中心作圆运动;②如果这是量子理论中的氢原子基态. 简单叙述,两者的行为、对周围产生的影响有什么区别.

2. (2 分) 原子的自发辐射与自然光是什么关系?

图 T2.19

# 【参考答案】

## 一、填空题

1. 0； 2. $\mu_0(I_2-I_1)$； 3. 逆 $y$,沿 $z$； 4. $-I\pi r^2\boldsymbol{k}$； 5. 宽度不一致；
6. 钠的红限频率； 7. (基本)相等； 8. 测量得到各种结果的可能性都存在；
9. 垂直 $x$,无偏转；

10.

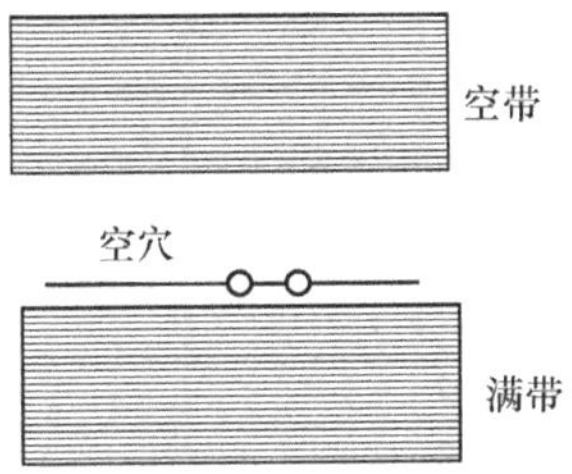


11. 同时精确,沿 $x$ 方向的动量；

12. 集体向外扩张,不断涌现； 13. 凹坑,$\lambda/4$；

14. 部分线偏振光,光矢量垂直入射面；

15.

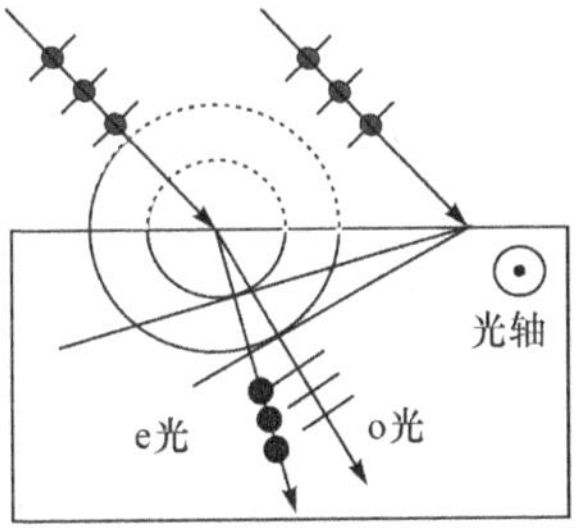


16. $\nu_1=\dfrac{E_4-E_3}{h}, \nu_2=\dfrac{E_4-E_2}{h}$

## 二、计算题

1. $\boldsymbol{F}=q\boldsymbol{E}_0+q\boldsymbol{v}\times\boldsymbol{B}_0=qE_0\boldsymbol{k}+qv\boldsymbol{i}\times B_0\boldsymbol{j}=q(E_0+vB_0)\boldsymbol{k}$

2. 解 $\boldsymbol{B}_1=\dfrac{\mu_0\mu_r NI_1}{2\pi R}\boldsymbol{i}$； $\boldsymbol{B}_2=\dfrac{\mu_0 I_2}{2\pi\cdot 2R}\boldsymbol{j}=\dfrac{\mu_0 I_2}{4\pi R}\boldsymbol{j}$

$$\boldsymbol{B}=\boldsymbol{B}_1+\boldsymbol{B}_2=\frac{\mu_0\mu_r NI_1}{2\pi R}\boldsymbol{i}+\frac{\mu_0 I_2}{4\pi R}\boldsymbol{j}=\frac{\mu_0}{2\pi R}\left(\mu_r NI_1\boldsymbol{i}+\frac{I_2}{2}\boldsymbol{j}\right)$$

3. $\boldsymbol{F}=I\boldsymbol{l}\times\boldsymbol{B}$； $\boldsymbol{l}=4\boldsymbol{i}+3\boldsymbol{j}$

$$\boldsymbol{F}=2(4\boldsymbol{i}+3\boldsymbol{j})\times 1.5\boldsymbol{i}=-9\boldsymbol{k}$$

4. (1) 逆时针；

(2) $\mathscr{E}=S\dfrac{\mathrm{d}B}{\mathrm{d}t}=13.57\Rightarrow I=\dfrac{\mathscr{E}}{R}=9.7\mathrm{A}$；

(3) $\mathscr{E}_{ab}=0$.

5. $a\sin\theta_1=\lambda$；$\sin\theta_1\approx\tan\theta_1=\dfrac{x_1}{f}$ $\Rightarrow$ $\dfrac{\lambda}{a}=\dfrac{x_1}{f}$

$\Rightarrow \lambda=\dfrac{ax_1}{f}=\dfrac{0.4\times0.56}{400}=5.6\times10^{-4}(\text{mm})=560(\text{nm})$

6. 分析：观测到 7 条即 $k=0,\pm1,\pm2,\pm3$，即第 3 级在、第 4 级不在中央明条纹包络范围内，单缝衍射一级暗纹

$$a\sin\theta_1'=\lambda$$

光栅主极大

$$d\sin\theta_3=3\lambda;\quad d\sin\theta_4=4\lambda$$

依题意

$$\theta_3<\theta_1'\leqslant\theta_4\Rightarrow \sin\theta_3<\sin\theta_1'\leqslant\sin\theta_4$$

则

$$\frac{3}{d}<\frac{1}{a}\leqslant\frac{4}{d}\quad\Rightarrow\quad\frac{d}{4}\leqslant a<\frac{d}{3}$$

最后得

$$0.105\text{mm}\leqslant a<0.14\text{mm}$$

7. (1) 康普顿散射光的波长 $\lambda'=0.0749\text{nm}$；

(2) $\Delta E=h\Delta\nu=hc\left(\dfrac{1}{\lambda}-\dfrac{1}{\lambda'}\right)=\dfrac{hc}{e}\left(\dfrac{1}{0.0709}-\dfrac{1}{0.0749}\right)\times10^9=9.355\times10^2\text{eV}$.

8. **解**　(1) 已知 $p=\dfrac{h}{\lambda}$，　$E^2-E_0^2=p^2c^2$

$$\lambda^2=\frac{h^2c^2}{E^2-E_0^2}=\frac{h^2c^2}{(E-E_0)(E+E_0)}=\frac{h^2c^2}{E_k(E_k+2E_0)}$$

由已知

$$E_k=2E_0=2m_ec^2\quad\Rightarrow\quad\lambda^2=\frac{h^2}{8m_e^2c^2}\quad\Rightarrow\quad\lambda=\frac{h}{\sqrt{8}m_ec}$$

(2) $\lambda=8.6\times10^{-13}\text{m}$.

## 三、简答题

1. 经典理论：负电荷有明确运动轨迹，运动过程会辐射电磁波；量子理论：电子无确定轨迹(行为如电子云)，不辐射电磁波.

2. 大量原子自发辐射的光就是自然光.

# 【模拟试题(三)】

## 一、填空题(每空 2 分,共 30 分)

1. 一质点沿半径为 $R$ 的圆周运动,其路程 $S$ 随时间 $t$ 变化为 $S=bt-\frac{1}{2}ut^3$ (SI),则质点运动的切向加速度大小为__________.

2. 外力对一个系统做的功为零,则该系统的机械能__________守恒(一定/可能).

3. 质点系的内力可以改变质点系的__________(总动量/总动能/总角动量).

4. 匀强电场 $\boldsymbol{E}$ 与半径为 $R$ 的半球面的对称轴平行(如图 T3.1),则通过该半球面的电通量为__________.

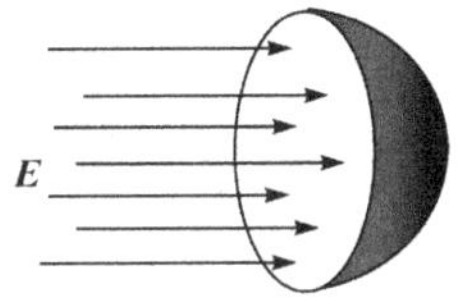

图 T3.1

5. 一柱形导体,电阻率为 $\rho$,横截面积为 $S$,通有电流 $I$,电流在导体横截面上均匀分布,则导体内电场强度大小 $E=$__________.

6. 将一电容为 $C_0$ 的空气平行板电容器充电,当两极板间电势差达到 $U_0$ 时,将电容器与电源断开;再将相对介电常量为 $\varepsilon_r$ 的均匀电介质充满极板之间,忽略边缘效应,则填充电介质后电容器两板间电势差 $U=$__________.

7. 带电导体球和均匀带电球体相比,如果两者半径和携带的电量完全相同,且周围充满相同的各向同性电介质,具有较小电场能量的带电体是__________.

8. 图 T3.2 为两个相互垂直振动合成的李萨如图形,从中可以判定其周期比为 $T_x:T_y=$__________.

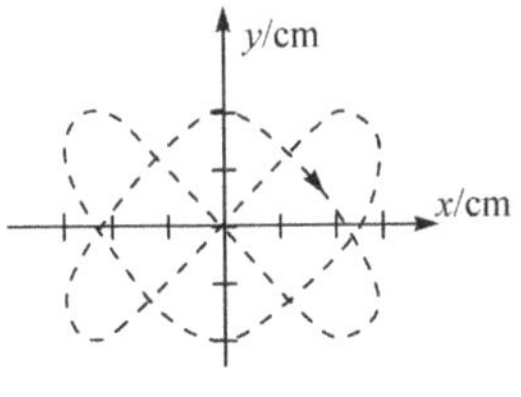

图 T3.2

9. 弹簧振子的固有圆频率为 $\omega_0$,作小阻尼振动. 将力 $f=f_0\sin\omega t$ 作用在该振子上,则稳定后该振子振动的圆频率为__________.

10. 一质点参与两同方向的振动,$x_1=3\cos\left(100\pi t+\frac{5\pi}{6}\right)$(cm),$x_2=5\cos\left(100\pi t-\frac{\pi}{6}\right)$(cm),则合振动的初相为__________.

11. 频率不同、振动方向相同、相位差恒定的两列波在空间相遇时是__________叠加的(不可以/可以).

12. 惯性系 $S'$系相对惯性系 $S$ 系沿 $Ox$ 轴正向以高速 $u$ 匀速运动. 在 $S'$系沿 $x$ 轴方向不同地点同时发生的两事件,在 $S$ 系中测量两事件__________不是同时发生的(一定/可能).

13. 狭义相对论的两条基本原理是__________原理和__________原理.

14. 广义相对论的等效原理指出加速度和__________等效.

## 二、计算题(共 50 分)

1. (8 分)质量为 $m$ 的子弹以速度 $v_0$ 水平射入沙土,受到阻力 $f=-kv$,($b$,$k$ 为正常数)忽略子弹受的重力. 求:

(1) 子弹射入沙土后,速度随时间变化的函数式;

(2) 子弹进入沙土的最大深度.

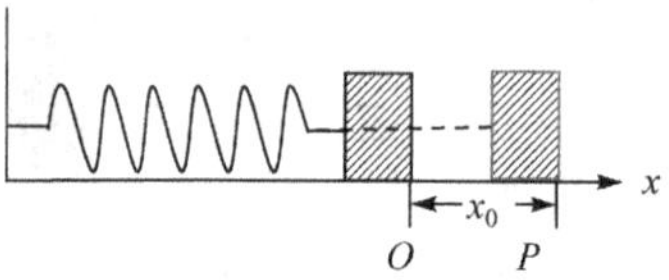


图 T3.3

2. (7 分)如图 T3.3 所示,光滑水平桌面上一质量为 $m$、劲度系数为 $k$ 的弹簧振子,设弹簧原长时物体的位置为原点. 用力将物体向右拉到 $P$ 点,然后由静止将其释放并开始计时. 求:

(1) 弹簧振子的振动表达式;

(2) 物体由 $P$ 点第一次运动到 $O$ 点的时间间隔内,弹簧中的弹性力施加给物体的冲量;

(3) 画出弹簧振子第一次到达 $O$ 点时该振动所对应的旋转矢量图.

3. (8 分)一驻波波函数为 $y=0.02\cos 20x\cos 750t$(m),求:

(1) 形成驻波的两行波的振幅和波长;

(2) 相邻两波节间的距离;

(3) 各波节的位置;

(4) 平衡位置在 $x$ 处的质元、$t$ 时刻速度的表达式.

4. (5 分)在地面参考系,甲、乙两地直线相距 1000km,某一时刻从两地同时各开出一列火车,如图 T3.4 所示. 若以沿两地连线从甲向乙匀速($u=0.6c$)飞行的火箭为参考系,考虑相对论效应,求:

(1) 测得的两列火车开出的时间间隔;

(2) 哪一列先开?

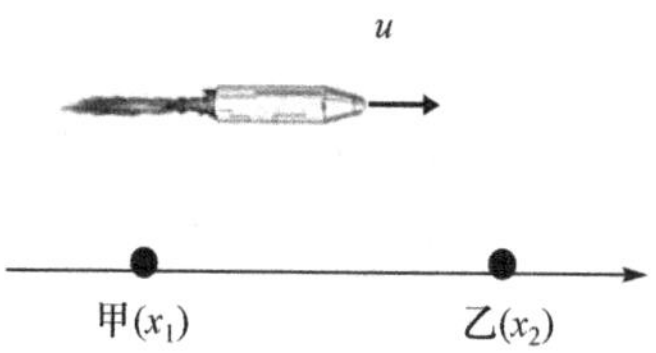


图 T3.4

5. (8 分)如图 T3.5 所示，半径为 $R_1$ 的导体球带电 $+q$，外面同心地罩一导体球壳，其内外壁的半径分别为 $R_2$ 和 $R_3$，已知 $R_2=2R_1$，$R_3=3R_1$，今在距球心为 $d=4R_1$ 处放一电量为 $+Q$ 的点电荷，并将导体球壳接地. 求：

(1) 导体球与球壳间的电势差；

(2) 导体球壳带的总电量；

(3) 若在球壳外将点电荷 $+Q$ 作任意微小移动，空腔内电场强度是否随之变化？

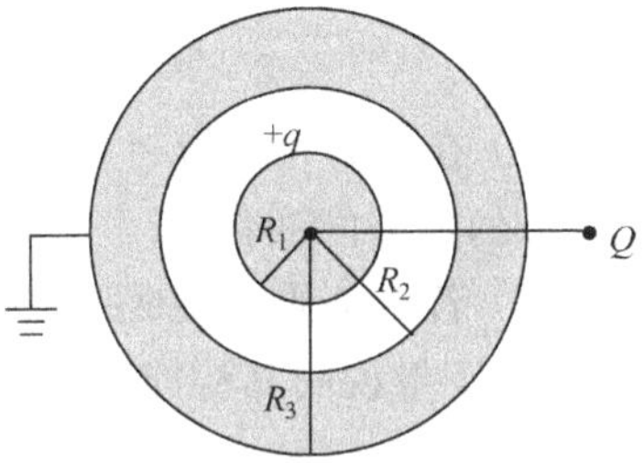


图 T3.5

6. (6 分)在实验室中测得某电子的速度为 0.6$c$，有惯性系 S 与电子同向运动，相对实验室速度为 0.8$c$. 求在 S 系中测得：

(1) 电子的速度；

(2) 电子的动能(电子静止质量为 $m_0$).

7. (8 分)如图 T3.6 所示，半径为 $R$、电量为 $Q$ 的均匀带电的圆环，在轴线上有一点 $A$，$A$ 点离环心 $O$ 的距离为 $a$. 求：

(1) 圆环轴线上距球心为 $x$ 处的电势；

(2) 一质量为 $m$，电量为 $-q$ 的带负电粒子由静止从 $A$ 点运动到 $O$ 点时电场力的功(忽略重力的影响).

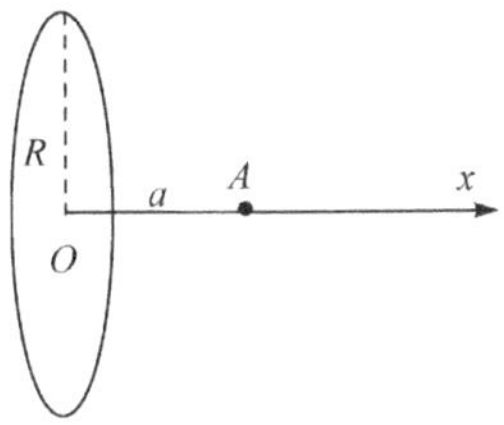


图 T3.6

## 三、简答题(共 20 分)

1. (5 分) 如图 T3.7 所示，在一点电荷 $+Q$ 的电场中放置了一块介电常量为 $\varepsilon$ 的电介质 $A$，$S$ 为一闭合曲面，点电荷 $+Q$ 及电介质 $A$ 的一部分被 $S$ 包围在内. 对于闭合曲面 $S$，$\oiint_S \boldsymbol{E}\cdot \mathrm{d}\boldsymbol{s}=\dfrac{Q}{\varepsilon_0}$ 是否正确？为什么？

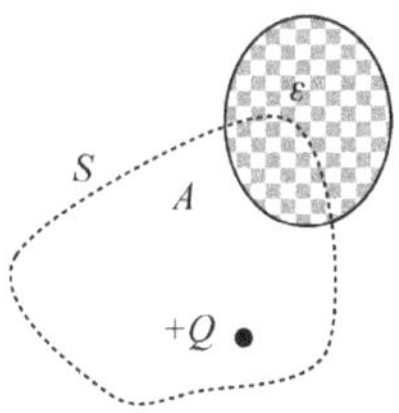


图 T3.7

2. (5 分)两个圆盘，半径及质量均相同. $A$ 盘质量均匀分布，$B$ 盘质量主要集中在盘边缘. 当它们各自绕垂直于盘面的中心轴转动时，问：

(1) 哪个圆盘的转动惯量大？

(2) 如果作用在它们上面的外力矩相同，哪个圆盘转动的角加速度较大？为什么？

3. (5 分)系统动量守恒时系统的角动量是否一定守恒？它们的守恒条件有什么不同？

4. (5 分)一简谐波沿 $x$ 轴正向传播，平衡位置在 $x=5\mathrm{m}$ 处的质元的振动方程

为 $y=A\cos\left(\omega t+\frac{\pi}{2}\right)$,其动能的最大值为 $E_{k0}$.

(1) 在从 $t=0$ 到 $t=T/4$ 的时间内($T$ 为周期),定量说明该质元的势能及总能量如何随时间变化?

(2) 若将该质元换成一个孤立谐振子,其他条件不变,在从 $t=0$ 到 $t=T/4$ 的时间内,定量说明其势能和总能量如何随时间变化.

# 【参考答案】

## 一、填空题

1. $3ut$； 2. 可能； 3. 总动能； 4. $\pi R^2 E$； 5. $I\rho/S$； 6. $U_0/\varepsilon_r$；
7. 带电导体球； 8. 3/2； 9. $\omega$； 10. $-\pi/6$； 11. 可以； 12. 一定；
13. 狭义相对论的相对性，光速不变； 14. 引力场

## 二、计算题

1. (1) 子弹运动过程只受到沙土的阻力为 $f=-kv$. 由牛顿第二定律，可得

$$-kv=m\frac{\mathrm{d}v}{\mathrm{d}t}$$

在 $0\sim t$ 时间内对上式积分

$$-\frac{k}{m}\int_0^t \mathrm{d}t=\int_{v_0}^{v}\frac{\mathrm{d}v}{v}$$

解得

$$v(t)=v_0 \mathrm{e}^{-\frac{k}{m}t}$$

(2) 由 $v(t)=\frac{\mathrm{d}x}{\mathrm{d}t}$，可得 $v_0 \mathrm{e}^{-\frac{k}{m}t}=\frac{\mathrm{d}x}{\mathrm{d}t}$

在 $0\sim t$ 时间内对上式积分

$$\int_0^t v_0 \mathrm{e}^{-\frac{k}{m}t}\mathrm{d}t=\int_0^x \mathrm{d}x$$

解得

$$x(t)=-\frac{mv_0}{k}\left(\mathrm{e}^{-\frac{k}{m}t}-1\right)$$

当 $t\to\infty$ 时，可得最大距离 $x_{\max}=\frac{mv_0}{k}$.

2. (1) 由已知，该振子振动的初相为零，振动角频率和振幅分别为

$\omega=\sqrt{\frac{k}{m}}$，$A=x_0$，则振动表达式为

$$x=x_0\cos\sqrt{\frac{k}{m}}t$$

(2) 振子振动的速度

$$v=\frac{\mathrm{d}x}{\mathrm{d}t}=x_0\sqrt{\frac{k}{m}}\cos\left(\sqrt{\frac{k}{m}}t+\frac{\pi}{2}\right)$$

物体由 $P$ 点第一次运动到 $O$ 点时的速度为

$$v=-x_0\sqrt{\frac{k}{m}}$$

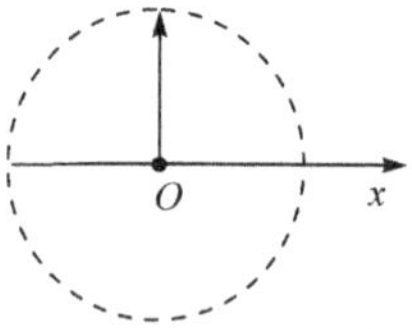


该时间间隔内物体受到的冲量为 $I=mv-0=-mx_0\sqrt{\frac{k}{m}}$，方向向左.

(3) 振子第一次到达 $O$ 点时，该振动所对应的旋转矢量见图示.

3. (1) 由已知，驻波的振幅 $A=0.02\text{m}$，则形成驻波的两行波的振幅 $A_1=0.01\text{m}$；

$$\frac{2\pi}{\lambda}=20$$

则波长 $\lambda=\frac{\pi}{10}$；

(2) 驻波相邻两波节间的距离为 $\Delta x=\frac{\lambda}{2}=\frac{\pi}{20}$；

(3) 波节位置对应 $y=0$，即 $\cos 20x=0$

$$20x=\frac{\pi}{2}(2k+1),\quad k=0,12\cdots$$

各波节的位置为

$$x=\frac{\pi}{40}(2k+1),\quad k=0,1,2\cdots$$

(4) 平衡位置在 $x$ 处的质元、$t$ 时刻速度

$$v=\frac{\mathrm{d}y}{\mathrm{d}t}=-15\cos 20x\sin 750t$$

4. (1) 设地面为 S 系：开出两火车的两地距离 $x_2-x_1=10^6\text{m}$，开出时刻是相同的，即 $t_1=t_2$，设火箭为 S′系，S′系测量两火车开出的时间间隔为

$$\Delta t'=t_2'-t_1'=\frac{(t_2-t_1)-\frac{u}{c^2}(x_2-x_1)}{\sqrt{1-u^2/c^2}}=-0.25\times10^{-2}\text{s}$$

(2) 乙地车先开出.

5. (1) 由高斯定理知，导体球与球壳间的电场强度大小为 $E=\frac{q}{4\pi\varepsilon_0 r^2}$，则导体

球与球壳间的电势差为

$$U_{R_1}-U_{R_2}=\int_{R_1}^{R_2}\frac{q}{4\pi\varepsilon_0 r^2}\mathrm{d}r=\frac{q}{4\pi\varepsilon_0}\left(\frac{1}{R_1}-\frac{1}{R_2}\right)=\frac{q}{8\pi\varepsilon_0 R_1}$$

(2) 设外球面带电 $q'$,则导体球与球壳间的电势差可以计算为

$$U_{R_1}-U_{R_2}=U_{R_1}=\frac{1}{4\pi\varepsilon_0}\left(\frac{q}{R_1}-\frac{q}{R_2}+\frac{q'}{R_3}+\frac{Q}{d}\right)=\frac{q}{4\pi\varepsilon_0}\left(\frac{1}{R_1}-\frac{1}{R_2}\right)$$

所以 $q'=-\frac{3}{4}Q$,球壳的总电量为 $q''=-q-\frac{3}{4}Q$.

(3) 若在球壳外将点电荷$+Q$作任意微小移动,空腔内电场强度不变.

6. 实验室测量 $u=0.8c$,$v_x=0.6c$;在S系测量

(1) 电子的速度

$$v_x'=\frac{u_x-u}{1-\frac{uv_x}{c^2}}=-0.385c;$$

(2) 电子的质量为

$$m=\frac{m_0}{\sqrt{1-\left(\frac{v_x'}{c}\right)}}\approx 1.087m_0$$

电子的动能

$$E=mc^2-m_0c^2=0.087m_0c^2$$

7. (1) 设圆环上电荷线密度为$\lambda$,则 $\mathrm{d}l$ 电荷元带电量为 $\mathrm{d}q=\lambda\mathrm{d}l$,该电荷元在轴线上任一点 $P$ 产生的电势为

$$\mathrm{d}U=\frac{\mathrm{d}q}{4\pi\varepsilon_0\sqrt{R^2+x^2}}$$

$P$ 点的总电势为

$$U_x=\int_0^{2\pi R}\frac{\lambda\mathrm{d}l}{4\pi\varepsilon_0\sqrt{R^2+x^2}}=\frac{Q}{4\pi\varepsilon_0\sqrt{R^2+x^2}}$$

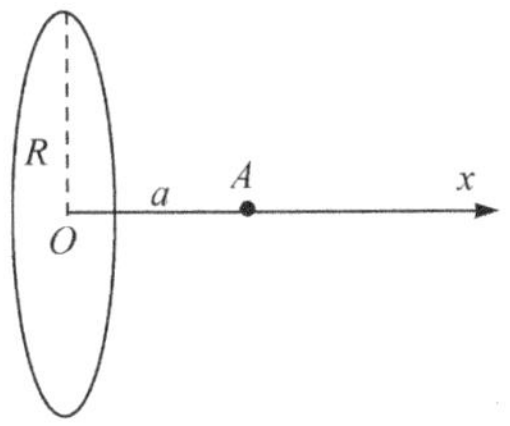


(2) $O$ 点和 $A$ 点的电势分别为

$$U_O=\frac{Q}{4\pi\varepsilon_0 R},\quad U_A=\frac{Q}{4\pi\varepsilon_0\sqrt{R^2+a^2}}$$

电场力的功

$$A=-q(U_A-U_O)=\frac{qQ}{4\pi\varepsilon_0}\left(\frac{1}{R}-\frac{1}{\sqrt{R^2+a^2}}\right)$$

## 三、简答题

1. 不对. 因为通过闭合曲面的电通量应与该曲面所包围的所有电荷有关,题中 $S$ 内既有自由电荷也有极化电荷. 而式中右侧只计算了所包围的自由电荷.

2. (1) B 盘转动惯量大. 因为质量相同情况下,转动惯量与质量分布有关,$B$ 盘质量主要集中在盘边缘,所以转动惯量大.

(2) A 盘的角加速度较大. 由转动定律 $M=J\alpha$ 知,力矩相同时,转动惯量小的刚体获得的角加速度较大.

3. 系统总动量守恒时,角动量不一定守恒. 二者守恒条件不同,动量守恒条件为所受合外力为零. 角动量守恒条件为所受合外力矩为零. 所以当合外力为零时,合外力矩不一定为零.

4. (1) 在从 $t=0$ 到 $t=T/4$ 的时间内($T$ 为周期),势能从 $E_{k0}$ 变为 0,总能量从 $2E_{k0}$ 变为 0;(或势能总能量由大变小);(2) 若将该质元换成一个孤立谐振子,其他条件不变,在从 $t=0$ 到 $t=T/4$ 的时间内,谐振子势能从 0 变为 $E_{k0}$,总能量为 $E_{k0}$ 不变.(或势能由小变大,总能量不变.)

# 【模拟试题(四)】

## 一、填空题(共 24 分)

1. (3 分)坡印廷矢量 $\boldsymbol{S}=\boldsymbol{E}\times\boldsymbol{H}$ 表示__________;它与通常光学中的所测量的光强 $I$ 的关系为__________.

2. (3 分)均匀磁场中一圆形线圈[图 T4.1(a)],若快速将其拉成椭圆形[图 T4.1(b)],则磁场做__________(正功/负功/无功);电流方向__________(顺时针/逆时针).

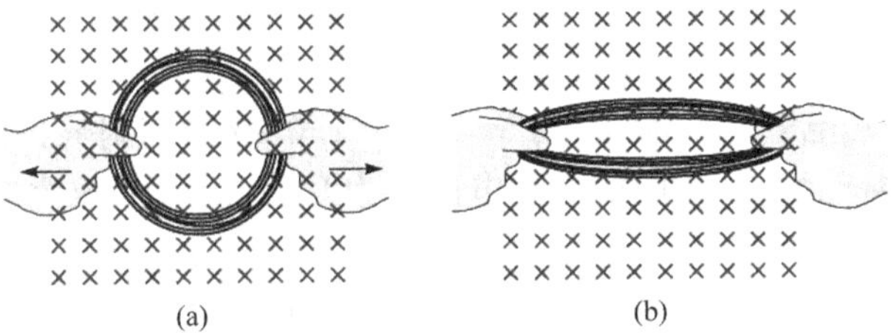


图 T4.1

3. (3 分)用平行单色光束进行单缝衍射实验,若狭缝宽度可调,则随着狭缝逐渐减小,观测屏上中央明条纹的宽度越来越__________,光强越来越__________.

4. (3 分)如图 T4.2 所示,激光器发出线偏振光,输出镜前端置一 1/4 波片,其光轴与入射光矢量成 45°角. 对仪器表面的反射光,此波片的作用是__________.

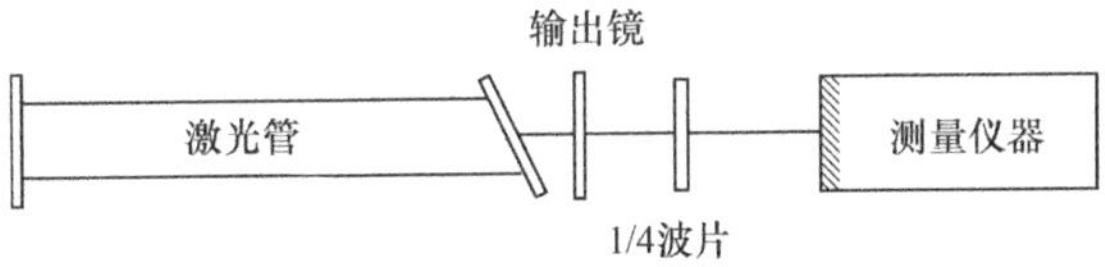


图 T4.2

5. (3 分)要把本征半导体参杂成 p 型半导体,对杂质的要求:

①__________;②__________;③__________.

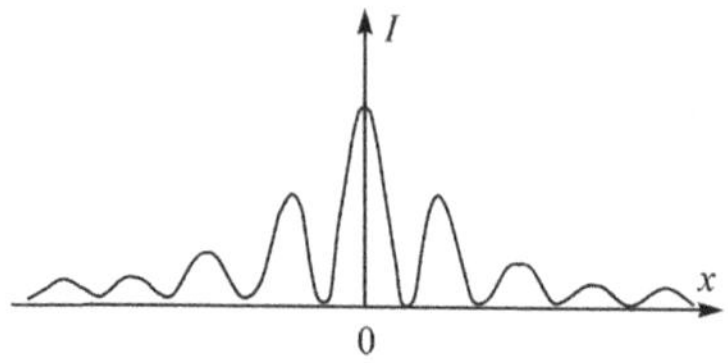

图 T4.3

6. (3 分)根据量子理论,原子中电子“轨道”的物理意义是__________.

7. (2 分)图 T4.3 为光学实验测得的光强分布曲线. 请判断这是什么实验? __________.

8. (2 分)本征半导体是__________.

9. (2 分)量子理论指出,微观世界的实体表现为粒子还是波,取决于__________.

## 二、计算题(共 60 分)

1. (10 分)如图 T4.4 所示,横截面为四分之一圆的无限长金属薄片沿 $z$ 轴(垂直纸面)放置,已知其曲率半径为 $R$,电流密度 $j_0$ 在弧上处处均匀,方向沿 $z$ 轴. 求圆心处磁感应强度 $\boldsymbol{B}_O$(用矢量表示).

2. (10 分)光电效应实验中,对于 $\lambda_1=491.0\text{nm}$ 的照射光的遏制电压 $U_1=0.71\text{V}$;改变照射光波长,相应的遏制电压变为 $U_2=1.43\text{V}$. 求改变后的照射光波长 $\lambda_2$.

3. (10 分)安培秤(用以测磁场)一臂下挂一个 $N$ 匝的矩形线圈,线圈的下部处在均匀磁场中,边长 $l$ 与磁感应强度 $\boldsymbol{B}$ 垂直. 当线圈中通电流 $I$ 时左边秤盘加砝码 $M$ 达到平衡(如图 T4.5 所示),然后使线圈中电流反向,这时需要在右边的秤盘加砝码 $m$ 才平衡. 若 $N=10$ 匝,$M=155\text{g}$,$m=10\text{g}$,$I=0.2\text{A}$,$l=4.9\text{cm}$,重力加速度 $g=9.8\text{m/s}^2$,求磁感应强度的大小.

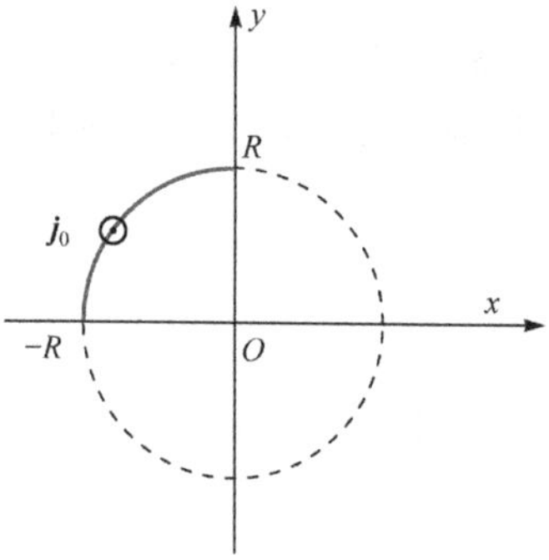

图 T4.4

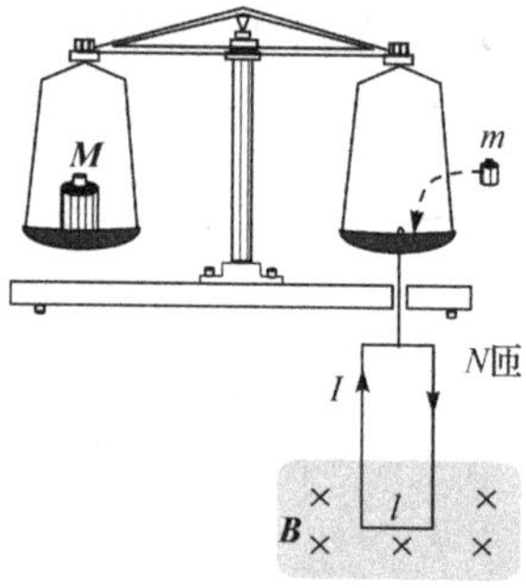

图 T4.5

4. (5 分)均匀磁场,磁感应强度随时间增大,变化率 $\frac{dB}{dt}=10^{-2}\text{T/s}$. 圆弧 $a1b$ 对半径为 $R_1$ 的圆心张角为 $\theta_1$,圆弧 $a2b$ 对半径为 $R_2$ 的圆心张角为 $\theta_2$,闭合回路 $a1b2a$

平置于磁场中(如图 T4.6 所示).(1) 求回路中的感应电动势;(2) 说明方向.

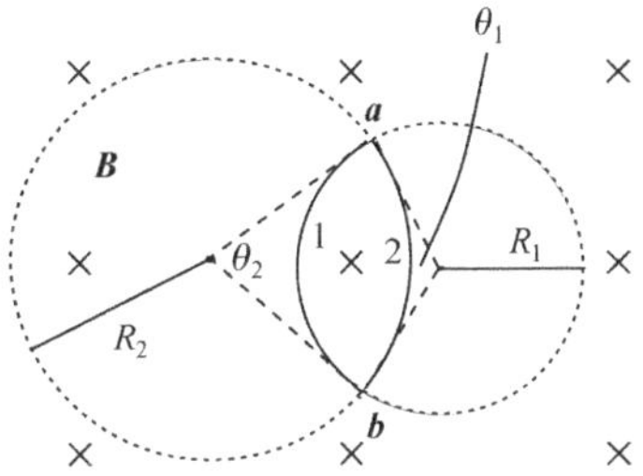


图 T4.6

5. (5 分)一束光垂直界面连续通过两种不同折射率的光学材料,已知第 1 种材料折射率 $n_1=K_1$,第 2 种材料折射率为 $n_2=K_2x$,如图 T4.7 求光从入射点 $A$ 到出射点 $B$ 的光程 $L_{AB}$($K_1$、$K_2$分别为不同的常数).

6. (5 分)如图 T4.8 所示,通过两片光学玻璃形成的劈尖做等厚干涉实验,当劈尖角为 $\theta_1=8°$时,第 $k$ 级暗纹中心位于 $x_1=2.00$cm 处,以左棱为轴转动下面玻璃,使第 $k$ 级暗纹中心移到 $x_2=1.58$cm 处,求此时的劈尖角为 $\theta_2$.

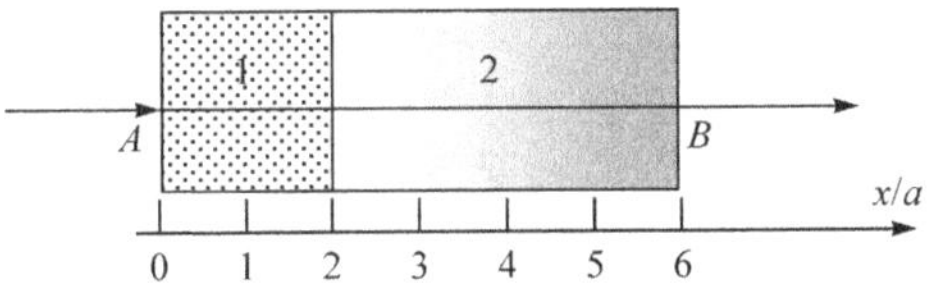


图 T4.7

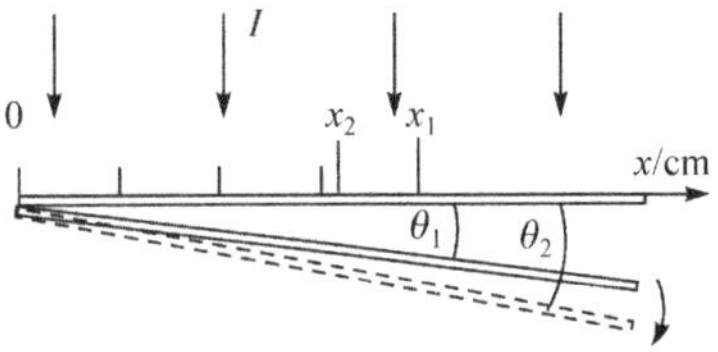


图 T4.8

7. (5 分)复色光由波长为 $\lambda_1=390$nm 与 $\lambda_2=650$nm 的准单色光组成,垂直入射到光栅上,测得屏幕上距离中央明纹中心 5cm 处 $\lambda_2$ 的 $k$ 级谱线与 $\lambda_1$ 的 $k+2$ 谱线重合,若会聚透镜的焦距 $f=80$cm,求光栅常数 $d$.

8. (5 分)利用偏振片检验部分线偏振光的偏振度,旋转偏振片测得最大光强与最小光强的比值$\dfrac{I_M}{I_m}=1.5$,求部分线偏振光的偏振度 $P$(线偏振光光强所占百分比).

9. (5 分)氢原子 1s 轨道半径为 $a_0=5.3\times10^{-11}$m. 假定基态电子可以在 $a_0\pm\dfrac{a_0}{2}$的范围内运动,求基态电子速度的不确定度 $\Delta v_x$.

## 三、简答题(共 16 分)

1. (4 分)根据高斯定理,磁感应强度满足$\nabla\cdot\boldsymbol{B}=0$,数学上通常称之为"无源场". 磁场真的无源吗? 为什么?

2. (4 分)线偏振光垂直 1/4 波片表面射入. 分别说明入射光矢量与波片光轴的夹角是多少才使出射光为(1) 线偏振光;(2) 圆偏振光;(3) 椭圆偏振光.(只考虑[0,π]区间)

3. (4 分)什么是康普顿效应?

4. (4 分)四能级激光系统的能级寿命如图 T4.9 所示.

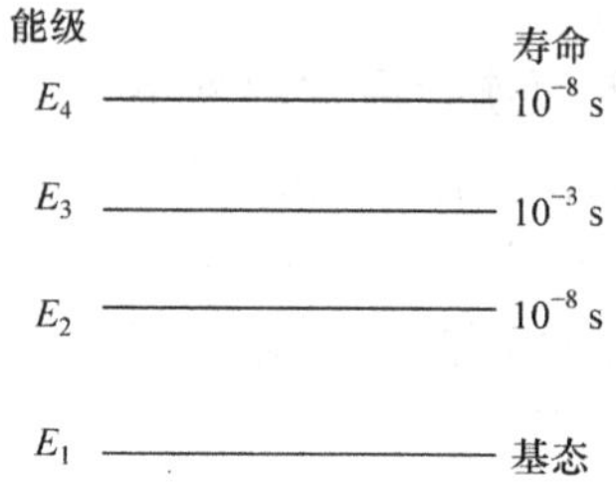


图 T4.9

(1) 写出激励能源给每个原子的泵浦能量;(2) 写出系统所发激光的频率.

# 【参考答案】

## 一、填空题

1. 电磁波能流密度，$I=\bar{S}=\overline{\boldsymbol{E}\times\boldsymbol{H}}$；　2. 负功，顺时针；　3. 宽，弱；
4. 避免激光返回谐振腔；
5. 单能级，所用能级靠近最高满带上方，该能级上有空穴；
6. 电子出现概率最大的空间点的集合；　7. 双缝干涉实验；
8. 纯净的半导体；　9. 实验安排

## 二、计算题

1. $j_0R\mathrm{d}\theta$ 宽的电流在 $O$ 点产生的磁感应强度

$\mathrm{d}B_O=\dfrac{\mu_0\mathrm{d}I}{2\pi R}=\dfrac{\mu_0 j_0 R\mathrm{d}\theta}{2\pi R}$，方向如图所示.

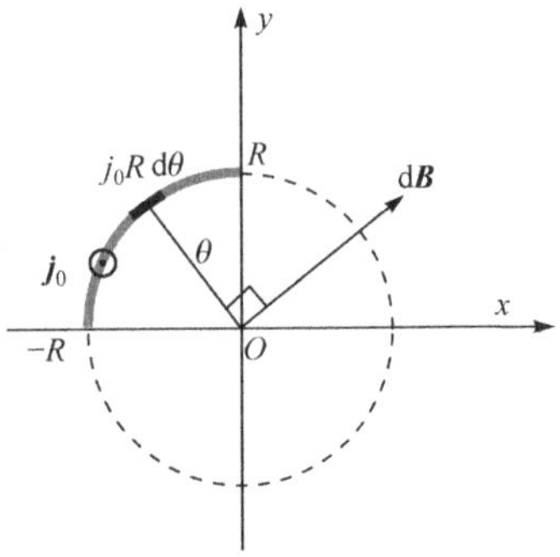


$x$ 分量

$$\mathrm{d}B_x=\frac{\mu_0 j_0 R\cdot\mathrm{d}\theta}{2\pi R}\cos\theta=\frac{\mu_0 j_0\cos\theta\mathrm{d}\theta}{2\pi}$$

全部电流产生的 $x$ 方向分量

$$B_x=\frac{\mu_0 j_0}{2\pi}\int_0^{\frac{\pi}{2}}\cos\theta\mathrm{d}\theta=\frac{\mu_0 j_0}{2\pi}$$

$y$ 分量

$$\mathrm{d}B_y=\frac{\mu_0 j_0\sin\theta\mathrm{d}\theta}{2\pi}$$

全部电流产生的 $y$ 方向分量

$$B_y=\frac{\mu_0 j_0}{2\pi}\int_0^{\frac{\pi}{2}}\sin\theta\mathrm{d}\theta=\frac{\mu_0 j_0}{2\pi}$$

$O$ 点总磁感应强度

$$\boldsymbol{B}_O=B_x\boldsymbol{i}+B_y\boldsymbol{j}=\frac{\mu_0 j_0}{2\pi}(\boldsymbol{i}+\boldsymbol{j})$$

2. $\dfrac{hc}{\lambda_1}=\dfrac{1}{2}mv_{\mathrm{M1}}^2+A=eU_1+A$；

$$\frac{hc}{\lambda_2}=eU_2+A=e(U_2-U_1)+\frac{hc}{\lambda_1}=1.6\times10^{-19}\times(1.43-0.71)+\frac{hc}{\lambda_1};$$

$$\lambda_2=\frac{2.0\times10^{-25}}{\dfrac{2.0\times10^{-25}}{4.91\times10^{-7}}+1.15\times10^{-19}}=3.830\times10^{-7}(\text{m})=383.0(\text{nm})$$

3. $\boldsymbol{f}=N\boldsymbol{Il}\times\boldsymbol{B}$；$f=NIlB$

设线圈自重为 $P$，第一次测量：$Mg=f+P$；第二次测量：$Mg=-f+P+mg$，解得 $2f=mg$ 代入式 $f=NIlB$ 得

$$B=\frac{mg}{2NIl}=\frac{0.01\times9.8}{2\times10\times0.2\times0.049}=0.5(\text{T})$$

4. (1) $\mathscr{E}=\left|\frac{\mathrm{d}\Phi}{\mathrm{d}t}\right|=S\frac{\mathrm{d}B}{\mathrm{d}t}$；$S=\frac{\theta_2R_2}{2}-\frac{\theta_1R_1}{2}$；

$$\mathscr{E}=5\times10^{-3}(\theta_2R_2-\theta_1R_1)$$

(2) 方向：逆时针.

5. $L_{AB}=2aK_1+\int_{2a}^{6a}K_2x\mathrm{d}x=2aK_1+16a^2K_2$

6. 第 $k$ 级暗纹中心对应劈尖厚度为 $h$，依题意

$$h=x_1\tan\theta_1=x_2\tan\theta_2$$

$$\tan\theta_2=\frac{x_1}{x_2}\tan\theta_1=\frac{2.00}{1.58}\tan8^\circ=0.178$$

解得 $\theta_2=10^\circ$.

7. $d\sin\theta=k\lambda_2=(k+2)\lambda_1$

$$k=\frac{2\lambda_1}{\lambda_2-\lambda_1}=\frac{2\times390}{650-390}=3$$

$$d=\frac{3\lambda_2}{\sin\theta}\approx\frac{3\times650}{\dfrac{5}{80}}=31200(\text{nm})=31.2(\mu\text{m})$$

8. $P=\frac{I_\text{M}-I_\text{m}}{I_\text{M}+I_\text{m}}=\frac{1.5-1}{1.5+1}=0.2=20\%$

9. $\Delta x=a_0$

$$\Delta v_x=\frac{h}{m\Delta x}=1.45\times10^7\text{m/s}$$

## 三、简答题

1. 不是. 场都有源，只不过表示磁场中任意一点做一无论多小的闭合面，磁通

量都为 0.

2. (1) 0 或 $\pi/2$ 或 $\pi$;(2) $\pi/4$ 或 $3\pi/4$;(3) 除 0、$\pi/4$、$\pi/2$、$3\pi/4$、$\pi$ 以外的任意角度.

3. X 射线通过物质发生散射,散射光中出现比入射光波长长的成分,这种现象称康普顿效应.

4. (1) $E=E_4-E_1$;(2) $\nu_{3-2}=\dfrac{E_3-E_2}{h}$.